普通高等教育基础课系列教材

高等数学

上册

主　编　王　娜　罗敏娜　杨淑辉

副主编　刘　智　卢立才　吴志丹

参　编　耿　莹　孙　丽　富爱宁

机 械 工 业 出 版 社

在教育部启动实施"六卓越一拔尖"计划 2.0,提升中国高等教育质量的大背景下,依据普通高等学校非数学类专业高等数学课程的教学大纲要求,本书将课程思政及 MATLAB 与教学深度融合,借鉴国内外优秀教材的优点,并结合沈阳师范大学数学团队二十多年来的教学经验编写而成.全书共 6 章,包括函数、极限与连续,导数与微分,微分中值定理与导数的应用,不定积分,定积分及其应用,微分方程.书中将同步习题单独设为一小节.每章章末的总复习题包括基础题、拓展题、考研真题三部分,难度逐渐递增.每章提供本章内容的 MATLAB 解题实例、知识结构图,并配有完备的数字化教学资源.书末附有习题的参考答案.

本书可供高等学校理工类、经济类、旅游类等非数学类专业学生使用,也可作为学生自学考试、报考硕士研究生的参考用书.

图书在版编目（CIP）数据

高等数学：上册/王娜，罗敏娜，杨淑辉主编. —北京：机械工业出版社，2023.6（2025.7重印）

普通高等教育基础课系列教材

ISBN 978-7-111-72899-3

Ⅰ.①高⋯　Ⅱ.①王⋯　②罗⋯　③杨⋯　Ⅲ.①高等数学−高等学校−教材　Ⅳ.①O13

中国国家版本馆 CIP 数据核字（2023）第 053531 号

机械工业出版社（北京市百万庄大街 22 号　邮政编码100037）
策划编辑：汤　嘉　　　责任编辑：汤　嘉　李　乐
责任校对：潘　蕊　梁　静　　封面设计：张　静
责任印制：张　博
河北京平诚乾印刷有限公司印刷
2025 年 7 月第 1 版第 3 次印刷
184mm×260mm · 18 印张 · 437 千字
标准书号：ISBN 978-7-111-72899-3
定价：55.00 元

电话服务　　　　　　　　　网络服务
客服电话：010-88361066　　机 工 官 网：www.cmpbook.com
　　　　　010-88379833　　机 工 官 博：weibo.com/cmp1952
　　　　　010-68326294　　金 书 网：www.golden-book.com
封底无防伪标均为盗版　　机工教育服务网：www.cmpedu.com

前　言

2019 年，教育部启动实施"六卓越一拔尖"计划 2.0，全面推进新工科、新医科、新农科、新文科建设，深化高等教育教学改革，打赢全面振兴本科教育攻坚战，全面提高高校人才培养质量，全面实施一流专业建设"双万计划"、一流课程建设"双万计划"，为高等教育改革带来新的生机.本书将课程思政与教学深度结合，信息技术与教学有效融合，以适应教学改革发展的需要.

为落实教育部的安排，本书在原有讲义的基础上进行了修改，具有以下特点：

1. 贯彻落实课程思政

教材注重挖掘高等数学课程所蕴含的思想政治教育元素和所承载的育人功能，在每章设置一个课程思政微课视频，介绍中国古代或当代的卓越的数学家，充分激发学生的爱国情怀、人文情怀和民族自豪感.

2. 开发数字教材资源

针对重点和难点题型录制微课视频，学生可通过扫描二维码随时随地观看.对于每章的自测题，学生也可通过扫描二维码作答，并实现系统自动评分，体现了教材与信息化深度融合.

3. 设置分层课后习题资源

除了每节的同步习题以外，教材设置了分层的章复习题，包括基础题、拓展题和考研真题，以满足不同层次学生的个性化需求.

4. 引入 MATLAB 实例

教材在每章的最后都介绍了如何应用 MATLAB 解决本章的高等数学问题，使学生在掌握数学基础知识和基本理论的同时，能够具备运用信息技术工具解决实际问题的意识和能力.

本书由 9 位作者共同编写完成，最后由罗敏娜教授、王娜副教授审核.本书的编写参考了国内其他优秀教材，同时听取了相关院校同行的建议，编者在此对他们的支持表示由衷的感谢！

由于编者水平有限，书中难免有不足之处，恳请读者批评指正.

编　者

目　录

本章要点:高等数学的主要研究对象是函数,函数描述了客观世界中变量之间的依赖关系.本章首先介绍函数的基本概念、性质以及反函数、复合函数、基本初等函数等概念;其次讨论数列极限、函数极限的概念、性质及其计算方法,并在此基础上给出函数连续性的定义,同时揭示初等函数的连续性;最后给出连续函数的几个性质.

极限是高等数学中的一个重要概念,它揭示了函数的变化趋势.极限理论的确立使微积分有了坚实的逻辑基础,并使微积分在当今科学的各个领域得以更广泛、更合理地应用和发展.函数的连续性与极限密切相关,它反映了函数的一种重要性态.极限和连续是贯穿高等数学内容的基本概念,也是学习微积分的理论基础.

本章知识结构图

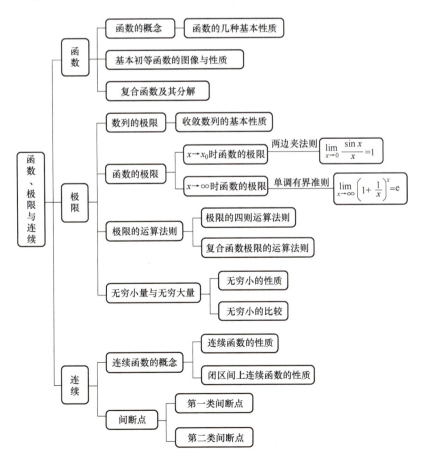

1.1　函数的概念与性质

> **本节要点**:通过本节的学习,学生要牢记函数的基本概念和基本性质.

高等数学的主要研究对象是函数,函数描述了客观世界中变量之间的依赖关系.现在就来回顾函数的相关概念和函数的性态.

1.1.1　函数的概念

1. 函数的定义

在研究实际问题时,所涉及的几个变量之间往往具有某种确定的关系.如圆的面积 $S=\pi r^2$,当半径 r 取某一正数时,圆的面积 S 就有唯一确定的数值与之相对应.一般地,可抽象出函数的定义.

> **定义 1.1.1**　设 D 是一个非空实数集合, f 是一个对应法则,在此法则下,每一个 $x \in D$,在实数集 $\mathbf{R}$ 中都有唯一确定的实数 y 与之对应,则称对应法则 f 为定义在实数集 D 上的一个函数,称**变量 y 是变量 x 的函数**,记作
> $$y=f(x), x \in D,$$
> 其中, x 称为**自变量**, y 称为**因变量**,集合 D 称为函数 f 的**定义域**,通常记作 D_f ;因变量的取值的全体所构成的集合称为函数的**值域**,通常记作 R_f ,即
> $$R_f=\{y \mid y=f(x), x \in D\}.$$

注　(1)函数概念中的 f 和 $f(x)$ 的含义不同. f 表示从自变量 x 到因变量 y 的对应法则,而 $f(x)$ 表示与自变量 x 对应的函数值,有时也用 $y=y(x)$ 表示函数,这时右边的 y 表示对应法则,左边的 y 表示与 x 对应的函数值.

(2)在数学中,通常用小写或大写的拉丁字母 $f,g,h,\cdots,F,G,H,\cdots$ 和一些希腊字母 $\phi,\varphi,\psi,\cdots$ 作为表示函数的记号.

(3)函数概念反映了自变量 x 与因变量 y 之间的依赖关系,即实数集合 D 到实数集合 $\mathbf{R}$ 之间的对应规律.确定函数的两个要素是定义域和对应法则.如果两个函数的定义域和对应法则都相同,那么这两个函数是同一个函数.

例如,函数 $y=\dfrac{1}{x+1}$ 与函数 $y=\dfrac{x-1}{x^2-1}$ 的定义域不同,所以这两个函数不是同一个函数;又如,函数 $y=x$ 与 $y=\sqrt{x^2}$ 虽然定义域相同,但对于函数

$$y = \sqrt{x^2} = \begin{cases} x, & x \geqslant 0, \\ -x, & x < 0. \end{cases}$$

可见它们的对应法则不同,所以这两个函数也不是同一个函数.

(4) 函数概念中要求对于任意 $x \in D$,都有唯一确定的 y 值与之对应.但对于任意 $x \in [-1, 1]$,$y = \pm\sqrt{1-x^2}$ 有两个 y 值与之对应,不符合函数的定义,这时也可以定义为一个函数,称之为多值函数,相应地把定义 1.1.1 中所指的情形称为单值函数.本课程中提到的函数除特别说明都是指单值函数.

2. 函数的表示法

函数常见的表示法一般有三种:解析法、列表法及图像法.

解析法:用数学表达式表示两个变量之间的函数关系,这种表示方法叫作解析法,这个数学表达式称作函数的解析式;

列表法:列一个两行多列的表格,第一行是自变量的取值,第二行是对应的函数值,这种用表格表示两个变量之间的函数关系的方法称作列表法;

图像法:以自变量 x 的取值为横坐标,对应的函数值 y 为纵坐标,在平面直角坐标系中描出各个点,这些点的连线构成了函数的图像,这种用图像表示两个变量之间函数关系的方法称作图像法.

函数的不同表示法具有不同的特点,解析法的特点是能简明、全面地概括变量间的关系;图像法的特点是直观形象地表示出函数的变化情况;列表法的特点是便于求出函数值.三种表示法各有不同的特点,所以常常将它们结合起来使用,在中学数学中已经学习过,这里就不再举例说明了.

3. 几个重要的分段函数

在实际应用中,经常遇到这样的函数:定义域的不同部分用不同的解析式表示,这样的函数称为**分段函数**.

例 1.1.1　绝对值函数

$$y = |x| = \begin{cases} x, & x \geqslant 0, \\ -x, & x < 0. \end{cases}$$

定义域 $D_f = (-\infty, +\infty)$,值域 $R_f = [0, +\infty)$.

例 1.1.2　取整函数

$$y = [x] \text{ 表示不超过 } x \text{ 的最大整数.}$$

定义域 $D_f = (-\infty, +\infty)$,值域 $R_f = \mathbf{Z}$,其中 $\mathbf{Z}$ 表示整数集.例如,$[2.6] = 2$,$[-1.3] = -2$.

例 1.1.3　符号函数

$$y = \operatorname{sgn} x = \begin{cases} 1, & x > 0, \\ 0, & x = 0, \\ -1, & x < 0. \end{cases}$$

定义域 $D_f = (-\infty, +\infty)$,值域 $R_f = \{-1, 0, 1\}$.

例 1.1.4　狄利克雷(Dirichlet)函数

$$y=D(x)=\begin{cases} 1, & x \text{ 为有理数,} \\ 0, & x \text{ 为无理数.} \end{cases}$$

定义域 $D_f=(-\infty,+\infty)$,值域 $R_f=\{0,1\}$.

以上四个函数都是分段函数.分段函数是用几个解析式合起来表示一个函数,而不是表示几个函数.

4. 隐函数

到目前为止,所遇到的函数 y 均由自变量 x 的某一个解析式所表达,例如

$$y=x^3,y=\log_a x(a>0 \text{ 且 } a\neq 1),y=\frac{2x+1}{\sqrt{x-3}},$$

这种函数称为**显函数**;但还有一种形式的函数,自变量 x 与因变量 y 之间的对应法则不像上面的函数表示那样明显,而是含于一个二元方程 $F(x,y)=0$ 之中,这样确定的函数 $y=f(x)$ 称为**隐函数.**

例如,由方程 $xy-2x+3y-1=0$ 确定的隐函数 $y=f(x)$,这时可以用 y 来表示,即 $y=\frac{2x+1}{x+3}$;再如由方程 $xy-e^y=0$ 确定的隐函数 $y=f(x)$,但 y 不能用 x 的显函数形式来表达.

由此可见,并不是所有由方程确定的隐函数都能表示成显函数的形式.

5. 函数定义域的求法

在实际问题中,函数的定义域是根据问题的实际意义确定的.若不考虑函数的实际意义,而抽象地研究用解析式表达的函数,规定函数的定义域是使解析式有意义的一切实数构成的集合.

求函数的定义域应注意以下几点:

(1) 当函数是多项式($P_n(x)=a_0x^n+a_1x^{n-1}+\cdots+a_n$)时,定义域为 $(-\infty,+\infty)$;

(2) 分式函数的分母不能为零;

(3) 偶次根式的被开方式必须大于等于零;

(4) 对数函数的真数必须大于零;

(5) 反正弦函数与反余弦函数的定义域为 $[-1,1]$;

(6) 如果函数表达式中含有上述几种函数,则应取各部分定义域的交集;

(7) 分段函数的定义域是各个表达式的定义域的并集.

例 1.1.5　求下列函数的定义域:

(1) $y=\sqrt{x+2}+\dfrac{1}{x^2-1}$;　　　　　　(2) $y=\ln(x-1)+\arcsin\dfrac{x}{2}$.

解　(1) 要使 $y=\sqrt{x+2}+\dfrac{1}{x^2-1}$ 有意义,必须满足:

$$\begin{cases} x+2\geqslant 0, \\ x^2-1\neq 0. \end{cases} \Rightarrow \begin{cases} x\geqslant -2, \\ x\neq \pm 1. \end{cases}$$

所以函数的定义域为 $[-2,-1)\cup(-1,1)\cup(1,+\infty)$;

（2）要使 $y=\ln(x-1)+\arcsin\dfrac{x}{2}$ 有意义,必须满足:

$$\begin{cases} x-1>0, \\ \left|\dfrac{x}{2}\right|\leqslant 1, \end{cases} \Rightarrow \begin{cases} x>1, \\ -2\leqslant x\leqslant 2. \end{cases}$$

所以函数的定义域是 $\{x\,|\,1<x\leqslant 2\}$.

例 1.1.6　设 $f(x)=\begin{cases} 1, & 0\leqslant x\leqslant 1, \\ -2, & 1<x\leqslant 2. \end{cases}$ 求函数 $f(x+3)$ 的定义域.

解　由于 $f(x)=\begin{cases} 1, & 0\leqslant x\leqslant 1 \\ -2, & 1<x\leqslant 2 \end{cases}$,则

$$f(x+3)=\begin{cases} 1, & 0\leqslant x+3\leqslant 1, \\ -2, & 1<x+3\leqslant 2. \end{cases}$$

例 1.1.6

即

$$f(x+3)=\begin{cases} 1, & -3\leqslant x\leqslant -2, \\ -2, & -2<x\leqslant -1. \end{cases}$$

所以函数 $f(x+3)$ 的定义域是 $[-3,-1]$.

例 1.1.7　已知 $f(\mathrm{e}^x-1)=x^3+2$,求 $f(x)$ 的定义域.

解　令 $t=\mathrm{e}^x-1$,则 $x=\ln(t+1)$,可得 $f(t)=\ln^3(t+1)+2$,即

$$f(x)=\ln^3(x+1)+2,$$

所以函数 $f(x)$ 的定义域为 $(-1,+\infty)$.

1.1.2　函数的几种基本性质

1. 有界性

> **定义 1.1.2**　设函数 $f(x)$ 的定义域为 D,数集 $X\subset D$,若存在 $M>0$,使得对于任意 $x\in X$ 有 $|f(x)|\leqslant M$ 成立,则称函数 $f(x)$ 在数集 X 上**有界**,否则称**无界**.

函数的有界性还可以等价地表述为:如果存在常数 M_1,M_2,使得对于任意 $x\in X$ 有 $M_1\leqslant f(x)\leqslant M_2$,那么称函数 $f(x)$ 在 X 上**有界**,M_1 称为函数 $f(x)$ 在 X 上的**下界**,M_2 称为函数 $f(x)$ 在 X 上的**上界**.

无界函数可能有上界而无下界,也可能有下界而无上界,或既无上界又无下界,函数 $f(x)$ 的有界性与讨论的数集 X 有关.

例如,函数 $y=\sin x$,因为 $|\sin x|\leqslant 1$,所以它在 $(-\infty,+\infty)$ 内是有界的;$y=\dfrac{1}{x}$ 在 $(0,1)$ 内是无界的,而在 $(1,2)$ 及 $[1,+\infty)$ 上是有界的.

2. 单调性

> **定义 1.1.3**　设函数 $f(x)$ 的定义域为 D,区间 $I\subset D$,对于区间 I 上任意两点 x_1 及 x_2,当 $x_1<x_2$ 时,

（1）若恒有 $f(x_1) \leqslant f(x_2)$，则称函数 $f(x)$ 在区间 I 上是**单调递增函数**；

（2）若恒有 $f(x_1) \geqslant f(x_2)$，则称函数 $f(x)$ 在区间 I 上是**单调递减函数**.

单调递增函数与单调递减函数统称为**单调函数**，对应的区间 I 称为函数的**单调区间**，如图 1-1 所示.

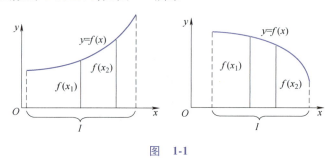

图　**1-1**

例如，函数 $y = \arcsin x$ 在闭区间 $[-1,1]$ 上是单调递增函数，函数 $y = \arccos x$ 在闭区间 $[-1,1]$ 上是单调递减函数.

函数的单调性是针对某个区间而言的，例如 $y = x^2$ 在区间 $(-\infty, 0)$ 内是单调递减的，在区间 $[0, +\infty)$ 内是单调递增的，而在区间 $(-\infty, +\infty)$ 内不是单调函数.

3. 奇偶性

定义 1.1.4　设函数 $f(x)$ 的定义域 D 关于原点对称，

（1）若对于任意 $x \in D$，有 $f(-x) = f(x)$ $(-x \in D)$，则称 $f(x)$ 为**偶函数**；

（2）若对于任意 $x \in D$，有 $f(-x) = -f(x)$ $(-x \in D)$，则称 $f(x)$ 为**奇函数**.

由定义知，奇函数的图像关于原点对称，偶函数的图像关于 y 轴对称.

例如，函数 $y = \sin x$ 在区间 $(-\infty, +\infty)$ 内是奇函数；函数 $y = \cos x$ 在区间 $(-\infty, +\infty)$ 内是偶函数；函数 $y = \sin x + \cos x$ 在区间 $(-\infty, +\infty)$ 内是非奇非偶函数.

例 1.1.8　判断函数 $f(x) = \ln \dfrac{1+x}{1-x}$ 在区间 $(-1,1)$ 内的奇偶性.

解　对于任意 $x \in (-1,1)$，有
$$f(-x) = \ln \frac{1-x}{1+x} = \ln \left(\frac{1+x}{1-x} \right)^{-1} = -\ln \frac{1+x}{1-x} = -f(x),$$
所以函数 $f(x)$ 在区间 $(-1,1)$ 内是奇函数.

4. 周期性

定义 1.1.5　设函数 $f(x)$ 的定义域为 D，若存在一个不为零

的正数 T,使得对于任意 $x \in D$,都有 $f(x+T)=f(x)(x \pm T \in D)$ 恒成立,则称函数 $f(x)$ 为**周期函数**,T 称为函数 $f(x)$ 的**周期**.

周期函数的周期通常是指其最小正周期.例如 $y=\sin x, y=\cos x$ 都是以 2π 为周期的周期函数;函数 $y=\tan x, y=\cot x, y=|\sin x|$ 都是以 π 为周期的周期函数.

注　不是所有的周期函数都有最小正周期.例如常数函数 $y=c(c$ 为常数),显然任意正数都是其周期,而无最小正周期.

1.1.3　同步习题

1. 函数 $y=\dfrac{\sqrt{x^2-4}}{x-2}$ 的定义域是＿＿＿＿＿＿＿＿＿＿.

2. 求下列函数的定义域.

(1) $y=\sqrt{5-x^2}$;　　　　　　(2) $y=\dfrac{\sqrt{x+3}}{|x|-x}$;

(3) $y=\arcsin\dfrac{1-x}{3}$;　　　　(4) $y=\lg\dfrac{x}{x-2}+\arcsin\dfrac{x}{3}$;

(5) $y=\sqrt{x-1}+\dfrac{2}{x-2}+\lg(4-x)$;　　(6) $y=\dfrac{2}{\sqrt{x^2-3x+2}}+1$.

3. 判断下列每对函数是否是相同的函数,并说明原因.

(1) $y=\dfrac{x^2-4}{x-2}$ 与 $y=x+2$;

(2) $y=\mathrm{e}^{-\frac{1}{2}\ln x}$ 与 $y=\dfrac{1}{\sqrt{x}}$;

(3) $y=2\lg x$ 与 $y=\lg x^2$;

(4) $y=\sin^2 x+\cos^2 x$ 与 $y=1$;

(5) $y=\sqrt{x(x-1)}$ 与 $y=\sqrt{x}\sqrt{x-1}$;

(6) $y=|x|$ 与 $y=\sqrt{x^2}$.

1.2　初 等 函 数

本节要点:通过本节的学习,学生应能分辨基本初等函数和非基本初等函数,牢记基本初等函数的性质,会求函数的反函数,会分解复合函数.

初等函数作为函数家族中的一大类,由于其本身的特点,历来受到更多的关注,现在就将介绍初等函数的定义和基本初等函数的性质.

1.2.1 基本初等函数

1. 基本初等函数的概念

下列函数统称为基本初等函数.

（1）幂函数：$y = x^\mu$（μ 是常数）；

（2）指数函数：$y = a^x$（$a > 0$ 且 $a \neq 1$）；

（3）对数函数：$y = \log_a x$（$a > 0$ 且 $a \neq 1$）；

（4）三角函数：$y = \sin x$，$y = \cos x$，$y = \tan x$，$y = \cot x$，$y = \sec x = \dfrac{1}{\cos x}$，$y = \csc x = \dfrac{1}{\sin x}$；

（5）反三角函数：$y = \arcsin x$，$y = \arccos x$，$y = \arctan x$，$y = \text{arccot } x$.

表 1-1 列出了一些基本初等函数的表达式、定义域、图像及简单特性.

表　1-1

名称	表达式	定义域	图像	简单特性
幂函数	$y = x^\mu$	随 μ 而不同，但在 $(0, +\infty)$ 内都有定义		经过 $(1,1)$，在第一象限内，当 $\mu > 0$ 时，为单调递增函数；当 $\mu < 0$ 时，为单调递减函数
指数函数	$y = a^x$	$(-\infty, +\infty)$		图像在 x 轴上方，且都经过点 $(0,1)$，当 $0 < a < 1$ 时，为单调递减函数；当 $a > 1$ 时，为单调递增函数
对数函数	$y = \log_a x$	$(0, +\infty)$		图像在 y 轴右侧，都经过点 $(1,0)$，当 $0 < a < 1$ 时，为单调递减函数；当 $a > 1$ 时，为单调递增函数
正弦函数	$y = \sin x$	$(-\infty, +\infty)$		以 2π 为周期的有界的奇函数，值域为 $[-1, 1]$
余弦函数	$y = \cos x$	$(-\infty, +\infty)$		以 2π 为周期的有界的偶函数，值域为 $[-1, 1]$

（续）

名称	表达式	定义域	图像	简单特性
正切函数	$y=\tan x$	$x\neq k\pi+\dfrac{\pi}{2}$, $k\in \mathbf{Z}$		以 π 为周期的奇函数,在 $\left(-\dfrac{\pi}{2},\dfrac{\pi}{2}\right)$ 内是单调递增函数,值域为 $(-\infty,+\infty)$
余切函数	$y=\cot x$	$x\neq k\pi$, $k\in \mathbf{Z}$		以 π 为周期的奇函数,在 $(0,\pi)$ 内是单调递减函数,值域为 $(-\infty,+\infty)$
反正弦函数	$y=\arcsin x$	$[-1,1]$		$y=\sin x$ 在 $\left[-\dfrac{\pi}{2},\dfrac{\pi}{2}\right]$ 上的反函数为 $y=\arcsin x$,是单调递增函数,值域为 $\left[-\dfrac{\pi}{2},\dfrac{\pi}{2}\right]$
反余弦函数	$y=\arccos x$	$[-1,1]$		$y=\cos x$ 在 $[0,\pi]$ 上的反函数为 $y=\arccos x$,是单调递减函数,值域为 $[0,\pi]$
反正切函数	$y=\arctan x$	$(-\infty,+\infty)$		单调递增函数,值域为 $\left(-\dfrac{\pi}{2},\dfrac{\pi}{2}\right)$
反余切函数	$y=\text{arccot } x$	$(-\infty,+\infty)$		单调递减函数,值域为 $(0,\pi)$

2. 常用三角函数公式

（1）$\sin^2 x+\cos^2 x=1$;

（2）$\sin 2x=2\sin x\cos x$,$\cos 2x=2\cos^2 x-1=1-2\sin^2 x=\cos^2 x-\sin^2 x$;

（3）$1+\tan^2 x=\sec^2 x$,$1+\cot^2 x=\csc^2 x$;

（4）$\sin\dfrac{x}{2}=\pm\sqrt{\dfrac{1-\cos x}{2}}$,$\cos\dfrac{x}{2}=\pm\sqrt{\dfrac{1+\cos x}{2}}$.

1.2.2　复合函数

客观事物往往是错综复杂的,因而表示自然规律、生产规律的函数结构也是复杂的.人们为了便于理解、计算,需要把复杂的函数分解为几个简单的函数,有时也需要把两个或两个以上的简单函数组合成另一个函数.

例如,$y=\cos^2 x$ 可以看成由 $y=u^2$ 和 $u=\cos x$ 组合而成的;又如,由 $y=e^u$,$u=\cos x$ 可以组合成 $y=e^{\cos x}$.

在这些例子中,除自变量 x 和因变量 y 外,还出现了中间的变量 u,y 通过 u 而成为 x 的函数,则称 y 为 x 的复合函数.

1. 复合函数的定义

> **定义 1.2.1**　设函数 $y=f(u)$,$u\in D_f$,$y\in R_f$,$u=g(x)$,$x\in D_g$,$u\in R_g$.若 $R_g\subset D_f$,则称函数 $y=f(g(x))$ 为由函数 $y=f(u)$,$u=g(x)$ 复合而成的**复合函数**.其中 x 为自变量,y 为因变量,u 称为**中间变量**.

注　(1)不是任何两个函数都可以构成一个复合函数,函数 $y=f(u)$,$u=g(x)$ 可以构成复合函数的条件是 $R_g\cap D_f\neq\varnothing$.如 $y=\arcsin u$ 与 $u=2+x^2$ 不可以构成一个复合函数;

(2)复合函数不仅可以有一个中间变量,还可以有多个中间变量,如 u,v,w,t 等;

(3)函数的复合一般与复合的次序有关,即 $f(g(x))$ 与 $g(f(x))$ 一般不是同一函数,甚至可能其中一个有意义而另一个没有意义.

例 1.2.1　设 $y=f(u)=1+u^2$,$u=g(x)=\ln(1+x^2)$,判断以上两个函数是否能复合成 $y=f(g(x))$.

解　由于 $D_f=\mathbf{R}$,$R_g=[0,+\infty)$,因为 $R_g\cap D_f\neq\varnothing$,所以 $f(u)$ 与 $g(x)$ 能够构成复合函数,$y=f(g(x))=1+g^2(x)=1+\ln^2(1+x^2)$.

注　函数 $f(g(x))$ 可以看作将函数 $g(x)$ 代换函数 $y=f(u)$ 中的 u 而得到的.

2. 复合函数的分解

将一个复合函数分解为多个简单函数在复合函数的求导和积分的计算中起到非常重要的作用,对复合函数进行分解,通常分解到各层函数是基本初等函数或简单初等函数.

例 1.2.2　将下列复合函数进行分解.

(1) $y=(2x-1)^2$;　　　　(2) $y=\arcsin(x+1)$;

(3) $y=\ln\ln\ln x$;　　　　(4) $y=3^{\arccos\sqrt{2-x^2}}$.

解　(1) $y=u^2$,$u=2x-1$;

(2) $y=\arcsin u$,$u=x+1$;

(3) $y=\ln u$,$u=\ln v$,$v=\ln x$;

（4）$y=3^u, u=\arccos v, v=\sqrt{w}, w=2-x^2$.

1.2.3 初等函数

由基本初等函数经过有限次四则运算（加、减、乘、除）以及复合运算所构成的并且可用一个解析式表示的函数称为**初等函数**，本课程所研究的函数主要是指初等函数，例如

$$y=\cos^2 x, y=\sqrt{2+x^2}, y=\ln\sqrt{4+2x^2}, y=\arctan\sqrt{\frac{2+\sin 2x}{3+\cos x}}$$

等都是初等函数. 通常分段函数不是初等函数，如符号函数、取整函数都不是初等函数.

例 1.2.3　下列函数中哪些是初等函数？哪些不是初等函数？

（1）$y=\sin(x^2+1)+e^{x^2}\ln x$；　　（2）$y=\sqrt{x}+\ln\left(3-\dfrac{1}{2}\sin x\right)$；

（3）$y=\begin{cases} 2, & x\leqslant 0, \\ -1, & x>0; \end{cases}$　　　　（4）$y=\sqrt{x+\sqrt{x+\sqrt{x+\cdots}}}$.

解　（1）和（2）是初等函数；（3）（4）不是初等函数.

初等函数是最常见、应用最广泛的一类函数，它是高等函数的主要研究对象. 设 $f(x), g(x)$ 是两个初等函数且 $f(x)>0$，显然函数 $y=(f(x))^{g(x)}$ 也是初等函数，称这类函数为**幂指函数**. 例如函数 $y=x^x, y=(1+x)^{\sin x}$ 均是幂指函数.

幂指函数的分解通常采用如下方法：

（1）$y=[f(x)]^{g(x)}=e^{\ln[f(x)]^{g(x)}}=e^{g(x)\ln f(x)}$；

（2）$y=e^u, u=g(x)\ln f(x)$.

例 1.2.4　指出函数 $y=x^x (x>0), y=(1+x)^{\sin x} (x>-1)$ 的复合过程.

解　由于 $y=x^x=e^{x\ln x}$，所以可以分解为 $y=e^u, u=x\ln x$；由于 $y=(1+x)^{\sin x}=e^{\sin x\ln(1+x)}$，所以可以分解为 $y=e^{uv}, u=\sin x, v=\ln t, t=1+x$.

例 1.2.4

1.2.4 反函数

1. 反函数的定义

定义 1.2.2　设函数 $y=f(x)$ 的定义域是 D_f，值域是 R_f，如果对于任意 $y\in R_f$，都有唯一的 $x\in D_f$ 与之对应，并且满足 $y=f(x)$，则 x 是定义在 R_f 上以 y 为自变量的函数，记此函数为 $x=f^{-1}(y)$，$y\in R_f$，并称其为函数 $y=f(x)$ 的**反函数**.

由定义 1.2.2 知，函数 $y=f(x)$ 的反函数 $x=f^{-1}(y)$ 的定义域为 $y=f(x)$ 的值域 R_f，值域为 $y=f(x)$ 的定义域 D_f.

习惯上常用 x 表示自变量，y 表示因变量，因此将 $x=f^{-1}(y)$ 改

写为 $y=f^{-1}(x)$. 从图像上看, 函数 $y=f(x)$ 与反函数 $y=f^{-1}(x)$ 的图形是关于直线 $y=x$ 对称的.

注　(1) 只有一一对应的函数(自变量的不同取值对应因变量的值也不同)才有反函数. 例如, 函数 $y=x^2$ 在 $x\in(0,+\infty)$ 内的反函数是 $y=\sqrt{x}$, 而在 $x\in(-\infty,0)$ 内的反函数是 $y=-\sqrt{x}$.

(2) 函数 $y=f(x)$ 与其反函数 $y=f^{-1}(x)$ 的定义域、值域地位交换可得. 例如, 正弦函数 $y=\sin x, x\in\left[-\dfrac{\pi}{2},\dfrac{\pi}{2}\right], y\in[-1,1]$ 的反函数为反正弦函数 $y=\arcsin x, x\in[-1,1], y\in\left[-\dfrac{\pi}{2},\dfrac{\pi}{2}\right]$; 余弦函数 $y=\cos x, x\in[-\pi,\pi], y\in[-1,1]$ 的反函数为反余弦函数 $y=\arccos x, x\in[-1,1], y\in[-\pi,\pi]$.

(3) 函数 $y=f(x)$ 的反函数有两种形式, 一个以 y 为自变量, 表达式 $x=f^{-1}(y)$, 图像与原函数图像重合; 一个以 x 为自变量, 表达式 $y=f^{-1}(x)$, 图像与原函数图像关于直线 $y=x$ 对称.

2. 求反函数的一般步骤

(1) 把 x 作为未知量, 从方程 $y=f(x)$ 中解出, 得到 $x=f^{-1}(y)$;

(2) 将所得的表达式中 x 与 y 对换, 即得 $y=f^{-1}(x)$.

例 1.2.5　求函数 $y=2x-1$ 的反函数.

解　由 $y=2x-1$ 得 $x=\dfrac{y+1}{2}$, 用 x 表示自变量, y 表示因变量, 于是得 $y=2x-1$ 的反函数是 $y=\dfrac{x+1}{2}$.

例 1.2.6　设 $f(x)=\begin{cases}x-1, & x<0, \\ x^2, & x\geq0,\end{cases}$ 则 $f^{-1}(x)=$ _____.

解　分别求出各区间上的反函数与定义域(原函数的值域).

当 $x<0$ 时, 由 $y=x-1$ 解得 $x=y+1$ 且 $y<-1$;

当 $x\geq0$ 时, 由 $y=x^2$ 解得 $x=\sqrt{y}$ 且 $y\geq0$.

将 x,y 位置互换, 得反函数

$$f^{-1}(x)=\begin{cases}x+1, & x<-1, \\ \sqrt{x}, & x\geq0.\end{cases}$$

1.2.5　**同步习题**

指出下列函数的复合过程.

(1) $y=\sqrt{1-\sin x}$;　　　　(2) $y=\cos\sqrt{2x+3}$;

(3) $y=e^{\sin\frac{1}{x}}$;　　　　(4) $y=4\arcsin(1-x)^3$;

(5) $y=x^{\sin x}$;　　　　(6) $y=\ln\sin^2 x$.

1.3　数列的极限

本节要点:通过本节的学习,学生应会求数列的极限并牢记收敛数列的性质.

实际中,经常会遇到类似求圆面积的问题,这类问题都需要用数列的极限来解决,回顾数列的知识,研究数列的变化规律是本节的内容.

1.3.1　概念的引入

极限的概念是由求某些实际问题的精确解答而产生的.例如,我国魏晋时期杰出的数学家刘徽提出了利用圆的内接正多边形的面积来推算圆的面积的方法——割圆术.做法如下:

设圆的半径为 1,先作圆的内接正六边形,把它的面积记为 A_1;再作内接正十二边形,其面积记为 A_2;再作内接正二十四边形,其面积记为 A_3;以此类推下去,每次边数加倍,这样得到一系列圆内接正多边形的面积:

$$A_1, A_2, A_3, \cdots, A_n, \cdots.$$

它们构成一列有次序的数,随着 n 的增大,内接正多边形的面积与圆的面积差别就越小,从而以 A_n 作为圆的面积的近似值的误差就越小,但无论 n 多大,只要 n 取定,A_n 终究是正多边形的面积,而不是圆的面积.因此,设想让 n 无限增大,即内接正多边形的边数无限增加,在这个过程中,内接正多边形无限接近于圆,同时圆内接正多边形的面积 $A_1, A_2, A_3, \cdots, A_n, \cdots$ 将无限接近于某一个确定的数值,即圆的面积 π.正如刘徽所说"割之弥细,所失弥少,割之又割,以至于不可割,则与圆周合体而无所失矣".这个"无限接近"的过程充分体现了极限理论的思想.

定义 1.3.1　按正整数顺序 $1,2,3,\cdots$ 排列的无穷多个数,称为数列.数列通常记作

$$a_1, a_2, \cdots, a_n, \cdots,$$

或简记作 $\{a_n\}$.数列中的每个数称为**数列的项**,第 n 项 a_n 称为数列的**通项**或**一般项**.

例如,

$$\frac{1}{2}, \frac{1}{4}, \frac{1}{8}, \cdots, \frac{1}{2^n}, \cdots; \tag{1.3.1}$$

$$\frac{1}{2}, \frac{2}{3}, \frac{3}{4}, \cdots, \frac{n}{n+1}, \cdots; \tag{1.3.2}$$

$$2,4,8,\cdots,2^{n},\cdots; \tag{1.3.3}$$

$$1,-1,1,\cdots,(-1)^{n+1},\cdots; \tag{1.3.4}$$

$$1,-\frac{1}{2},\frac{1}{3},\cdots,(-1)^{n-1}\frac{1}{n},\cdots \tag{1.3.5}$$

都是数列.它们的通项依次为

$$\frac{1}{2^{n}},\frac{n}{n+1},2^{n},(-1)^{n+1},(-1)^{n-1}\frac{1}{n}.$$

注 （1）在几何上,数列对应着数轴上一个点列,可看作一动点在数轴上依次取 $a_1,a_2,\cdots,a_n,\cdots$,如图 1-2 所示.

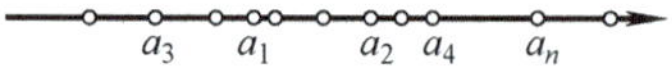

图 1-2

（2）从函数的观点来看,数列可以看作以正整数集 $\mathbf{Z}_+$ 为定义域的函数 $a_n=f(n)$,当自变量 n 按照从小到大的顺序依次取值时,对应的一列函数值就排列成数列 $\{a_n\}$,而数列的通项公式就是相应函数的解析式.

对于数列 $\{a_n\}$,主要研究当 n 无限增大时,通项 a_n 的变化趋势.

1.3.2 数列极限的定义

观察上面的数列(1.3.1)～数列(1.3.5),不难发现,当 n 无限增大(记作 $n\to\infty$)时,数列(1.3.1)的通项趋于 0;数列(1.3.2)的通项趋于 1;数列(1.3.3)的通项无限增大,其变化趋势不是一个确定的数;数列(1.3.4)当 n 按奇数无限增大时,通项始终为 1,当 n 按偶数无限增大时,通项始终为 -1,因此当 n 无限增大时,通项没有确定的变化趋势;数列(1.3.5)的通项趋于 0.

若数列 $\{a_n\}$ 的通项 a_n 当 n 无限增大时,趋于一个确定的常数 a,则称**数列** $\{a_n\}$ **收敛于** a;否则称**数列** $\{a_n\}$ **发散**.

数列(1.3.1)、数列(1.3.2)、数列(1.3.5)是收敛数列,数列(1.3.3)、数列(1.3.4)是发散数列.这是凭观察或几何直觉得出的,是不精确的.为此,需要对数列极限的概念做更准确的说明.

为了引入数列极限的严格数学定义,考察数列

$$\left\{1+\frac{(-1)^{n}}{n}\right\}.$$

当 n 无限增大时,通项 a_n 无限接近于 1,这在数轴上表现为动点 a_n 与定点 1 的距离(即 a_n 与 1 之差的绝对值)

$$|a_n-1|=\left|\frac{(-1)^{n}}{n}\right|=\frac{1}{n}$$

可以任意小,这时称数列 $\{a_n\}$ 的极限为 1.

问题:"无限接近"意味着什么? 如何用数学语言刻画它.

给定 $\frac{1}{100}$,由 $\frac{1}{n}<\frac{1}{100}$,只要 $n>100$ 时,有 $|a_n-1|<\frac{1}{100}$,即从第 101 项起以后各项都能使 a_n 与定点 1 的距离小于 $\frac{1}{100}$;

给定 $\dfrac{1}{1000}$，由 $\dfrac{1}{n}<\dfrac{1}{1000}$，只要 $n>1000$ 时，有 $|a_n-1|<\dfrac{1}{1000}$，即从第 1001 项起以后各项都能使 a_n 与定点 1 的距离小于 $\dfrac{1}{1000}$；

给定 $\dfrac{1}{10000}$，由 $\dfrac{1}{n}<\dfrac{1}{10000}$，只要 $n>10000$ 时，有 $|a_n-1|<\dfrac{1}{10000}$，即从第 10001 项起以后各项都能使 a_n 与定点 1 的距离小于 $\dfrac{1}{10000}$；

一般地，给定任意小的整数 ε，由 $\dfrac{1}{n}<\varepsilon$，当 $n>\dfrac{1}{\varepsilon}$ 时，有 $|a_n-1|<\varepsilon$，即从第 $N=\left[\dfrac{1}{\varepsilon}\right]$ 项起都能使 a_n 与定点 1 的距离小于 ε. 由此得出数列极限的精确定义.

> **定义 1.3.2**　设数列 $\{a_n\}$，如果存在常数 a，对于任意给定的正数 ε（无论它多么小），总存在正整数 N，使得对于 $n>N$ 时的一切 a_n，不等式
> $$|a_n-a|<\varepsilon$$
> 都成立，则称**常数** a **为数列** $\{a_n\}$ **的极限**，或者称数列 $\{a_n\}$ **收敛于** a，记为
> $$\lim_{n\to\infty}a_n=a \ \text{或}\ a_n\to a(n\to\infty).$$
> 如果当 n 无限增大时，a_n 不能趋于某个确定的常数，则称当 $n\to\infty$ 时数列 $\{a_n\}$ 发散或极限不存在.

注　（1）$|a_n-a|<\varepsilon$ 刻画了 a_n 与 a 的无限接近，正数 ε 是任意给定的（既是任意的，又是给定的），ε 用来刻画 a_n 与 a 的接近程度，ε 越小，a_n 越接近 a.

（2）$|a_n-a|<\varepsilon$ 成立的条件是 $n>N$，正整数 N 与 ε 有关，是随 ε 的给定而确定的，用来刻画 n 无限增大的程度，一般来说，当 ε 减小时，N 将会相应地增大.

（3）N 的选取是不唯一的，任意一个比 N 大的正整数都可以作为定义 1.3.2 中的 N.

（4）数列 $\{a_n\}$ 的极限为 a 的几何意义：数列 $\{a_n\}$ 可看作数轴上的一个点列，a 看作数轴上的一个定点，不等式
$$|a_n-a|<\varepsilon\Leftrightarrow a-\varepsilon<a_n<a+\varepsilon,$$
无论区间 $(a-\varepsilon,a+\varepsilon)$ 有多小，总存在正整数 N，从第 $N+1$ 个动点开始所有动点 a_n 都落入区间 $(a-\varepsilon,a+\varepsilon)$ 中，而只有有限个（至多只有 N 个）动点落在区间外，如图 1-3 所示.

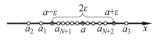

图　1-3

例 1.3.1　考察下面数列当 $n\to\infty$ 时的变化趋势，写出它们的极限.

（1）$\{2\}$；　（2）$\left\{\dfrac{1}{n}\right\}$；　（3）$\left\{\dfrac{1+(-1)^n}{n}\right\}$；　（4）$\{\sqrt{n}\}$；

（5）$\left\{2-\dfrac{1}{3^n}\right\}$.

解　（1）数列的通项 $a_n=2$，是一个常数数列，当 $n\to\infty$ 时，a_n 始终为 2，因此 $\lim\limits_{n\to\infty}a_n=\lim\limits_{n\to\infty}2=2$.

（2）数列的通项 $a_n=\dfrac{1}{n}$，当 $n\to\infty$ 时，a_n 无限接近于 0，因此 $\lim\limits_{n\to\infty}\dfrac{1}{n}=0$.

（3）数列的通项 $a_n=\dfrac{1+(-1)^n}{n}$，当 $n\to\infty$ 时，a_n 无限接近于 0，因此 $\lim\limits_{n\to\infty}\dfrac{1+(-1)^n}{n}=0$.

（4）数列的通项 $a_n=\sqrt{n}$，当 $n\to\infty$ 时，a_n 无限增大，没有确定的变化趋势，因此 $\lim\limits_{n\to\infty}\sqrt{n}$ 不存在.常把这种情况记为 $\lim\limits_{n\to\infty}\sqrt{n}=\infty$，它是极限不存在的一种特殊情况.

（5）数列的通项 $a_n=2-\dfrac{1}{3^n}$，当 $n\to\infty$ 时，$\dfrac{1}{3^n}$ 无限接近于 0，故 $2-\dfrac{1}{3^n}$ 无限接近于 2，因此 $\lim\limits_{n\to\infty}\left(2-\dfrac{1}{3^n}\right)=2$.

例 1.3.2　已知 $a_n=1+\dfrac{(-1)^n}{n}$，证明数列 $\{a_n\}$ 的极限是 1.

例 1.3.2

证　由于　　$|a_n-a|=|a_n-1|=\left|\dfrac{(-1)^n}{n}\right|=\dfrac{1}{n}$，

对于任意给定的 $\varepsilon>0$，要使

$$|a_n-a|=\dfrac{1}{n}<\varepsilon$$

成立，只要 $n>\dfrac{1}{\varepsilon}$ 即可，所以可取 $N=\left[\dfrac{1}{\varepsilon}\right]$.则对于任意给定的 $\varepsilon>0$，存在正整数 $N=\left[\dfrac{1}{\varepsilon}\right]$，当 $n>N$ 时，恒有 $|a_n-1|<\varepsilon$ 成立，故数列 $\{a_n\}$ 的极限是 1.

注　（1）应用数列极限定义只能验证某个数是否是一个数列的极限，并不能求出极限.

（2）在用极限定义证明极限时，只需指出 N 存在即可，并不需要找出最小的 N，如上例中 $N=\left[\dfrac{1}{\varepsilon}\right]$，还可以取 $N=\left[\dfrac{1}{\varepsilon}\right]+1$ 等.

1.3.3　收敛数列的基本性质

性质 1（唯一性）　收敛数列的极限是唯一的.

证 假设数列 $\{a_n\}$ 有两个极限 a, b, 且 $a \neq b$.

由数列极限的定义, 对于任意给定的 $\varepsilon > 0$, 存在正整数 N_1, N_2, 使得当 $n > N_1$ 时, 恒有 $|a_n - a| < \varepsilon$; 当 $n > N_2$ 时, 恒有 $|a_n - b| < \varepsilon$, 取 $N = \max\{N_1, N_2\}$, 则当 $n > N$ 时恒有

$$|a - b| = |(a_n - b) - (a_n - a)| \leq |a_n - b| + |a_n - a| < \varepsilon + \varepsilon = 2\varepsilon,$$

由于 ε 的任意性, 上式当且仅当 $a = b$ 时才成立, 故收敛数列的极限唯一.

下面先介绍数列有界性的定义, 然后给出收敛数列的有界性.

定义 1.3.3 对数列 $\{a_n\}$, 若存在正数 M, 使得对于一切正整数 n, 恒有 $|a_n| \leq M$ 成立, 则称数列 $\{a_n\}$ 有界, 否则称数列 $\{a_n\}$ 无界.

性质 2(有界性) 收敛数列必为有界数列.

证 设数列 $\{a_n\}$ 收敛于 a, 即 $\lim\limits_{n \to \infty} a_n = a$, 由数列极限定义, 对于 $\varepsilon = 1$, 存在正整数 N, 使得当 $n > N$ 时, 恒有 $|a_n - a| < 1$ 成立. 于是, 当 $n > N$ 时,

$$|a_n| = |(a_n - a) + a| \leq |a_n - a| + |a| < 1 + |a|.$$

取 $M = \max\{|a_1|, |a_2|, \cdots, |a_N|, 1 + |a|\}$, 则对一切正整数 n, 皆有 $|a_n| \leq M$, 故 $\{a_n\}$ 有界.

注 有界性是数列收敛的必要条件, 但不是充分条件. 例如数列 $\{(-1)^n\}$ 有界, 但其发散.

推论 1 无界数列必定发散.

性质 3(保号性) 若 $\lim\limits_{n \to \infty} a_n = a$, 且 $a > 0$(或 $a < 0$), 则必存在正整数 N, 当 $n > N$ 时, 恒有 $a_n > 0$(或 $a_n < 0$).

证 就 $a > 0$ 的情形证明.

由数列极限定义, 对于 $\varepsilon = \dfrac{a}{2} > 0$, 存在正整数 N, 当 $n > N$ 时, 恒有 $|a_n - a| < \dfrac{a}{2}$, 从而 $a_n > a - \dfrac{a}{2} = \dfrac{a}{2} > 0$.

$a < 0$ 的情形可类似证明.

推论 2 若数列 $\{a_n\}$ 从某项起有 $a_n \geq 0$(或 $a_n \leq 0$), 且 $\lim\limits_{n \to \infty} a_n = a$, 则 $a \geq 0$(或 $a \leq 0$).

证 反证法.

设数列 $\{a_n\}$ 从第 N_1 项起, 即当 $n > N_1$ 时有 $a_n \geq 0$. 若 $\lim\limits_{n \to \infty} a_n = a < 0$, 则由性质 3 知, 存在正整数 N_2, 当 $n > N_2$ 时, 恒有 $a_n < 0$. 取 $N = \max\{N_1, N_2\}$, 当 $n > N$ 时, $a_n < 0$, 这与已知 $a_n \geq 0$ 矛盾, 所以必有 $a \geq 0$.

数列 $\{a_n\}$ 从某项起 $a_n \leq 0$ 的情形可类似地证明.

最后, 介绍子列的概念以及关于收敛数列与其子列间关系的一个性质.

定义 1.3.4 将数列 $\{a_n\}$ 在保持原有顺序的情况下,任取其中无穷多项所构成的新数列称为数列 $\{a_n\}$ 的**子数列**,简称**子列**.

例如,
$$a_1, a_3, a_5, \cdots, a_{2n-1}, \cdots,$$
$$a_2, a_4, a_6, \cdots, a_{2n}, \cdots$$
均为数列 $\{a_n\}$ 的子列.

性质 4(收敛数列与其子列间的关系)   如果数列 $\{a_n\}$ 收敛于 a,那么它的任一子列也收敛,且极限也是 a.

推论 3   若数列 $\{a_n\}$ 有两个子列收敛到不同的极限,则数列 $\{a_n\}$ 是发散的.

例 1.3.3   考察数列 $\{(-1)^n\}$ 的敛散性.

解   数列 $\{(-1)^n\}$ 的子列 $\{(-1)^{2n-1}\}$ 收敛于 -1,而子列 $\{(-1)^{2n}\}$ 收敛于 1,由推论 3 知,数列 $\{(-1)^n\}$ 是发散的.

1.3.4   同步习题

1. 数列 $\{a_n\}$ 有界是数列 $\{a_n\}$ 收敛的_____条件,数列 $\{a_n\}$ 收敛是数列 $\{a_n\}$ 有界的_____条件.

2. 判断下列数列的敛散性,若收敛,求其极限.

(1) $\left\{1+\dfrac{1}{n^2}\right\}$;

(2) $\left\{\dfrac{1+(-1)^n}{n^2}\right\}$;

(3) $\{2+(-1)^n\}$;

(4) $\left\{\left(-\dfrac{1}{2}\right)^n\right\}$;

(5) $\{\cos n\pi\}$;

(6) $\left\{\dfrac{n-1}{n+1}\right\}$.

1.4   函数的极限

本节要点:通过本节的学习,学生理解函数极限的六种形式,会分辨单侧极限与双侧极限的区别,牢记函数极限的性质.

本节来讨论另一种更为重要的极限,即函数的极限,它与数列的极限有本质的不同,但又有非常密切的联系.

1.4.1   函数极限的定义

设函数 $f(x)$ 的定义域为 D,考察函数 $f(x)$ 的极限就是考察自变量 x 在定义域 D 内变化时,相应的函数值 $f(x)$ 的变化趋势.考虑到函数定义域的各种形式,自变量 x 的变化趋势有些复杂,主要研

究以下两种情形:

（1）自变量 x 趋于 x_0，且 $x \neq x_0$，简记为 $x \to x_0$.

它有两种特殊情形：

一种情形是自变量 x 从右侧趋于 x_0，即 $x > x_0$，简记为 $x \to x_0^+$；

另一种情形是自变量 x 从左侧趋于 x_0，即 $x < x_0$，简记为 $x \to x_0^-$.

（2）自变量 x 的绝对值 $|x|$ 无限增大，称作 x 趋向于无穷大，简记为 $x \to \infty$.

它也有两种特殊情形：

一种情形是自变量 x 沿数轴正方向趋于无穷大，简记为 $x \to +\infty$；

另一种情形是自变量 x 沿数轴负方向趋于无穷大，简记为 $x \to -\infty$；

本小节分别从以上两种情形研究函数 $f(x)$ 的极限.

1. 当 $x \to x_0$ 时，函数 $f(x)$ 的极限

所谓"当 $x \to x_0$ 时函数 $f(x)$ 的极限"，就是研究当自变量 x 趋于 x_0 时，函数 $f(x)$ 的变化趋势. 先看两个例子.

例 1.4.1　考察函数 $f(x) = \dfrac{x}{2} + 2$ 当 $x \to 2$ 时的变化趋势.

解　函数的定义域为 $(-\infty, +\infty)$，图 1-4 表示的是函数 $f(x) = \dfrac{x}{2} + 2$ 的几何图像. 也可用数据描述，见表 1-2.

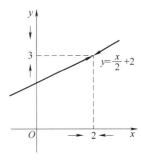

图　1-4

表　1-2

x	1.9	1.99	1.999	1.9999	$\cdots \to 2 \leftarrow \cdots$	2.0001	2.001	2.01	2.1
$f(x)$	2.95	2.995	2.9995	2.99995	$\cdots \to 3 \leftarrow \cdots$	3.00005	3.0005	3.005	3.05

从表 1-2 可以看出，无论 x 从 2 的左边还是右边趋于 2 时，函数 $f(x) = \dfrac{x}{2} + 2$ 趋于 3，这时称 3 为函数 $f(x) = \dfrac{x}{2} + 2$ 当 $x \to 2$ 时的极限.

例 1.4.2　考察函数 $f(x) = \dfrac{x^2 - 1}{x - 1}$ 当 $x \to 1$ 时的变化趋势.

解　函数的定义域为 $(-\infty, 1) \cup (1, +\infty)$，几何描述如图 1-5 所示，数据描述见表 1-3.

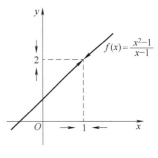

图　1-5

表　1-3

x	0.9	0.99	0.999	0.9999	$\cdots \to 1 \leftarrow \cdots$	1.0001	1.001	1.01	1.1
$f(x)$	1.9	1.99	1.999	1.9999	$\cdots \to 2 \leftarrow \cdots$	2.0001	2.001	2.01	2.1

从表 1-3 可以看出，当 x 无论从 1 的左边还是右边趋于 1 时，函数 $f(x) = \dfrac{x^2 - 1}{x - 1}$ 趋于 2，称 2 为函数 $f(x) = \dfrac{x^2 - 1}{x - 1}$ 当 $x \to 1$ 时的极限.

从例 1.4.1 和例 1.4.2 不难看出，当自变量 x 趋于某一个定值 x_0 时，函数 $f(x)$ 的值趋于某一确定常数 A，称常数 A 为函数 $f(x)$ 当 $x \to x_0$ 时的极限.

为了给出函数极限的严格的数学定义，先介绍邻域的概念.

定义 1.4.1 （1）设 a 与 δ 是两个实数，且 $\delta>0$，数集 $\{x\mid\mid x-a\mid<\delta\}$ 称为**点 a 的 δ 邻域**，记作 $U(a,\delta)$，点 a 称为邻域中心，δ 称为邻域半径，有

$$U(a,\delta)=\{x\mid a-\delta<x<a+\delta\},$$

所以 $U(a,\delta)$ 就是开区间 $(a-\delta,a+\delta)$，如图 1-6 所示.

（2）在 $U(a,\delta)$ 中去掉邻域中心 a 后得到的数集 $\{x\mid 0<\mid x-a\mid<\delta\}$ 称为**点 a 的去心 δ 邻域**，记作 $\mathring{U}(a,\delta)$，有

$$\mathring{U}(a,\delta)=(a-\delta,a)\cup(a,a+\delta),$$

所以 $\mathring{U}(a,\delta)$ 就是两个开区间的并集，如图 1-7 所示.

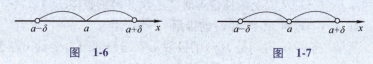

图　1-6　　　　　　　图　1-7

（3）开区间 $(a-\delta,a)$ 称为**点 a 的左 δ 邻域**，开区间 $(a,a+\delta)$ 称为**点 a 的右 δ 邻域**.

下面给出函数极限的严格的数学定义.

定义 1.4.2 设函数 $f(x)$ 在点 x_0 的某一去心邻域内有定义. 如果存在常数 A，对于任意给定的正数 ε（无论它多么小），总存在正数 δ，使得当 x 满足不等式 $0<\mid x-x_0\mid<\delta$ 时，对应的函数值 $f(x)$ 都满足不等式

$$\mid f(x)-A\mid<\varepsilon,$$

则称常数 A 为**函数 $f(x)$ 当 $x\to x_0$ 时的极限**，记作

$$\lim_{x\to x_0}f(x)=A \text{ 或 } f(x)\to A(x\to x_0).$$

注 （1）函数 $f(x)$ 在 x_0 处的极限刻画了当自变量 x 趋于 x_0 时函数 $f(x)$ 的变化趋势，与函数 $f(x)$ 在 x_0 处是否有定义无关，因此只要求函数 $f(x)$ 在点 x_0 的某一去心邻域内有定义即可，不需要考虑函数 $f(x)$ 在 x_0 处是否有定义. 而条件 $0<\mid x-x_0\mid<\delta$ 则表示自变量 x 落入 x_0 的去心 δ 邻域内.

（2）ε 刻画 $f(x)$ 与常数 A 的接近程度，δ 刻画 x 与 x_0 的接近程度，ε 是任意给定的，δ 相当于数列极限定义中的 N，它依赖于 ε，一般来说，ε 越小，δ 也相应地要小.

（3）函数 $f(x)$ 在 x_0 处极限的几何意义：对于任给 $\varepsilon>0$，坐标平面上以 $y=A$ 为中心线，宽为 2ε 的窄带，可以找到 $\delta>0$，使得 $x\in\mathring{U}(a,\delta)$ 时曲线段 $y=f(x)$ 落在窄带内，如图 1-8 所示.

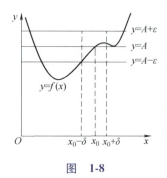

图　1-8

例 1.4.3 证明 $\lim_{x\to x_0}x=x_0$.

证 由于 $\qquad\mid f(x)-A\mid=\mid x-x_0\mid,$

对于任意给定的 $\varepsilon>0$，要使
$$|f(x)-A|=|x-x_0|<\varepsilon,$$

取 $\delta=\varepsilon$.

当 $0<|x-x_0|<\delta$ 时，有 $|f(x)-A|=|x-x_0|<\varepsilon$，所以 $\lim\limits_{x\to x_0}x=x_0$.

例 1.4.4 证明 $\lim\limits_{x\to1}\dfrac{x-1}{x^2-1}=\dfrac{1}{2}$.

证 由于 $|f(x)-A|=\left|\dfrac{x-1}{x^2-1}-\dfrac{1}{2}\right|=\left|\dfrac{(x-1)^2}{2(x^2-1)}\right|=\dfrac{1}{2}\left|\dfrac{x-1}{x+1}\right|$，

因为 $x\to1$，不妨限制 x 于 $0<|x-1|<1$，即 $0<x<2$，且 $x\neq1$，对于任意给定的 $\varepsilon>0$，要使
$$|f(x)-A|=\left|\dfrac{x-1}{x^2-1}-\dfrac{1}{2}\right|<\varepsilon,$$

只要
$$\dfrac{1}{2}\left|\dfrac{x-1}{x+1}\right|<\dfrac{1}{2}|x-1|<\varepsilon,$$

这里取
$$\delta=\min\{2\varepsilon,1\}.$$

则当 $0<|x-1|<\delta$ 时，便有 $\left|\dfrac{x-1}{x^2-1}-\dfrac{1}{2}\right|<\varepsilon$，所以 $\lim\limits_{x\to1}\dfrac{x-1}{x^2-1}=\dfrac{1}{2}$.

由定义 1.4.2 不难得出下列函数的极限：

（1）$\lim\limits_{x\to x_0}c=c$（$c$ 为常数）；　（2）$\lim\limits_{x\to0}\sin x=0$；

（3）$\lim\limits_{x\to0}\cos x=1$；　　　　　（4）$\lim\limits_{x\to0}e^x=1,\lim\limits_{x\to0}a^x=1$（$a>0$ 且 $a\neq1$）.

在 $x\to x_0$ 时函数 $f(x)$ 的极限定义中，x 既是从 x_0 的左侧也是从 x_0 的右侧趋于 x_0 的，但有时只能或只需考虑 x 仅从 x_0 的左侧趋于 x_0（即 $x\to x_0^-$）的情形，或 x 仅从 x_0 的右侧趋于 x_0（即 $x\to x_0^+$）的情形，这时只要将 $\lim\limits_{x\to x_0}f(x)=A$ 的定义做适当改变即可.

定义 1.4.3 设函数 $f(x)$ 在 x_0 的某一右邻域 $(x_0,x_0+\delta)$（$\delta>0$）内有定义，如果存在常数 A，对于任意给定的正数 ε（无论它多么小），总存在正数 δ，使得当 x 满足不等式 $0<x-x_0<\delta$ 时，对应的函数值 $f(x)$ 都满足不等式
$$|f(x)-A|<\varepsilon,$$
则称常数 A 为函数 $f(x)$ 当 $x\to x_0$ 时的右极限，记作
$$\lim\limits_{x\to x_0^+}f(x)=A \text{ 或 } f(x_0^+)=A.$$

定义 1.4.4 设函数 $f(x)$ 在 x_0 的某一左邻域 $(x_0-\delta,x_0)$（$\delta>0$）内有定义，如果存在常数 A，对于任意给定的正数 ε（无论它多么小），总存在正数 δ，使得当 x 满足不等式 $-\delta<x-x_0<0$ 时，对应的函数值 $f(x)$ 都满足不等式
$$|f(x)-A|<\varepsilon,$$

则称常数 A 为函数 $f(x)$ 当 $x \to x_0$ 时的左极限,记作

$$\lim_{x \to x_0^-} f(x) = A \text{ 或 } f(x_0^-) = A.$$

左极限和右极限统称为单侧极限.容易看到,单侧极限只是极限的特殊情形,如果当 $x \to x_0$ 时函数 $f(x)$ 的极限是 A,则它的左右极限也应该是 A,反之也成立.

定理 1.4.1 $\lim\limits_{x \to x_0} f(x) = A$ 成立的充分必要条件是

$$\lim_{x \to x_0^-} f(x) = \lim_{x \to x_0^+} f(x) = A.$$

由定理 1.4.1 知,如果函数 $f(x)$ 在 x_0 处左极限和右极限中至少有一个不存在或都存在但不相等,那么函数 $f(x)$ 在 x_0 处的极限是不存在的.

例 1.4.5

例 1.4.5 设函数 $f(x) = \dfrac{|x|}{x}$,求极限 $\lim\limits_{x \to 0^-} f(x)$,$\lim\limits_{x \to 0^+} f(x)$,$\lim\limits_{x \to 0} f(x)$.

解 当 $x > 0$ 时,$|x| = x$,则

$$\lim_{x \to 0^+} \frac{|x|}{x} = \lim_{x \to 0^+} \frac{x}{x} = \lim_{x \to 0^+} 1 = 1;$$

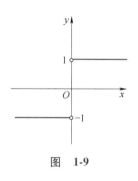

图 1-9

当 $x < 0$ 时,$|x| = -x$,则

$$\lim_{x \to 0^-} \frac{|x|}{x} = \lim_{x \to 0^-} \frac{-x}{x} = \lim_{x \to 0^-} (-1) = -1;$$

因为 $\qquad \lim\limits_{x \to 0^-} f(x) \neq \lim\limits_{x \to 0^+} f(x)$,

由定理 1.4.1 得,$\lim\limits_{x \to 0} f(x)$ 不存在,如图 1-9 所示.

例 1.4.6 讨论函数

$$f(x) = \begin{cases} x-1, & x < 0, \\ 0, & x = 0, \\ x+1, & x > 0. \end{cases}$$

当 $x \to 0$ 时,$f(x)$ 的极限.

解 当 $x < 0$ 时,$f(x) = x-1$,则

$$\lim_{x \to 0^-} f(x) = \lim_{x \to 0^-} (x-1) = -1;$$

当 $x > 0$ 时,$f(x) = x+1$,则

$$\lim_{x \to 0^+} f(x) = \lim_{x \to 0^+} (x+1) = 1.$$

因为左极限和右极限存在但不相等,所以当 $x \to 0$ 时,函数 $f(x)$ 的极限不存在,如图 1-10 所示.

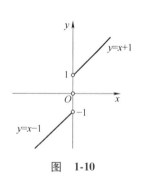

图 1-10

2. 当 $x \to \infty$ 时,函数 $f(x)$ 的极限

数列是自变量取自正整数的函数,即 $a_n = f(n)$,数列的极限就是研究函数 $f(x)$ 当自变量 x 跳跃式地按 $1, 2, 3, \cdots, n, \cdots$ 的顺序无限变大时函数值 $f(x)$ 的变化趋势.下面将这种特殊函数的极限形式推广到自变量 x 取实数时的一般函数 $f(x)$.

例 1.4.7 考察函数 $f(x) = \dfrac{1}{x}$ 当 $x \to \infty$ 时的变化趋势.

　　解　函数 $f(x)=\dfrac{1}{x}$，当 $|x|$ 无限增大时，即在 $x\to+\infty$ 及 $x\to-\infty$ 的这两个过程中，都有对应函数值趋于常数 0，如图 1-11 所示.

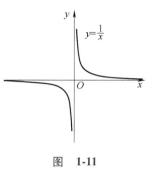

图　**1-11**

　　从例 1.4.7 不难看出，当自变量 x 趋于无穷大时，函数 $f(x)$ 的值无限接近某一确定常数 A，称常数 A 为函数 $f(x)$ 当 $x\to\infty$ 时的极限.

　　定义 1.4.5　设函数 $f(x)$ 当 $|x|$ 大于某一正数时有定义. 如果存在常数 A，对于任意给定的正数 ε（无论它多么小），总存在正数 X，使得当 x 满足不等式 $|x|>X$ 时，对应的函数值 $f(x)$ 都满足不等式

$$|f(x)-A|<\varepsilon,$$

则称**常数** A 为函数 $f(x)$ 当 $x\to\infty$ 时的极限，记作

$$\lim_{x\to\infty}f(x)=A \text{ 或 } f(x)\to A(x\to\infty).$$

　　注　函数 $f(x)$ 在 $x\to\infty$ 时极限的几何意义：对于任给 $\varepsilon>0$，坐标平面上以 $y=A$ 为中心线，宽为 2ε 的窄带，可以找到 $X>0$，使得 $|x|>X$ 时曲线段 $y=f(x)$ 落在窄带内，如图 1-12 所示.

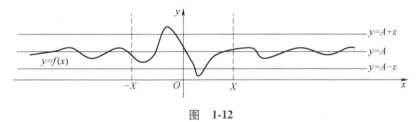

图　**1-12**

　　在定义 1.4.5 中，$x\to\infty$ 的方式是任意的，$|x|$ 既可沿 x 轴负方向无限增大，又可沿 x 轴正方向无限增大. 类似左、右极限，有下述定义.

　　定义 1.4.6　设函数 $f(x)$ 当 x 大于某一正数时有定义，如果存在常数 A，对于任意给定的正数 ε（无论它多么小），总存在正数 X，使得当 x 满足不等式 $x>X$ 时，对应的函数值 $f(x)$ 都满足不等式

$$|f(x)-A|<\varepsilon,$$

则称**常数** A 为函数 $f(x)$ 当 $x\to+\infty$ 时的极限，记作

$$\lim_{x\to+\infty}f(x)=A \text{ 或 } f(x)\to A(x\to+\infty).$$

　　定义 1.4.7　设函数 $f(x)$ 当 $-x$ 大于某一正数时有定义，如果存在常数 A，对于任意给定的正数 ε（无论它多么小），总存在正数 X，使得当 x 满足不等式 $x<-X$ 时，对应的函数值 $f(x)$ 都满足不等式

$$|f(x)-A|<\varepsilon,$$

则称常数 A 为函数 $f(x)$ 当 $x \to -\infty$ 时的极限,记作

$$\lim_{x \to -\infty} f(x) = A \text{ 或 } f(x) \to A (x \to -\infty).$$

例 1.4.8 证明 $\lim_{x \to \infty} \dfrac{1}{x} = 0$.

证 由于 $\left| \dfrac{1}{x} - 0 \right| = \dfrac{1}{|x|}$,

对于任意给定的 $\varepsilon > 0$,要使

$$|f(x) - A| = \frac{1}{|x|} < \varepsilon,$$

即

$$|x| > \frac{1}{\varepsilon},$$

取 $X = \dfrac{1}{\varepsilon}$. 当 $|x| > X$ 时, $|f(x) - A| = \dfrac{1}{|x|} < \varepsilon$,所以 $\lim\limits_{x \to \infty} \dfrac{1}{x} = 0$.

$\lim\limits_{x \to \infty} f(x)$, $\lim\limits_{x \to +\infty} f(x)$ 与 $\lim\limits_{x \to -\infty} f(x)$ 是三个不同的极限概念,也有与定理 1.4.1 类似的如下定理:

定理 1.4.2 $\lim\limits_{x \to \infty} f(x) = A$ 成立的充分必要条件是

$$\lim_{x \to -\infty} f(x) = \lim_{x \to +\infty} f(x) = A.$$

例 1.4.9 讨论 $\lim\limits_{x \to \infty} \arctan x$ 是否存在.

解 由函数 $f(x) = \arctan x$ 的图形(见图 1-13)知

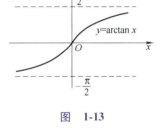

$$\lim_{x \to -\infty} \arctan x = -\frac{\pi}{2}, \lim_{x \to +\infty} \arctan x = \frac{\pi}{2},$$

由于极限 $\lim\limits_{x \to -\infty} \arctan x$, $\lim\limits_{x \to +\infty} \arctan x$ 都存在,但不相等,由定理 1.4.2 知,极限 $\lim\limits_{x \to \infty} \arctan x$ 不存在.

图 1-13

直线 $y = -\dfrac{\pi}{2}$, $y = \dfrac{\pi}{2}$ 是函数 $f(x) = \arctan x$ 的水平渐近线.

一般地说,如果 $\lim\limits_{x \to \infty} f(x) = c$,则称直线 $y = c$ 是函数 $y = f(x)$ 图形的**水平渐近线**.

1.4.2 函数的极限的性质

函数的极限与数列的极限具有相似的性质,这里以 $x \to x_0$ 这种形式为代表来叙述函数的极限相应的性质,至于其他形式的极限性质只要相应地做适当修改即可.

性质 1(唯一性) 若 $\lim\limits_{x \to x_0} f(x)$ 存在,则极限唯一.

性质 2(局部有界性) 若极限 $\lim\limits_{x \to x_0} f(x)$ 存在,则函数 $f(x)$ 在 x_0 的某去心邻域内有界.

性质 3(局部保号性)　　设 $\lim\limits_{x \to x_0} f(x) = A$,

(1) 若 $A > 0$(或 $A < 0$),则在 x_0 的某去心邻域内恒有 $f(x) > 0$(或 $f(x) < 0$).

(2) 若在 x_0 的某去心邻域内恒有 $f(x) \geq 0$(或 $f(x) \leq 0$),则有 $A \geq 0$(或 $A \leq 0$).

推论 1　　若 $\lim\limits_{x \to x_0} f(x) = A$,$\lim\limits_{x \to x_0} g(x) = B$,且在 x_0 的某去心邻域内恒有 $f(x) \geq g(x)$,则 $A \geq B$.

1.4.3　同步习题

1. 对图 1-14 所示函数 $f(x)$,求下列极限,如极限不存在,说明理由.

(1) $\lim\limits_{x \to -2} f(x)$;　　　　(2) $\lim\limits_{x \to -1} f(x)$.

2. 对图 1-15 所示函数 $f(x)$,下列表述中哪些是对的,哪些是错的?

(1) $\lim\limits_{x \to 0^-} f(x)$ 不存在;　　　　(2) $\lim\limits_{x \to 0} f(x) = 0$;

(3) $\lim\limits_{x \to 1} f(x) = 0$;　　　　(4) $\lim\limits_{x \to 1} f(x)$ 不存在.

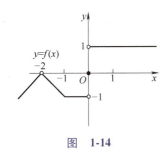

图　1-14

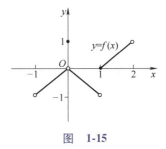

图　1-15

1.5　极限的运算法则

本节要求:通过本节的学习,学生应能够进行数列和函数的极限的四则运算,并能够计算复合函数的极限.

前面介绍了数列和函数的极限的定义,但没有给出求极限的方法,本节讨论极限的运算法则,并用这些法则求一些函数的极限.

在下面的讨论中,记号"lim"下面没有标明自变量的变化过程,实际上,下面的定理对 $x \to x_0$ 及 $x \to \infty$ 都是成立的.

1.5.1　极限的四则运算法则

定理 1.5.1　　设 $\lim f(x) = A$,$\lim g(x) = B$,则

（1）$\lim(f(x)\pm g(x))=\lim f(x)\pm\lim g(x)=A\pm B$；

（2）$\lim(f(x)\cdot g(x))=\lim f(x)\cdot\lim g(x)=A\cdot B$；

（3）$\lim\dfrac{f(x)}{g(x)}=\dfrac{\lim f(x)}{\lim g(x)}=\dfrac{A}{B}$（这里要求 $B\neq0$）．

注　定理 1.5.1 中的（1）和（2）可推广到有限个函数的情形．

推论 1　设 $\lim f(x)$ 存在，c 为常数，则
$$\lim[cf(x)]=c[\lim f(x)].$$

由推论 1 知，求极限时，常数可以提到极限记号外．这是因为 $\lim c=c$．

推论 2　设 $\lim f_1(x),\lim f_2(x),\cdots,\lim f_n(x)$（$n$ 为有限项）都存在，$c_1,c_2,\cdots,c_n$ 为常数，则
$$\lim[c_1f_1(x)+c_2f_2(x)+\cdots+c_nf_n(x)]=c_1\lim f_1(x)$$
$$+c_2\lim f_2(x)+\cdots+c_n\lim f_n(x).$$

推论 3　设 $\lim f_1(x),\lim f_2(x),\cdots,\lim f_n(x)$（$n$ 为有限项）都存在，则
$$\lim[f_1(x)\cdot f_2(x)\cdot\cdots\cdot f_n(x)]=\lim f_1(x)\cdot\lim f_2(x)\cdot\cdots\cdot\lim f_n(x).$$
特别地，若 $\lim f(x)$ 存在，而 n 为正整数，则
$$\lim[f(x)]^n=[\lim f(x)]^n.$$

由推论 2
$$\lim_{x\to x_0}x^n=\left(\lim_{x\to x_0}x\right)^n=x_0^n.$$

下面通过一些具体的例子来理解以上法则在极限运算中是如何应用的．

例 1.5.1　求 $\lim\limits_{x\to1}(2x^2-3x+1)$．

解　由推论 2、推论 3 得
$$\lim_{x\to1}(2x^2-3x+1)=\lim_{x\to1}2x^2-\lim_{x\to1}3x+\lim_{x\to1}1$$
$$=2\lim_{x\to1}x^2-3\lim_{x\to1}x+1$$
$$=2\times1^2-3\times1+1=0.$$

例 1.5.2　设 n 次多项式函数 $P_n(x)=a_0x^n+a_1x^{n-1}+\cdots+a_n$，其中 $a_0,a_1,\cdots,a_n$ 为常数，且 $a_0\neq0$，对任意 $x_0\in\mathbf{R}$，证明：$\lim\limits_{x\to x_0}P_n(x)=P_n(x_0)$．

证　$\lim\limits_{x\to x_0}P_n(x)=\lim\limits_{x\to x_0}(a_0x^n+a_1x^{n-1}+\cdots+a_n)$
$$=a_0\lim_{x\to x_0}x^n+a_1\lim_{x\to x_0}x^{n-1}+\cdots+\lim_{x\to x_0}a_n$$
$$=a_0x_0^n+a_1x_0^{n-1}+\cdots+a_n$$
$$=P_n(x_0).$$

注　求多项式函数当 $x\to x_0$ 时的极限，只要把 x_0 代替多项式函数中的 x 就可以了．

例 1.5.3　求 $\lim\limits_{x\to2}\dfrac{x^2+1}{3x^3-2x^2+2}$．

解　因为
$$\lim_{x\to2}(3x^3-2x^2+2)=3\times2^3-2\times2^2+2=18\neq0,$$

所以

$$\lim_{x\to 2}\frac{x^2+1}{3x^3-2x^2+2}=\frac{\lim_{x\to 2}(x^2+1)}{\lim_{x\to 2}(3x^3-2x^2+2)}=\frac{2^2+1}{18}=\frac{5}{18}.$$

设有理分式函数

$$Q(x)=\frac{P_m(x)}{P_n(x)},$$

其中 $P_m(x)=a_0x^m+a_1x^{m-1}+\cdots+a_m$，$P_n(x)=a_0x^n+a_1x^{n-1}+\cdots+a_n$ 分别表示 m 次、n 次多项式.

如果 $P_n(x_0)\neq 0$，则

$$\lim_{x\to x_0}Q(x)=\lim_{x\to x_0}\frac{P_m(x)}{P_n(x)}=\frac{\lim_{x\to x_0}P_m(x)}{\lim_{x\to x_0}P_n(x)}=\frac{P_m(x_0)}{P_n(x_0)}=Q(x_0);$$

如果 $P_n(x_0)=0$，那么关于商的极限的运算法则就不适用了，下面通过"消去零因子法"求这种情形的函数的极限.

例 1.5.4　求 $\lim\limits_{x\to 1}\dfrac{x-1}{x^2-1}$.

解　当 $x\to 1$ 时，分子、分母的极限都是零，这类极限称为 "$\dfrac{0}{0}$" 型未定式.在这里不能直接使用函数商的极限的运算法则.因分子、分母有公因子 $x-1$，当 $x\to 1$ 时，$x\neq 1$，$x-1\neq 0$，可以约去这个不为零的公因子，所以

$$\lim_{x\to 1}\frac{x-1}{x^2-1}=\lim_{x\to 1}\frac{x-1}{(x-1)(x+1)}=\lim_{x\to 1}\frac{1}{x+1}=\frac{1}{2}.$$

例 1.5.5　求 $\lim\limits_{x\to\frac{\pi}{4}}\dfrac{\sin x-\cos x}{\cos 2x}$.

解　因为当 $x\to\dfrac{\pi}{4}$ 时，分子、分母的极限都是零，所以先对分式进行化简，有

$$\frac{\sin x-\cos x}{\cos 2x}=\frac{\sin x-\cos x}{\cos^2 x-\sin^2 x}$$
$$=\frac{\sin x-\cos x}{(\cos x-\sin x)(\cos x+\sin x)},$$

当 $x\to\dfrac{\pi}{4}$ 时，可以约去这个不为零的公因子，所以

$$\lim_{x\to\frac{\pi}{4}}\frac{\sin x-\cos x}{\cos 2x}=\lim_{x\to\frac{\pi}{4}}\frac{-1}{\cos x+\sin x}=-\frac{\sqrt{2}}{2}.$$

例 1.5.6　求 $\lim\limits_{x\to -1}\left(\dfrac{1}{x+1}-\dfrac{3}{x^3+1}\right)$.

解　当 $x\to -1$ 时，$\dfrac{1}{x+1}$，$\dfrac{3}{x^3+1}$ 均趋于 ∞，这类极限称为 "$\infty-\infty$"

型未定式. 在这里不能直接使用函数差的极限的运算法则, 先将差式通分得

$$\frac{1}{x+1} - \frac{3}{x^3+1} = \frac{x^2-x+1-3}{x^3+1} = \frac{(x+1)(x-2)}{(x+1)(x^2-x+1)},$$

因分子、分母有公因子 $x+1$, 当 $x \to -1$ 时, $x+1 \neq 0$, 可以约去这个不为零的公因子, 所以

$$\lim_{x \to -1} \left(\frac{1}{x+1} - \frac{3}{x^3+1} \right) = \lim_{x \to -1} \frac{x-2}{x^2-x+1}$$

$$= \frac{\lim_{x \to -1}(x-2)}{\lim_{x \to -1}(x^2-x+1)}$$

$$= \frac{-1-2}{(-1)^2-(-1)+1} = -1.$$

例 1.5.7 求 $\lim\limits_{x \to 0} \dfrac{\sqrt{1+x^2}-1}{x}$.

解 因为当 $x \to 0$ 时, 分子、分母的极限都是零, 所以先对分式进行分子有理化, 则有

$$\frac{\sqrt{1+x^2}-1}{x} = \frac{(\sqrt{1+x^2}-1)(\sqrt{1+x^2}+1)}{x(\sqrt{1+x^2}+1)}$$

$$= \frac{x^2}{x(\sqrt{1+x^2}+1)},$$

因分子、分母有公因子 x, 当 $x \to 0$ 时, $x \neq 0$, 可以约去这个不为零的公因子, 所以

$$\lim_{x \to 0} \frac{\sqrt{1+x^2}-1}{x} = \lim_{x \to 0} \frac{x}{\sqrt{1+x^2}+1} = \frac{0}{2} = 0.$$

例 1.5.8 求 $\lim\limits_{x \to 4} \dfrac{\sqrt{1+2x}-3}{\sqrt{x}-2}$.

解
$$\lim_{x \to 4} \frac{\sqrt{1+2x}-3}{\sqrt{x}-2} = \lim_{x \to 4} \frac{(\sqrt{1+2x}-3)(\sqrt{1+2x}+3)(\sqrt{x}+2)}{(\sqrt{x}-2)(\sqrt{x}+2)(\sqrt{1+2x}+3)}$$

$$= \lim_{x \to 4} \frac{2(x-4)(\sqrt{x}+2)}{(x-4)(\sqrt{1+2x}+3)}$$

$$= \lim_{x \to 4} \frac{2(\sqrt{x}+2)}{\sqrt{1+2x}+3}$$

$$= \frac{4}{3}.$$

例 1.5.9 求 $\lim\limits_{x \to \infty} \dfrac{2x^3-3x^2+5}{5x^3+2x^2-3}$.

解 当 $x \to \infty$ 时, 分子、分母都趋向于无穷大 (即极限都不存

在),这类极限称为"$\dfrac{\infty}{\infty}$"型未定式,故不能直接应用函数商的极限的运算法则.这里分子、分母同除以变化最快的那一项,即最高次幂 x^3,得

$$\lim_{x\to\infty}\frac{2x^3-3x^2+5}{5x^3+2x^2-3}=\lim_{x\to\infty}\frac{2-\dfrac{3}{x}+\dfrac{5}{x^3}}{5+\dfrac{2}{x}-\dfrac{3}{x^3}}=\frac{2-0+0}{5+0-0}=\frac{2}{5}.$$

例 1.5.10 求 $\lim\limits_{x\to\infty}\dfrac{2x^2+3x-1}{3x^3-2x^2+5}$.

解 将分子、分母同除以它们的最高次幂 x^3,得

$$\lim_{x\to\infty}\frac{2x^2+3x-1}{3x^3-2x^2+5}=\lim_{x\to\infty}\frac{\dfrac{2}{x}+\dfrac{3}{x^2}-\dfrac{1}{x^3}}{3-\dfrac{2}{x}+\dfrac{5}{x^3}}=\frac{0+0-0}{3-0+0}=0.$$

例 1.5.11 求 $\lim\limits_{x\to\infty}\dfrac{3x^3-2x^2+5}{2x^2+3x-1}$.

解 应用例 1.5.10 的结果,当 $x\to\infty$ 时,函数 $\dfrac{2x^2+3x-1}{3x^3-2x^2+5}$ 的极限为零,所以其倒数 $\dfrac{3x^3-2x^2+5}{2x^2+3x-1}$ 的极限应为无穷大,即

$$\lim_{x\to\infty}\frac{3x^3-2x^2+5}{2x^2+3x-1}=\infty.$$

例 1.5.9 ~ 例 1.5.11 是下列一般情形的特例,即当 $a_0\neq0,b_0\neq0$,m 和 n 为非负整数时有

$$\lim_{x\to\infty}\frac{a_0x^m+a_1x^{m-1}+\cdots+a_m}{b_0x^n+b_1x^{n-1}+\cdots+b_n}=\begin{cases}0, & n>m,\\[2mm]\dfrac{a_0}{b_0}, & n=m,\\[2mm]\infty, & n<m.\end{cases} \qquad (1.5.1)$$

例 1.5.12 已知 $\lim\limits_{x\to\infty}\left(\dfrac{x^2}{x+1}-ax+b\right)=1$,则 a,b 应为何值?

解 $\lim\limits_{x\to\infty}\left(\dfrac{x^2}{x+1}-ax+b\right)=\lim\limits_{x\to\infty}\dfrac{(1-a)x^2+(b-a)x+b}{x+1}=1.$

由式(1.5.1)知,分子、分母中 x 的最高次数应该相同,且 x 的最高次幂的系数应该相等,故 $1-a=0,b-a=1$,解得 $a=1,b=2$.

例 1.5.12

例 1.5.13 求 $\lim\limits_{n\to\infty}\dfrac{2^{n+1}+3^{n+1}}{2^n+3^n}$.

解 当 $n\to\infty$ 时,分子、分母都趋向于无穷大,分子、分母同除以 3^{n+1} 得

$$\lim_{n\to\infty}\frac{2^{n+1}+3^{n+1}}{2^n+3^n}=\lim_{n\to\infty}\frac{\left(\frac{2}{3}\right)^{n+1}+1}{\frac{1}{3}\times\left(\frac{2}{3}\right)^n+\frac{1}{3}},$$

当 $n\to\infty$ 时,$\left(\frac{2}{3}\right)^{n+1}$ 和 $\left(\frac{2}{3}\right)^n$ 均趋于 0,故

$$\lim_{n\to\infty}\frac{2^{n+1}+3^{n+1}}{2^n+3^n}=\frac{0+1}{0+\frac{1}{3}}=3.$$

1.5.2 复合函数极限的运算法则

定理 1.5.2 设函数 $y=f(g(x))$ 是由函数 $y=f(u)$ 与函数 $u=g(x)$ 复合而成的,若 $\lim\limits_{x\to x_0}g(x)=u_0$,且 $g(x)\neq u_0$,$\lim\limits_{u\to u_0}f(u)=A$,则 $\lim\limits_{x\to x_0}f(g(x))=A$.

注 (1)定理 1.5.2 对其他类型的极限也有类似的结论.

(2)在实际中,利用复合函数极限的运算法则求极限时,不必事先验证 $\lim\limits_{u\to u_0}f(u)$ 的存在性,因其是否存在会随着计算过程自动显示出来.

(3)定理 1.5.2 是通过变量替换求极限的理论基础,相当于在 $\lim\limits_{x\to x_0}f(g(x))$ 中,令 $u=g(x)$,在极限过程 $x\to x_0$ 中,$u\to u_0$,则

$$\lim_{x\to x_0}f(g(x))=\lim_{u\to u_0}f(u)=A.$$

下面通过具体的例子来理解复合函数极限的运算法则.

例 1.5.14 求 $\lim\limits_{x\to 2}\sqrt{\dfrac{x-2}{x^2-4}}$.

解 由于

$$\lim_{x\to 2}\frac{x-2}{x^2-4}=\lim_{x\to 2}\frac{1}{x+2}=\frac{1}{4},$$

所以

$$\lim_{x\to 2}\sqrt{\frac{x-2}{x^2-4}}\xlongequal{\diamondsuit u=\frac{x-2}{x^2-4}}\lim_{u\to\frac{1}{4}}\sqrt{u}=\frac{1}{2}.$$

通过定理 1.5.2 可求得幂指函数的极限,有如下推论.

推论 4 设 $\lim f(x)=A(A>0)$,$\lim g(x)=B$,则 $\lim f(x)^{g(x)}=A^B$.

1.5.3 同步习题

1. 下列陈述中,哪些是对的,哪些是错的? 如果是对的,说明理由,如果是错的,试给出一个反例.

(1)如果 $\lim\limits_{x\to x_0}f(x)$ 存在,但 $\lim\limits_{x\to x_0}g(x)$ 不存在,那么 $\lim\limits_{x\to x_0}[f(x)+g(x)]$ 不存在;

(2)如果 $\lim\limits_{x\to x_0}f(x)$ 和 $\lim\limits_{x\to x_0}g(x)$ 都不存在,那么 $\lim\limits_{x\to x_0}[f(x)+g(x)]$ 不存在;

（3）如果 $\lim\limits_{x\to x_0}f(x)$ 存在，但 $\lim\limits_{x\to x_0}g(x)$ 不存在，那么 $\lim\limits_{x\to x_0}f(x)\cdot g(x)$ 不存在.

2. 设

$$f(x)=\begin{cases}1,&x\neq1,\\0,&x=1,\end{cases}\qquad g(x)=\begin{cases}1,&x\neq1,\\0,&x=1,\end{cases}$$

求：（1）$\lim\limits_{x\to0}g(x)$，$\lim\limits_{x\to1}f(x)$；

（2）$f(g(x))$，$\lim\limits_{x\to0}f(g(x))$.

3. 求下列函数的极限.

（1）$\lim\limits_{x\to2}(2x^2-5x+3)$；

（2）$\lim\limits_{x\to2}\dfrac{x^2+5}{x-3}$；

（3）$\lim\limits_{x\to1}\dfrac{x^2-2x+1}{x^2-1}$；

（4）$\lim\limits_{x\to0}\dfrac{(x+a)^2-a^2}{x}$；

（5）$\lim\limits_{n\to\infty}\dfrac{4n^2+2}{3n^2+n+1}$；

（6）$\lim\limits_{n\to\infty}\dfrac{\sqrt[3]{n^2+n}}{n}$；

（7）$\lim\limits_{n\to\infty}\dfrac{(-2)^n+5^n}{(-2)^{n+1}+5^{n+1}}$；

（8）$\lim\limits_{x\to\infty}\left(\sqrt{x^2+1}-\sqrt{x^2-1}\right)$；

（9）$\lim\limits_{n\to\infty}\dfrac{1+\dfrac{1}{2}+\dfrac{1}{4}+\cdots+\dfrac{1}{2^n}}{1+\dfrac{1}{5}+\dfrac{1}{5^2}+\cdots+\dfrac{1}{5^n}}$；

（10）$\lim\limits_{x\to+\infty}x\left(3x-\sqrt{9x^2-6}\right)$；

（11）$\lim\limits_{x\to\infty}\dfrac{(x-1)^{10}(3x-1)^{10}}{(x+1)^{20}}$；

（12）$\lim\limits_{x\to1}\left(\dfrac{4}{1-x^4}-\dfrac{3}{1-x^3}\right)$.

1.6　极限存在准则及两个重要极限

本节要求：通过本节的学习，学生应牢记判断极限存在的两个准则，并能够运用两个重要极限计算函数的极限.

这两个准则可以用来解决一些具体的极限问题，同时它们也有很大的理论价值.而且根据两个重要极限能算出许多其他函数的极限.

1.6.1　极限存在准则

1. 两边夹法则

准则 1　如果数列 $\{a_n\}$，$\{b_n\}$，$\{c_n\}$ 满足下列条件：

（1）自某项起，有 $b_n\leqslant a_n\leqslant c_n$；

（2）$\lim\limits_{n\to\infty}b_n=a$，$\lim\limits_{n\to\infty}c_n=a$，

那么数列 $\{a_n\}$ 的极限存在,且 $\lim\limits_{n\to\infty}a_n=a$.

这一准则可以这样理解:由 $\lim\limits_{n\to\infty}b_n=a$, $\lim\limits_{n\to\infty}c_n=a$ 知,当 $n\to\infty$ 时, b_n,c_n 无限接近于 a,而 $b_n\leqslant a_n\leqslant c_n$,因此 a_n 也无限接近于 a.

上述数列极限的两边夹法则可以推广到函数的极限.

准则 2 如果函数 $f(x)$, $g(x)$, $h(x)$ 满足下列条件:

（1）在 x_0 的某去心邻域内,有 $g(x)\leqslant f(x)\leqslant h(x)$;

（2）$\lim\limits_{x\to x_0}g(x)=A$, $\lim\limits_{x\to x_0}h(x)=A$,

那么 $\lim\limits_{x\to x_0}f(x)$ 存在,且极限等于 A.

注 准则 2 对其他类型的极限也有类似的结论.

准则 2 的几何解释如图 1-16 所示.

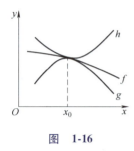

图 1-16

例 1.6.1 求 $\lim\limits_{n\to\infty}\left(\dfrac{1}{\sqrt{n^2+1}}+\dfrac{1}{\sqrt{n^2+2}}+\cdots+\dfrac{1}{\sqrt{n^2+n}}\right)$.

解 由于

$$\frac{n}{\sqrt{n^2+n}}<\frac{1}{\sqrt{n^2+1}}+\frac{1}{\sqrt{n^2+2}}+\cdots+\frac{1}{\sqrt{n^2+n}}<\frac{n}{\sqrt{n^2+1}},$$

而 $\lim\limits_{n\to\infty}\dfrac{n}{\sqrt{n^2+n}}=1$, $\lim\limits_{n\to\infty}\dfrac{n}{\sqrt{n^2+1}}=1$,

由两边夹法则可知 $\lim\limits_{n\to\infty}\left(\dfrac{1}{\sqrt{n^2+1}}+\dfrac{1}{\sqrt{n^2+2}}+\cdots+\dfrac{1}{\sqrt{n^2+n}}\right)=1$.

2. 单调有界准则

首先介绍单调数列的定义.

> **定义 1.6.1** 若数列 $\{a_n\}$ 满足条件
>
> $$a_n\leqslant a_{n+1}(a_n\geqslant a_{n+1}),n\in \mathbf{Z}_+,$$
>
> 则称数列 $\{a_n\}$ 是**单调递增的（单调递减的）**,单调递增和单调递减的数列统称为**单调数列**.

准则 3 单调有界数列必有极限.

从数轴上直观分析,准则 3 的结论是显然的.因为 a_n 作为数轴上的动点,若 $\{a_n\}$ 是单调递增数列,则动点 a_n 只能向右移动,所以只有两种可能情形:

（1）向右无限远离原点;

（2）向右无限趋近于某个定点,也就是说数列 $\{a_n\}$ 趋于一个定值.

由于 $\{a_n\}$ 是一个有界数列,即存在正数 M,使得对任意 $n\in \mathbf{Z}_+$ 满足 $a_n\in[-M,M]$,所以第一种情况是不成立的,从而表明这个数列趋于一个定值,也就是说数列 $\{a_n\}$ 的极限存在,并且数列极限的绝对值不超过 M.

从上面的分析不难得到下面的结论:单调递增（单调递减）有

上界(下界)的数列必有极限.

例 1.6.2 讨论数列 $\sqrt{2}$,$\sqrt{2+\sqrt{2}}$,$\sqrt{2+\sqrt{2+\sqrt{2}}}$,… 的极限是否存在,若存在,求出该极限.

解 设 $$a_n=\sqrt{2+\sqrt{2+\cdots+\sqrt{2+\sqrt{2}}}}\ .$$
显然有 $a_{n+1}\geqslant a_n$,故数列 $\{a_n\}$ 单调.

又 $a_1=\sqrt{2}<2$,假设 $a_n<2$.
于是 $a_{n+1}=\sqrt{2+a_n}<\sqrt{2+2}=2$.
故数列 $\{a_n\}$ 有界.

因此,$\lim\limits_{n\to\infty}a_n$ 存在.

设 $\lim\limits_{n\to\infty}a_n=a$.而 $a_{n+1}=\sqrt{2+a_n}$,两边取极限,有 $a=\sqrt{2+a}$.
解得 $a=2$,即 $\lim\limits_{n\to\infty}a_n=2$.

1.6.2 两个重要极限

1. $\lim\limits_{x\to0}\dfrac{\sin x}{x}=1$.

证 首先注意到,函数 $\dfrac{\sin x}{x}$ 对于一切 $x\neq0$ 都有意义,并且当 x 改变符号时,函数值的符号不变,即 $\dfrac{\sin x}{x}$ 是一个偶函数,所以只需对 x 从右侧趋近于零时来论证,即只需证明

$$\lim\limits_{x\to0^+}\frac{\sin x}{x}=1.$$

作单位圆,设圆心角 $\angle BOC=x\left(0<x<\dfrac{\pi}{2}\right)$,过点 B 的切线与 OC 的延长线相交于 D,又 $CA\perp OB$,由图 1-17 知
$$\sin x=AC,\ x=BC,\ \tan x=BD.$$
而
$\triangle OBC$ 的面积 < 扇形 OBC 的面积 < $\triangle OBD$ 的面积,
故
$$\frac{1}{2}\sin x<\frac{1}{2}x<\frac{1}{2}\tan x,$$
即
$$\sin x<x<\tan x,$$
不等号两边都除以 $\sin x(\sin x>0)$,得
$$1<\frac{x}{\sin x}<\frac{1}{\cos x}\ 或\ \cos x<\frac{\sin x}{x}<1,$$
又知
$$\lim\limits_{x\to0^+}\cos x=1,$$

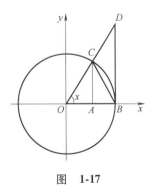

图 1-17

根据两边夹法则可得

$$\lim_{x\to 0^+}\frac{\sin x}{x}=1,$$

综上所述, $\lim\limits_{x\to 0}\dfrac{\sin x}{x}=1$.

例 1. 6. 3　求 $\lim\limits_{x\to 0}\dfrac{\tan x}{x}$.

解　$\lim\limits_{x\to 0}\dfrac{\tan x}{x}=\lim\limits_{x\to 0}\left(\dfrac{\sin x}{x}\cdot\dfrac{1}{\cos x}\right)=\lim\limits_{x\to 0}\dfrac{\sin x}{x}\cdot\lim\limits_{x\to 0}\dfrac{1}{\cos x}=1.$

例 1. 6. 4　求 $\lim\limits_{x\to 0}\dfrac{\sin 3x}{x}$.

解　令 $u=3x$, 则当 $x\to 0$ 时, $u\to 0$, 所以

$$\lim_{x\to 0}\frac{\sin 3x}{x}=3\lim_{x\to 0}\frac{\sin 3x}{3x}=3\lim_{u\to 0}\frac{\sin u}{u}=3\times 1=3.$$

注　如果正弦函数符号后面的变量与分母的变量相同, 且都趋于零, 则有

$$\lim_{f(x)\to 0}\frac{\sin f(x)}{f(x)}=1,\quad \lim_{f(x)\to 0}\frac{\tan f(x)}{f(x)}=1.$$

例 1. 6. 5　求 $\lim\limits_{x\to 0}\dfrac{1-\cos x}{x^2}$.

解　$\lim\limits_{x\to 0}\dfrac{1-\cos x}{x^2}=\lim\limits_{x\to 0}\dfrac{2\sin^2\dfrac{x}{2}}{x^2}=\dfrac{1}{2}\lim\limits_{x\to 0}\dfrac{\sin^2\dfrac{x}{2}}{\left(\dfrac{x}{2}\right)^2}$

$$=\frac{1}{2}\lim_{x\to 0}\left(\frac{\sin\dfrac{x}{2}}{\dfrac{x}{2}}\right)^2=\frac{1}{2}\left(\lim_{x\to 0}\frac{\sin\dfrac{x}{2}}{\dfrac{x}{2}}\right)^2$$

$$=\frac{1}{2}\times 1^2=\frac{1}{2}.$$

例 1. 6. 6　求 $\lim\limits_{x\to 0}\dfrac{\sin 3x}{\tan 4x}$.

解　$\lim\limits_{x\to 0}\dfrac{\sin 3x}{\tan 4x}=\lim\limits_{x\to 0}\dfrac{\sin 3x}{3x}\cdot\dfrac{4x}{\tan 4x}\cdot\dfrac{3}{4}$

$$=\lim_{x\to 0}\frac{\sin 3x}{3x}\cdot\lim_{x\to 0}\frac{4x}{\tan 4x}\cdot\lim_{x\to 0}\frac{3}{4}$$

$$=\frac{3}{4}.$$

例 1. 6. 7　求 $\lim\limits_{x\to 0}\dfrac{\arcsin x}{x}$.

解　令 $u=\arcsin x$, 则 $x=\sin u$, 当 $x\to 0$ 时, $u\to 0$, 所以

$$\lim_{x\to 0}\frac{\arcsin x}{x}=\lim_{u\to 0}\frac{u}{\sin u}=1.$$

2. $\lim\limits_{x\to\infty}\left(1+\dfrac{1}{x}\right)^{x}=\mathrm{e}.$

证　第一步：考虑 x 取正整数 n，且 $n\to+\infty$ 的情形来证明.

设 $a_{n}=\left(1+\dfrac{1}{n}\right)^{n}$，证明数列 $\{a_n\}$ 单调递增并且有界.

$$
\begin{aligned}
a_{n}&=\left(1+\frac{1}{n}\right)^{n}\\
&=\mathrm{C}_{n}^{0}1^{n}\left(\frac{1}{n}\right)^{0}+\mathrm{C}_{n}^{1}1^{n-1}\left(\frac{1}{n}\right)^{1}+\cdots+\mathrm{C}_{n}^{n}1^{0}\left(\frac{1}{n}\right)^{n}\\
&=1+\frac{n}{1!}\frac{1}{n}+\frac{n(n-1)}{2!}\frac{1}{n^{2}}+\frac{n(n-1)(n-2)}{3!}\frac{1}{n^{3}}+\cdots+\\
&\quad\frac{n(n-1)\cdots(n-n+1)}{n!}\frac{1}{n^{n}}\\
&=1+\frac{1}{1!}+\frac{1}{2!}\left(1-\frac{1}{n}\right)+\frac{1}{3!}\left(1-\frac{1}{n}\right)\left(1-\frac{2}{n}\right)+\cdots+\\
&\quad\frac{1}{n!}\left(1-\frac{1}{n}\right)\left(1-\frac{2}{n}\right)\cdots\left(1-\frac{n-1}{n}\right)
\end{aligned}
$$

由 a_{n} 表达式可知，

$$
\begin{aligned}
a_{n+1}&=\left(1+\frac{1}{n+1}\right)^{n+1}\\
&=1+\frac{1}{1!}+\frac{1}{2!}\left(1-\frac{1}{n+1}\right)+\frac{1}{3!}\left(1-\frac{1}{n+1}\right)\left(1-\frac{2}{n+1}\right)+\cdots+\\
&\quad\frac{1}{n!}\left(1-\frac{1}{n+1}\right)\left(1-\frac{2}{n+1}\right)\cdots\left(1-\frac{n-1}{n+1}\right)+\\
&\quad\frac{1}{(n+1)!}\left(1-\frac{1}{n+1}\right)\left(1-\frac{2}{n+1}\right)\cdots\left(1-\frac{n}{n+1}\right),
\end{aligned}
$$

比较 a_{n},a_{n+1} 的展开式，可以看到除前两项外，a_{n} 的每一项都小于 a_{n+1} 的对应项，并且 a_{n+1} 还多了最后一个非零项，因此 $a_{n}<a_{n+1}$，即 $\{a_{n}\}$ 是单调递增数列.

又因为 $1-\dfrac{1}{n},1-\dfrac{2}{n},\cdots,1-\dfrac{n-1}{n}$ 都小于 1，所以

$$a_{n}<1+\frac{1}{1!}+\frac{1}{2!}+\frac{1}{3!}+\cdots+\frac{1}{n!}<1+1+\frac{1}{2}+\frac{1}{2^{2}}+\cdots+\frac{1}{2^{n-1}}=1+\frac{1-\dfrac{1}{2^{n}}}{1-\dfrac{1}{2}}=3-\frac{1}{2^{n-1}}<3,$$

即数列 $\{a_{n}\}$ 是单调递增有上界数列，根据极限存在准则 2，数列 $\{a_{n}\}$ 的极限存在，将此极限记为 e，即 $\lim\limits_{n\to\infty}\left(1+\dfrac{1}{n}\right)^{n}=\mathrm{e}.$

第二步:首先考虑当 $x\rightarrow+\infty$ 时的情形,即证明

$$\lim_{x\rightarrow+\infty}\left(1+\frac{1}{x}\right)^{x}=\mathrm{e}.$$

设 $\{x_n\}$ 是趋于 $+\infty$ 任一单调递增正实数数列,则必存在正整数数列 $\{b_n\}$,使得

$$b_n\leqslant x_n<b_n+1,$$

由此可得

$$\frac{1}{b_n+1}<\frac{1}{x_n}\leqslant\frac{1}{b_n},$$

$$\left(1+\frac{1}{b_n+1}\right)^{b_n}<\left(1+\frac{1}{x_n}\right)^{x_n}<\left(1+\frac{1}{b_n}\right)^{b_n+1},$$

又因为

$$\lim_{n\rightarrow\infty}\left(1+\frac{1}{b_n+1}\right)^{b_n}=\lim_{n\rightarrow\infty}\frac{\left(1+\dfrac{1}{b_n+1}\right)^{b_n+1}}{1+\dfrac{1}{b_n+1}}=\mathrm{e},$$

$$\lim_{n\rightarrow\infty}\left(1+\frac{1}{b_n}\right)^{b_n+1}=\lim_{n\rightarrow\infty}\left(1+\frac{1}{b_n}\right)^{b_n}\cdot\left(1+\frac{1}{b_n}\right)=\mathrm{e},$$

由两边夹法则知

$$\lim_{x_n\rightarrow\infty}\left(1+\frac{1}{x_n}\right)^{x_n}=\mathrm{e},$$

由实数列 $\{x_n\}$ 的任意性知,

$$\lim_{x\rightarrow+\infty}\left(1+\frac{1}{x}\right)^{x}=\mathrm{e}.$$

对于 $x\rightarrow-\infty$ 时的情形,采用类似 $x\rightarrow+\infty$ 时的推导过程,只需令 $x_n=-y_n$ 即可,这里不再赘述.

综上所述 　　　　　$\lim\limits_{x\rightarrow\infty}\left(1+\dfrac{1}{x}\right)^{x}=\mathrm{e}.$

注　这个极限也可换成另一种形式.

令 $u=\dfrac{1}{x}$,当 $x\rightarrow\infty$ 时,$u\rightarrow0$,于是有

$$\lim_{x\rightarrow\infty}\left(1+\frac{1}{x}\right)^{x}=\lim_{u\rightarrow0}(1+u)^{\frac{1}{u}}=\mathrm{e}.$$

例 1.6.8　求 $\lim\limits_{x\rightarrow0}(1+3x)^{\frac{1}{x}}$.

解　$\lim\limits_{x\rightarrow0}(1+3x)^{\frac{1}{x}}=\lim\limits_{x\rightarrow0}(1+3x)^{\frac{1}{3x}\cdot3}$

$$=\lim_{x\rightarrow0}\left[(1+3x)^{\frac{1}{3x}}\right]^{3}$$

$$=\left[\lim_{x\rightarrow0}(1+3x)^{\frac{1}{3x}}\right]^{3}=\mathrm{e}^{3}.$$

例 1.6.9　求 $\lim\limits_{x\rightarrow\infty}\left(1-\dfrac{1}{x}\right)^{x}$.

解 $\lim\limits_{x\to\infty}\left(1-\dfrac{1}{x}\right)^x=\lim\limits_{x\to\infty}\left(1+\dfrac{1}{-x}\right)^{(-x)(-1)}$

$=\lim\limits_{x\to\infty}\dfrac{1}{\left(1+\dfrac{1}{-x}\right)^{-x}}$

$=\dfrac{1}{\lim\limits_{x\to\infty}\left(1+\dfrac{1}{-x}\right)^{-x}}=\dfrac{1}{\mathrm{e}}.$

例 1.6.10 求 $\lim\limits_{n\to\infty}\left(\dfrac{n}{n+1}\right)^n$.

解 由 $\left(\dfrac{n}{n+1}\right)^n=\left(\dfrac{1}{1+\dfrac{1}{n}}\right)^n=\dfrac{1}{\left(1+\dfrac{1}{n}\right)^n}$,得

$\lim\limits_{n\to\infty}\left(\dfrac{n}{n+1}\right)^n=\lim\limits_{n\to\infty}\dfrac{1}{\left(1+\dfrac{1}{n}\right)^n}$

$=\dfrac{1}{\lim\limits_{n\to\infty}\left(1+\dfrac{1}{n}\right)^n}=\dfrac{1}{\mathrm{e}}.$

例 1.6.11 求 $\lim\limits_{x\to\infty}\left(\dfrac{x+1}{x-1}\right)^x$.

例 1.6.11

解法一 $\lim\limits_{x\to\infty}\left(\dfrac{x+1}{x-1}\right)^x=\lim\limits_{x\to\infty}\left(1+\dfrac{2}{x-1}\right)^x=\lim\limits_{x\to\infty}\left(1+\dfrac{2}{x-1}\right)^{\frac{x-1}{2}\cdot\frac{2x}{x-1}}$

$=\mathrm{e}^2;$

解法二 $\lim\limits_{x\to\infty}\left(\dfrac{x+1}{x-1}\right)^x=\lim\limits_{x\to\infty}\left(\dfrac{1+\dfrac{1}{x}}{1-\dfrac{1}{x}}\right)^x$

$=\dfrac{\lim\limits_{x\to\infty}\left(1+\dfrac{1}{x}\right)^x}{\lim\limits_{x\to\infty}\left(1-\dfrac{1}{x}\right)^x}=\dfrac{\mathrm{e}}{\dfrac{1}{\mathrm{e}}}=\mathrm{e}^2.$

例 1.6.12 求 $\lim\limits_{x\to0}\dfrac{\ln(1+x)}{x}$.

解 $\lim\limits_{x\to0}\dfrac{\ln(1+x)}{x}=\lim\limits_{x\to0}\left[\dfrac{1}{x}\ln(1+x)\right]$

$=\lim\limits_{x\to0}\ln(1+x)^{\frac{1}{x}}$

$=\ln\mathrm{e}=1.$

例 1.6.13 求 $\lim\limits_{x\to0}\dfrac{\mathrm{e}^x-1}{x}$.

解 令 $u=\mathrm{e}^x-1$,即 $x=\ln(1+u)$,则当 $x\to0$ 时,$u\to0$,于是

$$\lim_{x \to 0} \frac{e^x - 1}{x} = \lim_{u \to 0} \frac{u}{\ln(1+u)},$$

利用例 1.6.12 的结果,可知上述极限为 1,即 $\lim\limits_{x \to 0} \dfrac{e^x - 1}{x} = 1$.

例 1.6.14　求 $\lim\limits_{x \to 0} (1+x)^{\frac{3}{\tan x}}$.

解　　　　$\lim\limits_{x \to 0} (1+x)^{\frac{3}{\tan x}} = \lim\limits_{x \to 0} \left[(1+x)^{\frac{1}{x}} \right]^{\frac{3x}{\tan x}},$

而

$$\lim_{x \to 0} (1+x)^{\frac{1}{x}} = e, \lim_{x \to 0} \frac{3x}{\tan x} = 3,$$

由幂指函数极限的求法,得

$$\lim_{x \to 0} (1+x)^{\frac{3}{\tan x}} = e^3.$$

1.6.3　同步习题

1. 证明: $\lim\limits_{x \to 0^+} x \left[\dfrac{1}{x} \right] = 1$.

2. 设 $a_1 = 10, a_{n+1} = \sqrt{6 + a_n} \ (n = 1, 2, \cdots)$,试证数列 $\{a_n\}$ 的极限存在,并求此极限.

3. 已知 $\lim\limits_{x \to 0} \dfrac{\sin mx}{2x} = \dfrac{2}{3}$, $m = $ _____.

4. 求下列函数的极限.

(1) $\lim\limits_{x \to 0} \dfrac{\sin 2x}{\tan 3x}$;

(2) $\lim\limits_{x \to 0} \dfrac{\arctan x}{x}$;

(3) $\lim\limits_{x \to 0} \dfrac{\sin^2 2x}{x^2}$;

(4) $\lim\limits_{x \to \infty} x \sin \dfrac{1}{x}$;

(5) $\lim\limits_{x \to 0} \dfrac{x^3 + \sin 2x}{x}$;

(6) $\lim\limits_{x \to \pi} \dfrac{\sin x}{x - \pi}$;

(7) $\lim\limits_{x \to \infty} \left(1 + \dfrac{3}{x} \right)^x$;

(8) $\lim\limits_{x \to 0} (1 + 2\tan^2 x)^{\cot^2 x}$;

(9) $\lim\limits_{x \to \infty} \left(1 + \dfrac{1}{x+1} \right)^x$;

(10) $\lim\limits_{x \to \infty} \left(\dfrac{x-1}{x+1} \right)^x$;

(11) $\lim\limits_{x \to 0} \left(\dfrac{\sqrt{1+\tan x} - \sqrt{1-\tan x}}{\sin x} \right)$;

(12) $\lim\limits_{x \to 0} \left(\dfrac{2x-1}{3x-1} \right)^{\frac{1}{x}}$.

1.7　无穷小量与无穷大量

本节要求:通过本节的学习,学生应能够比较出两个无穷小量的阶,并能够运用无穷小代换原理计算函数的极限.

在高等数学中,无穷小量无论在理论上还是应用上都起着非常重要的作用,为此,下面介绍无穷小量与无穷大量.无穷小量之间的商是个复杂的结果,下面分情况做出讨论.

1.7.1 无穷小量

定义 1.7.1 如果函数 $f(x)$ 当 $x \to x_0$(或 $x \to \infty$)时的极限为零,那么称函数 $f(x)$ 为当 $x \to x_0$(或 $x \to \infty$)时的**无穷小量**,简称**无穷小**.

例如,因为 $\lim\limits_{x \to 0} \sin x = 0$,所以函数 $\sin x$ 是当 $x \to 0$ 时的无穷小;因为 $\lim\limits_{x \to -\infty} \mathrm{e}^x = 0$,所以函数 e^x 是当 $x \to -\infty$ 时的无穷小;同理,函数 $\dfrac{1}{x}$ 是当 $x \to \infty$ 时的无穷小.

注 (1)定义 1.7.1 中的极限还包括其他类型函数极限,例如 $x \to x_0^+$,$x \to +\infty$ 等;

(2)无穷小量是一个以 0 为极限的变量,而不是一个绝对值很小的数,而 0 是作为无穷小量的唯一常数,它是无穷小量的一个特例;

(3)无穷小量是相对于自变量的某一具体变化过程而言的.例如,当 $x \to \infty$ 时,$\dfrac{1}{x}$ 是无穷小量,但当 $x \to 1$ 时,$\dfrac{1}{x}$ 就不是无穷小量了.

函数的极限与无穷小量之间存在密切联系,下面的定理说明了二者之间的关系.

定理 1.7.1 $\lim\limits_{x \to x_0} f(x) = A$ 成立的充分必要条件

$$f(x) = A + \alpha(x),$$

其中 $\alpha(x)$ 为 $x \to x_0$ 时的无穷小量.

证 先证必要性:

由 $\lim\limits_{x \to x_0} f(x) = A$ 及极限的四则运算法则知,

$$\lim_{x \to x_0} [f(x) - A] = \lim_{x \to x_0} f(x) - \lim_{x \to x_0} A = A - A = 0,$$

故 $f(x) - A$ 是 $x \to x_0$ 时的无穷小量.

记 $\alpha(x) = f(x) - A$,则 $\alpha(x)$ 为 $x \to x_0$ 时的无穷小量,故必要性得证.

再证充分性:

由 $f(x) = A + \alpha(x)$,其中 $\alpha(x)$ 为 $x \to x_0$ 时的无穷小量,得

$$\lim_{x \to x_0} [f(x) - A] = \lim_{x \to x_0} \alpha(x) = 0,$$

故

$$\lim_{x \to x_0} f(x) = \lim_{x \to x_0} [(f(x) - A) + A] = \lim_{x \to x_0} (f(x) - A) + \lim_{x \to x_0} A = A.$$

充分性得证.

由定理 1.7.1,不难证明无穷小量有以下性质.

性质1　有限个无穷小量的代数和是无穷小量.

性质2　有界函数与无穷小量的乘积是无穷小量.

推论1　常数与无穷小量的乘积是无穷小量.

推论2　有极限的变量与无穷小的乘积是无穷小.

推论3　有限个无穷小量的乘积是无穷小量.

下面仅针对 $x \to x_0$ 的情形证明性质1和性质2,其余的留给读者去完成.

性质1的证明:

考虑两个无穷小量的和.

设 $\alpha(x), \beta(x)$ 是 $x \to x_0$ 时的无穷小量,则 $\lim\limits_{x \to x_0}\alpha(x) = 0, \lim\limits_{x \to x_0}\beta(x) = 0$,所以

$$\lim_{x \to x_0}\left[\alpha(x) + \beta(x)\right] = \lim_{x \to x_0}\alpha(x) + \lim_{x \to x_0}\beta(x) = 0.$$

即

$$\alpha(x) + \beta(x) \text{ 是 } x \to x_0 \text{ 时的无穷小量.}$$

有限个无穷小量之和的情形可以同样证明.

性质2的证明:

设 $f(x)$ 是 $x \to x_0$ 时的有界函数,则存在正常数 M,使得当 $x \to x_0$ 时,

$$|f(x)| \leqslant M.$$

设 $\alpha(x)$ 是 $x \to x_0$ 时的无穷小,当 $x \to x_0$ 时,

$$0 \leqslant |f(x)\alpha(x)| \leqslant |f(x)||\alpha(x)| \leqslant M|\alpha(x)|,$$

而

$$\lim_{x \to x_0}M|\alpha(x)| = M\lim_{x \to x_0}|\alpha(x)| = 0, \lim 0 = 0,$$

由两边夹法则得

$$\lim_{x \to x_0}f(x)\alpha(x) = 0,$$

所以 $f(x)\alpha(x)$ 是 $x \to x_0$ 时的无穷小.

例1.7.1　求 $\lim\limits_{x \to 0}x\sin\dfrac{1}{x}$.

解　当 $x \to 0$ 时,函数 x 为无穷小量,而 $\left|\sin\dfrac{1}{x}\right| \leqslant 1$,即函数 $\sin\dfrac{1}{x}$ 是有界函数,由性质2知,$x\sin\dfrac{1}{x}$ 是 $x \to 0$ 时的无穷小量,故

$$\lim_{x \to 0}x\sin\frac{1}{x} = 0.$$

例1.7.2　求 $\lim\limits_{n \to \infty}\left(\dfrac{1}{n^2} + \dfrac{2}{n^2} + \cdots + \dfrac{n-1}{n^2}\right)$.

解　当 $n \to \infty$ 时,式中每一项都是无穷小量,但由于项数随 n 增大而不断增加,故不是有限项之和,而是无穷个无穷小量之和,因此不能直接利用性质1.

由于

$$\frac{1}{n^2}+\frac{2}{n^2}+\cdots+\frac{n-1}{n^2}=\frac{1+2+\cdots+n-1}{n^2}=\frac{n(n-1)}{2n^2}=\frac{n^2-n}{2n^2},$$

所以

$$\lim_{n\to\infty}\left(\frac{1}{n^2}+\frac{2}{n^2}+\cdots+\frac{n-1}{n^2}\right)=\lim_{n\to\infty}\left(\frac{n^2-n}{2n^2}\right)=\frac{1}{2}.$$

由例 1.7.2 知无穷个无穷小量之和不一定是无穷小量.

1.7.2　无穷大量

与无穷小量相反的一类变量是无穷大量.

定义 1.7.2　如果当 $x\to x_0$（或 $x\to\infty$）时，函数 $f(x)$ 的绝对值无限增大，那么称函数 $f(x)$ 为 $x\to x_0$（或 $x\to\infty$）时的**无穷大量**，简称**无穷大**.

注　（1）函数 $f(x)$ 为当 $x\to x_0$（或 $x\to\infty$）时的无穷大量，按照函数极限的定义来说，极限是不存在的，但为了表示函数的这一性态，也称函数极限是无穷大，并记作 $\lim\limits_{x\to x_0}f(x)=\infty$（或 $\lim\limits_{x\to\infty}f(x)=\infty$）.

（2）无穷大量不是一个很大的数，而是一个变量，且在自变量的某个变化过程中其绝对值无限增大.

（3）无穷大量与自变量某一变化过程有关. 例如，当 $x\to0$ 时，$\dfrac{1}{x}$ 是无穷大量，但当 $x\to1$ 时，$\dfrac{1}{x}$ 就不是无穷大量了.

无穷大量与无穷小量之间有十分密切的联系，通过下面的定理给出二者之间的关系.

定理 1.7.2　在自变量的同一变化过程中，如果 $f(x)$ 为无穷大量，那么 $\dfrac{1}{f(x)}$ 为无穷小量；如果 $f(x)$ 为无穷小量，且不等于零，那么 $\dfrac{1}{f(x)}$ 为无穷大量.

注　与无穷小量不同的是，在自变量的同一变化过程中，两个无穷大量相加或相减的结果是不确定的. 因此无穷大量没有无穷小量那样类似的性质，要具体问题具体分析.

例 1.7.3　求 $\lim\limits_{x\to1}\dfrac{1}{x^2-1}$.

解　当 $x\to1$ 时，x^2-1 是无穷小量，由定理 1.7.2 知，$\dfrac{1}{x^2-1}$ 是 $x\to1$ 时的无穷大量，即

$$\lim_{x\to1}\frac{1}{x^2-1}=\infty.$$

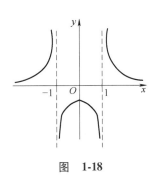

图　1-18

如图 1-18 所示，直线 $x=1$ 是函数 $y=\dfrac{1}{x^2-1}$ 的垂直渐近线.

一般地说,如果$\lim\limits_{x \to x_0} f(x) = \infty$,那么称直线$x = x_0$是函数$y = f(x)$的**垂直渐近线**.

显然,直线$x = -1$是函数$y = \dfrac{1}{x^2 - 1}$的垂直渐近线.

1.7.3 无穷小的比较

由无穷小的性质可知,两个无穷小的和、差、积仍为无穷小,但是对于两个无穷小的商,必须具体分析,不可一概而论.例如,当$x \to 0$时,函数$x, x^2, \sin x$都是无穷小,但是$\lim\limits_{x \to 0} \dfrac{x^2}{x} = 0$,$\lim\limits_{x \to 0} \dfrac{x}{x^2} = \infty$,$\lim\limits_{x \to 0} \dfrac{\sin x}{x} = 1$.

两个无穷小之比的极限的各种不同情形反映了不同的无穷小趋于零的"快慢程度".当$x \to 0$时,观察函数$x, x^2, \sin x$趋于零的快慢程度,见表1-4.

表　1-4

x	1	0.1	0.01	0.001	$\cdots \to 0$
$\sin x$	0.8415	0.0998	0.0099998	0.0009999998	$\cdots \to 0$
x^2	1	0.01	0.0001	0.000001	$\cdots \to 0$

显然,$x^2 \to 0$比$x \to 0$"快些",而$x \to 0$比$x^2 \to 0$"慢些",$x \to 0$与$\sin x \to 0$"快慢相仿".

为了比较无穷小趋于零的快慢程度,引入无穷小的阶的概念.

定义 1.7.3　设α, β是自变量在同一变化过程中的两个无穷小量,且$\alpha \neq 0$,

(1) 若$\lim \dfrac{\beta}{\alpha} = 0$,则称$\beta$是比$\alpha$**高阶的无穷小**,记作$\beta = o(\alpha)$;

(2) 若$\lim \dfrac{\beta}{\alpha} = \infty$,则称$\beta$是比$\alpha$**低阶的无穷小**;

(3) 若$\lim \dfrac{\beta}{\alpha} = c \neq 0$,则称$\beta$与$\alpha$是**同阶无穷小**;

(4) 若$\lim \dfrac{\beta}{\alpha} = 1$,则称$\beta$与$\alpha$是**等价无穷小**,记作$\alpha \sim \beta$或$\beta \sim \alpha$;

(5) 若$\lim \dfrac{\beta}{\alpha^k} = c \neq 0, k > 0$,则称$\beta$是关于$\alpha$的$k$**阶无穷小**.

显然,等价无穷小是同阶无穷小的特例,即$c = 1$的情形.

由上面的讨论可知,当$x \to 0$时,$\sin x$与x是等价无穷小,x^2是比x高阶的无穷小,而x是比x^2低阶的无穷小.

1.7.4 无穷小代换原理

关于等价无穷小,有一个非常重要的性质,即等价无穷小可以互相代换,通常把这个性质称为**无穷小代换原理**.

定理 1.7.3 设 $\alpha \sim \alpha', \beta \sim \beta'$,且 $\lim \dfrac{\alpha'}{\beta'}$ 存在,则

$$\lim \frac{\alpha}{\beta} = \lim \frac{\alpha'}{\beta'}.$$

证 $\lim \dfrac{\alpha}{\beta} = \lim \dfrac{\alpha}{\alpha'} \cdot \dfrac{\alpha'}{\beta'} \cdot \dfrac{\beta'}{\beta} = \lim \dfrac{\alpha}{\alpha'} \cdot \lim \dfrac{\alpha'}{\beta'} \cdot \lim \dfrac{\beta'}{\beta} = \lim \dfrac{\alpha'}{\beta'}.$

例 1.7.4 求 $\lim\limits_{x \to 0} \dfrac{\sin 3x}{\tan 5x}$.

解 当 $x \to 0$ 时,$\sin 3x \sim 3x$,$\tan 5x \sim 5x$,所以

$$\lim_{x \to 0} \frac{\sin 3x}{\tan 5x} = \lim_{x \to 0} \frac{3x}{5x} = \frac{3}{5}.$$

显然,利用无穷小代换原理求极限,可以大大简化计算,下面给出常见的等价无穷小.

当 $x \to 0$ 时,

$x \sim \sin x \sim \tan x \sim \arcsin x \sim \arctan x \sim \ln(1+x) \sim e^x - 1$;

$1 - \cos x \sim \dfrac{1}{2} x^2$;

$a^x - 1 \sim x \ln a \,(a > 0 \text{ 且 } a \neq 1)$;

$(1+x)^{\frac{1}{n}} - 1 \sim \dfrac{1}{n} x \,(n \in \mathbf{N}_+)$;

当 $x \to 1$ 时,$\ln x \sim x - 1$.

例 1.7.5 求 $\lim\limits_{x \to 0} \dfrac{e^x - 1}{x^2 + 5x}$.

解 当 $x \to 0$ 时,$e^x - 1 \sim x$,所以

$$\lim_{x \to 0} \frac{e^x - 1}{x^2 + 5x} = \lim_{x \to 0} \frac{x}{x(x+5)} = \lim_{x \to 0} \frac{1}{x+5} = \frac{1}{5}.$$

例 1.7.6 $\lim\limits_{x \to 0} \dfrac{\tan x - \sin x}{\sin^3 x}$.

解 $\dfrac{\tan x - \sin x}{\sin^3 x} = \dfrac{\tan x (1 - \cos x)}{\sin^3 x}$.

当 $x \to 0$ 时,$\sin x \sim x$,$\tan x \sim x$,$1 - \cos x \sim \dfrac{1}{2} x^2$,所以

$$\lim_{x \to 0} \frac{\tan x - \sin x}{\sin^3 x} = \lim_{x \to 0} \frac{\tan x (1 - \cos x)}{\sin^3 x} = \lim_{x \to 0} \frac{x \cdot \dfrac{1}{2} x^2}{x^3} = \frac{1}{2}.$$

在上述求极限过程中,使用了等价无穷小代换,但应注意,加减的情形应慎重使用,否则可能会得出错误的结果,如

$$\lim_{x\to 0}\frac{\tan x-\sin x}{\sin^3 x}=\lim_{x\to 0}\frac{x-x}{x^3}=0.$$

例 1.7.7　证明：当 $x\to 0$ 时，$(1+x)^{\frac{1}{n}}-1\sim\frac{1}{n}x,n\in\mathbf{N}_+.$

证　由于　　$(1+x)^{\frac{1}{n}}=\mathrm{e}^{\ln(1+x)^{\frac{1}{n}}}=\mathrm{e}^{\frac{1}{n}\ln(1+x)},$

当 $x\to 0$ 时，$\frac{1}{n}\ln(1+x)\to 0$，由 $\mathrm{e}^x-1\sim x(x\to 0)$ 可得

$$(1+x)^{\frac{1}{n}}-1=\mathrm{e}^{\frac{1}{n}\ln(1+x)}-1\sim\frac{1}{n}\ln(1+x),$$

$$\lim_{x\to 0}\frac{(1+x)^{\frac{1}{n}}-1}{\frac{1}{n}x}=\lim_{x\to 0}\frac{\frac{1}{n}\ln(1+x)}{\frac{1}{n}x}=\lim_{x\to 0}\frac{\ln(1+x)}{x}=1,$$

所以，当 $x\to 0$ 时，$(1+x)^{\frac{1}{n}}-1\sim\frac{1}{n}x.$

例 1.7.8

例 1.7.8　求 $\lim_{x\to 0}\dfrac{\left(\sqrt{1+\tan x}-1\right)\left(\sqrt{1+x^2}-1\right)}{(\mathrm{e}^x-1)(1-\cos x)}.$

解　当 $x\to 0$ 时，$\sqrt{1+\tan x}-1\sim\dfrac{\tan x}{2}\sim\dfrac{x}{2}$，$\sqrt{1+x^2}-1\sim\dfrac{x^2}{2}$，$\mathrm{e}^x-1\sim x$，

$1-\cos x\sim\dfrac{1}{2}x^2$，所以

$$\lim_{x\to 0}\frac{\left(\sqrt{1+\tan x}-1\right)\left(\sqrt{1+x^2}-1\right)}{(\mathrm{e}^x-1)(1-\cos x)}=\lim_{x\to 0}\frac{\dfrac{x}{2}\cdot\dfrac{x^2}{2}}{x\cdot\dfrac{x^2}{2}}=\frac{1}{2}.$$

关于等价无穷小，还有一个重要的定理.

定理 1.7.4　α 与 β 是等价无穷小的充分必要条件是 $\alpha=\beta+o(\beta).$

推论　设 β 是无穷小，则 $\beta\sim\beta+o(\beta).$

例 1.7.9　求 $\lim_{x\to 0}\dfrac{\sin 2x}{x+x^3}.$

解　当 $x\to 0$ 时，$\sin 2x\sim 2x$，而 $x^3=o(x)$，由推论得 $x+x^3\sim x$，
所以

$$\lim_{x\to 0}\frac{\sin 2x}{x+x^3}=\lim_{x\to 0}\frac{2x}{x}=2.$$

1.7.5　同步习题

1. 求下列函数的极限.

（1）$\lim\limits_{x\to -1}(x+1)\sin\dfrac{1}{x+1}$；　　　　　　　　（2）$\lim\limits_{x\to\infty}\dfrac{x\cos x}{x^2+1}$

2. 函数 $y=x\cos x$ 在 $(-\infty,+\infty)$ 内是否有界？这个函数是否为 $x\to+\infty$ 的无穷大量？为什么？

3. 已知当 $x\to0$ 时，$a(\sqrt{x+1}-\sqrt{1-2x})$ 是 x 的等价无穷小，则 $a=$＿＿＿＿＿.

4. 设函数

$$f(x)=\begin{cases}\dfrac{x}{1-\sqrt{1-x}}, & x<0,\\[2mm] 2, & x=0,\\[2mm] \dfrac{1}{x}\ln(1+x)+1, & x>0.\end{cases}$$

讨论函数 $f(x)$ 在点 $x=0$ 处极限是否存在？

5. 证明无穷小的等价关系具有下列性质.

(1) $\alpha\sim\alpha$（自反性）；

(2) 若 $\alpha\sim\beta$，则 $\beta\sim\alpha$（对称性）；

(3) 若 $\alpha\sim\beta,\beta\sim\gamma$，则 $\alpha\sim\gamma$（传递性）.

6. 求下列函数的极限.

(1) $\lim\limits_{x\to0}\dfrac{1-\cos x}{x\sin x}$；　　　　(2) $\lim\limits_{x\to0}\dfrac{\sin(\sin x)}{x}$；

(3) $\lim\limits_{x\to0}\dfrac{(e^x-1)^2}{2x\ln(1+3x)}$；　　(4) $\lim\limits_{x\to0}\dfrac{x\arcsin x\,\sin\dfrac{1}{x}}{\sin x}$；

(5) $\lim\limits_{x\to0}\dfrac{(1+x^2)^{\frac{1}{3}}-1}{\cos x-1}$；　　(6) $\lim\limits_{x\to\infty}x\sin\dfrac{2x}{x^2+1}$；

(7) $\lim\limits_{x\to0}\dfrac{1-\cos\left(1-\cos\dfrac{x}{2}\right)}{x^2\ln(1+x^2)}$；　(8) $\lim\limits_{x\to0}\dfrac{\tan x-\sin x}{(\sqrt[3]{1+x^2}-1)(\sqrt{1+\sin x}-1)}$.

7. 当 $x\to0$ 时，$(\tan x-\sin x)$ 与 x^k 是同阶无穷小，求 k 值.

8. 求函数

$$f(x)=\begin{cases}\dfrac{\sin 2x}{x}, & x<0,\\[2mm] \dfrac{x^2}{1-\cos x}, & x>0.\end{cases}$$

在分段点处的极限.

1.8　函数的连续性

本节要点：通过本节的学习，学生应能够判断函数是否连续和间断点类型，牢记连续函数的性质和闭区间上连续函数的性质.

与函数的极限概念密切联系的另一个基本概念是函数的连续性.连续是函数的重要性态之一,它反映了我们所观察到的许多自然现象的共同特性.例如,生物的连续生长,流体的连续流动,以及气温的连续变化等.为了描述这类现象,在数学上引进了函数的连续性.

1.8.1 连续函数的概念

我们知道气温是关于时间的函数,当时间变化不大时,气温的变化也不大;物体运动的路程是关于时间的函数,当时间变化不大时,路程变化也不大;金属丝的长度是温度的函数,当温度变化不大时,金属丝变化的长度也不大等.这些现象在函数关系上的反映就是函数的连续性.为了描述函数的连续性,下面先介绍增量的概念.

对于函数 $y=f(x)$,设自变量 x 从它的一个初值 x_0 变到终值 x_1,终值与初值之差 x_1-x_0 称为自变量 x 的**增量**(或**改变量**),记为 Δx,即 $\Delta x=x_1-x_0$.

增量 Δx 可以是正的,也可以是负的,当 Δx 为正时,自变量 x 从 x_0 增加到 $x_0+\Delta x$;当 Δx 为负时,自变量 x 从 x_0 减少到 $x_0+\Delta x$.

设函数 $y=f(x)$ 在 x_0 的某邻域内有定义,当自变量从初值 x_0 变到终值 $x_0+\Delta x$ 时,函数 y 相应地从 $f(x_0)$ 变到 $f(x_0+\Delta x)$,因此函数 y 相应的增量为

$$\Delta y=f(x_0+\Delta x)-f(x_0).$$

注 $\Delta x,\Delta y$ 是完整的记号.

几何上,函数的增量 Δy 表示当自变量 x 从 x_0 变到 $x_0+\Delta x$ 时曲线上对应点的纵坐标的改变量,如图 1-19 所示.

函数的连续性的概念可以通过增量来描述,定义如下:

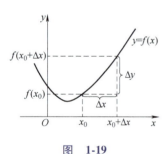

图 1-19

> **定义 1.8.1** 设函数 $y=f(x)$ 在点 x_0 的某邻域内有定义,如果当自变量 x 在 x_0 处的增量 Δx 趋于零时,函数 y 的对应增量 $\Delta y=f(x_0+\Delta x)-f(x_0)$ 也趋于零,即

$$\lim_{\Delta x\to 0}\Delta y=0 \text{ 或 } \lim_{\Delta x\to 0}[f(x_0+\Delta x)-f(x_0)]=0,$$

那么称**函数 $y=f(x)$ 在点 x_0 处连续**,点 x_0 称为函数 $y=f(x)$ 的**连续点**.

例 1.8.1 证明函数 $y=x^3+1$ 在 $x=x_0$ 处连续.

证 函数 $y=x^3+1$ 在 $x=x_0$ 处的增量

$$\Delta y=[(x_0+\Delta x)^3+1]-(x_0^3+1)=3x_0^2\Delta x+3x_0(\Delta x)^2+(\Delta x)^3,$$

因为

$$\lim_{\Delta x\to 0}\Delta y=\lim_{\Delta x\to 0}[3x_0^2\Delta x+3x_0(\Delta x)^2+(\Delta x)^3]=0,$$

所以,函数 $y=x^3+1$ 在 $x=x_0$ 处连续.

在定义 1.8.1 中,由

$$\lim_{\Delta x \to 0}[f(x_0+\Delta x)-f(x_0)]=0,$$

得

$$\lim_{\Delta x \to 0}f(x_0+\Delta x)=f(x_0).$$

设 $x=x_0+\Delta x$，当 $\Delta x \to 0$ 时，$x \to x_0$，于是

$$\lim_{x \to x_0}f(x)=f(x_0).$$

因此，函数 $y=f(x)$ 在点 x_0 处连续有如下等价定义：

定义 1.8.2 设函数 $y=f(x)$ 在点 x_0 的某邻域内有定义，且在点 x_0 处的极限值等于函数在该点对应的函数值，即

$$\lim_{x \to x_0}f(x)=f(x_0),$$

则称**函数 $y=f(x)$ 在点 x_0 处连续.**

注 函数 $f(x)$ 在点 x_0 处连续，要求函数 $f(x)$ 在点 x_0 处有定义，但函数 $f(x)$ 在点 x_0 处极限存在与否与函数 $f(x)$ 在点 x_0 处是否有定义无关.

利用单侧极限的概念可定义单侧连续的概念.

定义 1.8.3 设函数 $f(x)$ 在点 x_0 的某左邻域内有定义，若 $\lim_{x \to x_0^-}f(x)=f(x_0)$，则称函数 $f(x)$ **在点 x_0 处左连续.**

定义 1.8.4 设函数 $f(x)$ 在点 x_0 的某右邻域内有定义，若 $\lim_{x \to x_0^+}f(x)=f(x_0)$，则称函数 $f(x)$ **在点 x_0 处右连续.**

由定义 1.8.2~定义 1.8.4 可得函数 $f(x)$ 在点 x_0 处连续的充分必要条件.

定理 1.8.1 函数 $f(x)$ 在点 x_0 处连续的充分必要条件是函数 $f(x)$ 在点 x_0 处既左连续又右连续，即 $\lim_{x \to x_0^-}f(x)=f(x_0)=\lim_{x \to x_0^+}f(x)$.

例 1.8.2 讨论函数

$$f(x)=\begin{cases} 2x+1, & x \leq 0, \\ x^2, & 0<x \leq 1, \\ \dfrac{1}{x}, & x>1, \end{cases}$$

例 1.8.2

在点 $x=0$ 和 $x=1$ 处的连续性.

解 在 $x=0$ 处，

$$\lim_{x \to 0^-}f(x)=\lim_{x \to 0^-}(2x+1)=1,\ \lim_{x \to 0^+}f(x)=\lim_{x \to 0^+}x^2=0,$$

由此可知

$$\lim_{x \to 0^-}f(x) \neq \lim_{x \to 0^+}f(x),$$

从而 $\lim_{x \to 0}f(x)$ 不存在，所以函数 $f(x)$ 在点 $x=0$ 处不连续.但是，$f(0)=2 \times 0+1=1$，由 $\lim_{x \to 0^-}f(x)=f(0)$ 知，函数 $f(x)$ 在点 $x=0$ 处左连续.

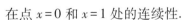

在点 $x=1$ 处，

$$\lim_{x\to 1^-}f(x)=\lim_{x\to 1^-}x^2=1, \lim_{x\to 1^+}f(x)=\lim_{x\to 1^+}\frac{1}{x}=1,$$

易知

$$\lim_{x\to 1^-}f(x)=\lim_{x\to 1^+}f(x),$$

故 $\lim_{x\to 1}f(x)=1$，而 $f(1)=1^2=1$，则有 $\lim_{x\to 1}f(x)=f(1)$，所以函数 $f(x)$ 在 $x=1$ 处连续.

> **定义 1.8.5**　如果函数 $f(x)$ 在开区间 (a,b) 内每一点处都连续，那么称**函数 $f(x)$ 在开区间 (a,b) 内连续**.如果函数 $f(x)$ 在开区间 (a,b) 内连续，且在左端点 a 处右连续，在右端点 b 处左连续，那么称**函数 $f(x)$ 在闭区间 $[a,b]$ 上连续**.

连续函数的图形是一条连续不间断的曲线.

例 1.8.3　证明函数 $y=\sin x$ 在 $(-\infty,+\infty)$ 内连续.

证　设 x_0 为 $(-\infty,+\infty)$ 内任意一点，当自变量 x 在 x_0 处取得增量 Δx 时，对应的函数增量为

$$\Delta y=\sin(x_0+\Delta x)-\sin x_0=2\cos\left(x_0+\frac{\Delta x}{2}\right)\sin\frac{\Delta x}{2}.$$

因为 $\left|2\cos\left(x_0+\frac{\Delta x}{2}\right)\right|\leqslant 2$，而当 $\Delta x\to 0$ 时，$\sin\frac{\Delta x}{2}\to 0$，根据有界函数与无穷小的乘积是无穷小，得

$$\lim_{\Delta x\to 0}\Delta y=0,$$

因此，函数 $y=\sin x$ 在点 x_0 处连续，由 x_0 的任意性，故函数 $y=\sin x$ 在 $(-\infty,+\infty)$ 内连续.

1.8.2　函数的间断点

> **定义 1.8.6**　如果函数 $f(x)$ 在点 x_0 处不满足连续性定义的条件，那么称点 x_0 为函数 $f(x)$ 的**间断点**.

如果 x_0 是 $f(x)$ 的间断点，那么一定是以下三种情况之一：

（1）函数 $f(x)$ 在点 x_0 处无定义；

（2）函数 $f(x)$ 在点 x_0 处有定义，但 $\lim_{x\to x_0}f(x)$ 不存在；

（3）函数 $f(x)$ 在点 x_0 处有定义，且 $\lim_{x\to x_0}f(x)$ 存在，但 $\lim_{x\to x_0}f(x)\neq f(x_0)$.

根据定义，函数间断点可以分为两大类.

> **定义 1.8.7**　设 x_0 为函数 $f(x)$ 的间断点，如果函数 $f(x)$ 在点 x_0 处的左极限 $f(x_0^-)$ 及右极限 $f(x_0^+)$ 都存在，那么称 x_0 为函数 $f(x)$ 的**第一类间断点**.

如果函数 $f(x)$ 在点 x_0 处的左极限 $f(x_0^-)$ 及右极限 $f(x_0^+)$ 至少有一个不存在，那么称 x_0 为函数 $f(x)$ 的第二类间断点.

例 1.8.4　函数 $f(x)=\dfrac{x^2-1}{x-1}$ 在 $x=1$ 处无定义（见图 1-20），所以 $x=1$ 是间断点.

而

$$\lim_{x\to1}\frac{x^2-1}{x-1}=\lim_{x\to1}(x+1)=2,$$

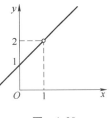

图　1-20

函数 $f(x)$ 在 $x=1$ 处的左极限和右极限存在且相等，故 $x=1$ 是第一类间断点.

如果补充定义：

当 $x=1$ 时，令 $f(x)=2$，

即

$$f^*(x)=\begin{cases}\dfrac{x^2-1}{x-1}, & x\neq1,\\[2mm]2, & x=1.\end{cases}$$

那么函数 $f^*(x)$ 在 $x=1$ 处连续，称 $x=1$ 为函数 $f(x)$ 的**可去间断点**.

例 1.8.5　讨论函数

$$f(x)=\begin{cases}x-1, & x<0,\\0, & x=0,\\x+1, & x>0\end{cases}$$

在 $x=0$ 的连续性.

解　$\lim\limits_{x\to0^-}f(x)=\lim\limits_{x\to0^-}(x-1)=-1$，$\lim\limits_{x\to0^+}f(x)=\lim\limits_{x\to0^+}(x+1)=1$，

显然 $f(0^-)\neq f(0^+)$，故 $\lim\limits_{x\to0}f(x)$ 不存在，则 $x=0$ 是 $f(x)$ 的第一类间断点.如图 1-21 所示，函数 $f(x)$ 的图像在 $x=0$ 处产生跳跃，称 $x=0$ 为函数 $f(x)$ 的跳跃间断点.

例 1.8.6　函数 $y=\dfrac{1}{x}$ 在 $x=0$ 处无定义，且 $\lim\limits_{x\to0^-}\dfrac{1}{x}=-\infty$，$\lim\limits_{x\to0^+}\dfrac{1}{x}=+\infty$，所以 $x=0$ 是函数 $y=\dfrac{1}{x}$ 的第二类间断点，函数 $y=\dfrac{1}{x}$ 的图像在 $x=0$ 处趋于无穷，称 $x=0$ 为函数 $y=\dfrac{1}{x}$ 的无穷间断点.

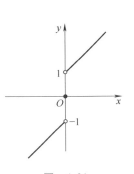

图　1-21

例 1.8.7　函数 $y=\sin\dfrac{1}{x}$ 在 $x=0$ 处无定义，且 $\lim\limits_{x\to0^-}\sin\dfrac{1}{x}$，$\lim\limits_{x\to0^+}\sin\dfrac{1}{x}$ 均不存在，所以 $x=0$ 是函数 $y=\sin\dfrac{1}{x}$ 的第二类间断点.当 $x\to0$ 时，函数 $y=\sin\dfrac{1}{x}$ 的值在 -1 与 1 之间上下振荡，如图 1-22 所示，称 $x=0$ 为函数 $y=\sin\dfrac{1}{x}$ 的振荡间断点.

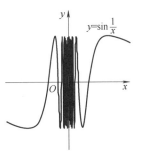

图　1-22

1.8.3　连续函数的性质

函数的连续性是在极限理论基础上建立的,因而利用函数极限的性质可以证明连续函数具有如下性质.

定理 1.8.2(连续函数的四则运算)　如果函数 $f(x)$,$g(x)$ 在点 x_0 处连续,那么函数 $f(x)\pm g(x)$,$f(x)\cdot g(x)$,$\dfrac{f(x)}{g(x)}(g(x_0)\neq 0)$ 都在点 x_0 处连续.

定理 1.8.3(复合函数的连续性)　设函数 $y=f(g(x))$ 是由函数 $y=f(u)$ 与 $u=g(x)$ 复合而成的,若函数 $u=g(x)$ 在点 x_0 处的极限为 u_0,即 $\lim\limits_{x\to x_0}g(x)=u_0$,且函数 $y=f(u)$ 在点 u_0 处连续,则 $\lim\limits_{x\to x_0}f(g(x))=\lim\limits_{u\to u_0}f(u)=f(u_0)$.

在定理 1.8.3 中,$\lim\limits_{x\to x_0}g(x)=u_0$,$\lim\limits_{x\to x_0}f(g(x))=f(u_0)$,所以

$$\lim_{x\to x_0}f(g(x))=f(\lim_{x\to x_0}g(x)).$$

注　在定理 1.8.3 的条件下,求复合函数极限时,函数符号可以和极限符号互换.

定理 1.8.4　设函数 $y=f(g(x))$ 是由函数 $y=f(u)$ 与函数 $u=g(x)$ 复合而成的,若函数 $u=g(x)$ 在点 x_0 处连续,且 $u_0=g(x_0)$,函数 $y=f(u)$ 在点 u_0 处连续,则函数 $y=f(g(x))$ 在点 x_0 处连续.

例 1.8.8　求 $\lim\limits_{x\to 2}\sqrt{\dfrac{x-2}{x^2-4}}$.

解　函数 $y=\sqrt{\dfrac{x-2}{x^2-4}}$ 是由函数 $y=\sqrt{u}$ 与 $u=\dfrac{x-2}{x^2-4}$ 复合而成的,因为

$$\lim_{x\to 2}\frac{x-2}{x^2-4}=\frac{1}{4},$$

而函数 $y=\sqrt{u}$ 在 $u=\dfrac{1}{4}$ 处连续,所以

$$\lim_{x\to 2}\sqrt{\frac{x-2}{x^2-4}}=\sqrt{\lim_{x\to 2}\frac{x-2}{x^2-4}}=\frac{1}{2}.$$

定理 1.8.5(反函数的连续性)　单调递增(或单调递减)的连续函数的反函数也是单调递增(或单调递减)的连续函数.

利用连续函数的性质可以得到下面的结论.

定理 1.8.6　基本初等函数在其定义域内是连续的.

因为初等函数是由基本初等函数和常数经过有限次四则运算和复合运算而成的,所以根据基本初等函数的连续性、连续函数的四则运算和复合函数的连续性,可以得到下面的定理.

定理 1.8.7　一切初等函数在其定义区间内是连续的.

注　定理 1.8.7 的结论提供了一个求极限的方法.也就是说,如果 $f(x)$ 是初等函数,且 x_0 是其定义区间内的点,求函数 $f(x)$ 在点 x_0 处的极限就转化为求函数 $f(x)$ 在点 x_0 处的函数值,即 $\lim\limits_{x\to x_0}f(x)=f(x_0)$.

例如,初等函数 $\sqrt{2-\sin 2x}$ 的定义域是实数集 **R**,而 $\dfrac{\pi}{4}\in\mathbf{R}$,所以

$$\lim_{x\to\frac{\pi}{4}}\sqrt{2-\sin 2x}=\sqrt{2-\sin 2\cdot\frac{\pi}{4}}=1.$$

1.8.4　闭区间上连续函数的性质

闭区间上的连续函数具有十分重要的性质,而且在几何上非常直观,首先给出函数最值的概念.

> **定义 1.8.8**　设函数 $f(x)$ 在区间 I 上有定义,如果存在 $x_0\in I$,使得对于任意 $x\in I$ 都有
> $$f(x)\leqslant f(x_0)(f(x)\geqslant f(x_0)),$$
> 那么称 $f(x_0)$ 是函数 $f(x)$ 在区间 I 上的**最大值**(**最小值**).

定理 1.8.8(最值定理)　设函数 $f(x)$ 在闭区间 $[a,b]$ 上连续,则 $f(x)$ 在 $[a,b]$ 上必有最大值 M 和最小值 m,即在 $[a,b]$ 上至少存在一点 ξ_1 和一点 ξ_2,使得 $f(\xi_1)=M,f(\xi_2)=m$,且 $m\leqslant f(x)\leqslant M,x\in[a,b]$.

注　对于开区间 (a,b) 内的连续函数或在闭区间 $[a,b]$ 上有间断点的函数,定理 1.8.8 的结论未必成立.

例如,函数 $f(x)=\dfrac{1}{x}$ 在开区间 $(0,1)$ 内连续,但在 $(0,1)$ 内无界.

又如,函数

$$f(x)=\begin{cases}-x-1, & -1\leqslant x<0,\\ 0, & x=0,\\ -x+1, & 0<x\leqslant 1\end{cases}$$

在闭区间 $[-1,1]$ 上有间断点 $x=0$,如图 1-23 所示,显然 $f(x)$ 在 $[-1,1]$ 上虽然有界,但是既无最大值又无最小值.

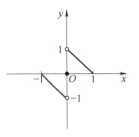

图　1-23

推论(有界性定理)　在闭区间上连续的函数在该区间上有界.

定理 1.8.9(介值定理)　设函数 $f(x)$ 在闭区间 $[a,b]$ 上连续,且设 m,M 分别为 $f(x)$ 在 $[a,b]$ 上的最小值和最大值,则对任意 $c\in[m,M]$,在 $[a,b]$ 上至少存在一点 ξ,使得 $f(\xi)=c$.

定理 1.8.9 的几何意义:在闭区间 $[a,b]$ 上定义的连续曲线 $y=f(x)$ 与水平直线 $y=c$ 至少有一个交点,如图 1-24 所示.

定理 1.8.10(零点定理)　设函数 $f(x)$ 在闭区间 $[a,b]$ 上连续,且 $f(a)f(b)<0$,则在开区间 (a,b) 内至少存在一点 ξ,使得 $f(\xi)=0$.

定理 1.8.10 的几何意义是:在闭区间 $[a,b]$ 上定义的连续曲线

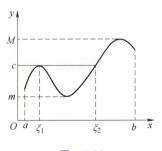

图　1-24

$y=f(x)$，它的两个端点 A,B 分别位于 x 轴的两侧，容易想象，作为连接端点 A 到 B 的连续曲线 $y=f(x)$ 至少与 x 轴有一个交点，交点的横坐标即 ξ，如图 1-25 所示.

例 1.8.10　证明方程 $x^4-x^2-1=0$ 在开区间 $(1,2)$ 内至少有一个根.

证　设函数 $f(x)=x^4-x^2-1$，则 $f(x)$ 为初等函数，且它在 $[1,2]$ 上连续，又

$$f(1)=-1<0,f(2)=11>0,$$

根据零点定理，在区间 $(1,2)$ 内至少存在一点 ξ，使得

$$f(\xi)=0,\xi\in(1,2),$$

即

$$\xi^4-\xi^2-1=0,$$

这个等式说明方程 $x^4-x^2-1=0$ 在区间 $(1,2)$ 内至少有一个根.

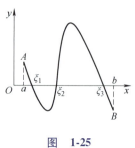

图　1-25

1.8.5　同步习题

1. 讨论函数

$$f(x)=\begin{cases}\mathrm{e}^{\frac{1}{x}}, & x<0,\\ 0, & x=0,\\ x\sin\dfrac{1}{x}, & x>0\end{cases}$$

在点 $x=0$ 处的连续性.

2. 求 $\lim\limits_{x\to 0}\left(\dfrac{2+\mathrm{e}^{\frac{1}{x}}}{1+\mathrm{e}^{\frac{4}{x}}}+\dfrac{\sin x}{|x|}\right)$.

3. 求下列函数的间断点，并判断其类型.

(1) $y=(1-2x)^{\frac{1}{x}}$;　　　　(2) $y=\dfrac{x^2-1}{x^2-3x+2}$;

(3) $y=\dfrac{\sin x}{|x|}$;　　　　(4) $y=\begin{cases}x-1, & x\leqslant 1,\\ 3-x, & x>1.\end{cases}$

4. 证明方程 $x\cdot 2^x=1$ 至少有一个小于 1 的正根.

1.9　MATLAB 数学实验

MATLAB 符号数学工具箱提供了大量函数支持基础极限运算，主要包括双侧极限和单侧极限。

1.9.1　符号表达式求极限

在 MATLAB 中函数 limit 用于求表达式的极限.该函数的调用格式如下：

```
limit(F,x,a):          当 x 趋近于 a 时表达式 F 的极限
limit(F,a):            当 F 中的自变量趋近于 a 时 F
                       的极限,自变量由 findsym 函
                       数确定
limit(F):             当 F 中的自变量趋近于 0 时 F
                       的极限,自变量由 findsym 函
                       数确定
limit(F,x,a,'right'):当 x 从右侧趋近于 a 时表达式 F
                       的极限
limit(F,x,a,'left'): 当 x 从左侧趋近于 a 时表达式 F
                       的极限
```

例 1.9.1 求极限 $\lim\limits_{x\to 0}\dfrac{\sin x}{x}$.

程序如下:

```
>>syms x;              %定义符号变量
>>limit(sin(x)/x)
ans =
1
```

例 1.9.2 求极限 $\lim\limits_{h\to 0}\dfrac{\sin(x+h)-\sin x}{h}$.

程序如下:

```
>>syms x h;
>>limit((sin(x+h)-sin(x))/h,h,0)
ans =
cos(x)
```

1.9.2 数列求极限

例 1.9.3 求极限 $\lim\limits_{n\to\infty}\dfrac{n}{3n+1}$.

可在命令窗口中输入如下语句:

```
Clear all
n=1:200;
y=n./(3*n+1);
figure;
plot(n,y);    %显示数列
syms  x;
f=x/(3*x+1);
z=limit(f,x,inf)
```

命令窗口中的输出结果如下:

```
z =
1/3
```

第1章总复习题

第一部分:基础题

1. 填空题

（1）设函数 $f(x)=\begin{cases}1, & |x|\leqslant 1, \\ 0, & |x|>1,\end{cases}$ 则 $f(f(x))=$ _____ .

（2）$\lim\limits_{x\to 0}(1+2x)^{\frac{1}{x}}=$ _____ .

（3）$\lim\limits_{x\to\infty}\dfrac{2x+3}{x+x^2}\arctan x=$ _____ .

（4）设 $y=x-2\arctan x$，则 $\lim\limits_{x\to-\infty}(y-x)=$ _____ .

（5）设 $f(x)=\dfrac{|x|}{x}$，则 $x=0$ 是 $f(x)$ 的_____间断点.

2. 计算题

（1）$\lim\limits_{n\to\infty}\dfrac{3n^3+10n+8}{(2n+1)(6n^2-1)}$；

（2）$\lim\limits_{x\to-2}\dfrac{x^3+3x^2+2x}{x^2-x-6}$；

（3）$\lim\limits_{n\to\infty}\left[\dfrac{1}{1\cdot 2}+\dfrac{1}{2\cdot 3}+\cdots+\dfrac{1}{n(n+1)}\right]$；

（4）$\lim\limits_{x\to\infty}\left(\dfrac{2x+3}{2x+1}\right)^{x+1}$；

（5）$\lim\limits_{x\to+\infty}x(\sqrt{x^2+1}-x)$；

（6）$\lim\limits_{x\to 0}\dfrac{x^2\tan^2 x}{(1-\cos x)^2}$.

3. 解答题

（1）设函数

$$f(x)=\begin{cases}x\sin\dfrac{1}{x}, & x>0, \\ a+x^2, & x\leqslant 0\end{cases}$$

要使函数 $f(x)$ 在 $(-\infty,+\infty)$ 内连续,应当怎样选择数 a?

（2）确定常数 a,b，使 $\lim\limits_{x\to 1}\dfrac{x^2+ax+b}{\sin(x^2-1)}=3$.

（3）已知 $\lim\limits_{x\to-1}\dfrac{x^3-ax^2-x+4}{x+1}$ 为有限数 l，求常数 a,l.

（4）已知 $\lim\limits_{x\to 0}\dfrac{x}{f(3x)}=2$，求 $\lim\limits_{x\to 0}\dfrac{f(2x)}{x}$.

（5）设 $\lim\limits_{x\to 0}\dfrac{f(x)}{x^2}=2$，试求 $\lim\limits_{x\to 0}f(x)$，$\lim\limits_{x\to 0}\dfrac{f(x)}{x}$.

（6）已知 $\lim\limits_{x\to\infty}\left(\dfrac{x+a}{x-a}\right)^x=9$，求常数 a.

（7）设函数

$$f(x)=\begin{cases}\dfrac{1}{x}\sin x+1, & x<0,\\ a, & x=0,\\ x\sin\dfrac{1}{x}+b, & x>0.\end{cases}$$

确定常数 a,b，使得 $f(x)$ 在点 $x=0$ 处连续.

（8）求函数 $f(x)=\lim\limits_{n\to\infty}\dfrac{x^{2n-1}+ax^2+bx}{x^{2n}+1}$，并确定常数 a,b 使函数 $f(x)$ 在点 $x=-1$ 与 $x=1$ 处连续.

4．证明题

（1）设 $\lim\limits_{x\to x_0}f(x)=A$，证明 $\lim\limits_{x\to x_0}|f(x)|=|A|$，并问其逆是否成立？

（2）设 $f(x)$ 在点 x_0 连续，证明 $|f(x)|$ 在点 x_0 连续，并问其逆是否成立？

（3）设函数 $f(x)$ 在 $[a,b]$ 上连续，且 $f(a)>a,f(b)<b$，试证在 (a,b) 内至少存在一点 ξ，使得 $f(\xi)=\xi$.

（4）设函数 $f(x)$ 在 $[a,b]$ 上连续，且 $a<c<d<b$，证明：

1）存在一个 $\xi\in(a,b)$，使得 $f(c)+f(d)=2f(\xi)$；

2）存在一个 $\xi\in(a,b)$，使得 $mf(c)+nf(d)=(m+n)f(\xi)$.

（5）求证：方程 $e^x+e^{-x}=4+\cos x$ 在 $(-\infty,+\infty)$ 内恰有两个根.

第二部分：拓展题

1．若 $f(x)=\begin{cases}\dfrac{1-\cos\sqrt{x}}{ax}, & x>0,\\ b, & x\leq0\end{cases}$ 在 $x=0$ 处连续，则（　　）.

A. $ab=\dfrac{1}{2}$ 　　　　　　　　　　　　B. $ab=-\dfrac{1}{2}$

C. $ab=0$ 　　　　　　　　　　　　　　D. $ab=2$

2．填空题

（1）$\lim\limits_{x\to0}(\sec^2 x)^{\cot^2 x}=$ _____ .

（2）$\lim\limits_{x\to0^+}\dfrac{1-e^{\frac{1}{x}}}{x+e^{\frac{1}{x}}}=$ _____ .

3．已知 $\lim\limits_{x\to3}\dfrac{x-3}{x^2+ax+b}=1$，求常数 a,b.

4．设函数 $f(x)=\lim\limits_{n\to\infty}x\dfrac{1-x^{2n+1}}{1+x^{2n}}$，求函数 $f(x)$ 的间断点并指出其类型.

第三部分：考研真题

一、选择题

1．（2022，数学一）设函数 $f(x)$ 满足 $\lim\limits_{x\to1}\dfrac{f(x)}{\ln x}=1$，则（　　）.

A. $f(1)=0$ 　　　　　　 B. $f'(1)=1$

C. $\lim\limits_{x\to1}f(x)=0$ 　　　 D. $\lim\limits_{x\to1}f'(x)=1$

2. (2022,数学一、数学二)已知数列 $\{x_n\}$,其中 $-\dfrac{\pi}{2}\leqslant x_n\leqslant\dfrac{\pi}{2}$,则(　　).

A. 当 $\lim\limits_{n\to\infty}\cos(\sin x_n)$ 存在时, $\lim\limits_{n\to\infty}x_n$ 存在

B. 当 $\lim\limits_{n\to\infty}\sin(\cos x_n)$ 存在时, $\lim\limits_{n\to\infty}x_n$ 存在

C. 当 $\lim\limits_{n\to\infty}\cos(\sin x_n)$ 存在时, $\lim\limits_{n\to\infty}\sin x_n$ 存在,但 $\lim\limits_{n\to\infty}x_n$ 不一定存在

D. 当 $\lim\limits_{n\to\infty}\sin(\cos x_n)$ 存在时, $\lim\limits_{n\to\infty}\cos x_n$ 存在,但 $\lim\limits_{n\to\infty}x_n$ 不一定存在

3. (2022,数学二)当 $x\to0$ 时, $\alpha(x),\beta(x)$ 是非零无穷小量,给出以下四个命题:

① 若 $\alpha(x)\sim\beta(x)$,则 $\alpha^2(x)\sim\beta^2(x)$;

② 若 $\alpha^2(x)\sim\beta^2(x)$,则 $\alpha(x)\sim\beta(x)$;

③ 若 $\alpha(x)\sim\beta(x)$,则 $\alpha(x)-\beta(x)=o(\alpha(x))$;

④ 若 $\alpha(x)-\beta(x)=o(\alpha(x))$,则 $\alpha(x)\sim\beta(x)$.

其中所有真命题的序号是(　　).

A. ①②　　　　　　　　 B. ①④

C. ①③④　　　　　　 D. ②③④

4. (2019,数学一、数学二)当 $x\to0$ 时,若 $x-\tan x$ 与 x^k 是同阶无穷小,则 $k=$ (　　).

A. 1 　　　　　　　　　　 B. 2

C. 3 　　　　　　　　　　 D. 4

二、填空题

1. (2022,数学二)极限 $\lim\limits_{x\to0}\left(\dfrac{1+\mathrm{e}^x}{2}\right)^{\cot x}=$ _____.

2. (2019,数学二) $\lim\limits_{x\to0}(x+2^x)^{\frac{2}{x}}=$ _____.

3. (2018,数学一)若 $\lim\limits_{x\to0}\left(\dfrac{1-\tan x}{1+\tan x}\right)^{\frac{1}{\sin kx}}=\mathrm{e}$,则 $k=$ _____.

第 1 章自测题

一、单项选择题(本题共 10 个小题,每小题 5 分,共 50 分)

1. 下列等式成立的是(　　).

A. $\lim\limits_{x\to\infty}\dfrac{\sin x}{x}=1$ 　　　　　　 B. $\lim\limits_{x\to0}x\sin\dfrac{1}{x}=1$

C. $\lim\limits_{x\to0}\dfrac{\tan x}{\sin x}=1$ 　　　　　　 D. $\lim\limits_{x\to0}\dfrac{1-\cos x}{x^2}=1$

2. 若 $\lim\limits_{x\to 0}(1+x^2)^{f(x)}=e$，则与 $f(x)$ 等价的是（　　）.

A. $\sin^2 x$　　　　　　　　B. $\cos^2 x$

C. $\tan^2 x$　　　　　　　　D. $\cot^2 x$

3. 函数 $f(x)=\dfrac{x-2}{x^2-4}$ 的间断点是（　　）.

A. $x=2$　　　　　　　　B. $x=-2$

C. $x=2$ 或 $x=-2$　　　　D. 无间断点

4. 下列结论中正确的是（　　）.

A. 两个无穷小均可比较阶的大小

B. 无界变量未必是无穷大

C. 若 $\lim\limits_{x\to a}\dfrac{\alpha}{\beta}=0$，则 α 一定是比 β 高阶的无穷小

D. 若 α 为无穷小，则 $\dfrac{1}{\alpha}$ 必为无穷大

5. 若 $f(x)$ 在 $[a,b]$ 上连续，且不存在 $x\in[a,b]$，使得 $f(x)=0$，则 $f(x)$ 在 $[a,b]$ 上（　　）.

A. 恒正　　　　　　　　B. 恒负

C. 恒正或恒负　　　　　D. 单调

6. $f(x)=|x\sin x|\mathrm{e}^{\cos x}(-\infty<x<+\infty)$ 是（　　）

A. 有界函数　　　　　　B. 单调函数

C. 周期函数　　　　　　D. 偶函数

7. 函数 $f(x)=x\sin x$（　　）

A. $x\to\infty$ 时为无穷大　　　B. 在 $(-\infty,+\infty)$ 内有界

C. 在 $(-\infty,+\infty)$ 内无界　　D. $x\to\infty$ 时有有限极限

8. 设函数 $f(x)=\dfrac{1}{\mathrm{e}^{\frac{x}{x-1}}-1}$，则（　　）

A. $x=0,x=1$ 都是 $f(x)$ 的第一类间断点；

B. $x=0,x=1$ 都是 $f(x)$ 的第二类间断点；

C. $x=0$ 是 $f(x)$ 的第一类间断点；$x=1$ 是 $f(x)$ 的第二类间断点；

D. $x=0$ 是 $f(x)$ 的第二类间断点；$x=1$ 是 $f(x)$ 的第一类间断点.

9. 设数列 x_n 和 y_n 满足 $\lim\limits_{n\to\infty}x_n y_n=0$，则下列断言正确的是（　　）

A. 若 x_n 发散，则 y_n 必发散；

B. 若 x_n 无界，则 y_n 必无界；

C. 若 x_n 有界，则 y_n 必为无穷小；

D. 若 $\dfrac{1}{x_n}$ 为无穷小，则 y_n 必为无穷小.

10. 设函数 $f(x)=\dfrac{x}{a+\mathrm{e}^{bx}}$ 在 $(-\infty,+\infty)$ 内连续，且 $\lim\limits_{x\to-\infty}f(x)=0$，

则常数 a,b 满足（   ）

  A. $a<0,b<0$ B. $a>0,b>0$

  C. $a\leq 0,b>0$ D. $a\geq 0,b<0$

二、判断题（用 √、× 表示.本题共 10 个小题,每小题 5 分, 共 50 分）

  1. 若数列 $\{x_n\}$ $\lim\limits_{n\to\infty}x_n=a$,且 $a>0$,则 $x_n\geq 0$.   （   ）

  2. $\sin x$ 与 x 是等价无穷小.   （   ）

  3. 设 $f(x)$ 和 $g(x)$ 是任意函数,则 $\lim\limits_{x\to x_0}(f(x)\pm g(x))=\lim\limits_{x\to x_0}f(x)\pm\lim\limits_{x\to x_0}g(x)$.   （   ）

  4. 无穷小的倒数是无穷大,无穷大的倒数是无穷小. （   ）

  5. 函数 $y=\dfrac{1}{x^2-1}$ 的垂直渐近线是 $x=\pm 1$.   （   ）

  6. $\lim\limits_{x\to 0}(1-x)^{\frac{1}{x}}=\dfrac{1}{e}$.   （   ）

  7. $\sec x-1\sim\dfrac{x^2}{2}(x\to 0)$ （   ）

  8. 当 $x\to 0$ 时, $\dfrac{1}{x^2}\sin\dfrac{1}{x}$ 是无穷大.   （   ）

  9. 方程 $x^5-3x=1$ 至少有一根介于 1 和 2 之间.   （   ）

  10. 有界数列必收敛.   （   ）

第 1 章数学家故事-刘徽   第 1 章参考答案

导数与微分

本章要点：本章学习导数与微分两个重要概念.在介绍求导法则和导数公式的基础上学习复合函数、隐函数、由参数方程所确定的函数的导数以及高阶导数的求法,最后学习微分的概念并探讨其在近似计算中的应用.

微积分学由微分学和积分学两大部分构成,微分学又分为一元函数微分学与多元函数微分学,导数与微分是微分学中两个最基本的概念.本章研究的是一元函数微分学.

本章知识结构图

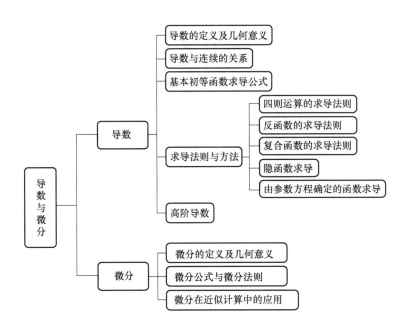

2.1 导数的概念

本节要点：通过本节的学习,学生应理解导数的概念和几何意义,会求平面曲线的切线方程和法线方程,了解导数的物理意义,理解函数的可导性与连续性之间的关系.

在实际问题中,我们经常遇到一种变量相对于另一种变量的变化率问题.例如,物理学上,位移变量相对于时间变量的变化率就是速度;数学上,曲线上点的纵坐标相对于横坐标的变化率就是曲线在该点处切线的斜率;经济学上,一种经济变量相对于另一种经济变量的变化率就是边际.

事实上,在 15 世纪之后的欧洲,有大量的实际问题给数学家提出了前所未有的挑战,其中有三类问题导致了微分学的产生:

（1）求变速直线运动的瞬时速度;

（2）求曲线上一点处的切线;

（3）求极大值和极小值.

这三类问题都可以归结为变量变化的快慢程度,即变化率的问题.牛顿从第一个问题出发,莱布尼茨从第二个问题出发,分别得出了导数的概念.

2.1.1　引例

1. 变速直线运动的瞬时速度

由物理学知道,自由落体运动的方程是 $s=\dfrac{1}{2}gt^2$,如何确定物体在 t_0 时刻的瞬时速度呢?

我们知道,物体从 t_0 时刻到 $t_0+\Delta t$ 这段时间内下落的距离为

$$\Delta s=\frac{1}{2}g(t_0+\Delta t)^2-\frac{1}{2}gt_0^2=gt_0\Delta t+\frac{1}{2}g(\Delta t)^2.$$

于是其在 Δt 这段时间内的平均速度为 $\dfrac{\Delta s}{\Delta t}=gt_0+\dfrac{1}{2}g\Delta t$.当 $\Delta t\rightarrow0$ 时,$\dfrac{\Delta s}{\Delta t}$ 的极限就是物体在 t_0 时刻的瞬时速度,即

$$v(t_0)=\lim_{\Delta t\rightarrow0}\left(gt_0+\frac{1}{2}g\Delta t\right)=gt_0.$$

对于一般的变速直线运动,物体的运动方程为 $s=s(t)$,可以用同样的思路确定它在 t_0 时刻的瞬时速度.

物体从 t_0 时刻到 $t_0+\Delta t$ 这段时间间隔内所经过的路程为 $\Delta s=s(t_0+\Delta t)-s(t_0)$,于是其在 Δt 这段时间内的平均速度为 $\dfrac{\Delta s}{\Delta t}=\dfrac{s(t_0+\Delta t)-s(t_0)}{\Delta t}$.当 $\Delta t\rightarrow0$ 时,$\dfrac{\Delta s}{\Delta t}$ 的极限就是物体在 t_0 时刻的瞬时速度,即

$$v(t_0)=\lim_{\Delta t\rightarrow0}\frac{\Delta s}{\Delta t}=\lim_{\Delta t\rightarrow0}\frac{s(t_0+\Delta t)-s(t_0)}{\Delta t}.$$

2. 曲线的切线的斜率

函数 $y=f(x)$ 的图形一般为一条曲线 C,我们来确定曲线 C 在点 $M(x_0,f(x_0))$ 处的切线的斜率(见图 2-1).

在点 M 的邻近取一点 $N(x_0+\Delta x, f(x_0+\Delta x))$，则割线 MN 的斜率为

$$\tan\varphi=\frac{\Delta y}{\Delta x}=\frac{f(x_0+\Delta x)-f(x_0)}{\Delta x}.$$

当点 N 沿曲线 C 趋向于点 M 时，割线 MN 的极限位置称为曲线 C 在点 M 的切线.因此，切线的斜率为

$$k=\lim_{\Delta x\to 0}\frac{\Delta y}{\Delta x}=\lim_{\Delta x\to 0}\frac{f(x_0+\Delta x)-f(x_0)}{\Delta x}.$$

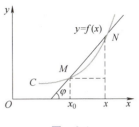

图　2-1

在实际生活中也有很多求变化率的问题，例如电流、化学反应速度、人口增长率等，以上例子的共同之处在于：

（1）它们的结果都是函数的增量和自变量的增量之比，当自变量的增量趋于零时的极限；

（2）如果不考虑它们具体的意义，它们具有相同的结构形式.

这类问题的解决具有普遍性，因此我们从中抽象出一个非常重要的数学概念——导数.

2.1.2　导数的定义

定义 2.1.1　设函数 $y=f(x)$ 在点 x_0 的某邻域内有定义，当自变量 x 在点 x_0 处取得增量 Δx（点 $x_0+\Delta x$ 仍在该邻域）时，相应的函数 y 取得增量 $\Delta y=f(x_0+\Delta x)-f(x_0)$，如果极限

$$\lim_{\Delta x\to 0}\frac{\Delta y}{\Delta x}=\lim_{\Delta x\to 0}\frac{f(x_0+\Delta x)-f(x_0)}{\Delta x}$$

存在，则称函数 $y=f(x)$ 在点 x_0 处**可导**，极限值称为函数 $y=f(x)$ 在点 x_0 处的**导数**，记作 $f'(x_0)$，即

$$f'(x_0)=\lim_{\Delta x\to 0}\frac{\Delta y}{\Delta x}=\lim_{\Delta x\to 0}\frac{f(x_0+\Delta x)-f(x_0)}{\Delta x}.$$

函数 $y=f(x)$ 在点 x_0 处的导数也可记为 $y'\big|_{x=x_0}, f'(x)\big|_{x=x_0}, \dfrac{\mathrm{d}y}{\mathrm{d}x}\Big|_{x=x_0}$ 或 $\dfrac{\mathrm{d}f(x)}{\mathrm{d}x}\Big|_{x=x_0}$.

上述极限中若令 $x=x_0+\Delta x$，则当 $\Delta x\to 0$ 时，$x\to x_0$，于是导数还可以表示为

$$f'(x_0)=\lim_{x\to x_0}\frac{f(x)-f(x_0)}{x-x_0}.$$

如果记 $\Delta x=h$，导数也可表示为

$$f'(x_0)=\lim_{h\to 0}\frac{f(x_0+h)-f(x_0)}{h}.$$

函数 $f(x)$ 在点 x_0 处可导也可以说成函数 $f(x)$ 在点 x_0 处导数存在或具有导数.

如果函数 $y=f(x)$ 在开区间 (a,b) 内的每一点都可导,则说函数 $f(x)$ 在开区间 (a,b) 内可导,即对任何 $x \in (a,b)$,有

$$f'(x) = \lim_{\Delta x \to 0} \frac{f(x+\Delta x)-f(x)}{\Delta x}.$$

这样对于开区间 (a,b) 内的每一个确定的 x 都对应着一个确定的导数 $f'(x)$,这就构成了一个新的函数,称为导函数(简称为 $f(x)$ 的导数),记作 $f'(x)$, y', $\dfrac{\mathrm{d}y}{\mathrm{d}x}$ 或 $\dfrac{\mathrm{d}f(x)}{\mathrm{d}x}$.

而 $f'(x_0)$ 为导函数 $f'(x)$ 当 $x=x_0$ 时的函数值,即

$$f'(x_0) = f'(x) \big|_{x=x_0}.$$

例 2.1.1　设 $f'(x_0)$ 存在,求极限

$$\lim_{\Delta x \to 0} \frac{f(x_0-3\Delta x)-f(x_0)}{\Delta x}.$$

解　$\lim\limits_{\Delta x \to 0} \dfrac{f(x_0-3\Delta x)-f(x_0)}{\Delta x} = \lim\limits_{\Delta x \to 0} \dfrac{f(x_0-3\Delta x)-f(x_0)}{-3\Delta x} \cdot (-3)$

$$= -3 \lim_{\Delta x \to 0} \frac{f(x_0-3\Delta x)-f(x_0)}{-3\Delta x} = -3f'(x_0).$$

下面利用导数的定义来求一些简单函数的导数.

例 2.1.2　求函数 $f(x)=C$(C 是常数)的导数.

解　$f'(x) = \lim\limits_{\Delta x \to 0} \dfrac{f(x+\Delta x)-f(x)}{\Delta x} = \lim\limits_{\Delta x \to 0} \dfrac{C-C}{\Delta x} = 0.$

即 $(C)' = 0$.

例 2.1.3　求函数 $f(x)=x^n$($n \in \mathbf{N}_+$)在 $x=a$ 处的导数.

解　由定义有

$$f'(a) = \lim_{x \to a} \frac{f(x)-f(a)}{x-a} = \lim_{x \to a} \frac{x^n-a^n}{x-a}$$

$$= \lim_{x \to a} (x^{n-1}+ax^{n-2}+\cdots+a^{n-1}) = na^{n-1}.$$

推广可得

$$(x^n)' = nx^{n-1}.$$

更一般地,有

$$(x^\mu)' = \mu x^{\mu-1} \quad (\mu \text{ 为实数}).$$

例 2.1.4　求函数 $f(x)=\sqrt{x}$ 的导数.

解　　　$f'(x) = (\sqrt{x})' = \left(x^{\frac{1}{2}}\right)' = \frac{1}{2}x^{-\frac{1}{2}} = \frac{1}{2\sqrt{x}}.$

例 2.1.5　求函数 $f(x)=\dfrac{1}{x}$ 的导数.

解　　　$f'(x) = \left(\dfrac{1}{x}\right)' = (x^{-1})' = -1 \cdot x^{-2} = -\dfrac{1}{x^2}.$

例 2.1.6　求函数 $f(x)=\sin x$ 的导数.

解　由定义有

$$f'(x) = \lim_{h \to 0} \frac{f(x+h) - f(x)}{h} = \lim_{h \to 0} \frac{\sin(x+h) - \sin x}{h}$$

$$= \lim_{h \to 0} \frac{1}{h} \cdot 2\cos\left(x + \frac{h}{2}\right)\sin\frac{h}{2}$$

$$= \lim_{h \to 0} \cos\left(x + \frac{h}{2}\right) \cdot \frac{\sin\frac{h}{2}}{\frac{h}{2}}$$

$$= \cos x.$$

即
$$(\sin x)' = \cos x.$$

类似可得
$$(\cos x)' = -\sin x.$$

例 2.1.7　求函数 $f(x) = e^x$ 的导数.

解　由定义有

$$f'(x) = \lim_{h \to 0} \frac{f(x+h) - f(x)}{h} = \lim_{h \to 0} \frac{e^{x+h} - e^x}{h}$$

$$= \lim_{h \to 0} e^x \frac{e^h - 1}{h} = e^x \lim_{h \to 0} \frac{e^h - 1}{h} = e^x \lim_{h \to 0} \frac{h}{h} = e^x.$$

即
$$(e^x)' = e^x.$$

类似可得
$$(a^x)' = a^x \ln a.$$

例 2.1.8　求函数 $f(x) = \ln x$ 的导数.

解　由定义有

$$f'(x) = \lim_{h \to 0} \frac{f(x+h) - f(x)}{h} = \lim_{h \to 0} \frac{\ln(x+h) - \ln x}{h}$$

$$= \lim_{h \to 0} \frac{1}{h} \ln \frac{x+h}{x} = \lim_{h \to 0} \frac{1}{h} \ln\left(1 + \frac{h}{x}\right)$$

$$= \lim_{h \to 0} \ln\left(1 + \frac{h}{x}\right)^{\frac{1}{h}} = \ln \lim_{h \to 0} \left(1 + \frac{h}{x}\right)^{\frac{x}{h} \cdot \frac{1}{x}}$$

$$= \ln e^{\frac{1}{x}} = \frac{1}{x}.$$

即
$$(\ln x)' = \frac{1}{x}.$$

定义 2.1.2　如果 $y = f(x)$ 在区间 $(x_0 - \delta, x_0]$ 有定义,若左极限

$$\lim_{\Delta x \to 0^-} \frac{f(x_0 + \Delta x) - f(x_0)}{\Delta x}$$

存在,则称函数 $f(x)$ 在点 x_0 处左侧可导,并把上述左极限称为函数 $f(x)$ 在点 x_0 处的左导数,记作 $f'_-(x_0)$,即

$$f'_-(x_0) = \lim_{\Delta x \to 0^-} \frac{f(x_0 + \Delta x) - f(x_0)}{\Delta x} \text{ 或 } f'_-(x_0) = \lim_{x \to x_0^-} \frac{f(x) - f(x_0)}{x - x_0}.$$

类似地,可以定义函数 $f(x)$ 在点 x_0 处**右侧可导**及在 x_0 处的**右导数**.即

$$f'_+(x_0)=\lim_{\Delta x\to 0^+}\frac{f(x_0+\Delta x)-f(x_0)}{\Delta x}\text{ 或 }f'_+(x_0)=\lim_{x\to x_0^+}\frac{f(x)-f(x_0)}{x-x_0}.$$

由极限存在的条件,有:

性质 1　函数 $f(x)$ 在点 x_0 处可导的充分必要条件是函数 $f(x)$ 点 x_0 处的左、右导数都存在并且相等,即

$$f'(x_0)\text{存在}\Leftrightarrow f'_-(x_0)=f'_+(x_0).$$

由单侧导数可以定义函数在闭区间 $[a,b]$ 上可导.如果函数 $f(x)$ 在**开区间 (a,b) 内可导**,且在 a 点的右导数存在,在 b 点的左导数存在,则称函数在**闭区间 $[a,b]$ 上可导**.

例 2.1.9　讨论函数 $f(x)=|x|$ 在 $x=0$ 处的可导性.

例 2.1.9

解　$\lim\limits_{\Delta x\to 0}\dfrac{\Delta y}{\Delta x}=\lim\limits_{\Delta x\to 0}\dfrac{f(0+\Delta x)-f(0)}{\Delta x}=\lim\limits_{\Delta x\to 0}\dfrac{|\Delta x|-0}{\Delta x}=\lim\limits_{\Delta x\to 0}\dfrac{|\Delta x|}{\Delta x}.$

由于

$$f'_+(x_0)=\lim_{\Delta x\to 0^+}\frac{|\Delta x|}{\Delta x}=\lim_{\Delta x\to 0^+}\frac{\Delta x}{\Delta x}=1,$$

$$f'_-(x_0)=\lim_{\Delta x\to 0^-}\frac{|\Delta x|}{\Delta x}=\lim_{\Delta x\to 0^-}\frac{-\Delta x}{\Delta x}=-1.$$

因此 $\lim\limits_{\Delta x\to 0}\dfrac{f(0+\Delta x)-f(0)}{\Delta x}$ 不存在,故 $f(x)=|x|$ 在 $x=0$ 处不可导.

2.1.3　函数可导与连续的关系

函数 $y=f(x)$ 在点 x_0 处连续是指

$$\lim_{\Delta x\to 0}\Delta y=\lim_{x\to x_0}[f(x)-f(x_0)]=0.$$

函数 $y=f(x)$ 在点 x_0 处可导是指

$$\lim_{\Delta x\to 0}\frac{\Delta y}{\Delta x}=\lim_{x\to x_0}\frac{f(x)-f(x_0)}{x-x_0}\text{存在}.$$

那么它们之间有什么关系呢?

设函数 $y=f(x)$ 在点 x_0 处可导,即 $\lim\limits_{\Delta x\to 0}\dfrac{\Delta y}{\Delta x}=f'(x_0)$ 存在.由具有极限的函数与无穷小的关系知道,$\dfrac{\Delta y}{\Delta x}=f'(x_0)+\alpha$,其中 α 当 $\Delta x\to 0$ 时为无穷小.上式两边同乘以 Δx,

得　　　　　　　　　　　$\Delta y=f'(x_0)\Delta x+\alpha\Delta x.$

由此可见,当 $\Delta x\to 0$ 时,$\Delta y\to 0$.这就是说,函数 $y=f(x)$ 在点 x_0 处是连续的.所以,如果函数 $y=f(x)$ 在点 x_0 处可导,则函数在该点必连续.反之,一个函数在某点连续却不一定在该点可导.

例 2.1.10　讨论函数

$$f(x) = \begin{cases} x, & x \leqslant 1, \\ 2-x, & x > 1. \end{cases}$$

在 $x = 1$ 处的可导性与连续性.

解 因为 $\lim\limits_{x \to 1^-} f(x) = \lim\limits_{x \to 1^-} x = 1$, $\lim\limits_{x \to 1^+} f(x) = \lim\limits_{x \to 1^+} (2-x) = 1$,

即 $$\lim\limits_{x \to 1^-} f(x) = \lim\limits_{x \to 1^+} f(x) = f(1) = 1,$$

所以 $f(x)$ 在 $x = 1$ 处连续. 又因

$$f_-'(1) = \lim\limits_{x \to 1^-} \frac{f(x) - f(1)}{x - 1} = \lim\limits_{x \to 1^-} \frac{x-1}{x-1} = 1,$$

$$f_+'(1) = \lim\limits_{x \to 1^+} \frac{f(x) - f(1)}{x - 1} = \lim\limits_{x \to 1^+} \frac{2-x-1}{x-1} = -1,$$

$f_-'(1) \neq f_+'(1)$, 故 $f(x)$ 在 $x = 1$ 处不可导.

定理 2.1.1 如果函数 $y = f(x)$ 在点 x_0 处可导, 则函数 $y = f(x)$ 在点 x_0 处连续; 反之不真.

例如, 函数 $f(x) = |x|$ 在 $x = 0$ 处连续但不可导.

因此, 函数在某点处连续是在该点可导的必要条件, 但不是充分条件.

例 2.1.11 a, b 为何值时, 函数

$$f(x) = \begin{cases} \dfrac{2}{1+x^2}, & x \leqslant 1, \\ ax - b, & x > 1 \end{cases}$$

在 $x = 1$ 处可导?

解 $\lim\limits_{x \to 1^-} f(x) = \lim\limits_{x \to 1^-} \dfrac{2}{1+x^2} = 1$, $\lim\limits_{x \to 1^+} f(x) = \lim\limits_{x \to 1^+} (ax - b) = a - b$, $f(1) = 1$,

由于 $f(x)$ 在 $x = 1$ 处可导, 所以 $f(x)$ 在 $x = 1$ 处连续, 故而 $a - b = 1$.

又因为

$$\lim\limits_{x \to 1^-} \frac{f(x) - f(1)}{x - 1} = \lim\limits_{x \to 1^-} \frac{\dfrac{2}{1+x^2} - 1}{x - 1} = \lim\limits_{x \to 1^-} \frac{-(1+x)}{1+x^2} = -1,$$

$$\lim\limits_{x \to 1^+} \frac{f(x) - f(1)}{x - 1} = \lim\limits_{x \to 1^+} \frac{ax - b - 1}{x - 1} = \lim\limits_{x \to 1^+} \frac{ax - (a-1) - 1}{x - 1} = \lim\limits_{x \to 1^+} \frac{ax - a}{x - 1} = a,$$

所以 $a = -1$.

将 $a = -1$ 代入 $a - b = 1$ 中, 解得 $b = -2$.

故当 $a = -1, b = -2$ 时, 函数 $f(x)$ 在 $x = 1$ 处可导.

2.1.4 导数的几何意义

如果函数 $y = f(x)$ 在点 x_0 处可导, 则函数 $y = f(x)$ 在点 x_0 处的导数为曲线 $y = f(x)$ 在点 $M(x_0, f(x_0))$ 处的切线的斜率, 即

$$f'(x_0) = k = \tan \alpha = \lim\limits_{x \to x_0} \frac{f(x) - f(x_0)}{x - x_0}.$$

因此, 曲线 $y = f(x)$ 在点 $M(x_0, f(x_0))$ 处的切线的方程为

$$y-y_0=f'(x_0)(x-x_0).$$

过曲线 $y=f(x)$ 的切点 $M(x_0,f(x_0))$，与切线垂直的直线称为曲线在点 $M(x_0,f(x_0))$ 处的法线. 如果 $f'(x_0)\neq 0$，曲线 $y=f(x)$ 在点 $M(x_0,f(x_0))$ 处的法线方程为

$$y-y_0=-\frac{1}{f'(x_0)}(x-x_0).$$

例 2.1.12 求曲线 $y=\dfrac{1}{x}$ 在点 $\left(\dfrac{1}{2},2\right)$ 处的切线和法线的方程.

解 因为 $y'=-\dfrac{1}{x^2}$，所以曲线 $y=\dfrac{1}{x}$ 在点 $\left(\dfrac{1}{2},2\right)$ 处的切线的斜率

$$k=-\frac{1}{\left(\dfrac{1}{2}\right)^2}=-4,$$

故切线的方程为 $\qquad y-2=-4\left(x-\dfrac{1}{2}\right),$

即 $\qquad\qquad\qquad 4x+y-4=0.$

而法线的斜率 $k=\dfrac{1}{4}$，所以法线的方程为 $\qquad y-2=\dfrac{1}{4}\left(x-\dfrac{1}{2}\right),$

即 $\qquad\qquad\qquad 2x-8y+15=0.$

例 2.1.13(电流模型) 在 $[0,t]$ 这段时间内通过导线横截面的电荷为 $Q=Q(t)$，求 t_0 时刻的电流.

解 若电流恒定, 则 $\qquad i=\dfrac{\Delta Q}{\Delta t}.$

若电流不恒定, 则平均电流 $\quad \bar{i}=\dfrac{\Delta Q}{\Delta t}=\dfrac{Q(t_0+\Delta t)-Q(t_0)}{\Delta t}.$

故 t_0 时刻的电流 $i(t_0)=\lim\limits_{\Delta t\to 0}\dfrac{\Delta Q}{\Delta t}=\lim\limits_{\Delta t\to 0}\dfrac{Q(t_0+\Delta t)-Q(t_0)}{\Delta t}=Q'(t_0).$

2.1.5 同步习题

1. 根据导数的定义, 求下列函数的导数.

(1) $y=x^2+x+1$；   (2) $y=\cos(x+3)$.

2. 下列各题中均假定 $f'(x_0)$ 存在, 求出下列极限的值.

(1) $\lim\limits_{\Delta x\to 0}\dfrac{f(x_0-\Delta x)-f(x_0)}{\Delta x}$；   (2) $\lim\limits_{h\to 0}\dfrac{f(x_0+2h)-f(x_0)}{h}$.

3. 求下列函数的导数.

(1) $y=x^4$；   (2) $y=\sqrt[4]{x^3}$；

(3) $y=\dfrac{1}{x^3}$；   (4) $y=\dfrac{1}{\sqrt[3]{x}}$；

(5) $y=x^2\sqrt{x}$；   (6) $y=\dfrac{x^2\sqrt{x}}{\sqrt[4]{x}}$.

4. 求曲线 $y=x^3$ 在点 $(1,1)$ 处的切线和法线的方程.

2.2　求导法则与导数公式

本节要点: 通过本节的学习,学生应掌握函数和、差、积、商的求导法则以及基本初等函数的导数公式.

在实际运算中,用定义求导数是极为不便甚至是不可能的,为了能够方便地求解初等函数的导数,本节将介绍函数四则运算的求导法则以及基本初等函数的求导公式.

2.2.1　函数的和、差、积、商的求导法则

定理 2.2.1　设函数 $u=u(x)$ 及 $v=v(x)$ 在点 x 处可导,则

(1) $[u(x) \pm v(x)]' = u'(x) \pm v'(x)$;

(2) $[u(x)v(x)]' = u'(x)v(x) + u(x)v'(x)$;

(3) $[Cu(x)]' = Cu'(x)$;

(4) $\left[\dfrac{u(x)}{v(x)}\right]' = \dfrac{u'(x)v(x) - u(x)v'(x)}{v^2(x)}$ 　 $(v(x) \neq 0)$.

下面只证明(2),其余留给读者作为练习.

证　由于可导必连续,有

$$[u(x)v(x)]' = \lim_{\Delta x \to 0} \frac{u(x+\Delta x)v(x+\Delta x) - u(x)v(x)}{\Delta x}$$

$$= \lim_{\Delta x \to 0} \frac{u(x+\Delta x)v(x+\Delta x) - u(x)v(x+\Delta x) + u(x)v(x+\Delta x) - u(x)v(x)}{\Delta x}$$

$$= \lim_{\Delta x \to 0}\left[\frac{u(x+\Delta x)v(x+\Delta x) - u(x)v(x+\Delta x)}{\Delta x} + \frac{u(x)v(x+\Delta x) - u(x)v(x)}{\Delta x}\right]$$

$$= \lim_{\Delta x \to 0} \frac{[u(x+\Delta x) - u(x)]v(x+\Delta x)}{\Delta x} + \lim_{\Delta x \to 0} \frac{u(x)[v(x+\Delta x) - v(x)]}{\Delta x}$$

$$= u'(x)v(x) + u(x)v'(x).$$

例 2.2.1　求函数 $y = \tan x$ 的导数.

解　$(\tan x)' = \left(\dfrac{\sin x}{\cos x}\right)' = \dfrac{(\sin x)'\cos x - \sin x(\cos x)'}{\cos^2 x}$

$$= \frac{\cos^2 x + \sin^2 x}{\cos^2 x} = \frac{1}{\cos^2 x} = \sec^2 x.$$

即

$$(\tan x)' = \sec^2 x.$$

类似可得

$$(\cot x)' = -\csc^2 x.$$

例 2.2.2　求函数 $y = \sec x$ 的导数.

解　$(\sec x)' = \left(\dfrac{1}{\cos x}\right)' = -\dfrac{(\cos x)'}{\cos^2 x} = \dfrac{\sin x}{\cos^2 x} = \sec x \tan x.$

即 $$(\sec x)' = \sec x \tan x.$$

类似可得

$$(\csc x)' = -\csc x \cot x.$$

例 2.2.3 设 $y = 3x^3 + 5x^2 - 4x + 1$，求 y'.

解 $y' = 3(x^3)' + 5(x^2)' - 4(x)' + 1' = 9x^2 + 10x - 4.$

例 2.2.4 设 $f(x) = x^3 - 3e^x \cos x + \sin \dfrac{\pi}{6}$，求 $f'\left(\dfrac{\pi}{2}\right)$.

解 $f'(x) = 3x^2 - 3(e^x \cos x)' = 3x^2 - 3(e^x \cos x - e^x \sin x)$
$$= 3x^2 - 3e^x(\cos x - \sin x).$$

所以，$f'\left(\dfrac{\pi}{2}\right) = 3\dfrac{\pi^2}{4} - 3e^{\frac{\pi}{2}}\left(\cos \dfrac{\pi}{2} - \sin \dfrac{\pi}{2}\right) = \dfrac{3}{4}\pi^2 + 3e^{\frac{\pi}{2}}.$

例 2.2.5 设 $f(x) = x^2 \ln x$，求 $f'(x)$.

解 $f(x) = (x^2)' \ln x + x^2 (\ln x)' = 2x \ln x + x^2 \cdot \dfrac{1}{x} = x(2\ln x + 1).$

例 2.2.6 设 $f(x) = \dfrac{\sin x}{1 + \cos x}$，求 $f'(x)$.

解 $f'(x) = \left(\dfrac{\sin x}{1 + \cos x}\right)' = \dfrac{(\sin x)'(1 + \cos x) - \sin x(1 + \cos x)'}{(1 + \cos x)^2}$
$$= \dfrac{\cos x(1 + \cos x) - \sin x(-\sin x)}{(1 + \cos x)^2} = \dfrac{1}{1 + \cos x}.$$

2.2.2 反函数的求导法则

定理 2.2.2 如果函数 $x = f(y)$ 在区间 I_y 内单调、可导且 $f'(y) \neq 0$，则它的反函数 $y = f^{-1}(x)$ 在区间 $I_x = \{x \mid x = f(y), y \in I_y\}$ 内也可导，且

$$[f^{-1}(x)]' = \dfrac{1}{f'(y)} \text{ 或 } \quad \dfrac{dy}{dx} = \dfrac{1}{\dfrac{dx}{dy}}.$$

证 由于 $x = f(y)$ 在区间 I_y 内单调，故其反函数 $y = f^{-1}(x)$ 在区间 I_x 存在、单调且连续，因此，对于任何 $x \in I_x$，当 $\Delta x \neq 0$ 时，

$$\Delta y = f^{-1}(x + \Delta x) - f^{-1}(x) \neq 0$$

从而

$$\dfrac{\Delta y}{\Delta x} = \dfrac{1}{\dfrac{\Delta x}{\Delta y}}.$$

由于 $x = f(y)$ 与 $y = f^{-1}(x)$ 的连续性，即 $\Delta x \to 0$ 时，$\Delta y \to 0$，因此

$$[f^{-1}(x)]' = \lim_{\Delta x \to 0} \dfrac{\Delta y}{\Delta x} = \lim_{\Delta y \to 0} \dfrac{1}{\dfrac{\Delta x}{\Delta y}} = \dfrac{1}{f'(y)}.$$

例 2.2.7 求 $y = \arcsin x$ 的导数.

　　解　设 $x = \sin y, y \in \left[-\dfrac{\pi}{2}, \dfrac{\pi}{2} \right]$ 为原函数,其反函数 $y = \arcsin x$,

由公式得

$$(\arcsin x)' = \frac{1}{(\sin y)'} = \frac{1}{\cos y},$$

又由于 $\cos y = \sqrt{1 - \sin^2 y} = \sqrt{1 - x^2}$,因此

$$(\arcsin x)' = \frac{1}{\sqrt{1 - x^2}}.$$

　　类似可得

$$(\arccos x)' = -\frac{1}{\sqrt{1 - x^2}}.$$

　　例 2.2.8　求 $y = \arctan x$ 的导数.

　　解　设 $x = \tan y, y \in \left(-\dfrac{\pi}{2}, \dfrac{\pi}{2} \right)$ 是原函数,其反函数 $y = \arctan x$,

由公式得

$$(\arctan x)' = \frac{1}{(\tan y)'} = \frac{1}{\sec^2 y},$$

又由于 $\sec^2 y = 1 + \tan^2 y = 1 + x^2$,因此

$$(\arctan x)' = \frac{1}{1 + x^2}.$$

　　类似可得

$$(\operatorname{arccot} x)' = -\frac{1}{1 + x^2}.$$

　　例 2.2.9　求 $y = \log_a x$ 的导数.

　　解　$x = a^y$ 与 $y = \log_a x$ 互为反函数,因此

$$(\log_a x)' = \frac{1}{(a^y)'} = \frac{1}{a^y \ln a} = \frac{1}{x \ln a}.$$

2.2.3　复合函数的求导法则

　　对于复合函数,如 $y = \ln\tan\dfrac{x}{2}, y = \mathrm{e}^{x^2}, y = \cos^2\dfrac{x}{1 + x^2}$ 等的导数如何

求呢? 我们看下面的法则.

　　定理 2.2.3　如果 $u = g(x)$ 在点 x 处可导,$y = f(u)$ 在点 $u = g(x)$ 处可导,则复合函数 $y = f(g(x))$ 在点 x 处可导,且导数为

$$\frac{\mathrm{d}y}{\mathrm{d}x} = f'(u) \cdot g'(x) \text{ 或 } \frac{\mathrm{d}y}{\mathrm{d}x} = \frac{\mathrm{d}y}{\mathrm{d}u} \cdot \frac{\mathrm{d}u}{\mathrm{d}x},$$

称为复合函数的**链式法则**.

　　证　由于 $y = f(u)$ 在点 u 处可导,得

$$\lim_{\Delta u \to 0} \frac{\Delta y}{\Delta u} = f'(u),$$

因此

$$\frac{\Delta y}{\Delta u} = f'(u) + \alpha,$$

其中 α 为 $\Delta u \to 0$ 时的无穷小($\Delta u \to 0$ 时,$\alpha \to 0$),于是

$$\Delta y = f'(u)\Delta u + \alpha \cdot \Delta u,$$

用 $\Delta x \neq 0$ 除上式,得

$$\frac{\Delta y}{\Delta x} = f'(u) \cdot \frac{\Delta u}{\Delta x} + \alpha \cdot \frac{\Delta u}{\Delta x},$$

因此

$$\lim_{\Delta x \to 0} \frac{\Delta y}{\Delta x} = \lim_{\Delta x \to 0} \left[f'(u) \cdot \frac{\Delta u}{\Delta x} + \alpha \cdot \frac{\Delta u}{\Delta x} \right].$$

注意到 $\Delta x \to 0$ 时,$\Delta u \to 0$,故 $\lim\limits_{\Delta x \to 0} \alpha = \lim\limits_{\Delta u \to 0} \alpha = 0$,同时 $\lim\limits_{\Delta x \to 0} \frac{\Delta u}{\Delta x} = g'(x)$,因此得

$$\frac{\mathrm{d}y}{\mathrm{d}x} = \lim_{\Delta x \to 0} \frac{\Delta y}{\Delta x} = f'(u) \cdot g'(x).$$

对于多层复合函数,也有类似的链式法则.

设 $y = f(u)$,$u = \varphi(v)$,$v = \psi(x)$ 构成复合函数,且满足相应的求导条件,则复合函数 $y = f(\varphi(\psi(x)))$ 可导,且

$$\frac{\mathrm{d}y}{\mathrm{d}x} = \frac{\mathrm{d}y}{\mathrm{d}u} \cdot \frac{\mathrm{d}u}{\mathrm{d}v} \cdot \frac{\mathrm{d}v}{\mathrm{d}x}.$$

例 2.2.10　设 $y = (2x^3 - 5)^6$,求 $\dfrac{\mathrm{d}y}{\mathrm{d}x}$.

解　设 $y = u^6$,其中 $u = 2x^3 - 5$.于是

$$\frac{\mathrm{d}y}{\mathrm{d}x} = \frac{\mathrm{d}y}{\mathrm{d}u} \cdot \frac{\mathrm{d}u}{\mathrm{d}x} = 6u^5 \cdot (2x^3 - 5)' = 6(2x^3 - 5)^5 \cdot 6x^2 = 36x^2(2x^3 - 5)^5.$$

当计算熟练时,可不引入中间变量,直接计算.

例 2.2.11　设 $y = \sqrt[3]{1 - 2x^2}$,求 $\dfrac{\mathrm{d}y}{\mathrm{d}x}$.

解　$\dfrac{\mathrm{d}y}{\mathrm{d}x} = \left[(1 - 2x^2)^{\frac{1}{3}} \right]' = \dfrac{1}{3}(1 - 2x^2)^{-\frac{2}{3}} \cdot (1 - 2x^2)' = \dfrac{-4x}{3\sqrt[3]{(1 - 2x^2)^2}}.$

例 2.2.12　设 $y = \mathrm{e}^{x^3}$,求 $\dfrac{\mathrm{d}y}{\mathrm{d}x}$.

解　$\dfrac{\mathrm{d}y}{\mathrm{d}x} = (\mathrm{e}^{x^3})' = \mathrm{e}^{x^3}(x^3)' = 3x^2 \mathrm{e}^{x^3}.$

例 2.2.13　设 $y = (\arctan \sqrt{x})^3$,求 $\dfrac{\mathrm{d}y}{\mathrm{d}x}$.

解　$\dfrac{\mathrm{d}y}{\mathrm{d}x} = 3(\arctan \sqrt{x})^2 (\arctan \sqrt{x})' = 3(\arctan \sqrt{x})^2 \dfrac{1}{1+x}(\sqrt{x})'$

$$= \frac{3(\arctan\sqrt{x})^2}{2(1+x)\sqrt{x}}.$$

例 2.2.14 设 $y = \ln\cos\dfrac{1}{x}$，求 $\dfrac{\mathrm{d}y}{\mathrm{d}x}$.

解 $\dfrac{\mathrm{d}y}{\mathrm{d}x} = \dfrac{1}{\cos\dfrac{1}{x}}\left(\cos\dfrac{1}{x}\right)' = \dfrac{1}{\cos\dfrac{1}{x}}\left(-\sin\dfrac{1}{x}\right)\left(\dfrac{1}{x}\right)' = \dfrac{1}{x^2}\tan\dfrac{1}{x}.$

例 2.2.15 设 $y = f(\sin x^2)$，求 $\dfrac{\mathrm{d}y}{\mathrm{d}x}$.

解 $\dfrac{\mathrm{d}y}{\mathrm{d}x} = f'(\sin x^2)\cdot(\sin x^2)' = f'(\sin x^2)\cdot\cos x^2\cdot(x^2)'$

$\qquad = 2x\cos x^2\cdot f'(\sin x^2).$

2.2.4　初等函数的导数公式与求导法则

前面我们已经得到了初等函数的导数公式，函数的和、差、积、商的求导法则和复合函数的求导法则，解决了初等函数的求导问题.

为了读者方便，把前面学过的导数公式和求导法则归纳如下：

1. 基本初等函数的导数公式

(1) $(C)' = 0$，　　　　　　　　(2) $(x^\mu)' = \mu x^{\mu-1}$，

(3) $(\sin x)' = \cos x$，　　　　　(4) $(\cos x)' = -\sin x$，

(5) $(\tan x)' = \sec^2 x$，　　　　(6) $(\cot x)' = -\csc^2 x$，

(7) $(\sec x)' = \sec x\tan x$，　　(8) $(\csc x)' = -\csc x\cot x$，

(9) $(a^x)' = a^x\ln a\,(a>0,\text{且 } a\neq 1)$，(10) $(\mathrm{e}^x)' = \mathrm{e}^x$，

(11) $(\log_a x)' = \dfrac{1}{x\ln a}(a>0,\text{且 } a\neq 1)$，　(12) $(\ln x)' = \dfrac{1}{x}$，

(13) $(\arcsin x)' = \dfrac{1}{\sqrt{1-x^2}}$，　　(14) $(\arccos x)' = -\dfrac{1}{\sqrt{1-x^2}}$，

(15) $(\arctan x)' = \dfrac{1}{1+x^2}$，　　(16) $(\operatorname{arccot} x)' = -\dfrac{1}{1+x^2}$.

2. 函数和、差、积、商的求导法则

(1) $(u\pm v)' = u'\pm v'$，　　　　(2) $(Cu)' = Cu'\,(C\text{ 为常数})$，

(3) $(uv)' = u'v+uv'$，　　　　(4) $\left(\dfrac{u}{v}\right)' = \dfrac{u'v-uv'}{v^2}(v\neq 0)$.

3. 反函数的求导法则

如果 $x = f(y)$ 与 $y = f^{-1}(x)$ 互为反函数，则

$$[f^{-1}(x)]' = \frac{1}{f'(y)}\text{或}\frac{\mathrm{d}y}{\mathrm{d}x} = \frac{1}{\dfrac{\mathrm{d}x}{\mathrm{d}y}}.$$

4. 复合函数的求导法则

如果 $y=f(u)$ 可导，$u=g(x)$ 可导，则复合函数 $y=f(g(x))$ 可导，且

$$\frac{\mathrm{d}y}{\mathrm{d}x}=f'(u)\cdot g'(x) \text{ 或} \frac{\mathrm{d}y}{\mathrm{d}x}=\frac{\mathrm{d}y}{\mathrm{d}u}\cdot\frac{\mathrm{d}u}{\mathrm{d}x}.$$

例 2.2.16　设 $y=x[\sin(\ln x)+\cos(\ln x)]$，求 $\frac{\mathrm{d}y}{\mathrm{d}x}$.

解　$\frac{\mathrm{d}y}{\mathrm{d}x}=\sin(\ln x)+\cos(\ln x)+x\left[\cos(\ln x)\cdot\frac{1}{x}-\sin(\ln x)\cdot\frac{1}{x}\right]$

$\qquad\quad =2\cos(\ln x).$

例 2.2.17

例 2.2.17　设 $y=\sin^2 x\cdot\sin(x^2)$，求 $\frac{\mathrm{d}y}{\mathrm{d}x}$.

解　$\frac{\mathrm{d}y}{\mathrm{d}x}=2\sin x\cdot(\sin x)'\cdot\sin(x^2)+\sin^2 x\cdot\cos(x^2)\cdot(x^2)'$

$\qquad\quad =2\sin x\cdot\cos x\cdot\sin(x^2)+\sin^2 x\cdot\cos(x^2)\cdot 2x$

$\qquad\quad =2\sin x[\cos x\cdot\sin(x^2)+x\sin x\cdot\cos(x^2)].$

例 2.2.18　设 $y=f^2(\arctan x)$，求 $\frac{\mathrm{d}y}{\mathrm{d}x}$.

解　$\frac{\mathrm{d}y}{\mathrm{d}x}=2f(\arctan x)[f(\arctan x)]'$

$\qquad\quad =2f(\arctan x)\cdot f'(\arctan x)\cdot(\arctan x)'$

$\qquad\quad =2f(\arctan x)\cdot f'(\arctan x)\cdot\frac{1}{1+x^2}$

$\qquad\quad =\frac{2}{1+x^2}f(\arctan x)\cdot f'(\arctan x).$

例 2.2.19（半径变化率问题）　设气体以 $100\text{cm}^3/\text{s}$ 的速度注入球状的气球，假定气体的压力不变，那么当半径为 10cm 时，气球半径增加的速率是多少？

解　设在时刻 t 时，气球的体积与半径分别为 V 和 r，显然

$$V=\frac{4}{3}\pi r^3,\ r=r(t),$$

所以 V 通过中间变量 r 与时间 t 发生联系，这是一个复合函数

$$V=\frac{4}{3}\pi[r(t)]^3.$$

由题意，已知 $\frac{\mathrm{d}V}{\mathrm{d}t}=100\text{cm}^3/\text{s}$，当 $r=10\text{cm}$ 时，求 $\frac{\mathrm{d}r}{\mathrm{d}t}$ 的值.

根据复合函数求导法则，有

$$\frac{\mathrm{d}V}{\mathrm{d}t}=\frac{4}{3}\pi\times 3[r(t)]^2\frac{\mathrm{d}r}{\mathrm{d}t}.$$

于是

$$100 = 4\pi \times 10^2 \times \frac{\mathrm{d}r}{\mathrm{d}t},$$

解得 $\frac{\mathrm{d}r}{\mathrm{d}t} = \frac{1}{4\pi}$ cm/s，即当 $r = 10$ cm 这一瞬间，半径以 $\frac{1}{4\pi}$ cm/s 的速率增加．

例 2.2.20（水面波纹的扩散问题）　落在平静水面上的石头，可以产生同心波纹，若最外一圈波半径的增大率总是 6m/s，问在 2s 末扰动水面面积的增大率是多少？

解　设最外一圈波的半径为 r，水面面积为 S，时间为 t，最外一圈波的半径 r 和水面面积 S 均是时间 t 的函数，由题意知 $\frac{\mathrm{d}r}{\mathrm{d}t} = 6$m/s，所以

$$\frac{\mathrm{d}S}{\mathrm{d}t} = \frac{\mathrm{d}(\pi r^2)}{\mathrm{d}t} = 2\pi r \frac{\mathrm{d}r}{\mathrm{d}t} = 12\pi r \, (\mathrm{m}^2/\mathrm{s}).$$

当 $t = 2$ 时，此时半径 $r = 2 \times 6 = 12\,(\mathrm{m})$，因此，水面面积的增大率为

$$\left.\frac{\mathrm{d}S}{\mathrm{d}t}\right|_{t=2} = 12\pi \times 12 = 144\,(\mathrm{m}^2/\mathrm{s}).$$

2.2.5　同步习题

1. 讨论函数

$$y = \begin{cases} x^2 \sin \dfrac{1}{x}, & x \neq 0, \\ 0, & x = 0. \end{cases}$$

在 $x = 0$ 的连续性与可导性．

2. 求下列函数的导数．

(1) $y = 2x^3 - \dfrac{2}{x^2} + 9$；　　　　　(2) $y = \dfrac{x^4 + \sqrt{x} + 1}{x^3}$；

(3) $y = x\mathrm{e}^x$；　　　　　　　　　(4) $y = \dfrac{1}{\sqrt[4]{x}}$．

3. 求下列函数在给定点的导数值．

(1) $f(t) = \dfrac{1 - \sqrt{t}}{1 + \sqrt{t}}$，求 $f'(4)$；

(2) $f(x) = \dfrac{3}{5 - x} + \dfrac{x^2}{5}$，求 $f'(0)$ 和 $f'(2)$．

4. 求下列函数的导数．

(1) $y = \sin 6x$；　　　　　　　　(2) $y = \tan 2x^2$；

(3) $y = \mathrm{e}^{\frac{x}{3}}(x^2 + 1)$；　　　　　(4) $y = \arcsin(3x + 2)$；

(5) $y = \ln \cos x$；　　　　　　　(6) $y = \ln x^3$．

2.3　隐函数及由参数方程所确定的函数的导数

> **本节要点**：通过本节的学习，学生应会求隐函数和由参数方程确定的函数的导数.

若函数为显式形式，则可以通过前面学习的内容求导，但很多情况下，函数也会以隐式的形式或者参数方程的形式给出，这时候，应如何求导呢？

2.3.1　隐函数的导数

我们把函数中因变量明显地表示成自变量表达式形式的函数称为显函数.例如 $y=\cos x, y=\ln x+\sqrt{1-x^2}$ 等.其特点是函数是由自变量的算式表示的.在实际问题中常常会遇到这样的函数，两个变量 x 和 y 之间的关系是由一个方程 $F(x,y)=0$ 确定的，函数关系隐含在这个方程中，这里 y 没有解出来.例如方程 $x+y^3-1=0, xy+e^x+e^y=1$ 等.

一般地，方程 $F(x,y)=0$ 在一定条件下确定一个函数 $y=f(x)$ 或 $x=\varphi(y)$，称此函数为由方程 $F(x,y)=0$ 确定的<u>隐函数</u>.

有时隐函数可以化成显函数，这个过程称为隐函数的<u>显化</u>.但是有时隐函数的显化是比较困难甚至是不可能的，下面讨论不显化隐函数而直接对方程所确定的隐函数求导的问题.

设 $y=f(x)$ 是由方程 $F(x,y)=0$ 确定的隐函数，将 $y=f(x)$ 代入方程中，得到恒等式

$$F[x,f(x)]\equiv 0.$$

利用复合函数的求导法则，将等式两边对自变量 x 求导数，视 $f(x)$ 为中间变量，就可以求得 y 对 x 的导数 $\dfrac{dy}{dx}$.隐函数的求导实际上是复合函数求导法则的应用.下面举例说明.

例 2.3.1　求由方程 $y^5+2y-x-3x^7=0$ 所确定的隐函数的导数 $\dfrac{dy}{dx}$.

解　将方程两边同时对 x 求导，得

$$5y^4\cdot\frac{dy}{dx}+2\frac{dy}{dx}-1-21x^6=0,$$

解得

$$\frac{dy}{dx}=\frac{21x^6+1}{5y^4+2}.$$

由以上例子可以看出，求隐函数的导数的方法和步骤是：

（1）将方程两边同时对自变量 x 求导，y 是 x 的函数，y 的函数是 x 的复合函数；

（2）从所得的关系式中解出 y'，y' 就是所求隐函数的导数.

例 2.3.2　设 $y = f(x)$ 是由方程 $\mathrm{e}^y - \mathrm{e}^x = xy$ 确定的隐函数，求 $\dfrac{\mathrm{d}y}{\mathrm{d}x}\Big|_{x=0}$.

例 2.3.2

解　将方程两边同时对 x 求导，得

$$\mathrm{e}^y \frac{\mathrm{d}y}{\mathrm{d}x} - \mathrm{e}^x = y + x\frac{\mathrm{d}y}{\mathrm{d}x},$$

解得

$$\frac{\mathrm{d}y}{\mathrm{d}x} = \frac{\mathrm{e}^x + y}{\mathrm{e}^y - x}.$$

将 $x=0$ 代入原方程，解得 $y=0$. 所以有

$$\frac{\mathrm{d}y}{\mathrm{d}x}\bigg|_{\substack{x=0 \\ y=0}} = \frac{\mathrm{e}^0 + 0}{\mathrm{e}^0 - 0} = 1.$$

例 2.3.3　求 $y = x^{\sin x}\,(x>0)$ 的导数.

解　等式两边取对数，得

$$\ln y = \sin x \cdot \ln x,$$

将方程两边同时对 x 求导，得

$$\frac{1}{y} \cdot y' = \cos x \cdot \ln x + \sin x \cdot \frac{1}{x},$$

于是

$$y' = y\left(\cos x \ln x + \frac{\sin x}{x}\right) = x^{\sin x}\left(\cos x \ln x + \frac{\sin x}{x}\right).$$

以上求导数的方法称为对数求导法.

幂指函数的一般形式为 $y = u^v\,(u>0)$，其中 u，v 都是 x 的函数，假设 u，v 都可导，我们可以用对数求导法求 $y = u^v$ 的导数.

将 $y = u^v$ 两边取对数，得

$$\ln y = v \cdot \ln u,$$

上式两边同时对 x 求导数，得

$$\frac{1}{y} \cdot y' = v' \cdot \ln u + v \cdot \frac{1}{u} \cdot u',$$

于是

$$y' = y\left(v'\ln u + \frac{vu'}{u}\right) = u^v\left(v'\ln u + \frac{vu'}{u}\right).$$

值得注意的是，幂指函数既不是指数函数，也不是幂函数，不能简单地按照指数函数或者幂函数的求导公式对其求导.

例 2.3.4　设 $y^x = x^y$，求 $\dfrac{\mathrm{d}y}{\mathrm{d}x}$.

解　将方程两边取对数，得

$$x\ln y = y\ln x,$$

上式两端同时对 x 求导得

$$\ln y + x \cdot \frac{1}{y} \cdot y' = y'\ln x + y \cdot \frac{1}{x},$$

于是

$$y' = \frac{y(y - x\ln y)}{x(x - y\ln x)}.$$

对于只含有乘积、商、幂、根式等运算的函数,用对数求导法求导数也比较简便.

例 2.3.5 求函数 $y = \sqrt{\dfrac{(x-1)(x-2)}{(x-3)(x-4)}}$ 的导数 $\dfrac{\mathrm{d}y}{\mathrm{d}x}$.

解 将方程两边取对数(假定 $x>4$),得

$$\ln y = \frac{1}{2}\left[\ln(x-1) + \ln(x-2) - \ln(x-3) - \ln(x-4)\right],$$

上式两端同时对 x 求导,得

$$\frac{1}{y}y' = \frac{1}{2}\left(\frac{1}{x-1} + \frac{1}{x-2} - \frac{1}{x-3} - \frac{1}{x-4}\right),$$

于是

$$y' = \frac{1}{2}\sqrt{\frac{(x-1)(x-2)}{(x-3)(x-4)}}\left(\frac{1}{x-1} + \frac{1}{x-2} - \frac{1}{x-3} - \frac{1}{x-4}\right).$$

当 $x<1$ 时,$y = \sqrt{\dfrac{(1-x)(2-x)}{(3-x)(4-x)}}$;

当 $2<x<3$ 时,$y = \sqrt{\dfrac{(x-1)(x-2)}{(3-x)(4-x)}}$,

用同样的方法可得与上面相同的结果.

2.3.2 由参数方程所确定的函数的导数

一般情况,参数方程

$$\begin{cases} x = \varphi(t), \\ y = \psi(t). \end{cases}$$

可以确定函数 $y = y(x)$ 或 $x = x(y)$.称此函数为该**参数方程所确定的函数**.

一般来说,把参数方程所确定的函数转化为因变量是由自变量表达的式子比较复杂,下面就给出由参数方程所确定的函数的求导方法.

一般由 $x = \varphi(t)$ 得 $t = \varphi^{-1}(x)$,代入 $y = \psi(t)$,得

$$y = \psi(t) = \psi(\varphi^{-1}(x)) = y(x),$$

由复合函数求导方法,得

$$\frac{\mathrm{d}y}{\mathrm{d}x} = \frac{\mathrm{d}y}{\mathrm{d}t} \cdot \frac{\mathrm{d}t}{\mathrm{d}x} = \frac{\mathrm{d}y}{\mathrm{d}t} \cdot \frac{1}{\dfrac{\mathrm{d}x}{\mathrm{d}t}} = \frac{\psi'(t)}{\varphi'(t)}.$$

例 2.3.6　求蔓形线 $x=\dfrac{3t}{1+t^3}$，$y=\dfrac{3t^2}{1+t^3}$ 所确定的函数 $y=f(x)$ 的

导数 $\dfrac{dy}{dx}$.

解　$\dfrac{dy}{dx}=\dfrac{\dfrac{dy}{dt}}{\dfrac{dx}{dt}}=\dfrac{\left(\dfrac{3t^2}{1+t^3}\right)'}{\left(\dfrac{3t}{1+t^3}\right)'}=\dfrac{\dfrac{3t(2-t^3)}{(1+t^3)^2}}{\dfrac{3(1-2t^3)}{(1+t^3)^2}}=\dfrac{t(2-t^3)}{1-2t^3}$.

例 2.3.7　求椭圆曲线 $\begin{cases}x=2\cos t\\ y=\sin t\end{cases}$，在 $t=\dfrac{\pi}{4}$ 相应点处的切线方程.

解　当 $t=\dfrac{\pi}{4}$ 时，$x=2\cos\dfrac{\pi}{4}=\sqrt{2}$，$y=\sin\dfrac{\pi}{4}=\dfrac{\sqrt{2}}{2}$，曲线在相应点

处的切线的斜率为

$$\dfrac{dy}{dx}\bigg|_{t=\frac{\pi}{4}}=\dfrac{(\sin t)'}{(2\cos t)'}\bigg|_{t=\frac{\pi}{4}}=\dfrac{\cos t}{-2\sin t}\bigg|_{t=\frac{\pi}{4}}=-\dfrac{1}{2}.$$

于是切线的方程为

$$y-\dfrac{\sqrt{2}}{2}=-\dfrac{1}{2}(x-\sqrt{2})，$$

即

$$x+2y-2\sqrt{2}=0.$$

2.3.3　同步习题

1. 求由下列方程所确定的隐函数的导数 $\dfrac{dy}{dx}$.

（1）$y^3-2xy-9=0$；　（2）$x^2+y^2-2=0$；

（3）$xy^2-e^{xy}+2=0$；　（4）$y=1-ye^x$.

2. 求曲线 $x^{\frac{2}{3}}+y^{\frac{2}{3}}=a^{\frac{2}{3}}$ 在点 $\left(\dfrac{\sqrt{2}}{4}a,\dfrac{\sqrt{2}}{4}a\right)$ 处的切线方程和法线方程.

3. 用对数求导法求下列函数的导数.

（1）$y=x^x$；　　　　（2）$y=(\cos x)^{\sin x}$；　（3）$y=\left(\dfrac{x}{x+1}\right)^x$.

4. 求由下列参数方程所确定的函数的导数 $\dfrac{dy}{dx}$.

（1）$\begin{cases}x=\dfrac{t^2}{2},\\ y=1-t;\end{cases}$　　　（2）$\begin{cases}x=t(1-\sin t),\\ y=t\cos t;\end{cases}$

（3）$\begin{cases}x=e^t(1-\cos t),\\ y=e^t(1+\sin t).\end{cases}$

5. 求曲线 $\begin{cases}x=2e^t,\\ y=e^{-t}\end{cases}$，在 $t=0$ 相应点处的切线方程和法线方程.

2.4　高　阶　导　数

> **本节要点**:通过本节的学习,学生应了解高阶导数的概念,掌握初等函数一阶、二阶导数的求法.

我们知道,导数反映的是变化率的问题.物理上,位置函数 $s(t)$ 相对于时间变量的变化率就是速度,即 $s'(t)=v(t)$.而 $v(t)$ 相对于 t 的变化率就是加速度,也就是说,加速度是 $s'(t)$ 的导数.那么对函数的导数进一步求导,就是本节将要介绍的高阶导数.

2.4.1　高阶导数的概念和计算

一般的初等函数 $y=f(x)$ 的导数 $y'=f'(x)$ 仍是可导函数.如果 $y'=f'(x)$ 仍然是可导函数,则称它的导数为函数 $y=f(x)$ 的**二阶导数**,记作 y'',$f''(x)$,$\dfrac{\mathrm{d}^2 y}{\mathrm{d}x^2}$ 或 $\dfrac{\mathrm{d}^2 f(x)}{\mathrm{d}x^2}$.即 $y''=f''(x)=\dfrac{\mathrm{d}^2 y}{\mathrm{d}x^2}=\dfrac{\mathrm{d}}{\mathrm{d}x}\left(\dfrac{\mathrm{d}y}{\mathrm{d}x}\right)=\dfrac{\mathrm{d}}{\mathrm{d}x}\left(\dfrac{\mathrm{d}f(x)}{\mathrm{d}x}\right)=[f'(x)]'.$

相应地,称 $f(x)$ 的导数 $f'(x)$ 为函数 $f(x)$ 的**一阶导数**.

类似地,函数 $f(x)$ 的二阶导数的导数称为函数 $f(x)$ 的**三阶导数**,函数 $f(x)$ 的三阶导数的导数称为函数 $f(x)$ 的**四阶导数**,$\cdots$,函数 $f(x)$ 的 $(n-1)$ 阶导数的导数称为函数 $f(x)$ 的 **n 阶导数**.分别记作

$$y''',y^{(4)},\cdots,y^{(n)} \text{ 或 } \frac{\mathrm{d}^3 y}{\mathrm{d}x^3},\frac{\mathrm{d}^4 y}{\mathrm{d}x^4},\cdots,\frac{\mathrm{d}^n y}{\mathrm{d}x^n}.$$

二阶以及二阶以上的导数都称为**高阶导数**.

由高阶导数的定义可以知道,要求函数 $f(x)$ 的 n 阶导数只需连续对函数 $f(x)$ 求 n 次导数,而求导的方法就是利用前面归纳的求导公式和法则来求.

例 2.4.1　设 $y=\mathrm{e}^x \ln x$,求 y''.

解　$y'=\mathrm{e}^x \ln x+\mathrm{e}^x \dfrac{1}{x}=\mathrm{e}^x\left(\ln x+\dfrac{1}{x}\right),$

$$y''=\left[\mathrm{e}^x\left(\ln x+\frac{1}{x}\right)\right]'=\mathrm{e}^x\left(\ln x+\frac{1}{x}\right)+\mathrm{e}^x\left(\frac{1}{x}-\frac{1}{x^2}\right)$$

$$=\mathrm{e}^x\left(\ln x+\frac{2}{x}-\frac{1}{x^2}\right).$$

例 2.4.2　设 $y=x^4+\sin x$,求 y'''.

解　$y'=4x^3+\cos x,$

$y''=12x^2-\sin x,$

$y'''=24x-\cos x.$

例 2.4.3（制动测试） 某汽车厂在测试一汽车的制动性能时发现，制动后汽车行驶的路程 s（单位：m）与时间 t（单位：s）满足 $s = 19.2t - 0.4t^3$. 假设汽车做直线运动，求汽车在 $t = 2s$ 时的速度和加速度.

解 汽车制动后的速度为

$$v = \frac{ds}{dt} = (19.2t - 0.4t^3)' = 19.2 - 1.2t^2.$$

汽车制动后的加速度为

$$a = \frac{dv}{dt} = (19.2 - 1.2t^2)' = -2.4t.$$

当 $t = 2s$ 时汽车的速度为

$$v = (19.2 - 1.2t^2)\Big|_{t=2} = 14.4\,(\text{m/s}).$$

当 $t = 2s$ 时汽车的加速度为

$$a = -2.4t\Big|_{t=2} = -4.8\,(\text{m/s}^2).$$

例 2.4.4 求由方程 $e^y = x + y$ 所确定的隐函数 $y(x)$ 的二阶导数 $\dfrac{d^2y}{dx^2}$.

解 将方程两边同时对 x 求导，得

$$e^y \cdot y' = 1 + y'$$

解得

$$y' = \frac{1}{e^y - 1}.$$

所以

$$\frac{d^2y}{dx^2} = \frac{d}{dx}\left(\frac{dy}{dx}\right) = \frac{d}{dx}\left(\frac{1}{e^y - 1}\right) = \frac{0 - e^y \cdot \dfrac{dy}{dx}}{(e^y - 1)^2} = \frac{-e^y \cdot \dfrac{1}{e^y - 1}}{(e^y - 1)^2} = \frac{e^y}{(1 - e^y)^3}.$$

例 2.4.5 设函数 $y = f(x)$ 由方程 $x - y + \dfrac{1}{2}\sin y = 0$ 确定，求 $\dfrac{d^2y}{dx^2}$.

例 2.4.5

解法一 将方程两边同时对 x 求导，得

$$1 - \frac{dy}{dx} + \frac{1}{2}\cos y \cdot \frac{dy}{dx} = 0, \qquad (*)$$

解得

$$\frac{dy}{dx} = \frac{2}{2 - \cos y}.$$

所以

$$\frac{d^2y}{dx^2} = \frac{d}{dx}\left(\frac{dy}{dx}\right) = \frac{d}{dx}\left(\frac{2}{2 - \cos y}\right) = \frac{-2\sin y\,\dfrac{dy}{dx}}{(2 - \cos y)^2} = \frac{4\sin y}{(\cos y - 2)^3}.$$

解法二 将式 $(*)$ 两端再对 x 求导，得

$$-\frac{d^2y}{dx^2} + \frac{1}{2}\left[(-\sin y) \cdot \frac{dy}{dx} \cdot \frac{dy}{dx} + \cos y \cdot \frac{d^2y}{dx^2}\right] = 0,$$

解得

$$\frac{\mathrm{d}^2 y}{\mathrm{d}x^2} = \frac{\left(\dfrac{\mathrm{d}y}{\mathrm{d}x}\right)^2 \sin y}{\cos y - 2},$$

所以

$$\frac{\mathrm{d}^2 y}{\mathrm{d}x^2} = \frac{\left(\dfrac{2}{2-\cos y}\right)^2 \sin y}{\cos y - 2} = \frac{4\sin y}{(\cos y - 2)^3}.$$

例 2.4.6　计算由参数方程

$$\begin{cases} x = a(t - \sin t), \\ y = a(1 - \cos t). \end{cases}$$

所确定的函数 $y = f(x)$ 的二阶导数 $\dfrac{\mathrm{d}^2 y}{\mathrm{d}x^2}$.

解　由于

$$\frac{\mathrm{d}y}{\mathrm{d}x} = \frac{\dfrac{\mathrm{d}y}{\mathrm{d}t}}{\dfrac{\mathrm{d}x}{\mathrm{d}t}} = \frac{a\sin t}{a(1 - \cos t)} = \frac{\sin t}{1 - \cos t} \ (t \neq 2n\pi, n \in \mathbf{Z}),$$

$$\frac{\mathrm{d}^2 y}{\mathrm{d}x^2} = \frac{\mathrm{d}\left(\dfrac{\mathrm{d}y}{\mathrm{d}x}\right)}{\mathrm{d}x} = \frac{\dfrac{\mathrm{d}\left(\dfrac{\mathrm{d}y}{\mathrm{d}x}\right)}{\mathrm{d}t}}{\dfrac{\mathrm{d}x}{\mathrm{d}t}} = \frac{\dfrac{\cos t(1 - \cos t) - \sin^2 t}{(1 - \cos t)^2}}{a(1 - \cos t)}.$$

$$= -\frac{1}{1 - \cos t} \cdot \frac{1}{a(1 - \cos t)} = -\frac{1}{a(1 - \cos t)^2} \ (t \neq 2n\pi, n \in \mathbf{Z}).$$

例 2.4.7　计算由参数方程

$$\begin{cases} x = 1 - t^3, \\ y = t - t^3 \end{cases}$$

所确定的函数 $y = f(x)$ 的二阶导数 $\dfrac{\mathrm{d}^2 y}{\mathrm{d}x^2}\bigg|_{x=0}$.

解　由于

$$\frac{\mathrm{d}y}{\mathrm{d}x} = \frac{\dfrac{\mathrm{d}y}{\mathrm{d}t}}{\dfrac{\mathrm{d}x}{\mathrm{d}t}} = \frac{1 - 3t^2}{-3t^2} = 1 - \frac{1}{3t^2},$$

$$\frac{\mathrm{d}^2 y}{\mathrm{d}x^2} = \frac{\mathrm{d}\left(\dfrac{\mathrm{d}y}{\mathrm{d}x}\right)}{\mathrm{d}x} = \frac{\dfrac{\mathrm{d}\left(\dfrac{\mathrm{d}y}{\mathrm{d}x}\right)}{\mathrm{d}t}}{\dfrac{\mathrm{d}x}{\mathrm{d}t}} = \frac{\dfrac{2}{3t^3}}{-3t^2} = -\frac{2}{9t^5}.$$

当 $x = 0$ 时，$t = 1$，所以

$$\frac{\mathrm{d}^2 y}{\mathrm{d}x^2}\bigg|_{x=0} = -\frac{2}{9t^5}\bigg|_{t=1} = -\frac{2}{9}.$$

下面求一些重要函数的 n 阶导数.

例 2.4.8　设 $y = \mathrm{e}^x$，求 $y^{(n)}$.

解　由于 $y' = \mathrm{e}^x, y'' = \mathrm{e}^x, \cdots, y^{(n)} = \mathrm{e}^x$.

所以　$(\mathrm{e}^x)^{(n)} = \mathrm{e}^x$.

例 2.4.9　设 $y = \sin x$，求 $y^{(n)}$.

解　由于 $y = \sin x$，有

$$y' = \cos x = \sin\left(x + \frac{\pi}{2}\right),$$

$$y'' = \left[\sin\left(x + \frac{\pi}{2}\right)\right]' = \cos\left(x + \frac{\pi}{2}\right) = \sin\left(x + \frac{\pi}{2} + \frac{\pi}{2}\right) = \sin\left(x + 2 \cdot \frac{\pi}{2}\right),$$

$$y''' = \left[\sin\left(x + 2 \cdot \frac{\pi}{2}\right)\right]' = \cos\left(x + 2 \cdot \frac{\pi}{2}\right) = \sin\left(x + 2 \cdot \frac{\pi}{2} + \frac{\pi}{2}\right)$$
$$= \sin\left(x + 3 \cdot \frac{\pi}{2}\right),$$

$$y^{(4)} = \left[\sin\left(x + 3 \cdot \frac{\pi}{2}\right)\right]' = \cos\left(x + 3 \cdot \frac{\pi}{2}\right) = \sin\left(x + 4 \cdot \frac{\pi}{2}\right),$$

$$\vdots$$

一般地，可得　　　　　$y^{(n)} = \sin\left(x + n \cdot \frac{\pi}{2}\right),$

即　　　　　　　　　　$(\sin x)^{(n)} = \sin\left(x + n \cdot \frac{\pi}{2}\right).$

类似可得

$$(\cos x)^{(n)} = \cos\left(x + n \cdot \frac{\pi}{2}\right).$$

例 2.4.10　设 $y = \ln(1+x)$，求 $y^{(n)}$.

解　由于 $y = \ln(1+x)$，有

$$y' = \frac{1}{1+x} = (1+x)^{-1},$$
$$y'' = -(1+x)^{-2},$$
$$y''' = (-1) \cdot (-2) \cdot (1+x)^{-3},$$
$$y^{(4)} = (-1) \cdot (-2) \cdot (-3) \cdot (1+x)^{-4},$$
$$\vdots$$

一般地，可得

$$y^{(n)} = (-1)^{n-1}(n-1)!\ (1+x)^{-n},$$

即　　　　　　　$[\ln(1+x)]^{(n)} = (-1)^{n-1}\frac{(n-1)!}{(1+x)^n}.$

通常规定 $0! = 1$，所以这个公式当 $n = 1$ 时也成立.

类似地有

$$(\ln x)^{(n)} = (-1)^{n-1}\frac{(n-1)!}{x^n}.$$

例 2.4.11 设 $y = x^\mu$，求 $y^{(n)}$，其中 $\mu > n$.

解 $y' = \mu x^{\mu-1}$,

$y'' = \mu(\mu-1)x^{\mu-2}$,

$y''' = \mu(\mu-1)(\mu-2)x^{\mu-3}$,

$y^{(4)} = \mu(\mu-1)(\mu-2)(\mu-3)x^{\mu-4}$,

$\vdots$

一般地,可得

$$y^{(n)} = \mu(\mu-1)(\mu-2)\cdots(\mu-n+1)x^{\mu-n},$$

即

$$(x^\mu)^{(n)} = \mu(\mu-1)(\mu-2)\cdots(\mu-n+1)x^{\mu-n}.$$

当 $\mu = n$ 时,得到

$$(x^n)^{(n)} = n(n-1)(n-2)\cdots3 \cdot 2 \cdot 1 = n!,$$

因而

$$(x^n)^{(n+k)} = 0 (k = 1, 2, \cdots).$$

2.4.2 同步习题

1. 设 $y = e^x \sin x$，证明：$y'' - 2y' + 2y = 0$.

2. 求下列函数的二阶导数.

(1) $y = \dfrac{1}{x+2}$;　　　　(2) $y = \tan x$;

(3) $y = xe^x$;　　　　(4) $y = \sin(3x+2)$;

(5) $y = e^x \cos x$;　　　　(6) $y = x\ln x$;

(7) $y = \ln \sin x$;　　　　(8) $y = \arcsin x$.

3. 求由下列方程所确定的隐函数的二阶导数 $\dfrac{d^2 y}{dx^2}$.

(1) $e^y - xy = 1$;　　　　(2) $y = x + \ln y$;

(3) $y = 1 - xe^y$;　　　　(4) $y = \tan(x+y)$.

4. 求下列参数方程所确定的函数的二阶导数 $\dfrac{d^2 y}{dx^2}$.

(1) $\begin{cases} x = a\cos t, \\ y = b\sin t; \end{cases}$　　　　(2) $\begin{cases} x = 3e^{-t}, \\ y = 2e^t. \end{cases}$

2.5 函数的微分

本节要求：通过本节的学习,学生应理解微分的概念,理解导数与微分的关系,了解微分的四则运算法则和一阶微分形式的不变性,会求函数的微分.

在中学的学习中,我们已经学习到一些特殊角的三角函数值,如 $\tan 45°=1$,那么如何根据这一结果计算 $\tan 46°$ 的近似值呢? 为了解决这一问题,首先了解微分的定义.

2.5.1　微分的定义

边长为 x 的正方形的面积 $A=x^2$,如果边长从 x_0 增加到 $x_0+\Delta x$ 时,则面积的增量(见图 2-2)为

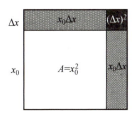

图　2-2

$$\Delta A=(x_0+\Delta x)^2-x_0^2=2x_0\Delta x+(\Delta x)^2.$$

ΔA 包含两部分,即 $2x_0\Delta x$ 和 $(\Delta x)^2$.相对而言, $(\Delta x)^2$ 比 $2x_0\Delta x$ 小得多,而且当 $\Delta x\to0$ 时, $\Delta A-2x_0\Delta x=o(\Delta x)$,这样,当 Δx 很小时, $\Delta A\approx2x_0\Delta x$.

对于一般的函数 $y=f(x)$,当自变量 x 从 x_0 增加到 $x_0+\Delta x$ 时,函数增量

$$\Delta y=f(x_0+\Delta x)-f(x_0)=A\Delta x+o(\Delta x).$$

> **定义 2.5.1**　设函数 $y=f(x)$ 在某区间 I 内有定义, x_0 及 $x_0+\Delta x$ 属于 I.如果函数的增量 $\Delta y=f(x_0+\Delta x)-f(x_0)$ 可表示为
> $$\Delta y=A\Delta x+o(\Delta x),$$
> 其中 A 是不依赖于 Δx 的常数,则称函数 $y=f(x)$ 在点 x_0 处是**可微的**, $A\Delta x$ 称为函数 $y=f(x)$ 在点 x_0 处相应于自变量增量 Δx 的**微分**,记为 $\mathrm{d}y$,即
> $$\mathrm{d}y=A\Delta x.$$

定理 2.5.1　函数 $y=f(x)$ 在点 x_0 处可微的充要条件是函数 $y=f(x)$ 在点 x_0 处可导,并且 $\mathrm{d}y=f'(x_0)\Delta x$.

证　如果函数 $y=f(x)$ 在点 x_0 处可微,则

$$\Delta y=f(x_0+\Delta x)-f(x_0)=A\Delta x+o(\Delta x),$$

从而

$$\frac{\Delta y}{\Delta x}=\frac{f(x_0+\Delta x)-f(x_0)}{\Delta x}=\frac{A\Delta x+o(\Delta x)}{\Delta x}=A+\frac{o(\Delta x)}{\Delta x},$$

因此

$$\lim_{\Delta x\to0}\frac{\Delta y}{\Delta x}=\lim_{\Delta x\to0}\frac{A\Delta x+o(\Delta x)}{\Delta x}=\lim_{\Delta x\to0}\left(A+\frac{o(\Delta x)}{\Delta x}\right)=A.$$

即函数 $y=f(x)$ 在点 x_0 处可导,而且 $f'(x_0)=A$.

反之,如果函数 $y=f(x)$ 在点 x_0 处可导,即

$$\lim_{\Delta x\to0}\frac{\Delta y}{\Delta x}=\lim_{\Delta x\to0}\frac{f(x_0+\Delta x)-f(x_0)}{\Delta x}=f'(x_0),$$

因此得

$$\frac{\Delta y}{\Delta x}=\frac{f(x_0+\Delta x)-f(x_0)}{\Delta x}=f'(x_0)+\alpha,$$

α 为 $\Delta x \to 0$ 时的无穷小. 即

$$\Delta y = f(x_0 + \Delta x) - f(x_0) = f'(x_0)\Delta x + \alpha \cdot \Delta x = f'(x_0)\Delta x + o(\Delta x).$$

所以函数 $y = f(x)$ 在点 x_0 处可微.

例 2.5.1 求函数 $y = x^2$ 在 $x = 1$ 和 $x = 3$ 处的微分.

解 由于 $y' = 2x$, 故 $y'|_{x=1} = 2$, $y'|_{x=3} = 6$.

所以, 函数 $y = x^2$ 在 $x = 1$ 处的微分为 $dy = 2\Delta x$; 在 $x = 3$ 处的微分为 $dy = 6\Delta x$.

例 2.5.2 求函数 $y = x^3$ 当 $x = 2$, $\Delta x = 0.02$ 时的微分.

解 由于 $y' = 3x^2$, 于是有 $dy = 3x^2\Delta x$, 当 $x = 2$, $\Delta x = 0.02$ 时,

$$dy\left.\right|_{\substack{x=2 \\ \Delta x=0.02}} = 3x^2\Delta x\left.\right|_{\substack{x=2 \\ \Delta x=0.02}} = 12 \times 0.02 = 0.24.$$

如果函数 $y = f(x)$ 在任意点 x 处都可微, 则 $y = f(x)$ 在任意点 x 处的微分为 $dy = f'(x)\Delta x$. 特别地, 函数 $y = x$ 的微分为 $dy = dx = \Delta x$, dx 称为自变量的微分. 因此, 函数 $y = f(x)$ 的微分可记为 $dy = f'(x)dx$. 从而有 $f'(x) = \dfrac{dy}{dx}$, 即函数的微分与自变量的微分之商等于导数. 所以, 导数也叫作"微商".

2.5.2 微分的几何意义

设函数 $y = f(x)$, 当自变量 x 从 x 增加到 $x + \Delta x$ 时, 相应的函数增量为

$$\Delta y = f(x + \Delta x) - f(x) \approx dy = f'(x)\Delta x.$$

如图 2-3 所示, 函数 $y = f(x)$ 在 x 处的微分

$$dy = f'(x)\Delta x$$

为曲线 $y = f(x)$ 的切线当 x 从 x 增加到 $x + \Delta x$ 时的增量.

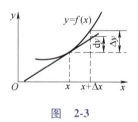

图 2-3

2.5.3 微分公式与微分法则

由微分与导数的关系 $dy = f'(x)dx$ 可知, 计算微分实际上可归结为计算导数 $f'(x)$, 所以与导数的基本公式和运算法则相对应, 可以建立微分的基本公式和运算法则.

1. 基本初等函数的微分公式

(1) $d(C) = 0$ (C 为常数);

(2) $d(x^\mu) = \mu x^{\mu-1}dx$;

(3) $d(\sin x) = \cos x dx$;

(4) $d(\cos x) = -\sin x dx$;

(5) $d(\tan x) = \sec^2 x dx$;

(6) $d(\cot x) = -\csc^2 x dx$;

(7) $d(\sec x) = \sec x \tan x dx$;

(8) $d(\csc x) = -\csc x \cot x dx$;

(9) $d(a^x) = a^x \ln a dx$ ($a > 0$, 且 $a \neq 1$);

（10）$d(e^x) = e^x dx$；

（11）$d(\log_a x) = \dfrac{1}{x \ln a} dx (a > 0, 且\ a \neq 1)$；

（12）$d(\ln x) = \dfrac{1}{x} dx$；

（13）$d(\arcsin x) = \dfrac{1}{\sqrt{1-x^2}} dx$；

（14）$d(\arccos x) = -\dfrac{1}{\sqrt{1-x^2}} dx$；

（15）$d(\arctan x) = \dfrac{1}{1+x^2} dx$；

（16）$d(\operatorname{arccot} x) = -\dfrac{1}{1+x^2} dx$.

2. 函数的和、差、积、商的微分法则

（1）$d(u \pm v) = du \pm dv$；

（2）$d(uv) = v du + u dv$；

（3）$d(Cu) = C du (C\ 为常数)$；

（4）$d\left(\dfrac{u}{v}\right) = \dfrac{v du - u dv}{v^2} (v \neq 0)$.

3. 复合函数的微分法则

如果函数 $y = f(u)$ 与 $u = g(x)$ 都可微（可导），则复合函数 $y = f(g(x))$ 可微，而且

$$dy = y'_x dx = f'(u) g'(x) dx.$$

由于 $du = g'(x) dx$，因此 $dy = f'(u) g'(x) dx = f'(u) du$. 即对于函数 $y = f(u)$，无论 u 是自变量还是中间变量，微分形式 $dy = f'(u) du$ 保持不变，这个性质称为微分形式的不变性.

例 2.5.3　设 $y = \sin(2x+1)$，求 dy.

解　$dy = d(\sin(2x+1)) = \cos(2x+1) d(2x+1)$

　　　　$= \cos(2x+1) d(2x) = 2\cos(2x+1) dx.$

例 2.5.4　设 $y = \ln(1+e^x)$，求 dy.

解　$dy = d\ln(1+e^x) = \dfrac{1}{1+e^x} d(1+e^x)$

　　　　$= \dfrac{1}{1+e^x} de^x = \dfrac{e^x}{1+e^x} dx.$

例 2.5.5　设 $y = \dfrac{e^{-x}}{x^2}$，求 dy.

解　$dy = d\left(\dfrac{e^{-x}}{x^2}\right) = \dfrac{x^2 d(e^{-x}) - e^{-x} d(x^2)}{(x^2)^2} = \dfrac{x^2 e^{-x} d(-x) - e^{-x} \cdot 2x dx}{x^4}$

　　　　$= \dfrac{-x^2 e^{-x} dx - e^{-x} \cdot 2x dx}{x^4} = \dfrac{-e^{-x}(x+2)}{x^3} dx.$

例 2.5.6

例 2.5.6 设 $xy+\mathrm{e}^y=0$，求 $\mathrm{d}y$.

解 方程两端同时对 x 求微分，得

$$\mathrm{d}(xy)+\mathrm{d}(\mathrm{e}^y)=0,$$

即

$$y\mathrm{d}x+x\mathrm{d}y=-\mathrm{e}^y\mathrm{d}y,$$

$$y\mathrm{d}x=-\mathrm{e}^y\mathrm{d}y-x\mathrm{d}y,$$

所以

$$\mathrm{d}y=-\frac{y}{\mathrm{e}^y+x}\mathrm{d}x.$$

2.5.4 微分在近似计算中的应用

1. 函数的近似计算公式

实际中经常会遇到一些函数表达式较复杂的运算，但是结果又并非要求十分精确，在这种情况下，可考虑使用微分来做近似的计算.

由微分的定义，有

$$\Delta y=f(x_0+\Delta x)-f(x_0)=A\Delta x+o(\Delta x).$$

$$\mathrm{d}y=A\Delta x\dot{=}f'(x_0)\Delta x.$$

即函数在一点处的微分是函数增量的近似值，它与函数增量仅相差 Δx 的高阶无穷小.因此当 $f'(x_0)\neq 0$，$|\Delta x|$ 比较小，$f(x_0)$，$f'(x_0)$ 容易求时，可得到下面两个近似公式：

（1）$\Delta y\approx\mathrm{d}y=f'(x_0)\Delta x$；

（2）$f(x_0+\Delta x)\approx f(x_0)+f'(x_0)\Delta x$.

式（1）可用于近似计算函数在 x_0 处的增量 Δy，式（2）可用于近似计算函数在 x_0 附近的函数值 $f(x_0+\Delta x)$.

例 2.5.7 有一批半径为 1cm 的球，为了提高球面光滑度需镀上一层铜，厚度为 0.01cm.估计一下每只球需要镀多少铜（铜的密度为 $8.9\mathrm{g/cm}^3$）.

解 球体积为 $\qquad V=\frac{4}{3}\pi R^3,$

当 $R_0=1$ 变到 $R_0+\Delta R=1+0.01$ 时，

$$\Delta V\approx\mathrm{d}V=V'\Delta R=4\pi R^2\Delta R$$

$$=4\pi\cdot 1^2\cdot 0.01=0.13(\mathrm{cm})^3.$$

所以每只球约需要铜 $0.13\times 8.9\approx 1.16(\mathrm{g})$.

例 2.5.8 计算 $\cos 60°30'$ 的近似值.

解 把 $60°30'$ 化为弧度，得

$$60°30'=\frac{\pi}{3}+\frac{\pi}{360}.$$

设 $f(x)=\cos x$，则 $f'(x)=-\sin x$.取 $x_0=\frac{\pi}{3}$，$\Delta x=\frac{\pi}{360}$，则 $f\left(\frac{\pi}{3}\right)=$ $\cos\frac{\pi}{3}=\frac{1}{2}$，$f'\left(\frac{\pi}{3}\right)=-\sin\frac{\pi}{3}=-\frac{\sqrt{3}}{2}$.

由 $f(x_0+\Delta x)\approx f(x_0)+f'(x_0)\Delta x$，得

$$\cos 60°30'=\cos\left(\frac{\pi}{3}+\frac{\pi}{360}\right)\approx\cos\frac{\pi}{3}-\sin\frac{\pi}{3}\cdot\frac{\pi}{360}$$

$$=\frac{1}{2}-\frac{\sqrt{3}}{2}\cdot\frac{\pi}{360}\approx 0.4924.$$

例 2.5.9　一机械挂钟,钟摆的周期为 1s.冬季由于温度变化,摆长缩短了 0.01cm,该挂钟每天大约走快多少秒?

解　根据 $T=2\pi\sqrt{\dfrac{l}{g}}$（单摆的周期公式,其中 l 是摆长,g 是重力加速度）.

因为钟摆的周期为 1s,所以 $\Delta T\approx\mathrm{d}T=\dfrac{\pi}{\sqrt{gl}}\mathrm{d}l.$

$$1=2\pi\sqrt{\frac{l}{g}},\text{即 }l=\frac{g}{(2\pi)^2}.$$

因此 $\Delta T\approx\mathrm{d}T=\dfrac{\pi}{\sqrt{g\cdot\dfrac{g}{(2\pi)^2}}}\mathrm{d}l=\dfrac{2\pi^2}{g}\mathrm{d}l\approx\dfrac{2\times(3.14)^2}{980}\times(-0.01)\approx$

$-0.0002(\mathrm{s}).$

因此,由于摆长缩短了 0.01cm,钟摆的周期相应缩短了 0.0002s,即每秒快约 0.0002s,从而每天约快 $0.0002\times24\times60\times60=17.28(\mathrm{s}).$

2. 几个工程中常用的近似计算公式

在公式 $f(x_0+\Delta x)\approx f(x_0)+f'(x_0)\Delta x$ 中,取 $x_0=0,\Delta x=x$ 时,形式变为

$$f(x)\approx f(0)+f'(0)\cdot x\quad(|\Delta x|\text{充分小}).$$

利用此式,可以得到几个工程中常用的近似计算公式.

（1）$\sqrt[n]{1+x}\approx 1+\dfrac{1}{n}\cdot x$；

（2）$\sin x\approx x$；

（3）$\tan x\approx x$；

（4）$\mathrm{e}^x\approx 1+x$；

（5）$\ln(1+x)\approx x$.

这些公式的证明较容易,仅证（5）,其余的留给读者自行验证.

证　对于（5）,取 $f(x)=\ln(1+x)$,则 $f(0)=0,f'(0)=\left.\dfrac{1}{1+x}\right|_{x=0}=1.$

所以 $f(x)\approx f(0)+f'(0)\cdot x=x$,即 $\ln(1+x)\approx x.$

例 2.5.10　计算 $\sqrt[3]{30}$ 的近似值.

解　$\sqrt[3]{30}=\sqrt[3]{27+3}=\sqrt[3]{27\left(1+\dfrac{1}{9}\right)}=3\cdot\sqrt[3]{1+\dfrac{1}{9}},$

由近似公式 $\sqrt[n]{1+x} \approx 1+\dfrac{1}{n} \cdot x$ 有

$$\sqrt[3]{1+\dfrac{1}{9}} \approx 1+\dfrac{1}{3} \cdot \dfrac{1}{9} = 1+\dfrac{1}{27},$$

所以　　　　　　　$\sqrt[3]{30} \approx 3\left(1+\dfrac{1}{27}\right) \approx 3.111.$

2.5.5　同步习题

1. 求下列函数的微分 dy.

(1) $y=\dfrac{1}{x}+2\sqrt{x}$;

(2) $y=x\tan x$;

(3) $y=\dfrac{x}{\sqrt{x^2+1}}$;

(4) $y=\ln^2(3x+2)$.

2. 利用微分求近似值.

(1) $\sin 29°$;

(2) $\arcsin 0.5002$;

(3) $\ln 1.002$;

(4) $\sqrt[3]{65}$;

(5) $\tan 136°$;

(6) $e^{1.01}$.

2.6　MATLAB 数学实验

2.6.1　求导数

MATLAB 求导数通常有四种语法格式:

```
diff(f)          %没有指定变量和导数阶数,系统按
                 findsym 函数指示的默认变量对符
                 号表达式 f 求一阶导数
diff(f,'v')      %以 v 为变量,对符号表达式 f 求一阶
                 导数
diff(f,n)        %按 findsym 函数指示的默认变量对
                 符号表达式 f 求 n 阶导数,n 为正
                 整数
diff(f,'v',n)    %以 v 为自变量,对符号表达式 f 求 n
                 阶导数
```

例 2.6.1　已知函数 $f=2x^3+3x^2+x+2a$, 求 f', f''.

程序如下:

```
syms x a;        %定义符号变量
```

```
f=2*x^3+3*x^2+x+2*a
f1=diff(f)
f2=diff(f,a)
f3=diff(f,2)
运行结果如下:
f1=6*x^2+6*x+1
f2=2
f3=12*x+6
```

2.6.2 求微分

可编辑通用程序:wf.m 文件

```
syms x dx
f=input('f=')
f1=diff(f,x)
df=f1*dx
```

例 2.6.2 已知函数 $f=x^3+\cos x$,求 $\mathrm{d}f$.

在工作空间输入程序如下:

```
>>wf
f=x^3+cos(x)              %输入函数表达式
f1=3*x^2-sin(x)
df=(3*x^2-sin(x))*dx
```

2.6.3 求平面曲线的切线方程和法线方程

已知曲线的参数方程为 $\begin{cases} x=x(t), \\ y=y(t) \end{cases}$ 其中 $x_0=x(t_0)$,则该曲线的

切线方程为

$$y=y(t_0)+y'(t_0)[x-x(t_0)],$$

法线方程为

$$y=y(t_0)-\frac{1}{y'(t_0)}[x-x(t_0)].$$

通用程序如下:编辑 qxfx.m 文件:

```
syms x y t
x0=input('x=')
y0=input('y=');yd=diff(y0,t)
t=input('t0=')
y1=eval(y0)+eval(yd)*(x-eval(x0))
y2=eval(y0)-1/eval(yd)*(x-eval(x0))
```

例 2.6.3　求曲线 $\begin{cases} x=t, \\ y=t^2 \end{cases}$ 在 $t=1$ 处的切线方程和法线方程.

运行上述通用程序:qxfx

输入:

x＝t

y＝t^2

t0＝1

运行结果如下:

y1＝1+2＊(x-1)

y2＝1-(1/2)(x-1)

第 2 章总复习题

第一部分:基础题

1. 求下列函数的导数.

（1）$y=(5x+2)(3x^2-4)$；

（2）$y=\dfrac{3}{x^2-2}$；

（3）$y=\arctan\sqrt{x^2-1}$；

（4）$y=\arcsin\dfrac{1}{x}$；

（5）$y=\ln\sin 4x$；

（6）$y=\arcsin\sqrt{1-x^2}$；

（7）$x+y-\mathrm{e}^{-x^2y}=0$；

（8）$xy+\sin(xy)=0$；

（9）$y=\sqrt[5]{\dfrac{x-5}{\sqrt[5]{x^2+2}}}$；

（10）$\begin{cases} x=2\mathrm{e}^t, \\ y=\mathrm{e}^{-t}. \end{cases}$

2. 求曲线 $y=x(1-x)$ 在横坐标为 $x=1$ 点处的切线方程.

3. 设函数 $f(x)$ 可导,求下列函数的导数:

（1）$y=f(x^3)$；

（2）$y=f(\sin^2 x)+f(\cos^2 x)$.

4. 求由下列方程所确定的隐函数的二阶导数 $\dfrac{\mathrm{d}^2y}{\mathrm{d}x^2}$.

（1）$\ln\sqrt{x^2+y^2}=\arctan\dfrac{x}{y}$；

（2）$xy=\mathrm{e}^{x+y}$.

5. 求下列参数方程所确定的函数的二阶导数 $\dfrac{\mathrm{d}^2y}{\mathrm{d}x^2}$.

（1）$\begin{cases} x=at^2, \\ y=bt^3; \end{cases}$

（2）$\begin{cases} x=\ln(1+t^2), \\ y=t-\arctan t. \end{cases}$

6. 求下列函数的微分 $\mathrm{d}y$.

（1）$y=\arcsin(2x+1)$；

（2）$y=\mathrm{e}^{-x}\cos(3-x)$.

第二部分:拓展题

1. 已知 $y=\dfrac{\mathrm{e}^{3x}}{\ln(x+2)}$,求 y'.

2. 已知 $y = x^2 e^{3x}$，求 $\dfrac{d^2 y}{dx^2}$.

3. 已知 $f(x) = \begin{cases} x, & x \geq 0, \\ a\tan x - b, & x < 0 \end{cases}$ 在 $x = 0$ 处可导，求 a, b.

4. 求由方程 $y^3 - \sin xy - 9 = 0$ 所确定的隐函数的导数 $\dfrac{dy}{dx}$.

5. 求由参数方程 $\begin{cases} x = \theta(1 - \sin\theta), \\ y = \theta\cos\theta \end{cases}$ 所确定的函数的导数 $\dfrac{dy}{dx}$.

6. 已知 $y = \dfrac{e^{3x}}{\sin x}$，求 dy.

第三部分：考研真题

一、选择题

1. （2020 年，数学一）设函数 $f(x)$ 在区间 $(-1, 1)$ 内有定义，且 $\lim\limits_{x \to 0} f(x) = 0$，则（　　）.

　　A. 当 $\lim\limits_{x \to 0} \dfrac{f(x)}{\sqrt{|x|}} = 0$ 时，$f(x)$ 在 $x = 0$ 处可导

　　B. 当 $\lim\limits_{x \to 0} \dfrac{f(x)}{\sqrt{x^2}} = 0$ 时，$f(x)$ 在 $x = 0$ 处可导

　　C. 当 $f(x)$ 在 $x = 0$ 处可导时，$\lim\limits_{x \to 0} \dfrac{f(x)}{\sqrt{|x|}} = 0$

　　D. 当 $f(x)$ 在 $x = 0$ 处可导时，$\lim\limits_{x \to 0} \dfrac{f(x)}{\sqrt{x^2}} = 0$

2. （2018 年，数学一）下列函数中，在 $x = 0$ 处不可导的是（　　）.

　　A. $f(x) = |x|\sin|x|$

　　B. $f(x) = |x|\sin\sqrt{|x|}$

　　C. $f(x) = \cos|x|$

　　D. $f(x) = \cos\sqrt{|x|}$

3. （2005 年，数学一）设函数 $f(x) = \lim\limits_{n \to \infty} \sqrt[n]{1 + |x|^{3n}}$，则 $f(x)$ 在 $(-\infty, +\infty)$ 内（　　）.

　　A. 处处可导　　　　　　　　B. 恰有一个不可导点

　　C. 恰有两个不可导点　　　　D. 至少有三个不可导点

4. （2005 年，数学二）设函数 $y = y(x)$ 由参数方程 $\begin{cases} x = t^2 + 2t; \\ y = \ln(1 + t) \end{cases}$ 确定，则曲线 $y = y(x)$ 在 $x = 3$ 处的法线与 x 轴交点的横坐标是（　　）.

　　A. $\dfrac{1}{8}\ln 2 + 3$　　　　　　　　B. $-\dfrac{1}{8}\ln 2 + 3$

C. $-8\ln 2+3$　　　　　　　　D. $8\ln 2+3$

二、填空题

1.（2020 年,数学一、数学二）设 $\begin{cases} x=\sqrt{t^2+1}, \\ y=\ln(t+\sqrt{t^2+1}) \end{cases}$ 则 $\left.\dfrac{d^2y}{dx^2}\right|_{t=1}=$ _____.

2.（2020 年,数学三）曲线 $x+y+e^{2xy}=0$ 在 $(0,-1)$ 处的切线方程为_____.

3.（2019 年,数学二）曲线 $\begin{cases} x=t-\sin t, \\ y=1-\cos t \end{cases}$ 在 $t=\dfrac{3\pi}{2}$ 对应点处的切线在 y 轴上的截距为_____.

4.（2017 年,数学二）设函数 $y=y(x)$ 由参数方程 $\begin{cases} x=t+e^t, \\ y=\sin t \end{cases}$ 确定,则 $\left.\dfrac{d^2y}{dx^2}\right|_{t=0}=$ _____.

5.（2015 年,数学二）$\begin{cases} x=\arctan t, \\ y=3t+t^3 \end{cases}$ 则 $\left.\dfrac{d^2y}{dx^2}\right|_{t=1}=$ _____.

6.（2008 年,数学一）曲线 $\sin(xy)+\ln(y-x)=x$ 在点 $(0,1)$ 处的切线方程为_____.

7.（2007 年,数学二）曲线 $\begin{cases} x=\cos t+\cos^2 t, \\ y=1+\sin t \end{cases}$ 上对应于 $t=\dfrac{\pi}{4}$ 的点处的法线斜率为_____.

8.（2005 年,数学二）曲线 $y=(1+\sin x)^x$,则 $\left.dy\right|_{x=\pi}=$ _____.

第 2 章自测题

一、单项选择题（本题共 10 个小题,每小题 5 分,共 50 分）

1. 由下列哪个极限存在可以得到函数 $y=f(x)$ 在 x_0 点可导（　　）.

A. $\lim\limits_{h\to 0^+}\dfrac{f(x_0+h)-f(x_0)}{h}$　　　　B. $\lim\limits_{h\to 0}\dfrac{f(x_0+h)-f(x_0-h)}{h}$

C. $\lim\limits_{h\to 0}\dfrac{f(x_0+h)-f(x_0-2h)}{h}$　　　　D. $\lim\limits_{h\to 0}\dfrac{f(x_0)-f(x_0-h)}{h}$

2. 函数 $y=f(x)$ 在 x_0 点可导是函数 $y=f(x)$ 在 x_0 点连续的（　　）条件.

A. 充分　　　　　　　　　　B. 必要

C. 充分必要　　　　　　　　D. 既非充分也非必要

3. 函数 $y=f(x)$ 在 x_0 点可导是函数 $y=f(x)$ 在 x_0 点可微的（　　）条件.

A. 充分
B. 必要

C. 充分必要
D. 既非充分也非必要

4. 函数 $y = x\mathrm{e}^x$，则 $y^{(n)} = ($　　$)$.

A. $x\mathrm{e}^x$
B. $nx\mathrm{e}^x$

C. $\mathrm{e}^x(x+n)$
D. $x\mathrm{e}^x(x+n)$

5. 函数 $y = \mathrm{e}^{x^2}$，则 $\mathrm{d}y = ($　　$)$.

A. $\mathrm{e}^{x^2}\mathrm{d}x$
B. $2x\mathrm{e}^{x^2}\mathrm{d}x$

C. $x^2\mathrm{e}^{x^2}\mathrm{d}x$
D. $x\mathrm{e}^{x^2}\mathrm{d}x$

6. $y = 5^x$ 的导数为（　　）.

A. $x \cdot 5^{x-1}$
B. 5^x

C. $5^x\ln 5$
D. $5^x\ln 5x$

7. 曲线 $y = x^2 + 2$ 在点 $(1,3)$ 处的切线方程为（　　）.

A. $y = 2x+1$
B. $2x+1$

C. $y = 2x-1$
D. $2x-1$

8. 若 $y = \cos(x^3+1)$，$\mathrm{d}y = ($　　$)$.

A. $-3x^2 \cdot \sin(x^3+1)$
B. $-3x^2 \cdot \sin(x^3+1)\mathrm{d}x$

C. $3x^2 \cdot \sin(x^3+1)\mathrm{d}x$
D. $3x^2 \cdot \sin(x^3+1)$

9. 设 $x, y > 0$，函数 $y = y(x)$ 由方程 $x^y = y^x$ 所确定，则 $y' =$ （　　）.

A. $\dfrac{x(x\ln y+y)}{y(y\ln x+x)}$
B. $\dfrac{x(x\ln y-y)}{y(y\ln x-x)}$

C. $\dfrac{y(x\ln y+y)}{x(y\ln x+x)}$
D. $\dfrac{y(x\ln y-y)}{x(y\ln x-x)}$

10. 求由参数方程 $\begin{cases} x = \dfrac{t}{2}, \\ y = 1-t \end{cases}$，所确定的函数的二阶导数 $\dfrac{\mathrm{d}^2y}{\mathrm{d}x^2} =$

（　　）.

A. 0
B. 1

C. 2
D. 3

二、判断题（用 √、× 表示. 本题共 10 个小题，每小题 5 分，共 50 分）

1. 若函数 $f(x)$ 在 x_0 处可导，则 $\lim\limits_{\Delta x \to 0} \dfrac{f(x_0+2\Delta x)-f(x_0-\Delta x)}{\Delta x} =$ $2f'(x_0)$. 　　　　　　　　　　　　　　　　　　　（　　）

2. 设 $f(u)$ 为可导函数，$y = f(\sin^2 x)$，则 $y' = \sin 2x \cdot f'(\sin^2 x)$. 　　　　　　　　　　　　　　　　　　　（　　）

3. 直角坐标方程 $y = f(x)$ 可以写成参数方程的形式 $\begin{cases} x = t, \\ y = f(t). \end{cases}$ 　　　　　　　　　　　　　　　　　　　（　　）

4. 设 n 为正整数，则 $(\cos x)^{(n)} = \cos\left(x + n \cdot \dfrac{\pi}{2}\right)$. 　　（　　）

5. 设 $y=f(t)$，$t=\varphi(x)$ 都可微，则 $\mathrm{d}y=f'(t)\varphi'(x)\mathrm{d}t$. （　　）

6. 已知函数 $f(x)$ 在 $x=1$ 处可导，则 $\lim\limits_{h\to 0}\dfrac{f(1)-f(1-2h)}{h}=2f'(1)$.

（　　）

7. 曲线 $f(x)$ 在点 x_0 处的法线的斜率为 $f'(x_0)$. （　　）

8. 由方程 $xy=\mathrm{e}^{2x+y}$ 所确定的隐函数的导数为 $\dfrac{\mathrm{d}y}{\mathrm{d}x}=\dfrac{2\mathrm{e}^{2x+y}-y}{2x-\mathrm{e}^{2x+y}}$.

（　　）

9. 已知 $y=x^{\tan x}$，则 $y'=x^{\tan x}\left(\sec^2 x\ln\, x+\dfrac{\tan\, x}{x}\right)$. （　　）

10. 由参数方程 $\begin{cases}x=\ln(1-t^2)\\ y=\arcsin\, t\end{cases}$ 所确定的函数的导数为 $\dfrac{\mathrm{d}y}{\mathrm{d}x}=\dfrac{\sqrt{1-t^2}}{2t}$.

（　　）

第 2 章数学家故事-祖冲之　　　　　　第 2 章参考答案

第 3 章
微分中值定理与导数的应用

本章要点：本章内容是第 2 章的延续，主要介绍利用导数来讨论函数的性质．微分中值定理是讨论函数性质的有效工具，本章首先从微分中值定理入手，在此基础上介绍计算极限的另一种有效方法——洛必达法则．然后介绍泰勒公式，并以导数为工具研究函数的性态．

在第 2 章我们研究了导数的概念及其求法．事实上，导数作为函数的变化率，在研究函数性态中起着重要的作用，因而在自然科学、工程技术、经济及管理等领域都有广泛的应用．

本章知识结构图

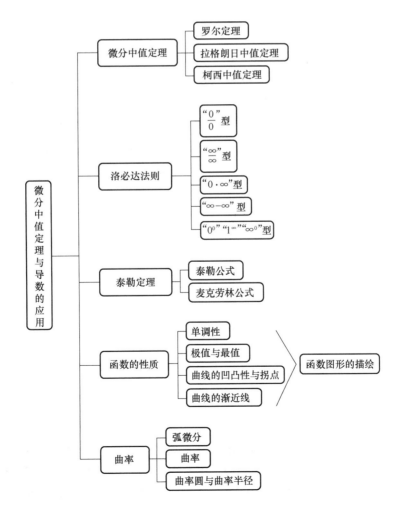

3.1　微分中值定理

本节要点：通过本节的学习，学生应理解并会用罗尔（Rolle）定理、拉格朗日（Lagrange）中值定理，了解柯西（Cauchy）中值定理.

导数的概念指出，函数在一点处的导数通常理解为函数在该点处的变化率.本节将利用导数进一步研究关于函数的一些性质，由于这些性质都是揭示函数在某区间的整体性质与该区间内部某一点的导数之间的关系，因此称之为微分中值定理.微分中值定理既是用微分学知识解决应用问题的理论基础，又是解决微分学自身发展的一种理论模型.其中拉格朗日中值定理是核心，费马引理是它的预备定理，罗尔定理是它的特例，柯西中值定理是它的推广.

3.1.1　费马引理

为叙述引理方便，首先介绍极值的概念.

定义 3.1.1　设函数 $f(x)$ 在点 x_0 的某邻域有定义，如果对于该邻域内任何异于 x_0 的点 x，总有

$$f(x) \leqslant f(x_0) \text{ 或 } f(x) \geqslant f(x_0),$$

则称 $f(x_0)$ 为函数 $f(x)$ 的极大值或极小值，x_0 称为函数 $f(x)$ 的极大值点或极小值点.极大值和极小值统称为极值，极大值点和极小值点统称为极值点.

如图 3-1 所示，函数 $f(x)$ 在 $x=x_1, x_3$ 处均取得极大值，在 $x=x_2, x_4$ 处均取得极小值.在点 $x=a, b, x_5$ 处不取得极值.

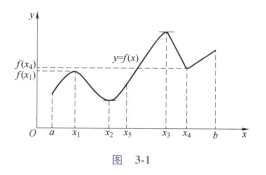

图　**3-1**

注　（1）极值是个局部的概念，而最值是整体的概念.一个函数在某个区间内可以有很多极大值和极小值，而最大值和最小值是唯一的.如图 3-1 所示，$f(x_1), f(x_3)$ 为极大值，$f(x_2), f(x_4)$ 为极小

值.而最大值和最小值分别为 $f(x_3)$ 和 $f(x_2)$.

（2）极大值可能比极小值小.如图 3-1 所示,$f(x_4)>f(x_1)$,但 $f(x_4)$ 为极小值,$f(x_1)$ 为极大值.

（3）极值只能在区间内部取得,而最值可以在端点处取得.

观察图 3-1,若曲线 $f(x)$ 在极值点处有切线,发现切线平行于 x 轴,一般地有如下定理.

费马引理　若函数 $f(x)$ 满足:

（1）x_0 是函数 $f(x)$ 的极值点;

（2）$f(x)$ 在点 x_0 处可导,

则有 $f'(x_0)=0$.

证　不妨设 x_0 为函数 $f(x)$ 在邻域 $U(x_0)$ 的极大值.由极大值的定义可知,对于任意的 $x_0+\Delta x\in U(x_0)$,有

$$f(x_0+\Delta x)\leqslant f(x_0),$$

当 $\Delta x>0$ 时,有

$$\frac{f(x_0+\Delta x)-f(x_0)}{\Delta x}\leqslant 0;$$

当 $\Delta x<0$ 时,有

$$\frac{f(x_0+\Delta x)-f(x_0)}{\Delta x}\geqslant 0.$$

由 $f(x)$ 在 x_0 可导及极限的保号性,有

$$f'(x_0)=f'_+(x_0)=\lim_{\Delta x\to 0^+}\frac{f(x_0+\Delta x)-f(x_0)}{\Delta x}\leqslant 0,$$

$$f'(x_0)=f'_-(x_0)=\lim_{\Delta x\to 0^-}\frac{f(x_0+\Delta x)-f(x_0)}{\Delta x}\geqslant 0,$$

由此可得,$f'(x_0)=0$.

容易证明,当 $f(x_0)$ 为函数 $f(x)$ 的极小值时,定理也成立.证毕.

定义 3.1.2　导数为零的点称为函数的驻点,或稳定点、临界点.

从而费马引理可简述为:可导函数的极值点必为驻点.

例如,$f(x)=x^2$ 在 $x=0$ 处可导,且 $x=0$ 为该函数的极小值点,由费马引理知,$x=0$ 必为 $f(x)=x^2$ 的驻点.事实上,我们容易验证 $f'(0)=0$,即 $x=0$ 恰为 $f(x)=x^2$ 的驻点.

但是,函数的驻点不一定是极值点.例如函数 $f(x)=x^3$,不难证明 $x=0$ 是函数 $f(x)$ 的驻点,但由图 3-2 知,$x=0$ 不是函数 $f(x)$ 的极值点.

我们再从几何上来研究费马引理.由函数 $f(x)$ 在点 x_0 处可导可以推得,曲线在点 $x=x_0$ 处连续,且存在不与 x 轴垂直的切线;函数 $f(x)$ 的极值点为曲线上的局部最高点或最低点;驻点处的切线

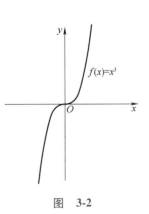

图　3-2

平行于 x 轴.从而费马引理的几何意义为:如果连续曲线在局部最高点或最低点处存在切线,且该切线不垂直于 x 轴,则它必平行于 x 轴.

3.1.2 罗尔定理

罗尔[○]定理   若函数 $f(x)$ 满足:

(1) 在闭区间 $[a,b]$ 上连续;

(2) 在开区间 (a,b) 内可导;

(3) 在区间端点处的函数值相等,即 $f(a)=f(b)$,

那么在开区间 (a,b) 内至少存在一点 ξ,使得 $f'(\xi)=0$.

罗尔定理的几何意义:一个连续、光滑的曲线弧,若区间两端点处函数值相等,则在曲线的内部,至少存在一点,其切线是水平的.如图 3-3 所示,ξ_1,ξ_2 处的切线均为水平的.

证   由于函数 $f(x)$ 在闭区间 $[a,b]$ 上连续,根据闭区间上连续函数的性质可知,函数 $f(x)$ 在 $[a,b]$ 上必存在最大值 M 和最小值 m.

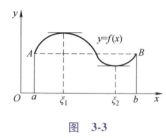

图   3-3

(1) 如果 $M=m$,那么 $f(x)$ 在 $[a,b]$ 上是常数函数,即 $f(x)=M$.于是在开区间 (a,b) 内恒有 $f'(x)=0$.此时,(a,b) 内任意一点均可作为 ξ.

(2) 如果 $M\neq m$,那么 M 和 m 至少有一个不等于函数 $f(x)$ 在区间端点的值.不妨设 $M\neq f(x)$(若 $m\neq f(x)$,证法类似).于是最大值 M 是函数 $f(x)$ 的极大值,令 $f(\xi)=M(\xi\in(a,b))$,又因为函数 $f(x)$ 在 (a,b) 内可导,由费马引理可知,$f'(\xi)=0$.证毕.

罗尔定理的三个条件缺少其中任何一个,定理的结论将不一定成立.

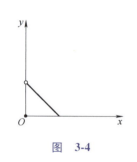

图   3-4

例如,$f(x)=\begin{cases}1-x,0<x\leqslant 1,\\0,\quad x=0\end{cases}$ 在 $x=0$ 处不连续,未满足罗尔定理的第一个条件,在 $(0,1)$ 内找不到一点 ξ,使得 $f'(\xi)=0$(见图 3-4).

又如,函数 $f(x)=|x|$,$x\in[-2,2]$,在 $x=0$ 处不可导,未满足罗尔定理的第二个条件,在 $(-2,2)$ 内找不到一点 ξ,使得 $f'(\xi)=0$(见图 3-5).

而函数 $f(x)=x$,$x\in[0,2]$,在 $[0,2]$ 上,$f(0)\neq f(2)$,未满足罗尔定理的第三个条件,在 $(0,2)$ 内找不到一点 ξ,使得 $f'(\xi)=0$(见图 3-6).

另一方面,如果函数不满足定理的三个条件,结论也有可能成立.例如,$f(x)=x^2$,$x\in[-1,2]$(见图 3-7),虽然在 $[-1,2]$ 上未满足罗尔定理的所有条件,但在 $x=0$ 处有 $f'(0)=0$.

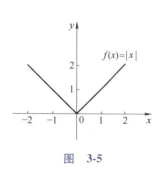

图   3-5

○ 罗尔(1652—1719),法国数学家.

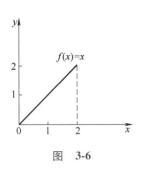　　　　　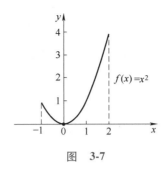

图　3-6　　　　　　　　　图　3-7

　　该定理只说明了 ξ 的存在性,没有具体给出 ξ 的值,即便这样, 它仍具有广泛的应用性.

　　例 3.1.1　验证罗尔定理对函数 $f(x)=\ln\sin x$ 在区间 $\left[\dfrac{\pi}{6},\dfrac{5\pi}{6}\right]$ 上的正确性.

　　证　(1) $f(x)=\ln\sin x$ 的定义域为 $2k\pi<x<2k\pi+\pi$ （$k\in\mathbf{Z}$）. 因为初等函数在定义域区间内连续,所以该函数在 $\left[\dfrac{\pi}{6},\dfrac{5\pi}{6}\right]$ 上连续;

　　(2) $f'(x)=\cot x$ 在 $\left(\dfrac{\pi}{6},\dfrac{5\pi}{6}\right)$ 内处处存在,说明 $f(x)$ 在 $\left(\dfrac{\pi}{6},\dfrac{5\pi}{6}\right)$ 内可导;

　　(3) $f\left(\dfrac{\pi}{6}\right)=f\left(\dfrac{5\pi}{6}\right)=-\ln 2$.

所以函数在 $\left[\dfrac{\pi}{6},\dfrac{5\pi}{6}\right]$ 上满足罗尔定理的条件.

　　$f'(x)=\cot x=0$ 在 $\left(\dfrac{\pi}{6},\dfrac{5\pi}{6}\right)$ 内显然有解 $x=\dfrac{\pi}{2}$,故可取 $\xi=\dfrac{\pi}{2}$,有 $f'(\xi)=0$.即函数在 $\left[\dfrac{\pi}{6},\dfrac{5\pi}{6}\right]$ 上满足罗尔定理的结论.

　　综上,函数 $f(x)=\ln\sin x$ 在区间 $\left[\dfrac{\pi}{6},\dfrac{5\pi}{6}\right]$ 上满足罗尔定理的条件和结论.

　　例 3.1.2　设 $f(x)=(x-1)(x-2)(x-3)$,不求导说明 $f'(x)=0$ 的实根个数及这些实根所在的范围.

　　解　显然,函数 $f(x)$ 在区间 $[1,2]$ 和 $[2,3]$ 上都满足闭区间连续,开区间可导,且 $f(1)=f(2)=f(3)=0$,满足罗尔定理的条件.于是,至少存在点 $\xi_1\in(1,2)$,$\xi_2\in(2,3)$,使得
$$f'(\xi_1)=0,f'(\xi_2)=0,$$
即方程 $f'(x)=0$ 至少有两个实根.

　　又因为 $f(x)$ 是一个三次多项式,则 $f'(x)=0$ 是一个一元二次

方程,最多有两个实根.

综上,$f'(x)=0$ 有两个实根,分别在区间$(1,2)$和$(2,3)$内.

3.1.3　拉格朗日中值定理

拉格朗日[⊖]中值定理　如果函数 $f(x)$ 满足:

(1) 在闭区间 $[a,b]$ 上连续;

(2) 在开区间 (a,b) 内可导,

则在开区间 (a,b) 内至少存在一点 ξ,使得

$$\frac{f(b)-f(a)}{b-a}=f'(\xi),$$

该公式称为**拉格朗日中值公式**.

公式左端 $\dfrac{f(b)-f(a)}{b-a}$ 反映了函数在区间 $[a,b]$ 上整体变化的平均变化率,而等式右端的 $f'(\xi)$ 反映了函数在区间内部某一点的变化率.从而如前所述,这个公式反映了函数在某区间的整体性质与区间内部一点的导数的关系.

拉格朗日中值定理的几何意义可以描述为:如果连续曲线 $f(x)$ 除端点外,处处具有不垂直于 x 轴的切线,那么曲线上除端点外至少有一点,它的切线平行于割线 AB(见图 3-8).

显然,若 $f(a)=f(b)$,则拉格朗日中值定理就变为罗尔定理.同时在几何上,罗尔定理中割线 AB 平行于

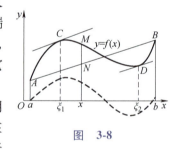

图　3-8

x 轴,而拉格朗日中值定理中割线 AB 不一定平行于 x 轴,它也可与 x 轴斜交.由此可见,罗尔定理是拉格朗日中值定理的特例.前面已经证明了罗尔定理,是否可以通过将拉格朗日中值定理转化为罗尔定理的形式来证明它呢?

观察所要证明的结论,我们可将其转化为证明 $f'(\xi)-\dfrac{f(b)-f(a)}{b-a}=0$.联系罗尔定理的结论,哪个函数的导数恰好为这个等式的左端呢? 由果溯因,构造函数 $\varphi(x)=f(x)-\dfrac{f(b)-f(a)}{b-a}x$,这个函数恰好可以满足罗尔定理的三个条件,证明如下.

证　作辅助函数

$$\varphi(x)=f(x)-\frac{f(b)-f(a)}{b-a}x,x\in[a,b],$$

显然,$\varphi(x)$ 在 $[a,b]$ 上连续,在 (a,b) 内可导,且

⊖　拉格朗日(1736—1813),法国数学家、力学家、天文学家.

$$\varphi(a)=\varphi(b)=\frac{bf(a)-af(b)}{b-a},$$

根据罗尔定理可知,至少存在一点 $\xi\in(a,b)$,使得 $\varphi'(\xi)=0$,即

$$f'(\xi)-\frac{f(b)-f(a)}{b-a}=0,$$

所以

$$\frac{f(b)-f(a)}{b-a}=f'(\xi).$$

显然,拉格朗日中值公式对于 $b<a$ 也成立.证毕.

拉格朗日中值定理是中值定理的核心,它在微积分中起着非常重要的作用.

例 3.1.3　设 $a>b>0$,证明:$\dfrac{a-b}{a}<\ln\dfrac{a}{b}<\dfrac{a-b}{b}$.

证　令 $f(x)=\ln x$,显然 $f(x)$ 在 $[b,a]$ 上连续,在 (b,a) 内可导,于是有

$$f(a)-f(b)=f'(\xi)(a-b),\xi\in(b,a),$$

即

$$\ln\frac{a}{b}=\frac{1}{\xi}(a-b).$$

由于 $b<\xi<a$,故 $\dfrac{1}{a}<\dfrac{1}{\xi}<\dfrac{1}{b}$,所以 $\dfrac{a-b}{a}<\ln\dfrac{a}{b}<\dfrac{a-b}{b}$.

例 3.1.3

我们已经知道,常数的导数为零.反过来,导数为零的函数是否为常数呢? 答案是肯定的.事实上,这是以后我们在积分学中特别常用的一个结论,我们可以用拉格朗日中值定理证明其正确性.

推论 1　如果函数 $f(x)$ 在区间 (a,b) 内的导数恒为零,那么 $f(x)$ 在区间 (a,b) 内为常数函数.

证　任取 x_1,x_2 为区间 (a,b) 内两点,不妨设 $x_1<x_2$.由于 $f(x)$ 在区间 (a,b) 内可导,所以 $f(x)$ 在 $[x_1,x_2]$ 上连续,在 (x_1,x_2) 内可导,由拉格朗日中值定理,有

$$f(x_2)-f(x_1)=f'(\xi)(x_2-x_1),\xi\in(x_1,x_2),$$

又因为 $f(x)$ 在区间 (a,b) 内的导数恒为零,故 $f'(\xi)=0$,所以

$$f(x_1)=f(x_2),$$

由 x_1,x_2 的任意性知,$f(x)$ 恒为常数.证毕.

该推论的几何意义为,斜率处处为零的曲线一定是一条平行于 x 轴的直线.

例 3.1.4　证明:$\arcsin x+\arccos x=\dfrac{\pi}{2}$　$(-1<x<1)$.

证　令 $f(x)=\arcsin x+\arccos x$　$(-1<x<1)$,则 $f'(x)=0$,根据拉格朗日中值定理的推论 1,有 $f(x)=C$.又因为 $f(0)=\dfrac{\pi}{2}$,故 $f(x)=\dfrac{\pi}{2}$　$(-1<x<1)$.

推论 2　若在区间 I 上,均有 $f'(x)=g'(x)$,则在区间 I 上函数 $f(x)$ 和 $g(x)$ 仅相差一个常数,即 $f(x)=g(x)+C$(C 为常数).

令 $h(x)=f(x)-g(x)$,对 $h(x)$ 应用推论 1 即可证明.

推论 2 在积分学中将起到重要的作用.

3.1.4　柯西中值定理

柯西[○]**中值定理**　如果函数 $f(x)$ 和 $g(x)$ 满足:

(1) 在闭区间 $[a,b]$ 上连续;

(2) 在开区间 (a,b) 内可导;

(3) 对于任意的 $x\in(a,b)$, $g'(x)\neq0$,那么,至少存在一点 $\xi\in(a,b)$,使得

$$\frac{f(b)-f(a)}{g(b)-g(a)}=\frac{f'(\xi)}{g'(\xi)}.$$

分析　要证明结论成立,只需证明 $f'(\xi)-\dfrac{f(b)-f(a)}{g(b)-g(a)}g'(\xi)=0.$

证　作辅助函数

$$\varphi(x)=f(x)-\frac{f(b)-f(a)}{g(b)-g(a)}g(x),$$

则

$$\varphi'(x)=f'(x)-\frac{f(b)-f(a)}{g(b)-g(a)}g'(x).$$

显然,函数 $\varphi(x)$ 满足罗尔定理的条件,于是在 (a,b) 内至少存在一点 ξ,使得 $\varphi'(\xi)=0$,

即

$$f'(\xi)-\frac{f(b)-f(a)}{g(b)-g(a)}g'(\xi)=0,$$

所以

$$\frac{f(b)-f(a)}{g(b)-g(a)}=\frac{f'(\xi)}{g'(\xi)}.证毕.$$

显然,若令 $g(x)=x$,柯西中值定理就变成了拉格朗日中值定理,所以,柯西中值定理是拉格朗日中值定理的推广.

注　(1) 在应用微分中值定理时,一定要验证定理的条件是否满足,条件满足时,才有相应的结论;

(2) 微分中值定理的结论中只肯定了" ξ "的存在性,它不一定是唯一的.

3.1.5　同步习题

1. 验证函数 $f(x)=2x^2+x+1$ 在区间 $\left[-1,\dfrac{1}{2}\right]$ 上是否满足罗尔定理的条件.若满足,求出 ξ.

○　柯西(1789—1857),法国数学家.

2. 验证函数 $f(x)=\ln x$ 在区间 $[1,2]$ 上是否满足拉格朗日中值定理的条件. 若满足, 求出 ξ.

3. 对 $f(x)=x^2,g(x)=x^3$ 在区间 $[0,1]$ 上就柯西中值定理计算相应的 ξ.

4. 不求出函数 $f(x)=(x+1)(x-1)(x-3)(x-4)$ 的导数, 说明方程 $f'(x)=0$ 有几个实根, 指出根所在的区间.

5. 证明方程 $x^5-10x+3=0$ 在区间 $(0,1)$ 内只有一个实根.

6. 应用拉格朗日中值定理证明下列不等式.

(1) $|\sin a-\sin b|\leqslant|a-b|$;

(2) $\dfrac{b-a}{1+b^2}<\arctan b-\arctan a<\dfrac{b-a}{1+a^2}(a<b)$;

(3) $\dfrac{x}{1+x}<\ln(1+x)<x,x>0$.

3.2　洛必达法则

本节要点: 通过本节的学习, 学生应掌握用洛必达法则求未定式极限的方法.

前面我们已经讨论过函数极限的求法, 其中不乏两个无穷小量之比以及两个无穷大量之比的极限. 比如极限 $\lim\limits_{x\to 1}\dfrac{x^2-2x+1}{x^2-1}$ 是一个无穷小量与无穷小量比值的极限, 我们可以通过约分消去"零因子"来求解. 但这只是针对某些特定问题的特殊方法, 能否找到一种一般性的方法解决类似的问题呢? 这就是本节将要讨论的问题——洛必达(L' Hospital)$^\ominus$法则.

为了叙述方便, 首先给出定义.

定义 3.2.1　通常把两个无穷小量之比的极限简记为"$\dfrac{0}{0}$", 而把两个无穷大量之比的极限简记为"$\dfrac{\infty}{\infty}$". "$\dfrac{0}{0}$"型和"$\dfrac{\infty}{\infty}$"型极限可能存在, 也可能不存在, 把这种极限称为未定式. 比如前面讨论过的 $\lim\limits_{x\to 0}\dfrac{\sin x}{x}$ 即为未定式中"$\dfrac{0}{0}$"型的一个典型例子. 我们把未定式极限的计算称为未定式的定值.

$\ominus$　洛必达(1661—1704), 法国数学家.

3.2.1 "$\dfrac{0}{0}$" 型未定式

定理 3.2.1 设函数 $f(x)$ 和 $g(x)$ 满足:

(1) 当 $x \to a$ 或 $x \to \infty$ 时,$f(x)$ 和 $g(x)$ 都趋于零;

(2) 在点 a 的某去心邻域(或 $|x| > N$)内,$f'(x)$ 和 $g'(x)$ 都存在,且 $g'(x) \neq 0$;

(3) $\lim \dfrac{f'(x)}{g'(x)}$ 存在(或为无穷大),

那么,$\lim \dfrac{f(x)}{g(x)} = \lim \dfrac{f'(x)}{g'(x)}$.

该定理的证明可以通过柯西中值定理得到,这里不予证明.

注 (1) 该定理表明,当满足定理条件时,"$\dfrac{0}{0}$" 型未定式 $\dfrac{f(x)}{g(x)}$ 的极限可化为导数之比 $\dfrac{f'(x)}{g'(x)}$ 的极限;

(2) 若 $\dfrac{f'(x)}{g'(x)}$ 仍为 "$\dfrac{0}{0}$" 型未定式,且 $f'(x)$ 和 $g'(x)$ 也如 $f(x)$ 和 $g(x)$ 一样满足定理条件,则可继续使用上述定理,即
$$\lim \frac{f(x)}{g(x)} = \lim \frac{f'(x)}{g'(x)} = \lim \frac{f''(x)}{g''(x)};$$

(3) 这种在一定条件下,通过分子、分母分别求导来确定未定式值的方法称为 **洛必达法则**;

(4) 如果 $\lim \dfrac{f'(x)}{g'(x)}$ 不存在且不是无穷大,并不能应用洛必达法则.

例 3.2.1 用洛必达法则求下列极限.

(1) $\lim\limits_{x \to 1} \dfrac{x^2 - 2x + 1}{x^2 - 1}$;

(2) $\lim\limits_{x \to 0} \dfrac{x - \sin x}{x^3}$;

(3) $\lim\limits_{x \to 0} \dfrac{\ln(1+x)}{x}$;

(4) $\lim\limits_{x \to -\infty} \dfrac{\pi - \text{arccot } x}{\dfrac{1}{x}}$.

解 几个极限均为 "$\dfrac{0}{0}$" 型未定式,使用洛必达法则.

(1) $\lim\limits_{x \to 1} \dfrac{x^2 - 2x + 1}{x^2 - 1} = \lim\limits_{x \to 1} \dfrac{2x - 2}{2x} = 0$;

注 上式中 $\lim\limits_{x \to 1} \dfrac{2x-2}{2x}$ 已不是未定式,不能对它应用洛必达法则,否则将导致错误结果.

(2) $\lim\limits_{x \to 0} \dfrac{x - \sin x}{x^3} = \lim\limits_{x \to 0} \dfrac{1 - \cos x}{3x^2} = \lim\limits_{x \to 0} \dfrac{\sin x}{6x} = \dfrac{1}{6}$;

本题也可应用等价无穷小代换求解,由于当 $x \to 0$ 时,$1 - \cos x \sim$ $\frac{1}{2} x^2$,于是

$$\lim_{x \to 0} \frac{x - \sin x}{x^3} = \lim_{x \to 0} \frac{1 - \cos x}{3x^2} = \lim_{x \to 0} \frac{\frac{1}{2} x^2}{3x^2} = \frac{1}{6};$$

(3) $\lim\limits_{x \to 0} \dfrac{\ln(1+x)}{x} = \lim\limits_{x \to 0} \dfrac{\frac{1}{1+x}}{1} = 1$;

本题也可应用等价无穷小代换求解,由于当 $x \to 0$ 时,$\ln(1+x) \sim x$,于是

$$\lim_{x \to 0} \frac{\ln(1+x)}{x} = \lim_{x \to 0} \frac{x}{x} = 1;$$

(4) $\lim\limits_{x \to -\infty} \dfrac{\pi - \operatorname{arccot} x}{\dfrac{1}{x}} = \lim\limits_{x \to -\infty} \dfrac{\dfrac{1}{1+x^2}}{-\dfrac{1}{x^2}} = -\lim\limits_{x \to -\infty} \dfrac{x^2}{1+x^2} = -1.$

3.2.2　"$\dfrac{\infty}{\infty}$"型未定式

定理 3.2.2　设函数 $f(x)$ 和 $g(x)$ 满足:

(1) 当 $x \to a$ 或 $x \to \infty$ 时,$f(x)$ 和 $g(x)$ 都趋于无穷大;

(2) 在点 a 的某去心邻域(或 $|x| > N$)内,$f'(x)$ 和 $g'(x)$ 都存在,且 $g'(x) \neq 0$;

(3) $\lim \dfrac{f'(x)}{g'(x)}$ 存在(或为无穷大),

那么,$\lim \dfrac{f(x)}{g(x)} = \lim \dfrac{f'(x)}{g'(x)}$.

例 3.2.2　用洛必达法则求下列极限.

(1) $\lim\limits_{x \to +\infty} \dfrac{\ln x}{x}$;　　　　　　(2) $\lim\limits_{x \to +\infty} \dfrac{x^3}{\mathrm{e}^x}$;

(3) $\lim\limits_{x \to +\infty} \dfrac{x^4 + x + 1}{x^3}$;　　　　(4) $\lim\limits_{x \to 0^+} \dfrac{\ln(\cot x)}{\ln x}$.

解　几个极限均为"$\dfrac{\infty}{\infty}$"型未定式,使用洛必达法则,得

(1) $\lim\limits_{x \to +\infty} \dfrac{\ln x}{x} = \lim\limits_{x \to +\infty} \dfrac{\dfrac{1}{x}}{1} = 0$;

(2) $\lim\limits_{x \to +\infty} \dfrac{x^3}{\mathrm{e}^x} = \lim\limits_{x \to +\infty} \dfrac{3x^2}{\mathrm{e}^x} = \lim\limits_{x \to +\infty} \dfrac{6x}{\mathrm{e}^x} = \lim\limits_{x \to +\infty} \dfrac{6}{\mathrm{e}^x} = 0$;

(3) $\lim\limits_{x \to +\infty} \dfrac{x^4 + x + 1}{x^3} = \lim\limits_{x \to +\infty} \dfrac{4x^3 + 1}{3x^2} = \lim\limits_{x \to +\infty} \dfrac{12x^2}{6x} = \lim\limits_{x \to +\infty} 2x = +\infty$,故原极

限不存在;

$$(4)\ \lim_{x\to0^+}\frac{\ln(\cot x)}{\ln x}=\lim_{x\to0^+}\frac{\dfrac{1}{\cot x}(-\csc^2 x)}{\dfrac{1}{x}}=\lim_{x\to0^+}\frac{-x}{\sin x\cos x}$$

$$=-\left(\lim_{x\to0^+}\frac{x}{\sin x}\right)\left(\lim_{x\to0^+}\frac{1}{\cos x}\right)=-1.$$

3.2.3　其他类型的未定式

除了"$\dfrac{0}{0}$"型和"$\dfrac{\infty}{\infty}$"型未定式外,"$0\cdot\infty$"型、"$\infty-\infty$"型、"0^0"型、"1^∞"型以及"∞^0"型的未定式一般也可以通过恒等变形化为"$\dfrac{0}{0}$"型或"$\dfrac{\infty}{\infty}$"型未定式,然后应用洛必达法则定值.

1. "$0\cdot\infty$"型未定式

一般地,如果 $f(x)\cdot g(x)$ 为"$0\cdot\infty$"型未定式,可以通过恒等变形将其化为 $\dfrac{f(x)}{\dfrac{1}{g(x)}}$("$\dfrac{0}{0}$"型)或 $\dfrac{g(x)}{\dfrac{1}{f(x)}}$("$\dfrac{\infty}{\infty}$"型),而后利用洛必达法则定值.

例 3.2.3　求 $\lim\limits_{x\to0^+}x\ln x$.

分析　题目为"$0\cdot\infty$"型极限,用洛必达法则.

解　$\lim\limits_{x\to0^+}x\ln x=\lim\limits_{x\to0^+}\dfrac{\ln x}{\dfrac{1}{x}}=\lim\limits_{x\to0^+}\dfrac{\dfrac{1}{x}}{-\dfrac{1}{x^2}}=\lim\limits_{x\to0^+}(-x)=0.$

注　一般地,对数函数和反三角函数不"下放".

2. "$\infty-\infty$"型未定式

"$\infty-\infty$"型未定式一般可以通过通分或者根式有理化,将其化为"$\dfrac{0}{0}$"型或"$\dfrac{\infty}{\infty}$"型未定式而后应用洛必达法则定值.

例 3.2.4　求 $\lim\limits_{x\to0}\left(\dfrac{1}{x}-\dfrac{1}{e^x-1}\right)$.

分析　题目为"$\infty-\infty$"型极限,用洛必达法则.

解　$\lim\limits_{x\to0}\left(\dfrac{1}{x}-\dfrac{1}{e^x-1}\right)$

$$=\lim_{x\to0}\frac{e^x-1-x}{x(e^x-1)}\left(\text{"}\frac{0}{0}\text{"型}\right)$$

$$=\lim_{x\to0}\frac{e^x-1-x}{x^2}\left(\text{"}\frac{0}{0}\text{"型}\right)$$

$$= \lim_{x \to 0} \frac{\mathrm{e}^x - 1}{2x}$$

$$= \lim_{x \to 0} \frac{x}{2x} = \frac{1}{2}.$$

3. "0^0"型、"1^∞"型以及"∞^0"型未定式

诸如"0^0"型、"1^∞"型以及"∞^0"型等幂指函数的未定式,可以通过对数恒等式的方法定值,即 $f(x)^{g(x)} = \mathrm{e}^{g(x)\ln f(x)}$.

例 3.2.5　求 $\lim\limits_{x \to 0^+} x^x$.

解　$\lim\limits_{x \to 0^+} x^x = \lim\limits_{x \to 0^+} \mathrm{e}^{x\ln x} = \mathrm{e}^0 = 1$.

例 3.2.6　求 $\lim\limits_{x \to 1} x^{\frac{1}{1-x}}$.

例 3.2.6

解　$\lim\limits_{x \to 1} x^{\frac{1}{1-x}} = \lim\limits_{x \to 1} \mathrm{e}^{\frac{\ln x}{1-x}} = \mathrm{e}^{\lim\limits_{x \to 1} \frac{\ln x}{1-x}} = \mathrm{e}^{\lim\limits_{x \to 1} \frac{\frac{1}{x}}{-1}} = \mathrm{e}^{-1}$.

注　这是个"1^∞"型的未定式,也可以利用第二个重要极限解决,读者可以自己尝试.

例 3.2.7　求 $\lim\limits_{x \to 0} (\cos x)^{\cot^2 x}$.

解　$\lim\limits_{x \to 0} (\cos x)^{\cot^2 x} = \lim\limits_{x \to 0} \mathrm{e}^{\cot^2 x \ln(\cos x)} = \mathrm{e}^{\lim\limits_{x \to 0} \frac{\ln(\cos x)}{\tan^2 x}} = \mathrm{e}^{\lim\limits_{x \to 0} \frac{\ln(\cos x)}{x^2}} = \mathrm{e}^{\lim\limits_{x \to 0} \frac{-\tan x}{2x}} = \mathrm{e}^{-\frac{1}{2}}$.

注　洛必达法则固然是求极限的一种有效方法,但也应结合其他求极限的方法,例 3.2.4 和例 3.2.7 为简化计算就使用了无穷小等价代换.

例 3.2.8　求 $\lim\limits_{x \to \infty} \frac{x + \sin x}{x}$.

解　这是个"$\frac{\infty}{\infty}$"型未定式,使用洛必达法则,得

$$\lim_{x \to \infty} \frac{x + \sin x}{x} = \lim_{x \to \infty} \frac{1 + \cos x}{1},$$

等式右端极限不存在,但是

$$\lim_{x \to \infty} \frac{x + \sin x}{x} = \lim_{x \to \infty} \left(1 + \frac{\sin x}{x} \right) = 1.$$

这说明如果极限 $\lim \frac{f'(x)}{g'(x)}$ 不存在($\neq \infty$),不能断言原极限也不存在,应尝试其他方法.

3.2.4　同步习题

1. 用洛必达法则求下列极限.

(1) $\lim\limits_{x \to 0} \frac{\sin 5x}{\sin 8x}$;

(2) $\lim\limits_{x \to 1} \frac{x^3 - 3x + 2}{x^3 - x^2 - x + 1}$;

(3) $\lim\limits_{x\to 0}\dfrac{\ln(\cos x)}{x}$;　　　　　　(4) $\lim\limits_{x\to 2}\dfrac{x^3-8}{x-2}$;

(5) $\lim\limits_{x\to 1}\dfrac{x^2-1}{\ln x}$;　　　　　　(6) $\lim\limits_{x\to\frac{\pi}{2}}\dfrac{\cos x}{x-\dfrac{\pi}{2}}$;

(7) $\lim\limits_{x\to 0}\dfrac{\mathrm{e}^x-1}{\sin x}$;　　　　　　(8) $\lim\limits_{x\to 0}\dfrac{\mathrm{e}^x-\mathrm{e}^{-x}}{x}$;

(9) $\lim\limits_{x\to 0}\dfrac{\ln(\cos ax)}{\ln(\cos bx)}$;　　　　(10) $\lim\limits_{x\to+\infty}\dfrac{\ln x}{x^n}\,(n\in\mathbf{Z}_+)$;

(11) $\lim\limits_{x\to 0}\dfrac{\tan x-x}{x-\sin x}$;　　　　(12) $\lim\limits_{x\to 0}\left(\cot x-\dfrac{1}{x}\right)$;

(13) $\lim\limits_{x\to 0}\left(\dfrac{1}{x^2}-\dfrac{1}{\sin^2 x}\right)$;　　　(14) $\lim\limits_{x\to 1}\left(\dfrac{x}{x-1}-\dfrac{1}{\ln x}\right)$;

(15) $\lim\limits_{x\to\frac{\pi}{2}}(\sec x-\tan x)$;　　　(16) $\lim\limits_{x\to 0^+}\left(\dfrac{1}{x}\right)^{\tan x}$;

(17) $\lim\limits_{x\to 0^+}(\sin x)^x$;　　　　　(18) $\lim\limits_{x\to\infty}\left(1+\dfrac{3}{x}\right)^x$.

2. 已知 $\lim\limits_{x\to 0}\left(\dfrac{\sin 3x}{x^3}+\dfrac{a}{x^2}+b\right)=0$,求 a 与 b 的值.

3.3　泰勒定理

本节要点:通过本节的学习,学生应了解泰勒(Taylor)定理以及用多项式逼近函数的思想.

在微分的学习中我们知道,可导函数 $f(x)\approx f(x_0)+f'(x_0)(x-x_0)$. 事实上,对于一些比较复杂的函数,为了便于研究,我们总是希望用一些简单的函数来近似表达.显然,多项式函数是最为简单的一类函数,因此,多项式函数经常被用来近似表达函数.然而微分中的近似公式 $f(x)\approx f(x_0)+f'(x_0)(x-x_0)$ 有明显不足:首先其精确度不高,它产生的误差仅是 $(x-x_0)$ 的高阶无穷小;其次用它来做近似计算时,不能具体估算出误差的大小.因此,对于精确度要求较高的估算,就有必要用高次多项式来近似表达函数,同时给出误差公式.泰勒在这方便做出了不朽的贡献.

将问题描述如下:

设函数 $f(x)$ 在含有 x_0 的开区间 (a,b) 内具有直到 $n+1$ 阶导数,是否存在关于 $(x-x_0)$ 的 n 次多项式函数

$$p_n(x)=a_0+a_1(x-x_0)+a_2(x-x_0)^2+\cdots+a_n(x-x_0)^n \quad (3.3.1)$$

可用其近似表达函数 $f(x)$，即 $f(x)\approx p_n(x)$，且要求 $p_n(x)$ 与 $f(x)$ 之间的误差是比 $(x-x_0)^n$ 高阶的无穷小，并给出 $|f(x)-p_n(x)|$ 的具体表达式.

为解决这个问题，我们考虑这种情形：假设

$$p_n(x_0)=f(x_0),p_n^{(k)}(x_0)=f^{(k)}(x_0)\quad(k=1,2,\cdots,n),$$
(3.3.2)

其中 $f(x_0),f^{(k)}(x_0)(k=1,2,\cdots,n)$ 为已知.

对多项式求各阶导数，之后分别代入上述各式可确定多项式的系数 $a_0,a_1,a_2,\cdots,a_n$，

$$a_0=f(x_0),a_1=f'(x_0),a_2=\frac{1}{2!}f''(x_0),\cdots,a_n=\frac{1}{n!}f^{(n)}(x_0),$$
(3.3.3)

由此可得多项式函数为

$$p_n(x)=f(x_0)+f'(x_0)(x-x_0)+\frac{f''(x_0)}{2!}(x-x_0)^2+\cdots+\frac{f^{(n)}(x_0)}{n!}(x-x_0)^n.$$
(3.3.4)

定义 3.3.1　称多项式 (3.3.4) 为 $f(x)$ 在点 x_0 处按 $(x-x_0)$ 的幂展开的 n 阶泰勒多项式，$p_n(x)$ 的各项系数 $a_k=\frac{1}{k!}f^{(k)}(x_0)$ $(k=0,1,2,\cdots,n)$ 称为泰勒系数.

下面将证明，多项式 (3.3.4) 就是我们要寻找的多项式.

3.3.1　泰勒公式

定理 3.3.1（泰勒中值定理）　若函数 $f(x)$ 在包含 x_0 的区间 (a,b) 内具有直到 $n+1$ 阶的导数，则当 $x\in(a,b)$ 时，$f(x)$ 可表示为 $(x-x_0)$ 的一个多项式 $p_n(x)$ 与一个余项 $R_n(x)$ 之和，即

$$f(x)=f(x_0)+f'(x_0)(x-x_0)+\frac{f''(x_0)}{2!}(x-x_0)^2+\cdots+$$
$$\frac{f^{(n)}(x_0)}{n!}(x-x_0)^n+R_n(x),$$
(3.3.5)

其中

$$R_n(x)=\frac{f^{(n+1)}(\xi)}{(n+1)!}(x-x_0)^{n+1}(\xi\text{ 介于 }x_0\text{ 与 }x\text{ 之间}).$$
(3.3.6)

证　设 $R_n(x)=f(x)-p_n(x)$，则只需证明

$$R_n(x)=\frac{f^{(n+1)}(\xi)}{(n+1)!}(x-x_0)^{n+1}(\xi\text{ 介于 }x_0\text{ 与 }x\text{ 之间})$$

即可.

由定理条件可知，$R_n(x)$ 在 (a,b) 内具有直到 $n+1$ 阶的导数，且由式 (3.3.6) 容易得到

$$R_n(x_0) = R_n'(x_0) = \cdots = R_n^{(n)}(x_0) = 0.$$

函数 $R_n(x)$ 及 $(x-x_0)^{n+1}$ 在 (a,b) 内具有直到 $n+1$ 阶的导数,所以在以 x 及 x_0 为端点的区间上应用柯西中值定理得

$$\frac{R_n(x)}{(x-x_0)^{n+1}} = \frac{R_n(x) - R_n(x_0)}{(x-x_0)^{n+1} - (x_0-x_0)^{n+1}} = \frac{R_n'(\xi_1)}{(n+1)(\xi_1-x_0)^n},$$

再对函数 $R_n'(x)$ 及 $(n+1)(x-x_0)^n$ 在以 ξ_1 及 x_0 为端点的区间上继续应用柯西中值定理得

$$\frac{R_n'(\xi_1)}{(n+1)(\xi_1-x_0)^n} = \frac{R_n'(\xi_1) - R_n'(x_0)}{(n+1)(\xi_1-x_0)^n - (n+1)(x_0-x_0)^n}$$
$$= \frac{R_n''(\xi_2)}{(n+1)n(\xi_2-x_0)^{n-1}},$$

继续以上过程,经过 $n+1$ 次应用柯西中值定理后,得

$$\frac{R_n(x)}{(x-x_0)^{n+1}} = \frac{R_n^{(n+1)}(\xi)}{(n+1)!}(\xi \text{ 介于 } x_0 \text{ 与 } \xi_n \text{ 之间,也在 } x_0 \text{ 与 } x \text{ 之间}),$$

即

$$R_n(x) = \frac{R_n^{n+1}(\xi)}{(n+1)!}(x-x_0)^{n+1},$$

由 $R_n(x) = f(x) - p_n(x)$ 可得 $R_{n+1}(x) = f^{(n+1)}(x)$,所以有

$$R_n(x) = f(x) - p_n(x) = \frac{f^{(n+1)}(\xi)}{(n+1)!}(x-x_0)^{n+1} (\xi \text{ 介于 } x_0 \text{ 与 } x \text{ 之间}).$$

定义 3.3.2 称式 $(3.3.5)$ 为 $f(x)$ 在点 x_0 处按 $(x-x_0)$ 的幂展开的 n 阶泰勒公式,称表达式 $(3.3.6)$ 为**拉格朗日型余项**.所以也称式 $(3.3.5)$ 为带有拉格朗日型余项的**泰勒公式**.

当 $n=0$ 时,式 $(3.3.5)$ 变成拉格朗日中值公式

$$f(x) = f(x_0) + f'(\xi)(x-x_0) (\xi \text{ 介于 } x_0 \text{ 与 } x \text{ 之间}).$$

因此,泰勒中值定理是拉格朗日中值定理的推广.

由泰勒中值定理可知,$|R_n(x)|$ 即为用多项式 $p_n(x)$ 来近似代替函数 $f(x)$ 时所产生的误差.现在来考察误差的大小.

若对于某个固定的 n,当 $x \in (a,b)$ 时,$|f^{(n+1)}(x)| \leq M$,则有估计式

$$|R_n(x)| = \left| \frac{f^{(n+1)}(\xi)}{(n+1)!}(x-x_0)^{n+1} \right| \leq \frac{M}{(n+1)!}|x-x_0|^{n+1},$$

$$(3.3.7)$$

从而 $$\lim_{x \to x_0} \frac{R_n(x)}{(x-x_0)^n} = 0.$$

故当 $x \to x_0$ 时,$R_n(x)$ 是比 $(x-x_0)^n$ 高阶的无穷小,即

$$R_n(x) = o[(x-x_0)^n]. \qquad (3.3.8)$$

至此,我们之前提出的问题已经全部得到解决.

在不需要余项的精确表达时,n 阶泰勒公式可以写成

$$f(x)=f(x_0)+f'(x_0)(x-x_0)+\frac{f''(x_0)}{2!}(x-x_0)^2+\cdots+$$

$$\frac{f^{(n)}(x_0)}{n!}(x-x_0)^n+o[(x-x_0)^n].\qquad(3.3.9)$$

定义 3.3.3　称式(3.3.8)为佩亚诺(**Peano**)型余项,称式 (3.3.9)为 $f(x)$ 在点 x_0 处按 $(x-x_0)$ 的幂展开的带有佩亚诺型余项的 **n** 阶泰勒公式.

3.3.2　麦克劳林公式

在泰勒公式中,若取 $x_0=0$,即可把函数 $f(x)$ 展开成 x 的幂次的多项式,其中式(3.3.5)变成

$$f(x)=f(0)+f'(0)x+\frac{f''(0)}{2!}x^2+\cdots+\frac{f^{(n)}(0)}{n!}x^n+\frac{f^{(n+1)}(\xi)}{(n+1)!}x^{n+1},$$

$$(3.3.10)$$

式(3.3.9)变成

$$f(x)=f(0)+f'(0)x+\frac{f''(0)}{2!}x^2+\cdots+\frac{f^{(n)}(0)}{n!}x^n+o(x^n).$$

$$(3.3.11)$$

定义 3.3.4　称式(3.3.10)为函数 $f(x)$ 按 x 的幂展开的带有拉格朗日型余项的 **n** 阶麦克劳林公式;称式(3.3.11)为函数 $f(x)$ 按 x 的幂展开的带有佩亚诺型余项的 **n** 阶麦克劳林公式.

此时,相应的误差估计式(3.3.7)变成

$$|R_n(x)|=\left|\frac{f^{(n+1)}(\xi)}{(n+1)!}x^{n+1}\right|\leqslant\frac{M}{(n+1)!}|x|^{n+1}.$$

由于 ξ 介于 0 与 x 之间,所以式(3.3.10)还可以写成

$$f(x)=f(0)+f'(0)x+\frac{f''(0)}{2!}x^2+\cdots+\frac{f^{(n)}(0)}{n!}x^n+$$

$$\frac{f^{(n+1)}(\theta x)}{(n+1)!}x^{n+1}\quad(0<\theta<1).\qquad(3.3.12)$$

例 3.3.1　写出函数 $f(x)=\mathrm{e}^x$ 的带有佩亚诺型余项的 n 阶麦克劳林公式.

解　因为 $f^{(k)}(x)=\mathrm{e}^x$,故 $f^{(k)}(0)=1,k=1,2,\cdots,n$,代入式 (3.3.11)得

$$\mathrm{e}^x=1+x+\frac{x^2}{2!}+\cdots+\frac{x^n}{n!}+o(x^n).$$

例 3.3.2　写出函数 $f(x)=\cos x$ 的带有佩亚诺型余项的 $2m$ 阶麦克劳林公式.

解　因为 $f^{(k)}(x)=\cos\left(x+k\cdot\dfrac{\pi}{2}\right),k=0,1,2,\cdots$,故

$$f^{(2k)}(0)=(-1)^{k},f^{(2k+1)}(0)=0(k=0,1,2,\cdots),$$

代入式(3.3.11)得

$$\cos x=1-\frac{x^{2}}{2!}+\frac{x^{4}}{4!}-\cdots+(-1)^{m}\frac{x^{2m}}{(2m)!}+o(x^{2m}).$$

说明　由于多项式满足 $p_{2m}(x)=p_{2m+1}(x)$,因此上述展开式中余项可以写作 $o(x^{2m})$,也可以写作 $o(x^{2m+1})$,所以 $\cos x$ 的带有佩亚诺型余项的 $2m$ 阶麦克劳林公式也可以写作

$$\cos x=1-\frac{x^{2}}{2!}+\frac{x^{4}}{4!}-\cdots+(-1)^{m}\frac{x^{2m}}{(2m)!}+o(x^{2m+1}).$$

同理可求其他函数的麦克劳林公式:

$$\sin x=x-\frac{x^{3}}{3!}+\frac{x^{5}}{5!}-\cdots+(-1)^{m-1}\frac{x^{2m-1}}{(2m-1)!}+o(x^{2m});$$

$$\ln(1+x)=x-\frac{x^{2}}{2}+\frac{x^{3}}{3}-\cdots+(-1)^{n-1}\frac{x^{n}}{n}+o(x^{n});$$

$$(1+x)^{\alpha}=1+\alpha x+\frac{\alpha(\alpha-1)}{2!}x^{2}+\cdots+\frac{\alpha(\alpha-1)(\alpha-n+1)}{n!}x^{n}+o(x^{n});$$

$$\frac{1}{1-x}=1+x+x^{2}+\cdots+x^{n}+o(x^{n}).$$

实际应用中,上述公式常用来间接展开一些复杂函数的麦克劳林公式以及求某些函数的极限等.

例 3.3.3　写出函数 $f(x)=\dfrac{1}{3-x}$ 在 $x-2$ 处的泰勒展开式.

解　由于 $f(x)=\dfrac{1}{3-x}=\dfrac{1}{1-(x-2)}$,所以

$$f(x)=1+(x-2)+(x-2)^{2}+\cdots+(x-2)^{n}+o\left[(x-2)^{n}\right].$$

例 3.3.4　应用带有佩亚诺型余项的麦克劳林公式,求极限 $\displaystyle\lim_{x\to0}\frac{\cos x-\mathrm{e}^{-\frac{x^{2}}{2}}}{x^{4}}$.

例 3.3.4

解　由于 $\cos x=1-\dfrac{1}{2!}x^{2}+\dfrac{1}{4!}x^{4}+o(x^{4})$,$\mathrm{e}^{-\frac{x^{2}}{2}}=1-\dfrac{1}{2}x^{2}+\dfrac{\left(-\dfrac{x^{2}}{2}\right)^{2}}{2!}+o(x^{4})$,

故 $\displaystyle\lim_{x\to0}\frac{\cos x-\mathrm{e}^{-\frac{x^{2}}{2}}}{x^{4}}=\lim_{x\to0}\frac{\left(1-\dfrac{1}{2}x^{2}+\dfrac{1}{24}x^{4}\right)-\left(1-\dfrac{1}{2}x^{2}+\dfrac{x^{4}}{8}\right)+o(x^{4})}{x^{4}}$

$$=\lim_{x\to0}\frac{-\dfrac{1}{12}x^{4}+o(x^{4})}{x^{4}}=-\frac{1}{12}.$$

例 3.3.5　应用二阶麦克劳林公式求 $\sqrt[3]{28}$ 的近似值.

解　用二阶麦克劳林公式计算,由于

$$(1+x)^{\alpha} \approx 1+\alpha x+\frac{\alpha(\alpha-1)}{2!}x^2,$$

所以 $(28)^{\frac{1}{3}}=(27+1)^{\frac{1}{3}}=3\left(1+\frac{1}{27}\right)^{\frac{1}{3}}$

$$\approx 3\left[1+\frac{1}{3}\cdot\frac{1}{27}+\frac{\frac{1}{3}\left(\frac{1}{3}-1\right)}{2!}\cdot\left(\frac{1}{27}\right)^2\right]=3.03657.$$

3.3.3　同步习题

利用泰勒公式求下列极限.

$(1)\ \lim\limits_{x\to 0}\dfrac{\mathrm{e}^x\sin x-x(1+x)}{x^3}$;

$(2)\ \lim\limits_{x\to 0}\dfrac{\dfrac{x^2}{2}+1-\sqrt{1+x^2}}{(\cos x-\mathrm{e}^{x^2})\sin x^2}.$

3.4　函数的单调性与极值

本节要点:通过本节的学习,学生应理解函数极值的概念,掌握用导数判断函数的单调性和求函数极值的方法,会求解较简单的最大值和最小值的应用问题.

3.4.1　函数单调性的判别法

我们在中学时就已经学习过函数单调性的定义,并知道如何用定义的方法判断函数的单调性.但是依据定义判定函数的单调性有时是非常困难的.下面介绍利用导数的符号判断函数单调性的方法.

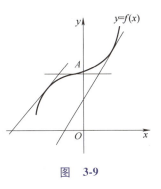

图　3-9

首先我们从函数单调性出发研究一下导数的符号.从几何上直观来看,图 3-9 所示的函数 $y=f(x)$ 单调递增(或单调增加),不难看出曲线上任一点的切线与 x 轴正向的夹角为锐角或平行于 x 轴,即曲线在任一点的斜率均为正数或零.由导数的几何意义知,单调递增函数在任一点的导数大于或等于零;图 3-10 所示的函数 $y=f(x)$ 单调递减(或单调减少),于是曲线上任一点的导数均小于或等于零.由此可见,由函数的单调性可以判断其导数的符号.

反过来,能否用导数的符号来判断函数的单调性呢? 答案是肯定的.

定理 3.4.1　设函数 $f(x)$ 在 $[a,b]$ 上连续,在 (a,b) 内可导,则

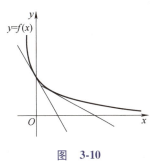

图　3-10

（1）如果在 (a,b) 内 $f'(x)>0$，那么函数 $f(x)$ 在 $[a,b]$ 上单调增加；

（2）如果在 (a,b) 内 $f'(x)<0$，那么函数 $f(x)$ 在 $[a,b]$ 上单调减少.

证　任取 $x_1<x_2\in[a,b]$，显然 $f(x)$ 在 $[x_1,x_2]$ 上满足拉格朗日中值定理，于是存在 $\xi\in(x_1,x_2)$，使得

$$f(x_2)-f(x_1)=f'(\xi)(x_2-x_1).$$

（1）若在 (a,b) 内，$f'(x)>0$，则 $f'(\xi)>0$，所以 $f(x_2)>f(x_1)$，由 x_1,x_2 的任意性知，$f(x)$ 在 $[a,b]$ 上单调增加；

（2）若在 (a,b) 内，$f'(x)<0$，则 $f'(\xi)<0$，所以 $f(x_2)<f(x_1)$，由 x_1,x_2 的任意性知，$f(x)$ 在 $[a,b]$ 上单调减少.

注　定理中闭区间 $[a,b]$ 换成其他各种区间（包括无穷区间），结论也成立.

例 3.4.1　判断函数 $y=x-\sin x,x\in[0,2\pi]$ 的单调性.

解　当 $x\in(0,2\pi)$ 时，$y'=1-\cos x>0$，因此 $y=x-\sin x$ 在 $[0,2\pi]$ 上单调增加.

例 3.4.2　判断函数 $y=x^2$ 的单调性.

解　函数的定义域为 $(-\infty,+\infty)$，由 $y'=2x$ 得驻点为 $x=0$.

当 $x\geqslant0$ 时，$y'>0$，因此 $y=x^2$ 在 $[0,+\infty)$ 上单调增加；

当 $x<0$ 时，$y'<0$，因此 $y=x^2$ 在 $(-\infty,0]$ 上单调减少.

$x=0$ 是 $y=x^2$ 单调区间的分界点，这里 $x=0$ 是函数 $y=x^2$ 的驻点.

例 3.4.3　讨论函数 $y=\sqrt[3]{x^2}$ 的单调性.

解　函数的定义域为 $(-\infty,+\infty)$. 函数的导数为 $y'=\dfrac{2}{3\sqrt[3]{x}},x\neq0$（当 $x=0$ 时函数的导数不存在）.

当 $x\geqslant0$ 时，$y'>0$，因此函数 $y=\sqrt[3]{x^2}$ 在 $[0,+\infty)$ 上单调增加；

当 $x<0$ 时，$y'<0$，因此函数 $y=\sqrt[3]{x^2}$ 在 $(-\infty,0]$ 上单调减少.

$x=0$ 是 $y=\sqrt[3]{x^2}$ 单调区间的分界点，这里 $x=0$ 是函数 $y=\sqrt[3]{x^2}$ 的一阶不可导点.

由例 3.4.2 和例 3.4.3 我们可以得出结论：用驻点和不可导点划分函数的定义区间，可以使得函数在各个部分区间上单调.

将求函数 $f(x)$ 单调区间的步骤总结如下：

（1）求出 $f(x)$ 的定义域；

（2）求出 $f(x)$ 定义域内的所有驻点和不可导点；

（3）用上述点将 $f(x)$ 的定义域分成若干小区间；

（4）讨论 $f'(x)$ 在各小区间内的符号，从而判定 $f(x)$ 在各小区间的单调性.

例 3.4.4　判定函数 $f(x)=\dfrac{1}{3}x^3-\dfrac{5}{2}x^2+4x+3$ 的单调性.

解　函数 $f(x)$ 的定义域为 $(-\infty,+\infty)$. $f'(x)=x^2-5x+4$,令 $f'(x)=0$,得 $x_1=1,x_2=4,x_1,x_2$ 将 $(-\infty,+\infty)$ 分成三个区间 $(-\infty,1),(1,4),(4,+\infty)$.

当 $x\in(-\infty,1)$ 时,$f'(x)>0$,因此函数 $f(x)$ 在 $(-\infty,1]$ 内单调增加;

当 $x\in(1,4)$ 时,$f'(x)<0$,因此函数 $f(x)$ 在 $[1,4]$ 内单调减少;

当 $x\in(4,+\infty)$ 时,$f'(x)>0$,因此函数 $f(x)$ 在 $[4,+\infty)$ 内单调增加.

我们也可以通过下述表格进行讨论:

x	$(-\infty,1)$	1	$(1,4)$	4	$(4,+\infty)$
$f'(x)$	+	0	−	0	+
$f(x)$	↗	驻点	↘	驻点	↗

例 3.4.5　讨论函数 $f(x)=3x^4-10x^3-3x^2+36x+6$ 的单调性.

解　函数 $f(x)$ 的定义域为 $(-\infty,+\infty)$.

$$f'(x)=12x^3-30x^2-6x+36,$$

令 $f'(x)=0$,得驻点 $x_1=-1,x_2=\dfrac{3}{2},x_3=2$.列表讨论如下:

x	$(-\infty,-1)$	-1	$\left(-1,\dfrac{3}{2}\right)$	$\dfrac{3}{2}$	$\left(\dfrac{3}{2},2\right)$	2	$(2,+\infty)$
$f'(x)$	−	0	+	0	−	0	+
$f(x)$	↘	驻点	↗	驻点	↘	驻点	↗

于是,函数 $f(x)$ 在区间 $(-\infty,-1]$ 及 $\left[\dfrac{3}{2},2\right]$ 单调减少,在区间 $\left[-1,\dfrac{3}{2}\right]$ 及 $[2,+\infty)$ 单调增加.

例 3.4.6　讨论函数 $f(x)=x^3$ 的单调性.

解　函数 $f(x)$ 的定义域为 $(-\infty,+\infty)$,由 $f'(x)=3x^2$ 得驻点为 $x=0$.显然,除 $x=0$ 外,其余各点处 $f'(x)>0$.因此 $f(x)$ 在 $(-\infty,0]$ 及 $[0,+\infty)$ 上都是单调增加的,从而在整个定义域 $(-\infty,+\infty)$ 内单调增加.

一般地,如果 $f'(x)$ 在某区间内的有限个点处为零,在其余各点处均为正(或负)时,那么 $f(x)$ 在该区间仍是单调增加(或减少)的.

函数的单调性也可以用于证明不等式.

例 3.4.7　证明:当 $x<0$ 时,$e^x>1+x$.

证　令 $f(x)=e^x-1-x$,则

$$f'(x) = e^x - 1.$$

$f(x)$ 在 $(-\infty, 0]$ 上连续,在 $(-\infty, 0)$ 内 $f'(x) < 0$,所以在 $(-\infty, 0]$ 内 $f(x)$ 单调减少,从而当 $x < 0$ 时,$f(x) > f(0)$.

由于 $f(0) = 0$,故 $f(x) > f(0) = 0$,即

$$e^x - 1 - x > 0,$$

即

$$e^x > 1 + x.$$

单调性也可以用于证明根的存在情况.

例 3.4.8 证明方程 $x^5 + x - 1 = 0$ 在 $(0, 1)$ 内只有一个根.

证 令 $f(x) = x^5 + x - 1$,则 $f(x)$ 在 $[0, 1]$ 上连续,且

$$f(0) = -1 < 0, f(1) = 1 > 0,$$

由零点定理可知,至少存在 $\xi \in (0, 1)$,使得 $f(\xi) = 0$,即 ξ 为 $x^5 + x - 1 = 0$ 的根.

又因为 $f'(x) = 5x^4 + 1$ 在 $(0, 1)$ 内恒大于零,故 $f(x)$ 在 $[0, 1]$ 上单调增加,因此曲线 $y = f(x)$ 与 x 轴至多有一个交点,即 $y = f(x)$ 在 $(0, 1)$ 内最多有一个零点,从而上述方程在 $(0, 1)$ 内最多有一个根.

综上,方程 $x^5 + x - 1 = 0$ 在 $(0, 1)$ 内只有一个根.

3.4.2 函数的极值

费马引理已经指出,可导函数的极值点必为驻点.但反过来,驻点不一定是极值点.例如,$x = 0$ 是 $f(x) = x^3$ 的驻点,但显然它不是极值点.这说明,驻点只是可能的极值点.另外,并不是所有的极值点都是驻点.例如,$x = 0$ 是 $f(x) = |x|$ 的极小值点,但它不是驻点,事实上,$x = 0$ 是函数 $f(x) = |x|$ 的不可导点.这说明,不可导点也可能是极值点.那么如何判定函数在驻点和不可导点是否取得极值呢? 如果取得极值,究竟是极大值还是极小值呢? 下面给出判定定理.

定理 3.4.2(第一充分条件) 设函数 $f(x)$ 在点 x_0 处连续,且在 x_0 的某去心邻域 $\overset{\circ}{U}(x_0, \delta)$ 内可导,

(1) 若 $x \in (x_0 - \delta, x_0)$ 时,$f'(x) > 0$,而 $x \in (x_0, x_0 + \delta)$ 时,$f'(x) < 0$,则 $f(x)$ 在 x_0 处取得极大值;

(2) 若 $x \in (x_0 - \delta, x_0)$ 时,$f'(x) < 0$,而 $x \in (x_0, x_0 + \delta)$ 时,$f'(x) > 0$,则 $f(x)$ 在 x_0 处取得极小值;

(3) 若 $x \in \overset{\circ}{U}(x_0, \delta)$ 时,$f'(x)$ 的符号保持不变,则 $f(x)$ 在 x_0 处没有极值.

根据导数符号的几何意义,定理 3.4.2 是显然的,这里不予证明,我们仅就情形(1)简单说明.在点 x_0 的左邻域 $f'(x) > 0$,说明在 x_0 的左侧函数 $f(x)$ 单调增加;在点 x_0 的右邻域 $f'(x) < 0$,说明在 x_0 的右侧函数 $f(x)$ 单调减少.从而函数 $f(x)$ 在 x_0 处取得极大值.

例 3.4.9 求函数 $f(x) = x^3 - x^2 + 5$ 的极值点和极值.

解 (1) $f(x)$ 的定义域为 $(-\infty, +\infty)$;

（2）$f'(x)=3x^2-2x=x(3x-2)$，令 $f'(x)=0$，得驻点 $x_1=0$，$x_2=\dfrac{2}{3}$，没有不可导点；

（3）类似于求单调性，列表讨论如下：

x	$(-\infty,0)$	0	$\left(0,\dfrac{2}{3}\right)$	$\dfrac{2}{3}$	$\left(\dfrac{2}{3},+\infty\right)$
$f'(x)$	+	0	-	0	+
$f(x)$	↗	极大值	↘	极小值	↗

从表中可以看出，$x_1=0$ 左侧邻近处导数大于零，右侧邻近处导数小于零，所以 $x_1=0$ 为极大值点，极大值为 $f(0)=5$；$x_2=\dfrac{2}{3}$ 左侧邻近处导数小于零，右侧邻近处导数大于零，所以 $x_2=\dfrac{2}{3}$ 为极小值点，极小值为 $f\left(\dfrac{2}{3}\right)=\dfrac{131}{27}$.

在 $f(x)$ 具有二阶导数的条件下，也可以通过二阶导数的符号判定驻点是否为极值点.

定理 3.4.3（第二充分条件）　设函数 $f(x)$ 在 x_0 处具有二阶导数，且 $f'(x_0)=0$，$f''(x_0)\neq 0$，则

（1）若 $f''(x_0)<0$，则函数 $f(x)$ 在 x_0 处取得极大值；

（2）若 $f''(x_0)>0$，则函数 $f(x)$ 在 x_0 处取得极小值.

例 3.4.10　利用第二充分条件求函数 $f(x)=x^3-x^2+5$ 的极值点和极值.

解　由例 3.4.9 可知，$x_1=0$，$x_2=\dfrac{2}{3}$ 是函数 $f(x)$ 的驻点，没有不可导点.

$f''(x)=6x-2$，从而 $f''(0)=-2$，$f''\left(\dfrac{2}{3}\right)=2$，根据极值的第二充分条件，$x_1=0$ 为 $f(x)$ 的极大值点，$x_2=\dfrac{2}{3}$ 为 $f(x)$ 的极小值点. 极大值为 $f(0)=5$，极小值为 $f\left(\dfrac{2}{3}\right)=\dfrac{131}{27}$.

可见，求极值时，如果函数在驻点处存在不为零的二阶导数，使用第二充分条件比较简单. 但第二充分条件有其局限性：首先，根据定理条件，第二充分条件只能用于判定驻点是否为极值点，而不能判定不可导点；其次，第二充分条件对于 $f''(x)=0$ 的情形也无法判定. 当出现上述情况，第二充分条件无法判定时，可用第一充分条件.

一般地，函数 $f(x)$ 的极值可按下述步骤求出：

（1）确定函数 $f(x)$ 的定义域；

（2）求出 $f(x)$ 的一切可能的极值点：驻点和不可导点；

（3）利用充分条件判定这些驻点和不可导点是否为极值点，是极大值点还是极小值点；

（4）求出极值.

例 3.4.11　求函数 $f(x) = x^{\frac{2}{3}}$ 的极值点和极值.

解　函数 $f(x)$ 的定义域为 $(-\infty, +\infty)$，$f'(x) = \dfrac{2}{3\sqrt[3]{x}}$，显然 $f(x)$ 没有驻点，但在 $x = 0$ 处不可导.只能用第一充分条件判定.

当 $x < 0$ 时，$f'(x) < 0$；

当 $x > 0$ 时，$f'(x) > 0$，

所以，$x = 0$ 为函数 $f(x)$ 的极小值点，极小值为 $f(0) = 0$.

例 3.4.12

例 3.4.12　求函数 $f(x) = (x^2 - 1)^3 + 3$ 的极值点和极值.

解　函数 $f(x)$ 的定义域为 $(-\infty, +\infty)$，$f'(x) = 6x(x^2 - 1)^2$，令 $f'(x) = 0$ 得驻点 $x_1 = -1, x_2 = 0, x_3 = 1$.

$f''(x) = 6(x^2 - 1)(5x^2 - 1)$，由于 $f''(0) = 6 > 0$，故 $f(x)$ 在 $x = 0$ 处取得极小值，极小值为 $f(0) = 2$.

由于 $f''(-1) = f''(1) = 0$，故用极值的第二充分条件无法判定，改用第一充分条件.当 x 取 -1 的左侧邻近值和右侧邻近值时，$f'(x)$ 均小于零，所以 $f(x)$ 在 $x = -1$ 处没有极值.同理，$f(x)$ 在 $x = 1$ 处也没有极值.

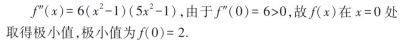

3.4.3　函数的最值

在工程设计、经济管理等许多实际问题中，常常会遇到在一定条件下，怎样使材料最省、产品最多、效率最高、成本最低等问题.这类问题在数学上有时可归结为求函数的最大值和最小值问题，也称为最优化问题.这类问题有着广泛应用的现实意义.

下面我们来研究一下如何求函数的最值.

由闭区间上连续函数的性质可知，连续函数 $f(x)$ 在闭区间 $[a, b]$ 上必存在最大值和最小值.这实际上给出了函数存在最值的一个充分条件.因此，我们假定：

函数 $f(x)$ 在闭区间 $[a, b]$ 上连续，在开区间 (a, b) 内除有限个点外可导，且至多有有限个驻点.

在上述条件下，讨论 $f(x)$ 在 $[a, b]$ 上的最大值和最小值的求法.

如果函数 $f(x)$ 的最值在区间 (a, b) 内部取得，那么这个最大值（或最小值）一定是 $f(x)$ 的一个极大值（或极小值）.同时，最值也可能在区间的端点取得.因此，可按如下步骤求得函数的最值：

（1）求出 $f(x)$ 在 $[a,b]$ 内的所有驻点和不可导点；

（2）计算 $f(x)$ 在上述驻点和不可导点以及端点处的函数值；

（3）比较（2）中的函数值，最大的就是最大值，最小的就是最小值.

例 3.4.13　求函数 $f(x)=2x^3+3x^2-12x+14$ 在 $[-3,4]$ 上的最大值和最小值.

解　$f'(x)=6(x+2)(x-1)$，令 $f'(x)=0$，得驻点 $x_1=-2$，$x_2=1$. 而

$$f(-3)=23,\ f(-2)=34,\ f(1)=7,\ f(4)=142.$$

比较可得 $f(x)$ 在 $[-3,4]$ 上的最大值为 $f(4)=142$，最小值为 $f(1)=7$.

注　若函数 $f(x)$ 在区间 (a,b) 内连续且仅有一个极值点，则当这个极值点是极大值点时，函数 $f(x)$ 在该点取最大值（见图 3-11a）；当这个极值点是极小值点时，函数在该点取最小值（见图 3-11b）. 在求解应用问题时，经常用到这一结论.

特别地，若函数 $f(x)$ 在区间 $[a,b]$ 上为单调函数，则最大（小）值在区间端点取得.

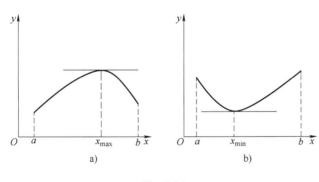

图　3-11

例 3.4.14　要造一圆柱形油桶，体积为 V. 试问桶底半径 r 和高 h 各为多少时，才能使用料最省？

解　用料最省就是桶的表面积最小. 设桶的表面积为 S，则有

$$S=2\pi r^2+2\pi rh.$$

由于 $V=\pi r^2h$，所以 $h=\dfrac{V}{\pi r^2}$，于是

$$S=2\pi r^2+\frac{2V}{r}\quad(0<r<+\infty),$$

$$S'_r=4\pi r-\frac{2V}{r^2}.$$

令 $S'_r=0$，得驻点 $r=\sqrt[3]{\dfrac{V}{2\pi}}$.

因为 $S''=4\pi+\dfrac{4V}{r^3}>0$，故 S 在点 $r=\sqrt[3]{\dfrac{V}{2\pi}}$ 处取得极小值，也是 S 的

最小值，即桶底半径 $r=\sqrt[3]{\dfrac{V}{2\pi}}$ 时用料最省，此时，$h=2\sqrt[3]{\dfrac{V}{2\pi}}$.

例 3.4.15　某商场以每件 5 元的价格进一批商品. 若零售价定为每件 8 元，预计可售出 100 件，若每件降低 0.5 元，则可多售出 50 件. 问该商店应进多少件商品，每件售价多少才能获得最大利润？最大利润为多少？

解　设利润函数为 L，购进 Q 件商品，每件 p 元，则

$$L=(p-5)Q=(p-5)\left(100+\frac{8-p}{0.5}\times50\right),$$

对 p 求导得

$$L'(p)=-200p+1400,$$

得驻点

$$p=7.$$

又因为 $L''(p)=-200<0$，所以当 $p=7$ 元时利润最大，此时 $Q=200$，最大利润 $L=400$ 元.

例 3.4.16　已知电源电压为 E，内电阻为 r，求负载电阻 R 多大时，输出功率最大？

解　从电学知识可知，消耗在负载电阻上的功率 $P=I^2R$，其中，I 为电路中的电流. 又由欧姆定律得

$$I=\frac{E}{r+R},$$

代入功率 P，得

$$P=\left(\frac{E}{r+R}\right)^2R=\frac{E^2R}{(r+R)^2},R\in(0,+\infty),$$

$$P'(R)=E^2\cdot\frac{r-R}{(r+R)^3},$$

令 $P'(R)=0$，得唯一驻点 $R=r$. 因此，当 $R=r$ 时，输出功率 P 最大.

3.4.4　同步习题

1. 求下列函数的单调区间.

（1）$y=x^3-3x^2-9x+2$；　　　　（2）$y=x-\mathrm{e}^x$；

（3）$y=x+\cos x$；　　　　（4）$y=x+\dfrac{1}{x}(x>0)$；

（5）$y=\dfrac{x^4}{4}-x^3$；　　　　（6）$f(x)=2-(x^2-1)^{2/3}$.

2. 证明下列不等式:

(1) 当 $x>1$ 时, $2\sqrt{x}>3-\dfrac{1}{x}$; 　(2) 当 $x>0$ 时, $1+\dfrac{1}{2}x>\sqrt{1+x}$;

(3) 当 $x>0$ 时, $x>\ln(1+x)$; 　(4) 当 $x>0$ 时, $\cos x>1-\dfrac{1}{2}x^2$.

3. 设函数 $f(x)$ 在 (a,b) 内具有二阶导数, 且 $f''(x)>0$, 利用单调性证明: 对于 $\forall x_1,x_2\in(a,b)$, 有 $\dfrac{f(x_1)+f(x_2)}{2}>f\left(\dfrac{x_1+x_2}{2}\right)$.

4. 求下列函数的极值点和极值.

(1) $f(x)=x+\dfrac{1}{x}$; 　　　　　(2) $f(x)=x^3-3x$;

(3) $f(x)=x^2\ln x$; 　　　　　(4) $f(x)=1+\sqrt[3]{x-1}$;

(5) $f(x)=x^4-8x^2+2,x\in[-1,3]$.

5. 求下列函数在给定区间上的最值.

(1) $f(x)=x^4-2x^2+5,[-\sqrt{2},\sqrt{2}]$;

(2) $f(x)=\sqrt{5-4x},[-1,1]$;

(3) $f(x)=x+\dfrac{1}{x},[1,2]$; 　　(4) $f(x)=\sin x-2x,\left[-\dfrac{\pi}{2},\dfrac{\pi}{2}\right]$.

6. 在面积为 S 的一切矩形中, 求周长的最小值.

7. 制做一个体积为 V 的圆柱形容器, 已知两端面的材料价格为每单位面积 a 元, 侧面材料价格每单位面积 b 元, 问底面直径与高的比例为多少时造价最省?

3.5　曲线的凹凸性及函数作图

本节要点: 通过本节的学习, 学生应会用导数判断函数图形的凹凸性, 会求函数图形的拐点以及水平、铅直和斜渐近线, 会描绘一些简单函数的图形.

3.5.1　曲线的凹凸性与拐点

前面我们已经讨论过函数的单调性, 几何上它反映的是函数图形的升降情况. 但在研究函数图形时, 只知道这些是不够的. 如图 3-12 所示, 函数 $f(x)=x^2$ 和 $g(x)=\sqrt{x}$ 的图形在区间 $[0,1]$ 上都是单调增加的, 但是明显弯曲方向不同, $f(x)=x^2$ 是向上凹的, 而 $g(x)=\sqrt{x}$ 是向上凸的. 因此, 为了更好地研究函数图形, 我们有必要讨论曲线的凹凸性问题.

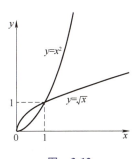

图　3-12

结合直观图形, 很容易理解凹凸性的定义.

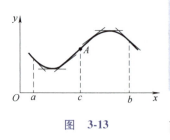

图　3-13

定义 3.5.1　如果在某区间内,曲线上每一点的切线都位于该曲线的下方,则称曲线在该区间内是向上凹的(或向下凸的);如果曲线上每一点的切线都位于该曲线的上方,则称曲线在该区间内是向下凹的(或向上凸的)(见图 3-13).

也可以理解为,曲线 $y=f(x)$ 上任意两点的割线在曲线下(上)面,则 $y=f(x)$ 是凸(凹)的.即:

定义 3.5.1′　设 $f(x)$ 在某区间上连续,如果对区间上任意两点 x_1,x_2,恒有

$$f\left(\frac{x_1+x_2}{2}\right)<\frac{f(x_1)+f(x_2)}{2},$$

则称 $f(x)$ 在该区间上的图形是(向上)凹的(或凹弧);如果恒有

$$f\left(\frac{x_1+x_2}{2}\right)>\frac{f(x_1)+f(x_2)}{2},$$

则称 $f(x)$ 在该区间上的图形是(向上)凸的(或凸弧).

定义 3.5.2　设函数 $f(x)$ 在区间 I 上连续,x_0 是 I 内的点.如果曲线 $f(x)$ 在经过点 $(x_0,f(x_0))$ 时,曲线的凹凸性发生改变,则称点 $(x_0,f(x_0))$ 为曲线 $f(x)$ 的拐点.

应该注意的是,拐点是曲线上的一个点,不能只用横坐标 x_0 来表示,而应该用横、纵坐标 $(x_0,f(x_0))$ 同时表示.

如何判定曲线的凹凸性呢? 从图 3-13 中可以看到,对于凸的曲线,它的切线斜率随 x 的增大而减小;而对于凹的曲线,它的切线斜率随 x 的增大而增大.若曲线 $y=f(x)$ 可导,则导数反映的是切线斜率,从而切线斜率的增减就是导数的增减,因此我们不难得出:如果曲线 $y=f(x)$ 是凸曲线,则导函数 $y'=f'(x)$ 单调减少;如果曲线 $y=f(x)$ 是凹曲线,则导函数 $y'=f'(x)$ 单调增加.反之也成立.

可见,通常可以用函数的二阶导数的符号来判定函数曲线的凹凸性.

定理 3.5.1　设函数 $f(x)$ 在 $[a,b]$ 上连续,在 (a,b) 内具有二阶导数 $f''(x)$,则

(1) 如果在 (a,b) 内 $f''(x)>0$,则曲线 $f(x)$ 在 $[a,b]$ 上的图形是凹的;

(2) 如果在 (a,b) 内 $f''(x)<0$,则曲线 $f(x)$ 在 $[a,b]$ 上的图形是凸的.

证明略.

注　若在 (a,b) 内 $f''(x)\geqslant0$(或 $f''(x)\leqslant0$),而等号只在个别点取得,则曲线 $f(x)$ 在区间 (a,b) 内仍然是凹的(或凸的).

定理 3.5.1 指出,由 $f''(x)$ 的符号可以判定曲线的凹凸性,而拐点是凹凸性的分界点,因此,要寻找拐点,只要找到 $f''(x)$ 的符号发生改变的分界点即可.类似于极值点的存在,如果 $f(x)$ 在 (a,b) 内二阶导数连续,则在拐点处必然有 $f''(x)=0$;另外,二阶导数不存在的点也可能成为 $f''(x)$ 的符号发生改变的点.因此,拐点的可能点包括: $f''(x)=0$ 的点和 $f''(x)$ 不存在的点.

一般地,求曲线 $y=f(x)$ 的拐点的方法步骤是:

(1) 求函数 $f(x)$ 的定义域;

(2) 求出二阶导数 $f''(x)$;

(3) 求出定义域内使二阶导数等于零和二阶导数不存在的点;

(4) 对于以上点,检验各点两边二阶导数的符号,如果符号不同,该点就是拐点;

(5) 求出拐点的纵坐标.

例 3.5.1　求曲线 $y=5x^3-3x^2+7x-1$ 的凹、凸区间及拐点.

解　函数 $y=5x^3-3x^2+7x-1$ 的定义域为 $(-\infty,+\infty)$,
$$y'=15x^2-6x+7,$$
$$y''=30x-6,$$

由 $y''=0$,得 $x=\dfrac{1}{5}$ 是可能的拐点,没有二阶导数不存在的点.

$x=\dfrac{1}{5}$ 将函数的定义域 $(-\infty,+\infty)$ 分成两个部分, $\left(-\infty,\dfrac{1}{5}\right]$ 和 $\left(\dfrac{1}{5},+\infty\right)$,考察每部分的二阶导数符号情况.

当 $x\in\left(-\infty,\dfrac{1}{5}\right]$ 时, $y''<0$,因此在区间 $\left(-\infty,\dfrac{1}{5}\right]$ 上曲线是凸的;

当 $x\in\left(\dfrac{1}{5},+\infty\right)$ 时, $y''>0$,因此在区间 $\left(\dfrac{1}{5},+\infty\right)$ 上曲线是凹的.

同时可以判定,在 $x=\dfrac{1}{5}$ 的两侧二阶导数符号发生改变,因此 $\left(\dfrac{1}{5},\dfrac{8}{25}\right)$ 是曲线的拐点.

例 3.5.2　求曲线 $y=\dfrac{1}{12}x^4-\dfrac{1}{2}x^3+x^2+5$ 的凹、凸区间及拐点.

解　函数 $y=\dfrac{1}{12}x^4-\dfrac{1}{2}x^3+x^2+5$ 的定义域为 $(-\infty,+\infty)$,
$$y'=\dfrac{1}{3}x^3-\dfrac{3}{2}x^2+2x,$$
$$y''=x^2-3x+2,$$

令 $y''=0$,得 $x_1=1,x_2=2$.

$x_1=1,x_2=2$ 将函数的定义域 $(-\infty,+\infty)$ 分成三个区间 $(-\infty,1),[1,2]$ 及 $(2,+\infty)$,可列表讨论如下:

x	$(-\infty,1)$	1	$[1,2]$	2	$(2,+\infty)$
y''	+	0	—	0	+
y	凹	$\frac{67}{12}$拐点	凸	$\frac{19}{3}$拐点	凹

可见,曲线的凹区间为$(-\infty,1)$和$(2,+\infty)$,曲线的凸区间为$[1,2]$,拐点为$\left(1,\frac{67}{12}\right)$和$\left(2,\frac{19}{3}\right)$.

例 3.5.3　求曲线$y=x^{\frac{1}{3}}$的拐点.

解　函数$y=x^{\frac{1}{3}}$的定义域为$(-\infty,+\infty)$.

$$y'=\frac{1}{3\sqrt[3]{x^2}},\quad y''=-\frac{2}{9x\sqrt[3]{x^2}},$$

当$x=0$时,y''不存在.

当$x<0$时,$y''>0$;当$x>0$时,$y''<0$,即在$x=0$的邻近两侧,y''的符号发生改变,因此,点$(0,0)$是该曲线的拐点.

例 3.5.4　求曲线$y=\frac{1}{x}$的拐点.

解　函数$y=\frac{1}{x}$的定义域为$(-\infty,0)\cup(0,+\infty)$.

$$y'=-\frac{1}{x^2},\quad y''=\frac{2}{x^3}.$$

$x=0$是二阶不可导点,没有二阶导数为0的点.

由于$y=\frac{1}{x}$在$x=0$处没有定义,所以该曲线没有拐点.

3.5.2　曲线的渐近线

为了描绘函数的图形,除了已经知道的单调性、奇偶性、周期性、凹凸性、极值和拐点等性态外,还应研究曲线的渐近线.

定义 3.5.3　如果曲线上一动点沿曲线趋于无穷远时,动点与某一直线的距离趋于零,则称此直线为曲线的一条**渐近线**.

当然,并不是所有曲线都有渐近线,如抛物线就不会与某一直线无限靠近.

渐近线有如下三种情形.

1. 铅直渐近线

如果曲线$y=f(x)$有

$$\lim_{x\to a^+}f(x)=\infty \text{ 或} \lim_{x\to a^-}f(x)=\infty,$$

则$x=a$为曲线$y=f(x)$的一条铅直渐近线.

注　当$x=a$为函数$y=f(x)$的无穷间断点时,$x=a$为曲线$y=f(x)$的铅直渐近线.

例 3.5.5　求曲线 $f(x)=\dfrac{1}{x(x-1)}$ 的铅直渐近线.

解　因为

$$\lim_{x\to 0}\frac{1}{x(x-1)}=\infty ,$$

$$\lim_{x\to 1}\frac{1}{x(x-1)}=\infty ,$$

所以, $x=0$ 和 $x=1$ 是曲线的两条铅直渐近线.

2. 水平渐近线

如果曲线 $y=f(x)$ 有

$$\lim_{x\to +\infty}f(x)=b \text{ 或 } \lim_{x\to -\infty}f(x)=b,$$

则 $y=b$ 是曲线 $y=f(x)$ 的一条水平渐近线.

值得注意的是,只有当函数的定义域是一个无穷区间时,其曲线才有可能存在水平渐近线,且一条曲线的水平渐近线至多有两条.

例如,对于函数 $f(x)=\dfrac{\sin x}{x}$,由于

$$\lim_{x\to \infty}\frac{\sin x}{x}=0,$$

所以, $y=0$ 是曲线 $f(x)=\dfrac{\sin x}{x}$ 的水平渐近线.

又如,对于函数 $f(x)=\arctan x$,由于

$$\lim_{x\to -\infty}\arctan x=-\frac{\pi}{2},$$

$$\lim_{x\to +\infty}\arctan x=\frac{\pi}{2},$$

故, $y=-\dfrac{\pi}{2}$ 和 $y=\dfrac{\pi}{2}$ 为曲线 $f(x)=\arctan x$ 的两条水平渐近线.

3. 斜渐近线

如果曲线 $y=f(x)$ 有

$$\lim_{x\to +\infty}\frac{f(x)}{x}=a\neq 0,\ \lim_{x\to +\infty}[f(x)-ax]=b \text{ 或}$$

$$\lim_{x\to -\infty}\frac{f(x)}{x}=a\neq 0,\ \lim_{x\to -\infty}[f(x)-ax]=b,$$

则 $y=ax+b$ 是曲线 $y=f(x)$ 的一条斜渐近线.

与水平渐近线类似,当函数的定义域为无穷区间时,曲线才可能有斜渐近线,一条曲线至多有两条斜渐近线.

例 3.5.6　求曲线 $f(x)=\dfrac{x^{2}}{x-1}$ 的渐近线.

解　由于

例 3.5.6

$$\lim_{x \to 1} \frac{x^2}{x-1} = \infty,$$

故 $x=1$ 为该曲线的一条铅直渐近线.

又因为

$$\lim_{x \to \infty} \frac{f(x)}{x} = \lim_{x \to \infty} \frac{x}{x-1} = 1 = a,$$

$$\lim_{x \to \infty} [f(x) - ax] = \lim_{x \to \infty} \left(\frac{x^2}{x-1} - x \right) = \lim_{x \to \infty} \frac{x}{x-1} = 1 = b,$$

故 $y = x+1$ 为曲线的斜渐近线.

3.5.3 函数图形的描绘

基于前面几节对于函数 $f(x)$ 的各种性态的讨论,我们可以较为准确地描绘函数的图形.

一般地,可以按照如下步骤描绘函数图形:

(1) 求出 $y = f(x)$ 的定义域,判定函数的奇偶性和周期性;

(2) 求出 $f'(x)$,令 $f'(x) = 0$ 求出驻点,确定导数不存在的点,再根据 $f'(x)$ 的符号找出函数的单调区间与极值;

(3) 求出 $f''(x)$,确定 $f''(x)$ 的全部零点及 $f''(x)$ 不存在的点,再根据 $f''(x)$ 的符号找出曲线的凹凸区间及拐点;

(4) 求出曲线的渐近线;

(5) 将上述"单调性、极值点、凹凸性、拐点"等特性综合列表,必要时可补充曲线上某些特殊点(如与坐标轴的交点);

(6) 依据表中性态作出函数 $y = f(x)$ 的图形.

例 3.5.7 描绘函数 $y = x^3 - x^2 - x + 1$ 的图形.

解 (1) 函数的定义域为 $(-\infty, +\infty)$.

(2) $f'(x) = 3x^2 - 2x - 1 = (3x+1)(x-1)$,令 $f'(x) = 0$ 得驻点 $x_1 = -\dfrac{1}{3}$, $x_2 = 1$,没有不可导点.

当 $-\dfrac{1}{3} < x < 1$ 时, $f'(x) < 0$,函数 $f(x)$ 单调减少;

当 $x > 1$ 或 $x < -\dfrac{1}{3}$ 时, $f'(x) > 0$,函数 $f(x)$ 单调增加.

且 $f\left(-\dfrac{1}{3} \right) = \dfrac{32}{27}$ 为极大值点, $f(1) = 0$ 为极小值点.

(3) $f''(x) = 2(3x-1)$,令 $f''(x) = 0$ 得 $x_3 = \dfrac{1}{3}$.

当 $x < \dfrac{1}{3}$ 时, $f''(x) < 0$,曲线 $f(x)$ 为凸的;当 $x > \dfrac{1}{3}$ 时, $f''(x) > 0$,曲线 $f(x)$ 为凹的,且 $\left(\dfrac{1}{3}, \dfrac{16}{27} \right)$ 为拐点.

(4) 无渐近线.

（5）列表讨论如下：

x	$\left(-\infty,-\dfrac{1}{3}\right)$	$-\dfrac{1}{3}$	$\left(-\dfrac{1}{3},\dfrac{1}{3}\right)$	$\dfrac{1}{3}$	$\left(\dfrac{1}{3},1\right)$	1	$(1,+\infty)$
$f'(x)$	$+$	0	$-$	$-$	$-$	0	$+$
$f''(x)$	$-$	$-$	$-$	0	$+$	$+$	$+$
$f(x)$	↗凸	$\dfrac{32}{27}$极大值	↘凸	$\dfrac{16}{27}$拐点	↘凹	0 极小值	↗凹

补充点 $(-1,0)$.

（6）描图如图 3-14 所示.

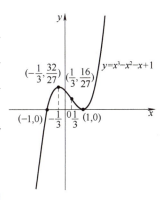

图　3-14

3.5.4　同步习题

1. 判定下列曲线的凹凸性并求出拐点.

（1）$y=\ln(1+x^2)$；　　　　（2）$y=2x-4x^2$；

（3）$y=xe^{-x}$；　　　　　　（4）$y=x^4-6x^2+2x$；

（5）$y=x^4-6x^3+12x^2-10$；　（6）$f(x)=(x-1)\cdot\sqrt[3]{x^2}$.

2. 求下列曲线的渐近线.

（1）$y=\dfrac{1}{x-2}$；　　　　（2）$y=\ln x$；

（3）$y=\dfrac{x^2+3}{x-1}$；　　　　（4）$y=x\sin\dfrac{1}{x}$.

3. 描绘函数 $y=\dfrac{x}{1+x^2}$ 的图形.

3.6　曲　　率

本节要点：通过本节的学习，学生应了解曲率和曲率半径的概念，会计算曲率和曲率半径.

　　曲线的凹凸性描述了曲线弯曲的方向，而一条曲线在不同部分有不同的弯曲程度.事实上，在许多工程技术问题中，定量地反映曲线弯曲程度的大小很重要，如铁路的拐弯处，桥洞的拱形等.本节将介绍描述曲线弯曲程度的曲率的概念，为此，首先介绍弧微分的概念.

3.6.1　弧微分

　　设函数 $f(x)$ 在区间 (a,b) 内具有连续导数，则曲线 $y=f(x)$ 在

(a,b)内的每一点处具有连续转动的切线,称曲线 $y=f(x)$ 为光滑曲线.在曲线 $y=f(x)$ 上取固定点 $M_0(x_0,y_0)$ 作为度量弧长的基点(见图 3-15),并规定依 x 增大的方向作为曲线的正向.对曲线上任一点 $M(x,y)$,规定有向弧段 $\overset{\frown}{M_0M}$ 的值 s(简称为弧 s)如下:当 $\overset{\frown}{M_0M}$ 与曲线正向一致时,$s>0$;当 $\overset{\frown}{M_0M}$ 与曲线正向相反时,$s<0$.显然,弧 s 与 x 存在函数关系:$s=s(x)$,且 $s(x)$ 是 x 的单调增加函数.下面来求 $s(x)$ 的导数及微分.

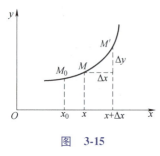

图　3-15

设 $x,x+\Delta x$ 为 (a,b) 内两个邻近的点,它们在曲线 $y=f(x)$ 上的对应点分别为 M,M',对应自变量 x 的增量为 Δx,此时弧 s 的增量 Δs 为

$$\Delta s = \overset{\frown}{M_0M'} - \overset{\frown}{M_0M} = \overset{\frown}{MM'}.$$

当 Δx 很小时,弧 $s(x)$ 的增量也很小,此时可用弦长 $|MM'|$ 近似代替弧长 $s(x)$,即

$$\lim_{M'\to M}\left|\frac{\overset{\frown}{MM'}}{MM'}\right| = \lim_{\Delta x\to 0}\frac{|\Delta s|}{|MM'|} = 1.$$

而 $|MM'| = (\Delta x)^2+(\Delta y)^2, \lim\limits_{\Delta x\to 0}\dfrac{\Delta y}{\Delta x}=y'$,因此有

$$\lim_{\Delta x\to 0}\left(\frac{\Delta s}{\Delta x}\right)^2 = \lim_{\Delta x\to 0}\left(\frac{\Delta s}{|MM'|}\right)^2 \cdot \left(\frac{|MM'|}{\Delta x}\right)^2 = \lim_{\Delta x\to 0}\frac{(\Delta x)^2+(\Delta y)^2}{(\Delta x)^2}$$

$$= \lim_{\Delta x\to 0}\left[1+\left(\frac{\Delta y}{\Delta x}\right)^2\right] = 1+y'^2,$$

即

$$\frac{\mathrm{d}s}{\mathrm{d}x} = \pm\sqrt{1+y'^2},$$

由于 $s(x)$ 是 x 的单调增加函数,因此 $\dfrac{\mathrm{d}s}{\mathrm{d}x}>0$,故

$$\frac{\mathrm{d}s}{\mathrm{d}x} = \sqrt{1+y'^2} \ \text{或}\ \mathrm{d}s = \sqrt{1+y'^2}\,\mathrm{d}x, \tag{3.6.1}$$

称 $\mathrm{d}s$ 为曲线的弧微分,式(3.6.1)为弧 $s(x)$ 关于 x 的弧微分公式.

3.6.2　曲率及其计算公式

我们通过直觉就可以认识到:直线不弯曲,半径较小的圆弯曲得比半径较大的圆厉害些,其他曲线的不同部分也有不同的弯曲程度,例如抛物线 $y=x^2$ 在顶点附近弯曲得比远离顶点的部分厉害些.

实际生活中,许多问题也都是与弯曲有关的.如设计高速公路时,由于限速为不低于 $80\mathrm{km/h}$,因此对于弯道的设计就必须进行综合考虑.一方面,在一定的速度下,弯曲得程度越大,转弯时所产生的离心力也就越大,比较容易出现翻车事故;另一方面,如果一味降低时速,会影响到高速公路的运输能力,造成资源的浪费.因此设计时必须综合考虑道路的弯曲程度.在数学上,这类问题就归结为对曲线的弯曲程度的研究,即曲率问题.

如何从数学上描述弯曲程度呢?

在图 3-16 中,设曲线弧 $\overparen{M_1M_2}$ 与 $\overparen{M_2M_3}$ 的长度相等,但曲线弧 $\overparen{M_1M_2}$ 的弯曲比较轻微,而曲线弧 $\overparen{M_2M_3}$ 的弯曲比较厉害.容易看出,当动点沿曲线从点 M_1 移动到点 M_2 时,切线转过的角度 φ_1 不大,而动点从点 M_2 移动到点 M_3 时,切线转过的角度 φ_2 就比 φ_1 大.

在图 3-17 中可以看出,两段曲线 M_1M_2 与 N_1N_2 虽然转过的角度都是 φ,然而弯曲程度并不相同,短弧段比长弧段弯曲得厉害些.

由此可见,曲线弧的弯曲程度不仅与转过的角度大小相关,且与弧长有关.

一般地,曲线上各点处的弯曲程度不同,要确切地描述曲线上每一点的弯曲程度,借助于极限思想,可以给出曲率的下述定义.

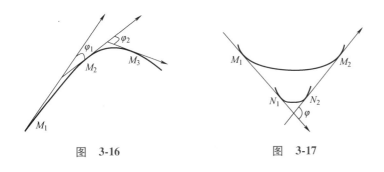

图 3-16   图 3-17

定义 3.6.1 设曲线 C 是光滑曲线,在曲线 C 上选定一点 M_0 作为度量弧 s 的基点.设曲线上点 M 对应于弧 s,在点 M 处切线的倾角为 α(这里假定曲线 C 所在的平面已经设立了 Oxy 坐标系),曲线上另外一点 M' 对应于弧 $s+\Delta s$,在点 M' 处切线的倾角为 $\alpha+\Delta\alpha$(见图 3-18),那么,弧段 $\overparen{MM'}$ 的长度为 $|\Delta s|$,当动点从点 M 移动到 M' 时,切线转过的角度为 $|\Delta\alpha|$.

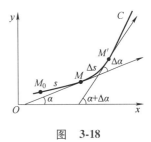

图 3-18

用比值 $\dfrac{|\Delta\alpha|}{|\Delta s|}$,即单位弧段上切线转过的角度的大小来表示弧段 $\overparen{MM'}$ 的平均弯曲程度,这个比值称为该弧段上的平均曲率.

当 $\Delta s\to 0$ 时(即 $M'\to M$ 时),如果平均曲率 $\dfrac{|\Delta\alpha|}{|\Delta s|}$ 的极限存在,该极限称为曲线 C 在点 M 处的曲率,记作 K,即

$$K=\lim_{\Delta s\to 0}\frac{|\Delta\alpha|}{|\Delta s|},$$

当极限存在时,K 也可以表示为 $K = \left| \dfrac{\mathrm{d}\alpha}{\mathrm{d}s} \right|$.

特殊地,当曲线 C 为直线时,切线与直线本身重合,因此当动点沿直线移动时,切线的倾角 α 不变(见图 3-19),即 $\Delta\alpha = 0$,$\dfrac{\Delta\alpha}{\Delta s} = 0$,从而 $K = \left| \dfrac{\mathrm{d}\alpha}{\mathrm{d}s} \right| = \lim\limits_{\Delta s \to 0} \dfrac{|\Delta\alpha|}{|\Delta s|} = 0$.解释为,直线上任意点 M 处的曲率都等于零,这与我们直觉认识到的"直线不弯曲"一致.

对于圆,设圆的半径为 ρ,M 是圆上任意一点.如图 3-20 所示,点 M 与 M' 处切线的夹角 $\Delta\alpha$ 等于中心角 $\angle MDM' = \dfrac{\Delta s}{\rho}$,于是

$$K = \lim_{\Delta s \to 0} \frac{|\Delta\alpha|}{|\Delta s|} = \lim_{\Delta s \to 0} \frac{\left| \dfrac{\Delta s}{\rho} \right|}{|\Delta s|} = \frac{1}{\rho}.$$

这说明,圆上各点处的曲率都等于半径 ρ 的倒数 $\dfrac{1}{\rho}$.可以理解为:圆的弯曲程度处处都一样,半径越小曲率越大,即圆弯曲得越厉害.

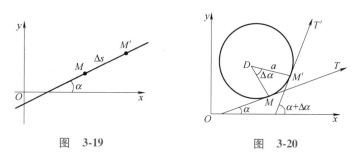

图　3-19　　　　　　　　图　3-20

在计算曲率时,若按照公式 $K = \left| \dfrac{\mathrm{d}\alpha}{\mathrm{d}s} \right|$,计算起来不太方便,下面推导便于实际计算的曲率的公式.

设曲线 C 的直角坐标方程为 $y = f(x)$,且 $f(x)$ 具有二阶导数.曲线 $y = f(x)$ 在点 $(x, f(x))$ 处的切线的倾斜角为 α,则 $\tan\alpha = y'$,两边同时对 x 求导,得

$$\sec^2\alpha \frac{\mathrm{d}\alpha}{\mathrm{d}x} = y'',$$

即 $\dfrac{\mathrm{d}\alpha}{\mathrm{d}x} = \dfrac{y''}{\sec^2\alpha} = \dfrac{y''}{1 + \tan^2\alpha} = \dfrac{y''}{1 + y'^2}$,于是 $\mathrm{d}\alpha = \dfrac{y''}{1 + y'^2}\mathrm{d}x$.又 $\mathrm{d}s = \sqrt{1 + y'^2}\,\mathrm{d}x$,所以可得曲率计算公式

$$K = \frac{|y''|}{(1 + y'^2)^{3/2}}. \tag{3.6.2}$$

例 3.6.1　计算曲线 $y = \ln x$ 在点 $(1, 0)$ 处的曲率.

解　$y'=\dfrac{1}{x}$,$y''=-\dfrac{1}{x^2}$.在点$(1,0)$处,$y'=1$,$y''=-1$,所以有

$$K=\frac{|y''|}{(1+y'^2)^{3/2}}=\frac{1}{(1+1)^{3/2}}=\frac{\sqrt{2}}{4}.$$

例 3.6.2　抛物线$y=ax^2+bx+c$上哪一点处的曲率最大?

解　由$y=ax^2+bx+c$,得

$$y'=2ax+b,y''=2a,$$

例 3.6.2

代入式(3.6.2)得

$$K=\frac{|y''|}{(1+y'^2)^{3/2}}=\frac{|2a|}{[1+(2ax+b)^2]^{3/2}}.$$

显然,当$2ax+b=0$,即$x=-\dfrac{b}{2a}$时,K最大.而$x=-\dfrac{b}{2a}$时所对应的

点为抛物线的顶点.因此,抛物线在顶点处的曲率最大.

若曲线的参数方程为

$$\begin{cases}x=\varphi(t),\\y=\psi(t).\end{cases}$$

则

$$y'=\frac{\mathrm{d}y}{\mathrm{d}x}=\frac{\psi'(t)}{\varphi'(t)},y''=\frac{\mathrm{d}^2y}{\mathrm{d}x^2}=\frac{\psi''(t)\varphi'(t)-\varphi''(t)\psi'(t)}{\varphi'^3(t)},$$

代入式(3.6.2)得

$$K=\frac{|\psi''(t)\varphi'(t)-\varphi''(t)\psi'(t)|}{(\varphi'^2(t)+\psi'^2(t))^{3/2}}.\tag{3.6.3}$$

例 3.6.3　求曲线$\begin{cases}x=\varphi(t)=a(1-\sin t),\\y=\psi(t)=a\cos t\end{cases}$$(a>0)$在任一点处的

曲率.

解　由于　　$\varphi'(t)=-a\cos t$,$\varphi''(t)=a\sin t$,

$$\psi'(t)=-a\sin t,\psi''(t)=-a\cos t,$$

代入式(3.6.3)有

$$K=\frac{|\psi''(t)\varphi'(t)-\varphi''(t)\psi'(t)|}{(\varphi'^2(t)+\psi'^2(t))^{3/2}}$$

$$=\frac{|(-a\cos t)(-a\cos t)-(a\sin t)(-a\sin t)|}{(a^2\cos^2 t+a^2\sin^2 t)^{3/2}}=\frac{1}{a},$$

故曲线在任一点处的曲率为$\dfrac{1}{a}$.

设曲线的极坐标方程为$r=r(\theta)$,有$\begin{cases}x=r(\theta)\cos\theta,\\y=r(\theta)\sin\theta\end{cases}$其中$\theta$为参

数,利用式(3.6.2)可得极坐标下曲率计算公式

$$K=\frac{|r^2(\theta)+2r'^2(\theta)-r(\theta)r''(\theta)|}{(r'^2(\theta)+r^2(\theta))^{3/2}}.\tag{3.6.4}$$

3.6.3　曲率圆与曲率半径

在许多问题的研究中,可以用一个圆周(其曲率与曲线在某处的曲率相同)来近似地替代在该点附近的曲线,以简化问题.下面介绍曲率圆的概念.

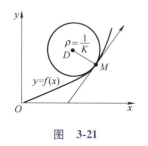

图　3-21

> **定义 3.6.2**　设曲线在点 $M(x,y)$ 处的曲率为 $K(K\neq 0)$,在点 M 处沿曲线凹向一侧的法线上取一点 D,使 $|DM|=\dfrac{1}{K}=\rho$.以 D 为圆心,ρ 为半径作圆,这个圆称为曲线在点 M 处的**曲率圆**,曲率圆的圆心 D 称为曲线在点 M 处的**曲率中心**,曲率圆的半径 ρ 称为曲线在点 M 处的**曲率半径**(见图 3-21).

根据定义,曲线在点 M 处的曲率 $K(K\neq 0)$ 与曲线在点 M 处的曲率半径 ρ 有如下关系:

$$\rho=\frac{1}{K},\quad K=\frac{1}{\rho}.$$

例 3.6.4　汽车连同载重共 5000kg,在抛物线拱桥 $y=0.25-\dfrac{x^2}{100}$ 上行驶,速度为 21.6km/h,桥的跨度为 10m,拱的净高为 0.25m,求汽车越过桥顶 P 点时对桥的压力.

解　汽车在桥顶处受到重力和桥的支撑力 Q 的作用.合力 $mg-Q$ 为汽车越过桥顶时的向心力 F,视汽车在 P 点做匀速圆周运动,则 $F=\dfrac{mv^2}{R}$,其中 R 为 P 点处抛物线的曲率半径.

由 $y'=-\dfrac{x}{50}$,$y''=-\dfrac{1}{50}$ 代入曲率公式得点 $P(0,0.25)$ 处的曲率为 $K=\dfrac{1}{50}$,曲率半径为 50m.从而

$$F=\frac{5000\cdot(21600/3600)^2}{50}=3600(\mathrm{N}),$$

故所求压力为

$$Q=mg-F=5000\times 9.8-3600=45400(\mathrm{N}).$$

3.6.4　同步习题

1. 求曲线 $xy=1$ 在点 $(1,1)$ 处的曲率.

2. 求曲线 $\begin{cases}x=a\cos^3 t,\\ y=a\sin^3 t\end{cases}$ 在 $t=t_0$ 处的曲率.

3. 求曲线 $y=\tan x$ 在点 $\left(\dfrac{\pi}{4},1\right)$ 处的曲率与曲率半径.

3.7　MATLAB 数学实验

3.7.1　求零点

MATLAB 求零点通常的语法格式有：

```
x=fzero(fun,x0)           %求出离 x0 起始点最近
                            的根
x=fzero(fun,x0,options)   %由指定的优化参数 op-
                            tions 进行最小化
x=fzero(problem)          %对 problem 指定的求
                            根问题求解
```

注　fzero 函数既可以求某个初始值的根,也可以求区间和函数值的根.

例 3.7.1　求函数 $f=x^5-3x^4+2x^3+x+3$ 的根.

程序如下：

```
f='2*x^5-3*x^4+2*x^3+x+3';
x=fzero(f,0)
```

结果：

```
x=-0.7486
```

例 3.7.2　求正弦函数在 3 附近的零点.

程序如下：

```
fun=@ sin;
x=fzero(fun,3)
```

结果：

```
x=3.1416
```

3.7.2　求极值

MATLAB 求极值通常的语法格式为：

```
[x,min]=fminbnd(f,a,b)   %x 为取得极小值的点,
                           min 为极小值;f 表示
                           函数名,a,b 表示取得
                           极值的范围
```

fminbnd(f,a,b) 函数是求函数 $f(x)$ 在 $[a,b]$ 范围的极小值,若求函数 $f(x)$ 的极大值,可转换为求 $-f(x)$ 的极小值.

例 3.7.3　求函数 $f=x^3-x^2-x+1$ 在 $(-2,2)$ 内的极小值与极大值.

程序如下:

```
syms x;
f='x^3-x^2-x+1';
[x1,minf]=fminbnd(f, -2,2)
[x2,maxf]=fminbnd('-x^3+x^2+x-1', -2,2)
maxf=-maxf
```

结果:

```
x1=
  1.0000
x2=
  -0.3333
minf=
  3.577 6e-10
maxf=
  1.1852
```

3.7.3　泰勒展开

MATLAB 求泰勒展开式通常的语法格式有:

```
taylor(f)          %默认在 x=0 点展开 6 项
taylor(f,n,x0)     %在 x=x0 点展开 n 项
```

若只有一个数值参数,默认其表示展开的项数;若有两个参数,第一个表示展开的项数,第二个表示点 x_0.

例 3.7.4　将 e^x 在 $x=0$ 点展开 5 项,再在 $x=3$ 点展开 5 项.
程序如下:

```
syms x;
f='exp(x)'
y1=taylor(f,x,5)
y2=taylor(f,x,5,3)
```

结果:

```
y1=
  1+1*x+1/2*x^2+1/6*x^3+1/24*x^4
y2=
  exp(3)+exp(3)*(x-3)+1/2*exp(3)*(x-3)^2+1/6*
exp(3)*(x-3)^3+1/24*exp(3)*(x-3)^4
```

第 3 章总复习题

第一部分:基础题

1. 设函数 $f(x)$ 在 $[0,1]$ 上连续,在 $(0,1)$ 内可导,且 $f(1)=0$,

证明:至少存在一点 $\xi \in (0,1)$,使 $f(\xi)+\xi f'(\xi)=0$.

2. 已知方程 $a_0 x^4 + a_1 x^3 + a_2 x^2 + a_3 x = 0$ 有一正根 x_0,试证方程 $4a_0 x^3 + 3a_1 x^2 + 2a_2 x + a_3 = 0$ 必有一个小于 x_0 的正根.

3. 证明:方程 $\sin x + x \cos x = 0$ 在 $(0,\pi)$ 内有实根.

4. 若函数 $f(x)$ 在 (a,b) 内具有二阶导数,且 $f(x_1)=f(x_2)=f(x_3)$,其中 $a<x_1<x_2<x_3<b$,证明:在 (x_1,x_3) 内至少存在一点 ξ,使得 $f''(\xi)=0$.

5. 证明恒等式 $\arctan x + \operatorname{arccot} x = \dfrac{\pi}{2}$ $(-\infty < x < +\infty)$.

6. 设函数 $f(x)$ 和 $F(x)$ 在 a 的某邻域内可导,且 $F'(x) \neq 0$,又 $f(0)=F(0)=0$,$\lim\limits_{x \to a} \dfrac{f'(x)}{F'(x)} = k$,证明:$\lim\limits_{x \to a} \dfrac{f(x)}{F(x)} = k$.

7. 证明:方程 $\sin x = x$ 只有一个实数根.

8. 设 $y=ax^3+bx$ 在 $x=1$ 处取得极值为 4,求 a,b 的值.

9. a 为何值时,函数 $f(x)=a\sin x+\dfrac{1}{3}\sin 3x$ 在 $x=\dfrac{\pi}{3}$ 处取得极值? 它是极大值还是极小值? 并求此极值.

10. 用长为 6m 的铝合金材料加工成日字形窗户,问它的长宽各为多少时,面积最大? 最大值是多少?

11. 一边长为 a 的正方形铁片,从四角各截去一个小方块后折成一个无盖的方盒子,求盒子边长为多少时容积最大?

12. 已知点 $(2,4)$ 是曲线 $y=x^3+ax^2+bx+c$ 的拐点,且在 $x=3$ 点取得极值,求 a,b,c.

13. 一飞机沿抛物线路径 $y=\dfrac{x^2}{10000}$(y 轴铅直向上,单位为 m) 做俯冲飞行.在坐标原点 O 处飞机的速度为 $v=200$m/s.飞行员体重 $G=70$kg.求飞机俯冲至最低点即原点 O 处时座椅对飞行员的约束力.

第二部分:拓展题

1. 求下列函数的极限.

(1) $\lim\limits_{x \to 0} \dfrac{\ln(1+x)-x}{\cos x-1}$;　　　　　　(2) $\lim\limits_{x \to 1} x^{\frac{1}{1-x}}$.

2. 求函数 $f(x)=x^3-12x$ 的单调区间与极值.

3. 判定曲线 $y=2x^3+3x^2-12x+4$ 的凹凸性与拐点.

4. 求曲线 $f(x)=\dfrac{x^2+2x}{1+x}$ 的渐近线.

5. 已知 $x_1=1,x_2=2$ 都是函数 $y=a\ln x+bx^2+x$ 的极值点,求 a,b 的值.

6. 求曲线 $y=x^2-4x+3$ 在 $(2,-1)$ 处的曲率和曲率半径.

7. 证明方程 $x-\dfrac{1}{2}\sin x=0$ 只有 $x=0$ 一个根.

8. 某车间靠墙壁要盖一间长方形小屋,现有存砖只够砌 20m 长的墙壁.问应围成怎样的长方形才能使这间小屋的面积最大?

第三部分:考研真题

一、选择题

1. (2019 年,数学二) 曲线 $y = x\sin x + 2\cos x \left(-\dfrac{\pi}{2} < x < 2\pi\right)$ 的拐点是( ).

A. $(0,2)$

B. $(\pi,-2)$

C. $\left(\dfrac{\pi}{2},\dfrac{\pi}{2}\right)$

D. $\left(\dfrac{3\pi}{2},-\dfrac{3\pi}{2}\right)$

2. (2018 年,数学二) 若 $\lim\limits_{x\to 0}\left(e^x + ax^2 + bx\right)^{\frac{1}{x^2}} = 1$,则( ).

A. $a = \dfrac{1}{2}, b = -1$

B. $a = -\dfrac{1}{2}, b = -1$

C. $a = \dfrac{1}{2}, b = 1$

D. $a = -\dfrac{1}{2}, b = 1$

3. (2015 年,数学一) 设函数 $f(x)$ 在 $(-\infty, +\infty)$ 连续,其二阶导数 $f''(x)$ 的图形如图 3-22 所示,则曲线 $y = f(x)$ 的拐点个数为( ).

A. 0

B. 1

C. 2

D. 3

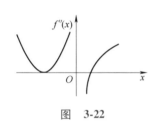

图 3-22

4. (2014 年,数学一) 下列曲线有渐近线的是( ).

A. $y = x + \sin x$

B. $y = x^2 + \sin x$

C. $y = x + \sin\dfrac{1}{x}$

D. $y = x^2 + \sin\dfrac{1}{x}$

5. (2013 年,数学一) 已知极限 $\lim\limits_{x\to 0}\dfrac{x - \arctan x}{x^k} = c$,其中 k,c 为常数,且 $c \neq 0$,则 ( ).

A. $k = 2, c = -\dfrac{1}{2}$

B. $k = 2, c = \dfrac{1}{2}$

C. $k = 3, c = -\dfrac{1}{3}$

D. $k = 3, c = \dfrac{1}{3}$

二、填空题

1. (2019 年,数学二) $\lim\limits_{x\to 0}(x + 2^x)^{\frac{2}{x}} = \underline{\qquad}$.

2. (2019 年,数学二) 曲线 $y = x^2 + 2\ln x$ 在其拐点处的切线方程是 $\underline{\qquad}$.

3. (2017 年,数学二) 曲线 $y = x\left(1 + \arcsin\dfrac{2}{x}\right)$ 的斜渐近线方程为 $\underline{\qquad}$.

三、解答题

1. (2020 年,数学二)求曲线 $y = \dfrac{x^{1+x}}{(1+x)^x}(x > 0)$ 的斜渐近线方程.

2. (2017 年,数学一)设函数 $f(x)$ 在 $[0,1]$ 上具有二阶导数,$f(1) > 0, \lim\limits_{x \to 0^+} \dfrac{f(x)}{x} < 0$,证明:

(1) 方程 $f(x) = 0$ 在区间 $(0,1)$ 内至少存在一个根;

(2) 方程 $f(x)f''(x) + [f'(x)]^2 = 0$ 在区间 $(0,1)$ 内至少存在两个不同的实根.

第 3 章自测题

一、单项选择题(本题共 10 个小题,每小题 5 分,共 50 分)

1. 若 $(x_0, f(x_0))$ 为连续曲线 $y = f(x)$ 上的凹弧与凸弧分界点,则(　　).

A. $(x_0, f(x_0))$ 必为曲线的拐点

B. $(x_0, f(x_0))$ 必定为曲线的驻点

C. x_0 为 $f(x_0)$ 的极值点

D. x_0 必定不是 $f(x_0)$ 的极值点

2. 下列结论正确的有(　　).

A. x_0 是 $f(x)$ 的极值点且 $f'(x_0)$ 存在,则必有 $f'(x_0) = 0$;

B. x_0 是 $f(x)$ 的极值点,则 x_0 必是 $f(x)$ 的驻点;

C. 若 $f'(x_0) = 0$,则 x_0 必是 $f(x)$ 的极值点;

D. 使 $f'(x)$ 不存在的点 x_0 一定是 $f(x)$ 的极值点.

3. 设 $f(x)$ 的 (a,b) 内的可导函数,$x, x + \Delta x$ 是 (a,b) 内任意两点,记 $\Delta y = f(x + \Delta x) - f(x)$,则(　　).

A. $\Delta y = f'(x)\Delta x$

B. 在 $x, x + \Delta x$ 之间恰有一点 ξ,使 $\Delta y = f'(\xi)\Delta x$

C. 在 $x, x + \Delta x$ 之间至少有一点 ξ,使 $\Delta y = f'(\xi)\Delta x$

D. 对于 $x, x + \Delta x$ 之间任一点 ξ,均有 $\Delta y = f'(\xi)\Delta x$

4. 导数不存在的点(函数在该点连续)(　　).

A. 一定不是极值点

B. 一定是极值点

C. 可能是极值点

D. 一定不是拐点

5. 设椭圆 $4x^2 + y^2 = 4$ 在点 $(0,2)$ 处的曲率为(　　).

A. 1　　　　　　　　　　B. 2

C. 3   D. 4

6. 设函数 $f(x)=\ln(1+x^2)$ 在 $[-1,1]$ 上满足罗尔定理条件,则由罗尔定理确定的 $\xi=(\quad)$.

A. 0   B. 1

C. 2   D. 3

7. $\lim\limits_{x\to 0}\dfrac{x}{\ln(1+x)}=(\quad)$.

A. 0   B. 1

C. 2   D. 3

8. 函数 $f(x)=\dfrac{1}{3}x^3-x$ 在区间 $(0,2)$ 内的驻点为 $x=(\quad)$.

A. 0   B. 1

C. 2   D. 3

9. 曲线 $y=\dfrac{1}{x-4}$ 的铅直渐近线为 $(\quad)$.

A. $y=4$ B. $y=-4$

C. $x=4$ D. $x=-4$

10. 设函数 $f(x)=xe^x$,则 $f(x)$ 的曲线在 $(-\infty,+\infty)$ 内的拐点个数为 $(\quad)$.

A. 0   B. 1

C. 2   D. 3

二、判断题(用 √、× 表示.本题共 10 个小题,每小题 5 分,共 50 分)

1. $|\arctan a-\arctan b|\leqslant|a-b|$.   (　)

2. 函数 $f(x)=1-x^2$ 在 $[-1,1]$ 上满足罗尔定理的条件. (　)

3. $\lim\limits_{x\to+\infty}\dfrac{\ln(1+e^x)}{x}=\lim\limits_{x\to+\infty}\dfrac{e^x}{x}=\lim\limits_{x\to+\infty}e^x=\infty$.   (　)

4. $\lim\limits_{x\to 0}\dfrac{x+\sin x}{x}$ 不存在.   (　)

5. 若函数 $f(x)$ 在 $[a,b]$ 上连续,则 $f(x)$ 在 $[a,b]$ 上必能取得最大值和最小值.   (　)

6. 函数单调递增区间和单调递减区间的分界点一定是函数的极值点.   (　)

7. 设函数 $f(x)$ 在 (a,b) 内可导,若在 (a,b) 内有 $f'(x)\geqslant 0$,则函数 $f(x)$ 在 (a,b) 内是单调增加的.   (　)

8. 若函数 $f(x)$ 在 (a,b) 内二阶可导,对 $x_0\in(a,b)$,若点 $(x_0,f(x_0))$ 为曲线 $y=f(x)$ 的拐点,且 $f''(x)$ 在 x_0 处连续,则有 $f''(x_0)=0$.   (　)

9. 设函数 $f(x)=xe^x$，则函数 $f(x)$ 的曲线在 $(-\infty,-2)$ 内为凹弧.

　　　　　　　　　　　　　　　　　　　（　　）

10. 双曲线 $xy=1$ 在点 $(1,1)$ 处的曲率为 $\sqrt{2}$.　　（　　）

第 3 章数学家故事-熊庆来　　　　　第 3 章参考答案

本章要点：由原函数的定义引出不定积分的定义与性质,然后给出不定积分的基本公式. 重点介绍不定积分的基本计算方法:直接积分法、第一类换元积分法、第二类换元积分法以及分部积分法.最后学习有理函数及三角函数有理式的积分方法.

在微分学中,讨论已知函数求其导数(或微分)的问题,而本章要讨论它的反问题,即已知一个函数的导数(或微分),如何将这个函数"复原"出来? 解决这个问题是不定积分要完成的任务.

本章知识结构图

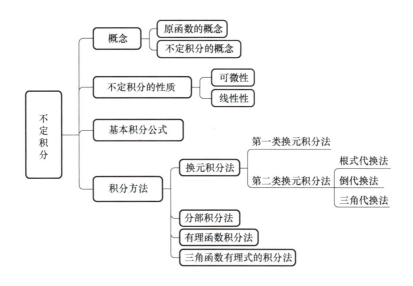

4.1　不定积分的概念和性质

本节要点：通过本节的学习,学生应理解原函数与导函数之间的关系.理解不定积分的定义,了解不定积分的几何意义.掌握不定积分的运算性质及不定积分的基本积分公式,会用直接积分法解决积分问题.

4.1.1 原函数与不定积分的概念

定义 4.1.1 如果在区间 I 上,可导函数 $F(x)$ 的导函数为 $f(x)$,即对于该区间 I 内的任意一点 x,都满足 $F'(x) = f(x)$ 或者 $\mathrm{d}F(x) = f(x)\mathrm{d}x$,则称 $F(x)$ 是 $f(x)$ 在区间 I 上的一个**原函数**.

例如,当 $x \in (-\infty, +\infty)$ 时,$(\sin x)' = \cos x$,所以 $\sin x$ 是 $\cos x$ 在 $(-\infty, +\infty)$ 上的一个原函数.

又如,当 $x \in (1, +\infty)$ 时,$\left[\ln(x + \sqrt{x^2-1})\right]' = \dfrac{1}{\sqrt{x^2-1}}$,所以 $\ln(x + \sqrt{x^2-1})$ 是 $\dfrac{1}{\sqrt{x^2-1}}$ 在 $(1, +\infty)$ 内的一个原函数.

研究原函数,必须解决下面两个问题:

(1) 在什么条件下一个函数的原函数存在? 如果存在,是否唯一?

(2) 若已知某函数的原函数存在,怎样将它们求出来?

第二个问题将在下一节研究,关于第一个问题我们有下面两个定理.

定理 4.1.1 如果函数 $f(x)$ 在区间 I 上连续,那么 $f(x)$ 在 I 上存在原函数(此定理将在 5.3.1 节中给出证明).

注 由于初等函数在其有定义的区间内是连续的,所以初等函数在其有定义的区间内都有原函数.

定理 4.1.2 若 $F(x)$ 是 $f(x)$ 在区间 I 上的一个原函数,则 $F(x) + C (C \in \mathbf{R})$ 是 $f(x)$ 在 I 上的全部原函数.

下面我们对定理 4.1.2 给出证明.

证 因为 $F(x)$ 是 $f(x)$ 在区间 I 内的一个原函数,故有 $F'(x) = f(x)$.又

$$(F(x) + C)' = F'(x) = f(x) \quad (C \text{ 为常数}),$$

所以 $F(x) + C$ 都是 $f(x)$ 的原函数.

设 $G(x)$ 是 $f(x)$ 在区间 I 内的另一个原函数,则有

$$G'(x) = f(x),$$
$$(G(x) - F(x))' = G'(x) - F'(x) = 0,$$

得 $G(x) - F(x) = C_0$,$G(x) = F(x) + C_0$,这表明 $G(x)$ 与 $F(x)$ 只差一个常数,因此当 C 为任意常数时,$F(x) + C$ 是 $f(x)$ 在区间 I 内的**全部原函数**.

定义 4.1.2 函数 $f(x)$ 的所有原函数,称为 $f(x)$ 的**不定积分**,记作 $\int f(x)\mathrm{d}x$,其中 $\int$ 称为**积分号**,x 称为**积分变量**,$f(x)$ 称为**被积函数**,$f(x)\mathrm{d}x$ 称为**积分表达式**.

如果 $F(x)$ 是 $f(x)$ 的一个原函数,由定义有

$$\int f(x)\mathrm{d}x = F(x) + C.$$

因此,欲求已知函数的不定积分,只需求出它的一个原函数,再加上任意常数 C 即可.

例 4.1.1   求函数 $f(x)=x^4$ 的不定积分.

解   因为 $\left(\dfrac{1}{5}x^5\right)' = x^4$,所以 $\dfrac{1}{5}x^5$ 是 x^4 的一个原函数,即

$$\int x^4\mathrm{d}x = \frac{1}{5}x^5 + C.$$

例 4.1.2   求函数 $f(x)=\sec^2 x$ 的不定积分.

解   因为 $(\tan x)' = \sec^2 x$,所以 $\tan x$ 是 $\sec^2 x$ 的一个原函数,即

$$\int \sec^2 x\mathrm{d}x = \tan x + C.$$

例 4.1.3   求函数 $f(x)=2^x$ 的不定积分.

解   因为 $\left(\dfrac{2^x}{\ln 2}\right)' = 2^x$,所以 $\dfrac{2^x}{\ln 2}$ 是 2^x 的一个原函数,即

$$\int 2^x\mathrm{d}x = \frac{2^x}{\ln 2} + C.$$

例 4.1.4   求函数 $f(x)=\dfrac{1}{x}$ 的不定积分.

解   因为当 $x>0$ 时,$(\ln x)' = \dfrac{1}{x}$,所以

$$\int \frac{1}{x}\mathrm{d}x = \ln x + C\,(x > 0);$$

当 $x<0$ 时,因为 $-x>0$,$[\ln(-x)]' = -\dfrac{1}{x}\cdot(-1) = \dfrac{1}{x}$,

所以

$$\int \frac{1}{x}\mathrm{d}x = \ln(-x) + C\,(x < 0).$$

把两个结果合起来,可写作

$$\int \frac{1}{x} = \ln|x| + C.$$

例 4.1.4

4.1.2   不定积分的几何意义

在 $f(x)$ 的全部原函数 $F(x)+C\,(C \in \mathbf{R})$ 中,对任何一个给定的 C,都有一个确定的原函数,在几何上也就对应着的一条确定的曲线,称为积分曲线.$F(x)+C$ 对应着的一簇曲线,称为 $f(x)$ 的积分曲线簇.这些曲线在横坐标相同点处的切线斜率相等,即它们在横坐标相同点处的切线彼此平行,积分曲线簇中的任何一条曲线都可以由其中的 $y=F(x)$ 沿 y 轴上下平移得到(见图 4-1).

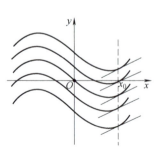

图 4-1

例 4.1.5 设曲线通过点 $(1,2)$,且其上任一点处的切线斜率等于这点横坐标的两倍,求此曲线方程.

解 设所求曲线方程为 $y=F(x)$,依题设,曲线上任一点 (x,y) 处的切线斜率 $F'(x)=2x$,即 $F(x)$ 是 $2x$ 的一个原函数.因为 $\int 2x\mathrm{d}x = x^2 + C$,故必有某个常数 C,使 $F(x)=x^2+C$,代入点 $(1,2)$ 得 $C=1$,于是所求曲线方程为 $F(x)=x^2+1$.

注 $F(x)=x^2+1$ 是函数 $2x$ 通过点 $(1,2)$ 对应的积分曲线方程,显然这个积分曲线方程还可以由另一个积分曲线方程(例如 $y=x^2$)对应的曲线沿 y 轴平移而得到.

4.1.3 不定积分的性质

1. 线性性

设 $f(x),g(x)$ 的原函数存在,则

(1) $\int kf(x)\mathrm{d}x = k\int f(x)\mathrm{d}x$ (k 是不为零的常数);

(2) $\int [f(x) + g(x)]\mathrm{d}x = \int f(x)\mathrm{d}x + \int g(x)\mathrm{d}x$ (可推广到有限个函数的情形).

2. 可微性

(1) $\left[\int f(x)\mathrm{d}x\right]' = f(x)$ 或 $\mathrm{d}\left[\int f(x)\mathrm{d}x\right] = f(x)\mathrm{d}x$;

(2) $\int f'(x)\mathrm{d}x = f(x) + C$ 或 $\int \mathrm{d}f(x) = f(x) + C$.

我们只证明线性性中的(2),其他留给读者自行完成.

证 将 $\int [f(x) + g(x)]\mathrm{d}x = \int f(x)\mathrm{d}x + \int g(x)\mathrm{d}x$ 的右端求导,可得

$$\left[\int f(x)\mathrm{d}x + \int g(x)\mathrm{d}x\right]' = \left[\int f(x)\mathrm{d}x\right]' + \left[\int g(x)\mathrm{d}x\right]' = f(x)+g(x),$$

这表示 $\int f(x)\mathrm{d}x + \int g(x)\mathrm{d}x$ 是 $f(x)+g(x)$ 的原函数,又 $\int f(x)\mathrm{d}x + \int g(x)\mathrm{d}x$ 有两个积分记号,形式上含两个任意常数,由于任意常数之和仍为任意常数,故实际上含一个任意常数,因此 $\int f(x)\mathrm{d}x + \int g(x)\mathrm{d}x$ 是 $f(x)+g(x)$ 的不定积分.证毕.

由上面性质可知下列各式成立:

$$\int (5 - x + 2x^3)\mathrm{d}x = \int 5\mathrm{d}x - \int x\mathrm{d}x + 2\int x^3\mathrm{d}x ,$$

$$\left(\int \cos x\mathrm{d}x\right)' = \cos x ,$$

$$\int (x^3 + x)' \mathrm{d}x = x^3 + x + C,$$

$$\int \mathrm{d}(2x) = 2x + C.$$

4. 1. 4 基本积分公式表

为了快速地计算不定积分,必须先掌握一些基本积分公式,正如在求函数导数时必须掌握基本初等函数的求导公式一样.由于积分法与微分法互为逆运算,故由导数的基本公式可以得到下面的基本积分公式表.

(1) $\int k \mathrm{d}x = kx + C$ (k 是常数),

(2) $\int x^\alpha \mathrm{d}x = \dfrac{x^{\alpha+1}}{\alpha + 1} + C$ ($\alpha \neq -1$),

(3) $\int \dfrac{1}{x} \mathrm{d}x = \ln|x| + C$,

(4) $\int \mathrm{e}^x \mathrm{d}x = \mathrm{e}^x + C$,

(5) $\int a^x \mathrm{d}x = \dfrac{a^x}{\ln a} + C$ ($a > 0, a \neq 1$),

(6) $\int \sin x \mathrm{d}x = -\cos x + C$,

(7) $\int \cos x \mathrm{d}x = \sin x + C$,

(8) $\int \sec^2 x \mathrm{d}x = \tan x + C$,

(9) $\int \csc^2 x \mathrm{d}x = -\cot x + C$,

(10) $\int \sec x \tan x \mathrm{d}x = \sec x + C$,

(11) $\int \csc x \cot x \mathrm{d}x = -\csc x + C$,

(12) $\int \dfrac{1}{1 + x^2} \mathrm{d}x = \arctan x + C$,

(13) $\int \dfrac{1}{\sqrt{1 - x^2}} \mathrm{d}x = \arcsin x + C.$

例 4. 1. 6 求 $\int \dfrac{x + x^{-1} + \sqrt{x}}{x} \mathrm{d}x.$

解 $\displaystyle\int \dfrac{x + x^{-1} + \sqrt{x}}{x}\mathrm{d}x = \int \left(1 + \dfrac{1}{x^2} + \dfrac{1}{\sqrt{x}}\right)\mathrm{d}x$

$$= \int \mathrm{d}x + \int \dfrac{1}{x^2}\mathrm{d}x + \int \dfrac{1}{\sqrt{x}}\mathrm{d}x$$

$$= x - \frac{1}{x} + 2\sqrt{x} + C.$$

利用积分表中的公式和不定积分的性质可直接求一些简单函数的不定积分,这种求不定积分的方法称为直接积分法,它是一种最基础的积分方法.下面通过例题来看如何用此法求一些函数的不定积分.

例 4.1.7 求 $\int 3^x e^x \mathrm{d}x$.

解 $\int 3^x e^x \mathrm{d}x = \int (3e)^x \mathrm{d}x = \dfrac{3^x e^x}{1 + \ln 3} + C$

例 4.1.8 求 $\int \dfrac{x^2}{1 + x^2} \mathrm{d}x$.

解 $\begin{aligned}[t] \int \frac{x^2}{1 + x^2} \mathrm{d}x &= \int \frac{x^2 + 1 - 1}{1 + x^2} \mathrm{d}x \\ &= \int \mathrm{d}x - \int \frac{1}{x^2 + 1} \mathrm{d}x \\ &= x - \arctan x + C. \end{aligned}$

例 4.1.9 求 $\int \left(\dfrac{2}{\sqrt{1 - x^2}} - 4\sin^2 x \csc x \right) \mathrm{d}x$.

解 $\begin{aligned}[t] \int \left(\frac{2}{\sqrt{1 - x^2}} - 4\sin^2 x \csc x \right) \mathrm{d}x &= 2\int \frac{1}{\sqrt{1 - x^2}} \mathrm{d}x - 4\int \sin x \mathrm{d}x \\ &= 2\arcsin x + 4\cos x + C \end{aligned}$

例 4.1.10 求 $\int \csc x (\cot x + 2\csc x) \mathrm{d}x$.

解 $\begin{aligned}[t] \int \csc x (\cot x + 2\csc x) \mathrm{d}x &= \int (\csc x \cot x + 2\csc^2 x) \mathrm{d}x \\ &= -\csc x - 2\cot x + C. \end{aligned}$

例 4.1.11 求 $\int \sin^2 \dfrac{x}{2} \mathrm{d}x$.

解 $\begin{aligned}[t] \int \sin^2 \frac{x}{2} \mathrm{d}x &= \int \frac{1 - \cos x}{2} \mathrm{d}x = \frac{1}{2} \int (1 - \cos x) \mathrm{d}x \\ &= \frac{x}{2} - \frac{\sin x}{2} + C. \end{aligned}$

例 4.1.12 求 $\int \dfrac{\tan^3 x + \tan^2 x - \tan x - 1}{\tan x + 1} \mathrm{d}x$.

解 $\begin{aligned}[t] \int \frac{\tan^3 x + \tan^2 x - \tan x - 1}{\tan x + 1} \mathrm{d}x &= \int \frac{\tan^2 x (\tan x + 1) - (\tan x + 1)}{\tan x + 1} \mathrm{d}x \\ &= \int (\tan^2 x - 1) \mathrm{d}x \\ &= \int (\sec^2 x - 2) \mathrm{d}x = \tan x - 2x + C. \end{aligned}$

例 4.1.13 一个静止的质点,其质量为 m,在变力 $F = A\sin t$ (其中 A 为常数,t 为时间变量)的作用下沿直线运动,试求质点的运动速度 $v(t)$.

解 根据力学第二定律,质点运动的加速度是

$$a(t) = \frac{F}{m} = \frac{A\sin t}{m}$$

由于 $v'(t) = a(t) = \dfrac{A\sin t}{m}$

所以 $v(t) = \displaystyle\int \frac{A\sin t}{m}\mathrm{d}t = -\frac{A}{m}\cos t + C$,其中 C 为待定常数,它可由质点在 $t = 0$ 时状态定出.由假设,质点开始时处于静止状态,故 $v(0) = 0$,由

$$v(0) = -\frac{A}{m}\cos 0 + C = -\frac{A}{m} + C = 0 \quad 得\ C = \frac{A}{m},$$

从而求得 $\qquad v(t) = -\dfrac{A}{m}\cos t + \dfrac{A}{m}.$

4.1.5　同步习题

1. 判断下列结论是否正确:

(1) 若 $\displaystyle\int f(x)\mathrm{d}x = F(x) + C$,则 $F'(x) = f(x)$;

(2) $\displaystyle\int f(x)g(x)\mathrm{d}x = \int f(x)\mathrm{d}x \cdot \int g(x)\mathrm{d}x$;

(3) $\mathrm{d}\displaystyle\int f(x)\mathrm{d}x = f(x)$;

(4) $\displaystyle\int f(x)\mathrm{d}x = \int f(x)\mathrm{d}x + 1$;

(5) 若 $f(x) = x^5$,则 $f(x)$ 的不定积分是 $\dfrac{1}{6}x^6 + C$.

2. 根据原函数与不定积分的定义证明:

(1) $\displaystyle\int u\sqrt{u^2 - 5}\,\mathrm{d}u = \frac{1}{3}(u^2 - 5)^{\frac{3}{2}} + C$;

(2) 函数 $x(\ln x - 1)$ 是函数 $\ln x$ 的一个原函数.

3. 计算下列不定积分:

(1) $\displaystyle\int\left(\sqrt{x} + \frac{3}{x} + \frac{1}{x^4}\right)\mathrm{d}x$;　　(2) $\displaystyle\int(\sqrt{x} + 1)(\sqrt{x^3} - 1)\mathrm{d}x$;

(3) $\displaystyle\int\frac{2x^4 + 2x^2 - 3}{x^2 + 1}\mathrm{d}x$;　　(4) $\displaystyle\int\frac{1 + 2x^2}{x^2(1 + x^2)}\mathrm{d}x$;

(5) $\displaystyle\int\frac{x^3 - 27}{x - 3}\mathrm{d}x$;　　(6) $\displaystyle\int \mathrm{e}^x\left(1 - \frac{\mathrm{e}^{-x}}{x} + 2\mathrm{e}^{-x}\cos x\right)\mathrm{d}x$;

（7）$\displaystyle\int \frac{2 \cdot 3^x - 2^x}{3^x}dx$；　　　　（8）$\displaystyle\int \left(3^x e^x - \frac{2}{\sqrt{1-x^2}} + 3\sin x\right)dx$；

（9）$\displaystyle\int \frac{\cos 2x}{\sin^2 x \cos^2 x}dx$；　　　（10）$\displaystyle\int \frac{1+\sin 2x}{\sin x + \cos x}dx$.

4. 在下列各等号右端的括号内填入适当的式子，使等式成立：

（1）$x\,dx = d(\qquad)$；　　　　（2）$x^3\,dx = d(\qquad)$；

（3）$x^n\,dx = d(\qquad)$；　　　　（4）$\dfrac{1}{x^2}\,dx = d(\qquad)$；

（5）$\dfrac{1}{x}\,dx = d(\qquad)$；　　　　（6）$\dfrac{1}{\cos^2 x}\,dx = d(\qquad)$；

（7）$\sec x\tan x\,dx = d(\qquad)$；（8）$\sin\dfrac{3}{2}x\,dx = d(\qquad)$；

（9）$e^{2x}\,dx = d(\qquad)$；　　　（10）$e^{-\frac{x}{2}}\,dx = d(\qquad)$；

（11）$\dfrac{1}{\sqrt{1-x^2}}\,dx = d(\qquad)$；（12）$\dfrac{1}{1+4x^2}\,dx = d(\qquad)$.

4.2　积　分　法

本节要点：计算不定积分的基本积分方法包括换元积分法和分部积分法. 另外有理函数的积分法和三角函数的积分法，本质上是先对函数进行简化.

怎样求原函数？求原函数要比求导数或微分困难得多，原因在于原函数的定义不像导数那样具有构造性，原函数的定义只告诉我们它是一个函数，其导数刚好等于 $f(x)$，而没有指出由 $f(x)$ 求出它的原函数的具体途径，因此我们只能按照微分法的已知结果进行试探，这就是积分法的困难所在. 求不定积分主要依靠一表、五法. 一表指的是基本积分公式表，五法指的是下面介绍的求不定积分的五种方法.

4.2.1　换元积分法

我们已经可以利用基本积分公式和不定积分的性质求出一些函数的不定积分. 但是还有很多函数的不定积分，即使是简单的积分，目前还不能求出，如 $\displaystyle\int e^{2x}dx$、$\displaystyle\int \cos 2x\,dx$ 等. 因此，有必要进一步研究求积分的方法. 这里我们来介绍换元积分法. 换元积分法通常分为两类，下面先介绍第一类换元积分法.

1. 第一类换元积分法

例如，求不定积分 $\displaystyle\int \cos 2x\,dx$，因为 $(\sin 2x + C)' = 2\cos 2x \neq$

$\cos 2x$，故

$$\int \cos 2x \mathrm{d}x \neq \sin 2x + C \;,$$

基本积分表中没有"$\int \cos 2x \mathrm{d}x$"形式的公式，要计算这个积分必须另寻途径，下面是具体求法.

解 因为 $\mathrm{d}x = \dfrac{1}{2}\mathrm{d}(2x)$，故

$$\int \cos 2x \mathrm{d}x = \int \cos 2x \cdot \frac{1}{2}\mathrm{d}(2x) = \frac{1}{2}\int \cos 2x \mathrm{d}(2x) \;,$$

$$\xlongequal{2x=u} \frac{1}{2}\int \cos u \mathrm{d}u = \frac{1}{2}\sin u + C = \frac{1}{2}\sin 2x + C.$$

运算时可以不把 u 写出来.

关于此方法我们有下面定理.

定理 4.2.1 设 $\int f(u)\mathrm{d}u = F(u) + C$，且 $u = \varphi(x)$ 是可微函数，则

$$\int f(\varphi(x))\varphi'(x)\mathrm{d}x = \int f(\varphi(x))\mathrm{d}\varphi(x) = F(\varphi(x)) + C.$$

证 因为 $F'(u) = f(u)$，所以由复合函数求导法则有

$$[F(\varphi(x))]' = F'(\varphi(x))\varphi'(x) = f(\varphi(x))\varphi'(x) \;,$$

所以

$$\int f(\varphi(x))\varphi'(x)\mathrm{d}x = F(\varphi(x)) + C.$$

此方法也称凑微分法，它需要利用基本积分表中的积分公式把被积函数中的一部分凑成中间变量的微分.常用的凑微分形式如下：

1. $\mathrm{d}x = \dfrac{1}{a}\mathrm{d}(ax+b)$，

2. $x^{n-1}\mathrm{d}x = \dfrac{1}{n}\mathrm{d}x^n$，

3. $\mathrm{e}^x\mathrm{d}x = \mathrm{d}\mathrm{e}^x$，

4. $\dfrac{1}{x}\mathrm{d}x = \mathrm{d}\ln x \,(x>0)$，

5. $a^x\mathrm{d}x = \dfrac{1}{\ln a}\mathrm{d}a^x \,(a>0$ 且 $a \neq 1)$，

6. $\cos x\mathrm{d}x = \mathrm{d}\sin x$，

7. $\sin x\mathrm{d}x = -\mathrm{d}\cos x$，

8. $\dfrac{1}{\cos^2 x}\mathrm{d}x = \sec^2 x\mathrm{d}x = \mathrm{d}(\tan x)$，

9. $\dfrac{1}{\sin^2 x}\mathrm{d}x = \csc^2 x\mathrm{d}x = -\mathrm{d}(\cot x)$，

10. $\dfrac{1}{\sqrt{1-x^2}}\mathrm{d}x = \mathrm{d}\arcsin x$，

11. $\dfrac{1}{1+x^2}\mathrm{d}x = \mathrm{d}\arctan x$,

12. $\dfrac{1}{x^2}\mathrm{d}x = -\mathrm{d}\left(\dfrac{1}{x}\right)$,

13. $\dfrac{1}{\sqrt{x}}\mathrm{d}x = 2\mathrm{d}\left(\sqrt{x}\right)$.

下面我们通过例题来学习如何用凑微分法求函数的不定积分.

例 4.2.1　求 $\displaystyle\int (2x+5)^{50}\mathrm{d}x$.

解　$\displaystyle\int (2x+5)^{50}\mathrm{d}x = \dfrac{1}{2}\int (2x+5)^{50}\mathrm{d}(2x+5)$

$$= \dfrac{1}{102}(2x+5)^{51}+C.$$

例 4.2.2　求 $\displaystyle\int \dfrac{\mathrm{e}^x}{1+\mathrm{e}^{2x}}\mathrm{d}x$.

解　$\displaystyle\int \dfrac{\mathrm{e}^x}{1+\mathrm{e}^{2x}}\mathrm{d}x = \int \dfrac{\mathrm{d}\mathrm{e}^x}{1+(\mathrm{e}^x)^2} = \arctan \mathrm{e}^x + C.$

例 4.2.3　求 $\displaystyle\int x\mathrm{e}^{x^2}\mathrm{d}x$.

解　$\displaystyle\int x\mathrm{e}^{x^2}\mathrm{d}x = \dfrac{1}{2}\int \mathrm{e}^{x^2}\mathrm{d}x^2 = \dfrac{1}{2}\mathrm{e}^{x^2} + C.$

例 4.2.4　求 $\displaystyle\int \dfrac{\cos \dfrac{1}{x}}{x^2}\mathrm{d}x$.

解　$\displaystyle\int \dfrac{\cos \dfrac{1}{x}}{x^2}\mathrm{d}x = \int \cos \dfrac{1}{x}\left[-\mathrm{d}\left(\dfrac{1}{x}\right)\right] = -\int \cos \dfrac{1}{x}\mathrm{d}\left(\dfrac{1}{x}\right)$

$$= -\sin \dfrac{1}{x} + C.$$

例 4.2.5　求 $\displaystyle\int \tan x\mathrm{d}x$.

解　$\displaystyle\int \tan x\mathrm{d}x = \int \dfrac{\sin x}{\cos x}\mathrm{d}x = -\int \dfrac{\mathrm{d}(\cos x)}{\cos x} = -\ln|\cos x| + C.$

同理可得

$$\int \cot x\mathrm{d}x = \ln|\sin x| + C.$$

例 4.2.6　求 $\displaystyle\int \left(\sin x\cos x + \dfrac{\cos\sqrt{x}}{\sqrt{x}}\right)\mathrm{d}x$.

解法一　$\displaystyle\int \left(\sin x\cos x + \dfrac{\cos\sqrt{x}}{\sqrt{x}}\right)\mathrm{d}x = \dfrac{1}{2}\int \sin 2x\mathrm{d}x + 2\int \cos\sqrt{x}\,\mathrm{d}\sqrt{x}$

$$= \dfrac{1}{4}\int \sin 2x\mathrm{d}2x + 2\int \cos\sqrt{x}\,\mathrm{d}\sqrt{x}$$

$$= -\frac{1}{4}\cos 2x + 2\sin\sqrt{x} + C.$$

解法二 $\displaystyle\int\left(\sin x\cos x + \frac{\cos\sqrt{x}}{\sqrt{x}}\right)\mathrm{d}x = \int\sin x\mathrm{d}\sin x + 2\int\cos\sqrt{x}\,\mathrm{d}\sqrt{x}$

$$= \frac{1}{2}\sin^2 x + 2\sin\sqrt{x} + C.$$

解法三 $\displaystyle\int\left(\sin x\cos x + \frac{\cos\sqrt{x}}{\sqrt{x}}\right)\mathrm{d}x = -\int\cos x\mathrm{d}\cos x + 2\int\cos\sqrt{x}\,\mathrm{d}\sqrt{x}$

$$= -\frac{1}{2}\cos^2 x + 2\sin\sqrt{x} + C.$$

例 4.2.6 的三种解法说明,不定积分的结果形式可以多样,但经过化简后能够统一为同一形式.

例 4.2.7   求 $\displaystyle\int\left(\mathrm{e}^{\arctan x}\frac{1}{1+x^2} + \frac{2}{\sqrt{1-x^2}}\arcsin x\right)\mathrm{d}x.$

解 $\displaystyle\int\left(\mathrm{e}^{\arctan x}\frac{1}{1+x^2} + \frac{2}{\sqrt{1-x^2}}\arcsin x\right)\mathrm{d}x$

$$= \int\mathrm{e}^{\arctan x}\mathrm{d}\arctan x + 2\int\arcsin x\mathrm{d}\arcsin x$$

$$= \mathrm{e}^{\arctan x} + (\arcsin x)^2 + C.$$

例 4.2.8   求 $\displaystyle\int\frac{1}{x^2+a^2}\mathrm{d}x.$

解 $\displaystyle\int\frac{1}{x^2+a^2}\mathrm{d}x = \frac{1}{a^2}\int\frac{1}{1+\frac{x^2}{a^2}}\mathrm{d}x = \frac{1}{a}\int\frac{1}{1+\left(\frac{x}{a}\right)^2}\mathrm{d}\left(\frac{x}{a}\right)$

$$= \frac{1}{a}\arctan\frac{x}{a} + C.$$

类似可求得 $\displaystyle\int\frac{1}{\sqrt{a^2-x^2}}\mathrm{d}x(a>0) = \arcsin\frac{x}{a} + C.$

例 4.2.9   求 $\displaystyle\int\cos^3 x\sin^2 x\mathrm{d}x.$

解 $\displaystyle\int\cos^3 x\sin^2 x\mathrm{d}x = \int\cos^2 x\sin^2 x\mathrm{d}\sin x$

$$= \int(1-\sin^2 x)\sin^2 x\mathrm{d}\sin x$$

$$= \int(\sin^2 x - \sin^4 x)\mathrm{d}\sin x$$

$$= \frac{1}{3}\sin^3 x - \frac{1}{5}\sin^5 x + C.$$

例 4.2.9

例 4.2.10   求 $\displaystyle\int\sec^5 x\tan^3 x\mathrm{d}x.$

解 $\displaystyle\int\sec^5 x\tan^3 x\mathrm{d}x = \int\sec^4 x\tan^2 x\mathrm{d}\sec x = \int\sec^4 x(\sec^2 x - 1)\mathrm{d}\sec x$

$$= \int (\sec^6 x - \sec^4 x)\mathrm{d}\sec x = \frac{1}{7}\sec^7 x - \frac{1}{5}\sec^5 x + C.$$

例 4. 2. 11　求 $\int \sec x \mathrm{d}x$.

解法一　$\displaystyle \int \sec x \mathrm{d}x = \int \frac{\sec x(\sec x + \tan x)}{\sec x + \tan x}\mathrm{d}x$

$$= \int \frac{\sec^2 x + \sec x \tan x}{\sec x + \tan x}\mathrm{d}x$$

$$= \int \frac{\mathrm{d}(\sec x + \tan x)}{\sec x + \tan x}$$

$$= \ln|\sec x + \tan x| + C.$$

解法二　$\displaystyle \int \sec x \mathrm{d}x = \int \frac{1}{\cos x}\mathrm{d}x$

$$= \int \frac{1}{\cos^2 \frac{x}{2} - \sin^2 \frac{x}{2}}\mathrm{d}x = \int \frac{\dfrac{1}{\cos^2 \frac{x}{2}}}{1 - \tan^2 \frac{x}{2}}\mathrm{d}x$$

$$= 2\int \frac{\sec^2 \frac{x}{2}}{1 - \tan^2 \frac{x}{2}}\mathrm{d}\frac{x}{2} = 2\int \frac{1}{1 - \tan^2 \frac{x}{2}}\mathrm{d}\tan \frac{x}{2}$$

$$= \int \frac{1}{1 - \tan \frac{x}{2}} + \frac{1}{1 + \tan \frac{x}{2}}\mathrm{d}\tan \frac{x}{2}$$

$$= -\int \frac{1}{1 - \tan \frac{x}{2}}\mathrm{d}\left(1 - \tan \frac{x}{2}\right) +$$

$$\int \frac{1}{1 + \tan \frac{x}{2}}\mathrm{d}\left(1 + \tan \frac{x}{2}\right)$$

$$= \ln\left|1 + \tan \frac{x}{2}\right| - \ln\left|1 - \tan \frac{x}{2}\right| + C$$

$$= \ln\left|\frac{1 + \tan \frac{x}{2}}{1 - \tan \frac{x}{2}}\right| + C$$

$$= \ln\left|\frac{\cos \frac{x}{2} + \sin \frac{x}{2}}{\cos \frac{x}{2} - \sin \frac{x}{2}}\right| + C$$

$$= \ln\left|\frac{1 + \sin x}{\cos x}\right| + C$$

$$= \ln | \sec x + \tan x | + C.$$

同理可得　　$\int \csc x \mathrm{d}x = \ln | \csc x - \cot x | + C.$

2. 第二类换元积分法

有些积分用第一类换元积分法很难求出.如$\int \sqrt{1 - x^2} \mathrm{d}x$等,我们可以通过变量替换,令$x = \varphi(t)$,从而求出不定积分.这种积分方法称为第二类换元积分法.

关于第二类换元积分法有下面定理:

定理 4.2.2　设$x = \varphi(t)$是单调可微函数,且$\varphi'(t) \neq 0$,若$\int f(\varphi(t)) \varphi'(t) \mathrm{d}t = F(t) + C$,则

$$\int f(x) \mathrm{d}x = \int f(\varphi(t)) \varphi'(t) \mathrm{d}t = F(t) + C \xlongequal{t = \varphi^{-1}(x)} F(\varphi^{-1}(x)) + C,$$

其中$t = \varphi^{-1}(x)$为$x = \varphi(t)$的反函数.

第二类换元积分法中常见的有根式代换法、倒代换法和三角代换法三种.

（1）根式代换法

如果被积函数中含有$\sqrt[n]{ax+b}$或$\sqrt[n]{\dfrac{ax+b}{cx+d}}\left(\dfrac{a}{c} \neq \dfrac{b}{d}\right)$时,一般我们可以考虑通过根式代换法,将原积分化为有理函数的积分计算.

例 4.2.12　求$\int \dfrac{1}{1 + \sqrt[3]{x + 2}} \mathrm{d}x.$

解　设$t = \sqrt[3]{x+2}$,则$x + 2 = t^3$,$\mathrm{d}x = 3t^2 \mathrm{d}t$,代入原积分,可得

$$\int \dfrac{1}{1 + \sqrt[3]{x + 2}} \mathrm{d}x = 3 \int \dfrac{t^2}{1 + t} \mathrm{d}t = 3 \int \dfrac{t^2 - 1 + 1}{1 + t} \mathrm{d}t$$

$$= 3 \int \left[(t - 1) + \dfrac{1}{1 + t} \right] \mathrm{d}t$$

$$= 3 \int (t - 1) \mathrm{d}(t - 1) + 3 \int \dfrac{1}{1 + t} \mathrm{d}(t + 1)$$

$$= \dfrac{3}{2} (t-1)^2 + 3\ln | t+1 | + C$$

$$= \dfrac{3}{2} (\sqrt[3]{x+2} - 1)^2 + 3\ln | \sqrt[3]{x+2} + 1 | + C.$$

例 4.2.13　求$\int \dfrac{1}{\sqrt{x} + \sqrt[4]{x}} \mathrm{d}x.$

解　设$t = \sqrt[4]{x}$,则$x = t^4$,$\mathrm{d}x = 4t^3 \mathrm{d}t$,代入原积分,可得

$$\int \dfrac{1}{\sqrt{x} + \sqrt[4]{x}} \mathrm{d}x = \int \dfrac{1}{t^2 + t} \cdot 4t^3 \mathrm{d}t = 4 \int \dfrac{t^3 + t^2 - (t^2 + t) + t}{t^2 + t} \cdot \mathrm{d}t$$

$$= 4 \int \left(t - 1 + \dfrac{1}{t + 1} \right) \mathrm{d}t$$

$$= 2(t-1)^2 + 4\ln|t+1| + C = 2(\sqrt[4]{x}-1)^2 + 4\ln\left|\sqrt[4]{x}+1\right| + C.$$

例 4.2.14 求 $\displaystyle\int \frac{\mathrm{d}x}{\sqrt{x}\,(1+x)}$.

例 4.2.14

解法一 设 $t = \sqrt{x}$, 则 $x = t^2$, $\mathrm{d}x = 2t\mathrm{d}t$, 代入原积分, 可得

$$\int \frac{\mathrm{d}x}{\sqrt{x}\,(1+x)} = \int \frac{2t\mathrm{d}t}{t(1+t^2)} = 2\int \frac{\mathrm{d}t}{1+t^2}$$

$$= 2\arctan t + C = 2\arctan\sqrt{x} + C.$$

解法二 由于 $\dfrac{1}{\sqrt{x}}\mathrm{d}x = \mathrm{d}(2\sqrt{x}) = 2\mathrm{d}(\sqrt{x})$, $1+x = 1+(\sqrt{x})^2$, 所以

$$\int \frac{\mathrm{d}x}{\sqrt{x}\,(1+x)} = \int \frac{2\mathrm{d}\sqrt{x}}{1+(\sqrt{x})^2} = 2\arctan\sqrt{x} + C.$$

（2）倒代换法

所谓倒代换法, 即设 $x = \dfrac{1}{t}$ 或 $t = \dfrac{1}{x}$, 一般地若被积函数是分式,

分子、分母关于 x 的最高次幂分别是 m, n, 当 $n-m > 1$ 时, 可使用倒代换法.

例 4.2.15 求 $\displaystyle\int \frac{\mathrm{d}x}{x(2+x^7)}$.

解 设 $x = \dfrac{1}{t}$, 则 $\mathrm{d}x = -\dfrac{1}{t^2}\mathrm{d}t$, 代入原积分, 可得

$$\int \frac{\mathrm{d}x}{x(2+x^7)} = \int \frac{-\dfrac{1}{t^2}\mathrm{d}t}{\dfrac{1}{t}\left(2+\dfrac{1}{t^7}\right)} = -\int \frac{t^6}{1+2t^7}\mathrm{d}t,$$

$$= -\frac{1}{14}\int \frac{\mathrm{d}(1+2t^7)}{1+2t^7} = -\frac{1}{14}\ln|1+2t^7| + C,$$

$$= -\frac{1}{14}\ln|1+2x^{-7}| + C.$$

（3）三角代换法

有些特殊的二次根式, 为了消除根号, 通常利用三角函数关系式进行换元, 称为三角代换法.

例 4.2.16 求 $\displaystyle\int \sqrt{4-x^2}\,\mathrm{d}x$.

解 设 $x = 2\sin t\left(|t| < \dfrac{\pi}{2}\right)$, 则 $\mathrm{d}x = 2\cos t\mathrm{d}t$, 代入原积分, 可得

$$\int \sqrt{4-x^2}\,\mathrm{d}x = \int \sqrt{4-4\sin^2 t}\cdot 2\cos t\mathrm{d}t$$

$$= 4\int \cos^2 t\mathrm{d}t = 4\int \frac{1+\cos 2t}{2}\mathrm{d}t$$

$$= 2\left(t+\frac{1}{2}\sin 2t\right)+C = 2(t+\sin t\cos t)+C.$$

因为 $x=2\sin t\left(\,|t|<\dfrac{\pi}{2}\,\right)$，所以 $t=\arcsin\dfrac{x}{2}$，$\cos t=\sqrt{1-\sin^2 t}=\dfrac{\sqrt{4-x^2}}{2}$，

于是 $\displaystyle\int\sqrt{4-x^2}\,\mathrm{d}x = 2(t+\sin t\cos t)+C = 2\left(\arcsin\dfrac{x}{2}+\dfrac{x\sqrt{4-x^2}}{4}\right)+C.$

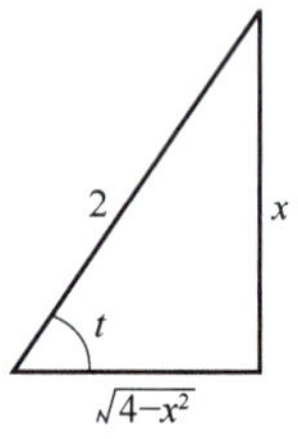

注　为了把变量 t 还原为变量 x，可以由 $\sin t=\dfrac{x}{2}$ 构造直角三角形

（见图 4-2），由三角形可直接得出 $\cos t=\dfrac{\sqrt{4-x^2}}{2}$，代入可得相同答案.

图　4-2

例 4.2.17　求 $\displaystyle\int\dfrac{\mathrm{d}x}{(1-x^2)^{\frac{3}{2}}}$.

解　设 $x=\sin t\left(\,|t|<\dfrac{\pi}{2}\,\right)$，则 $\mathrm{d}x=\cos t\mathrm{d}t$，$(1-x^2)^{\frac{3}{2}}=(1-\sin^2 t)^{\frac{3}{2}}=$ $\cos^3 t$，代入原积分，可得

$$\int\frac{\mathrm{d}x}{(1-x^2)^{\frac{3}{2}}}=\int\frac{\cos t}{\cos^3 t}\mathrm{d}t=\int\frac{1}{\cos^2 t}\mathrm{d}t=\tan t+C,$$

由 $x=\sin t$，得 $\tan t=\dfrac{x}{\sqrt{1-x^2}}$，于是

$$\int\frac{\mathrm{d}x}{(1-x^2)^{\frac{3}{2}}}=\frac{x}{\sqrt{1-x^2}}+C.$$

例 4.2.18　求 $\displaystyle\int\dfrac{\mathrm{d}x}{\sqrt{9+x^2}}$.

解　设 $x=3\tan t\left(\,|t|<\dfrac{\pi}{2}\,\right)$，则 $\mathrm{d}x=3\sec^2 t\mathrm{d}t$，代入原积分，可得

$$\int\frac{\mathrm{d}x}{\sqrt{9+x^2}}=\int\frac{3\sec^2 t\mathrm{d}t}{\sqrt{9(1+\tan^2 t)}}=\int\frac{\sec^2 t\mathrm{d}t}{\sec t}=\int\sec t\mathrm{d}t$$
$$=\ln|\sec t+\tan t|+C_1,$$

根据 $\tan t=\dfrac{x}{3}$ 构造直角三角形，可得 $\sec t=\dfrac{\sqrt{9+x^2}}{3}$，于是

$$\int\frac{\mathrm{d}x}{\sqrt{9+x^2}}=\ln\left|\frac{x}{3}+\frac{\sqrt{9+x^2}}{3}\right|+C_1=\ln\left|x+\sqrt{9+x^2}\right|+C$$

$(C=C_1-\ln 3)$.

例 4.2.19　求 $\displaystyle\int\dfrac{\mathrm{d}x}{x^2\sqrt{x^2-9}}$.

解　当 $x>3$ 时，设 $x=3\sec t\left(0<t<\dfrac{\pi}{2}\right)$，则

$$\mathrm{d}x=3\sec t\tan t\mathrm{d}t,$$

$$\sqrt{x^2-9}=3\sqrt{\sec^2-1}=3\tan t,$$

代入原积分, 可得

$$\int\frac{\mathrm{d}x}{x^2\sqrt{x^2-9}}=\int\frac{3\sec t\cdot\tan t}{9\sec^2 t\cdot 3\tan t}\mathrm{d}t=\frac{1}{9}\int\frac{1}{\sec t}\mathrm{d}t=\frac{1}{9}\int\cos t\mathrm{d}t$$

$$=\frac{1}{9}\sin t+C.$$

由 $x=3\sec t$, 得 $\qquad\sin t=\frac{\sqrt{x^2-9}}{x},$

于是 $\qquad\int\frac{\mathrm{d}x}{x^2\sqrt{x^2-9}}=\frac{\sqrt{x^2-9}}{9x}+C.$

当 $x<-3$ 时, 设 $x=-u$, 则由 $-u<-3$ 得 $u>3$, 由上面计算结果得

$$\int\frac{\mathrm{d}x}{x^2\sqrt{x^2-9}}=\int\frac{\mathrm{d}(-u)}{u^2\sqrt{u^2-9}}=-\int\frac{\mathrm{d}u}{u^2\sqrt{u^2-9}}=-\frac{\sqrt{u^2-9}}{9u}+C$$

$$=\frac{\sqrt{x^2-9}}{9x}+C.$$

故当 $x>3$ 或 $x<-3$ 时, 都有 $\int\frac{\mathrm{d}x}{x^2\sqrt{x^2-9}}=\frac{\sqrt{x^2-9}}{9x}+C.$

一般地, 被积函数中含有 $\sqrt{a^2-x^2}$, $\sqrt{a^2+x^2}$, $\sqrt{x^2-a^2}$ ($a>0$) 时, 可采用三角代换法, 且

（1）若被积函数中含有 $\sqrt{a^2-x^2}$ ($a>0$), 则设 $x=a\sin t\left(|t|<\frac{\pi}{2}\right)$, 此时 $\sqrt{a^2-x^2}=a\cos t$;

（2）若被积函数中含有 $\sqrt{a^2+x^2}$ ($a>0$), 则设 $x=a\tan t\left(|t|<\frac{\pi}{2}\right)$, 此时 $\sqrt{a^2+x^2}=a\sec t$;

（3）若被积函数中含有 $\sqrt{x^2-a^2}$ ($a>0$), 根据定义域在 $x>a$ 和 $x<-a$ 两个区间分别求不定积分. 当 $x>a$ 时, 设 $x=a\sec t\left(0<t<\frac{\pi}{2}\right)$, 此时 $\sqrt{x^2-a^2}=a\tan t$. 当 $x<-a$ 时, 设 $x=-u$ 便可得出结论.

以上图 4-3~图 4-5 所示的三种情形可以分别构造如下直角三角形, 利用直角三角形把变量 t 还原为变量 x.

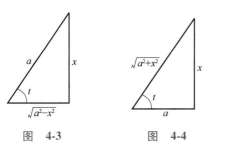 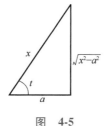

图　4-3　　　　　　图　4-4　　　　　　图　4-5

例 4.2.20　求 $\int \dfrac{\mathrm{d}x}{\sqrt{x^2 - a^2}}$ $(a>0)$.

解　当 $x>a$ 时，设 $x = a\sec t\left(0<t<\dfrac{\pi}{2}\right)$，则 $\mathrm{d}x = a\sec t\tan t\,\mathrm{d}t$，代入得

$$\int \frac{\mathrm{d}x}{\sqrt{x^2 - a^2}} = \int \frac{a\sec t\tan t\,\mathrm{d}t}{\sqrt{a^2(\sec^2 t - 1)}}$$

$$= \int \frac{a\sec t\tan t\,\mathrm{d}t}{a\tan t} = \int \sec t\,\mathrm{d}t = \ln(\sec t + \tan t) + C_1,$$

由 $x = a\sec t$ 构造直角三角形(见图 4-5)，有 $\tan t = \dfrac{\sqrt{x^2 - a^2}}{a}$，于是

$$\int \frac{\mathrm{d}x}{\sqrt{x^2 - a^2}} = \int \sec t\,\mathrm{d}t = \ln(\sec t + \tan t) + C_1$$

$$= \ln\left(\frac{x}{a} + \frac{\sqrt{x^2 - a^2}}{a}\right) + C_1 = \ln(x + \sqrt{x^2 - a^2}) + C\,(C = C_1 - \ln a).$$

当 $x<-a$ 时，设 $x = -u$，那么 $u>a$，由上段结果，有

$$\int \frac{\mathrm{d}x}{\sqrt{x^2 - a^2}} = -\int \frac{\mathrm{d}u}{\sqrt{u^2 - a^2}} = -\ln(u + \sqrt{u^2 - a^2}) + C_1$$

$$= -\ln(-x + \sqrt{x^2 - a^2}) + C_1$$

$$= \ln \frac{1}{-x + \sqrt{x^2 - a^2}} + C_1$$

$$= \ln\left(\frac{-x - \sqrt{x^2 - a^2}}{a^2}\right) + C_1$$

$$= \ln(-x - \sqrt{x^2 - a^2}) + C\,(C = C_1 - 2\ln a).$$

把 $x > a$ 及 $x < -a$ 的结果合起来，可以写作 $\int \dfrac{\mathrm{d}x}{\sqrt{x^2 - a^2}} = \ln\left|x + \sqrt{x^2 - a^2}\right| + C.$

注　解题时根据被积函数的具体情况，常使用上述的变量代换法，但不要拘泥于上述的变量代换法，见下例.

例 4.2.21　求 $\int \dfrac{\mathrm{d}x}{x^2\sqrt{1 + x^2}}$.

解法一　用第一类换元积分法，当 $x>0$ 时，

$$\int \frac{\mathrm{d}x}{x^2\sqrt{1 + x^2}} = \int \frac{\mathrm{d}x}{x^3\sqrt{1 + \dfrac{1}{x^2}}} = -\int \frac{1}{2\sqrt{1 + \dfrac{1}{x^2}}}\left(-\frac{2}{x^3}\mathrm{d}x\right)$$

$$= -\int \frac{1}{2\sqrt{1 + \dfrac{1}{x^2}}}\mathrm{d}\left(1 + \frac{1}{x^2}\right)$$

$$= -\sqrt{1 + \frac{1}{x^2}} + C = -\frac{\sqrt{1 + x^2}}{x} + C.$$

易验证,它也是 $x < 0$ 时的原函数.

解法二　用第二类换元积分法,当 $x > 0$ 时,设 $x = \frac{1}{t}$,则 $dx = -\frac{1}{t^2}dt$,于是

$$\int \frac{dx}{x^2\sqrt{1 + x^2}} = -\int \frac{tdt}{\sqrt{1 + t^2}} = -\sqrt{1 + t^2} + C = -\frac{\sqrt{1 + x^2}}{x} + C.$$

易验证,它也是 $x < 0$ 时的原函数.

解法三　将两种换元法结合起来,设 $x = \tan t\left(|t| < \frac{\pi}{2}\right)$,代入得

$$\int \frac{dx}{x^2\sqrt{1 + x^2}} = -\int \frac{\sec^2 t dt}{\tan^2 t \sec t} = \int \frac{\cos t dt}{\sin^2 t}$$

$$= \int \frac{d\sin t}{\sin^2 t} = -\frac{1}{\sin t} + C = -\frac{\sqrt{1 + x^2}}{x} + C.$$

有几个积分是以后经常会遇到的,包括本节前面的几个例题,它们通常也被当作公式使用,这样,常用的积分公式,除了 4.1.4 小节中的基本积分公式外,再添加下面几个公式(其中常数 $a > 0$).

(14) $\int \tan x dx = -\ln|\cos x| + C$,

(15) $\int \cot x dx = \ln|\sin x| + C$,

(16) $\int \sec x dx = \ln|\sec x + \tan x| + C$,

(17) $\int \csc x dx = \ln|\csc x - \cot x| + C$,

(18) $\int \frac{1}{x^2 + a^2}dx = \frac{1}{a}\arctan \frac{x}{a} + C$,

(19) $\int \frac{1}{a^2 - x^2}dx = \frac{1}{2a}\ln\left|\frac{a+x}{a-x}\right| + C$,

(20) $\int \frac{1}{\sqrt{a^2 - x^2}}dx = \arcsin \frac{x}{a} + C$,

(21) $\int \frac{1}{\sqrt{x^2 - a^2}}dx = \ln\left|x + \sqrt{x^2 - a^2}\right| + C$,

(22) $\int \frac{1}{\sqrt{x^2 + a^2}}dx = \ln(x + \sqrt{x^2 + a^2}) + C.$

例 4.2.22　求 $\int \sec(3x - 1)dx.$

解　$\int \sec(3x - 1)dx = \frac{1}{3}\int \sec(3x - 1)d(3x - 1)$

$$= \frac{1}{3}\ln|\sec(3x-1)+\tan(3x-1)|+C.$$

例 4.2.23　求 $\displaystyle\int \frac{dx}{x^2+2x+3}$.

解　$\displaystyle\int \frac{dx}{x^2+2x+3} = \int \frac{d(x+1)}{(x+1)^2+(\sqrt{2})^2}$,

利用第 18 个基本积分公式,可得

$$\int \frac{d(x+1)}{(x+1)^2+(\sqrt{2})^2} = \frac{1}{\sqrt{2}}\arctan\frac{x+1}{\sqrt{2}} + C.$$

例 4.2.24　求 $\displaystyle\int \frac{dx}{\sqrt{1+x-x^2}}$.

解　$\displaystyle\int \frac{dx}{\sqrt{1+x-x^2}} = \int \frac{d\left(x-\dfrac{1}{2}\right)}{\sqrt{\left(\dfrac{\sqrt{5}}{2}\right)^2 - \left(x-\dfrac{1}{2}\right)^2}}$,利用第 20 个基

本积分公式,可得

$$\int \frac{dx}{\sqrt{1+x-x^2}} = \arcsin\frac{2x-1}{\sqrt{5}} + C.$$

4.2.2　分部积分法

如果 $u=u(x)$ 及 $v=v(x)$ 都有连续的导数,则由函数乘积的微分公式

$$d(uv)=vdu+udv,$$

可得

$$udv=d(uv)-vdu,$$

两边积分,得

$$\int udv = uv - \int vdu.$$

称此式为**分部积分公式**.用这个公式求不定积分的方法称为**分部积分法**.

用分部积分法求不定积分的关键是 u 的选择,u 选择后,其余部分即为 dv,下面分四种情况来介绍分部积分法的四个基本方法.

1. 降次法

当被积函数为多项式与三角函数或指数函数的乘积时,就选多项式为 u,其他为 dv,多项式通过微分后次数降低一次,故称为**降次法**.

例 4.2.25　求 $\displaystyle\int x\cos xdx$.

解　设 $u=x$,$\cos xdx$ 凑微分为 $d\sin x$,作为 dv,于是应用分部积分公式,可得

$$\int x\cos x\mathrm{d}x = \int x\mathrm{d}\sin x = x\sin x - \int \sin x\mathrm{d}x = x\sin x + \cos x + C.$$

在计算熟练以后,分部积分法的替换过程可以省略.

例 4.2.26 求 $\int x\mathrm{e}^x\mathrm{d}x.$

解　$\int x\mathrm{e}^x\mathrm{d}x = \int x\mathrm{d}\mathrm{e}^x = x\mathrm{e}^x - \int \mathrm{e}^x\mathrm{d}x = x\mathrm{e}^x - \mathrm{e}^x + C.$

例 4.2.27 求 $\int x^2\mathrm{e}^x\mathrm{d}x.$

解　$\int x^2\mathrm{e}^x\mathrm{d}x = \int x^2\mathrm{d}(\mathrm{e}^x) = x^2\mathrm{e}^x - \int \mathrm{e}^x\mathrm{d}x^2$

$$= x^2\mathrm{e}^x - 2\int x\mathrm{e}^x\mathrm{d}x\,(\text{降为 1 次})$$

$$= x^2\mathrm{e}^x - 2\int x\mathrm{d}\mathrm{e}^x = x^2\mathrm{e}^x - 2\left(x\mathrm{e}^x - \int \mathrm{e}^x\mathrm{d}x\right)$$

$$= (x^2 - 2x + 2)\mathrm{e}^x + C.$$

2. 转换法

当被积函数为反三角函数或对数函数与其他函数的乘积时,就选反三角函数或对数函数为 u,其他为 $\mathrm{d}v$,反三角函数或对数函数微分后将转变成别的函数,故称为转换法.

例 4.2.28 求 $\int \ln x\mathrm{d}x.$

解　这里被积函数只有一部分,把 $\ln x$ 看成 u,则 $\mathrm{d}x$ 视为 $\mathrm{d}v$,

$$\int \ln x\mathrm{d}x = x\ln x - \int x\mathrm{d}\ln x = x\ln x - \int x\cdot\frac{1}{x}\mathrm{d}x = x\ln x - x + C.$$

例 4.2.29 求 $\int x\ln x\mathrm{d}x.$

解　$\int x\ln x\mathrm{d}x = \int \ln x\mathrm{d}\frac{x^2}{2} = \frac{x^2}{2}\cdot\ln x - \int \frac{x^2}{2}\mathrm{d}\ln x$

$$= \frac{x^2}{2}\cdot\ln x - \int \frac{x^2}{2}\cdot\frac{1}{x}\mathrm{d}x = \frac{x^2}{2}\cdot\ln x - \frac{1}{2}\int x\mathrm{d}x$$

$$= \frac{x^2}{2}\cdot\ln x - \frac{x^2}{4} + C.$$

例 4.2.30 求 $\int \arcsin x\mathrm{d}x.$

解　$\int \arcsin x\mathrm{d}x = x\arcsin x - \int x\mathrm{d}\arcsin x$

$$= x\arcsin x - \int \frac{x}{\sqrt{1 - x^2}}\mathrm{d}x$$

$$= x\arcsin x + \frac{1}{2}\int \frac{1}{\sqrt{1 - x^2}}\mathrm{d}(1 - x^2)$$

$$= x\arcsin x + \sqrt{1 - x^2} + C.$$

例 4.2.31

例 4.2.31 求 $\int x\arctan x\mathrm{d}x.$

解　$\int x \arctan x \mathrm{d}x = \int \arctan x \mathrm{d}\left(\dfrac{x^2}{2}\right)$

$\qquad = \dfrac{x^2}{2} \cdot \arctan x - \dfrac{1}{2}\int x^2 \cdot \dfrac{1}{1+x^2}\mathrm{d}x$

$\qquad = \dfrac{x^2}{2} \cdot \arctan x - \dfrac{1}{2}\int \dfrac{x^2+1-1}{1+x^2}\mathrm{d}x$

$\qquad = \dfrac{x^2}{2} \cdot \arctan x - \dfrac{1}{2}\int\left(1 - \dfrac{1}{1+x^2}\right)\mathrm{d}x$

$\qquad = \dfrac{x^2}{2} \cdot \arctan x - \dfrac{1}{2}x + \dfrac{1}{2}\arctan x + C.$

3. 循环法

当被积函数为指数函数与正弦(或余弦)函数的乘积时,可任意选择一类函数为 u,其他为 $\mathrm{d}v$,这类题目需要分部积分两次,这两类函数无论是微分两次还是积分两次,都会还原到原来的函数,只是系数有些变化,等式两边含有系数不同的同一类积分,故称为循环法,通过移项可以解出所求积分.

例 4. 2. 32　求 $\int \mathrm{e}^x \sin x \mathrm{d}x$.

解　$\int \mathrm{e}^x \sin x \mathrm{d}x = \int \mathrm{e}^x \mathrm{d}(-\cos x) = -\mathrm{e}^x \cos x + \int \mathrm{e}^x \cos x \mathrm{d}x$

$\qquad = -\mathrm{e}^x \cos x + \int \mathrm{e}^x \mathrm{d}\sin x$

$\qquad = -\mathrm{e}^x \cos x + \mathrm{e}^x \sin x - \int \mathrm{e}^x \sin x \mathrm{d}x,$

由于上式右端的第三项就是所求的积分 $\int \mathrm{e}^x \sin x \mathrm{d}x$,把它移到左边再两端同除以 2,可得

$$\int \mathrm{e}^x \sin x \mathrm{d}x = \dfrac{\mathrm{e}^x}{2}(\sin x - \cos x) + C.$$

例 4. 2. 33　求 $\int \sec^3 x \mathrm{d}x$.

解　$\int \sec^3 x \mathrm{d}x = \int \sec x \mathrm{d}\tan x = \sec x \tan x - \int \sec x \tan^2 x \mathrm{d}x$

$\qquad = \sec x \tan x - \int \sec x(\sec^2 x - 1)\mathrm{d}x$

$\qquad = \sec x \tan x - \int \sec^3 x \mathrm{d}x + \int \sec x \mathrm{d}x$

$\qquad = \sec x \tan x - \int \sec^3 x \mathrm{d}x + \ln|\sec x + \tan x|,$

于是　$\int \sec^3 x \mathrm{d}x = \dfrac{1}{2}(\sec x \tan x + \ln|\sec x + \tan x|) + C.$

4. 递推法

当被积函数为某一函数的高次幂函数时,我们可以适当选择 u 及 $\mathrm{d}v$,通过分部积分后,会得到该函数的高次幂函数与低次幂函数

的关系,此法称为**递推法**.

例 4.2.34 求 $I_n = \int (\ln x)^n \mathrm{d}x$ 的递推公式(其中 n 为正整数,且 $n>2$).

解
$$I_n = \int (\ln x)^n \mathrm{d}x = x(\ln x)^n - \int x \mathrm{d}(\ln x)^n$$

$$= x(\ln x)^n - \int x \cdot n(\ln x)^{n-1} \frac{1}{x} \mathrm{d}x$$

$$= x(\ln x)^n - n\int (\ln x)^{n-1} \mathrm{d}x = x(\ln x)^n - nI_{n-1},$$

所求的递推公式为

$$I_n = x(\ln x)^n - nI_{n-1}.$$

在求不定积分的过程中,有时要同时使用换元积分法与分部积分法,前面有过例子,下面再看一例.

例 4.2.35 求 $\int \mathrm{e}^{\sqrt{x}} \mathrm{d}x$.

解 设 $\sqrt{x} = t$,有 $x = t^2$,$\mathrm{d}x = 2t\mathrm{d}t$,则

$$\int \mathrm{e}^{\sqrt{x}} \mathrm{d}x = \int \mathrm{e}^t \cdot 2t\mathrm{d}t = 2\int t \mathrm{d}\mathrm{e}^t = 2(\mathrm{e}^t t - \int \mathrm{e}^t \mathrm{d}t)$$

$$= 2\mathrm{e}^t(t-1) = 2\mathrm{e}^{\sqrt{x}}(\sqrt{x}-1) + C.$$

4.2.3　有理函数积分法

有理函数是指由两个多项式的商所表示的函数,即具有如下形式的函数:

$$\frac{p(x)}{q(x)} = \frac{a_0 x^n + a_1 x^{n-1} + \cdots + a_{n-1}x + a_n}{b_0 x^m + b_1 x^{m-1} + \cdots + b_{m-1}x + b_m},$$

其中 m, n 都是非负整数,$a_0, a_1, \cdots, a_n, b_0, b_1, \cdots b_m$ 都是实数,并且 $a_0 \neq 0, b_0 \neq 0$.我们假定 $p(x), q(x)$ 无公因式,当 $n \geqslant m$ 时称该有理函数为**假分式**;当 $n<m$ 时称该有理函数为**真分式**.这里先介绍真分式的积分方法.

有些真分式的积分,可以用直接法、换元积分法等方法进行计算.

例如,$\int \frac{3}{x^2+1} \mathrm{d}x = 3\arctan x + C$,$\int \frac{1}{x^2+4} \mathrm{d}x = \frac{1}{2}\arctan \frac{x}{2} + C$,

$\int \frac{x}{x^2+1} \mathrm{d}x = \frac{1}{2}\int \frac{1}{x^2+1} \mathrm{d}(x^2+1) = \frac{1}{2}\ln(x^2+1) + C$ 等.

但有些真分式的积分到目前为止还无法计算,下面将介绍求真分式积分的又一种方法——部分分式法.

先看下面等式:

$$\frac{6}{x-3} + \frac{5}{x-2} = \frac{11x-27}{(x-3)(x-2)}, \tag{4.2.1}$$

$$\frac{1}{x} - \frac{1}{x-1} + \frac{1}{(x-1)^2} = \frac{1}{x(x-1)^2}, \quad (4.2.2)$$

$$\frac{2}{x+2} - \frac{x+1}{x^2+2x+2} = \frac{x^2+x+2}{(x+2)(x^2+2x+2)}. \quad (4.2.3)$$

从上面三个式子可以看出等式左端是几个最简真分式的和,经通分合并后变为一个较复杂的真分式,不难想象,为了解决复杂的真分式的积分问题,可先把复杂的真分式分解成若干个最简真分式的和,然后再对最简真分式积分.下面介绍把复杂的真分式分解成若干个最简真分式的方法.

观察上面三个式子:式(4.2.1)的右端分母有因式$(x-3)$及$(x-2)$,左端就有形如$\frac{A}{x-3}$和$\frac{B}{x-2}$的分式;式(4.2.2)的右端分母有因式x及$(x-1)^2$,左端就有形如$\frac{A}{x}$和$\frac{B}{x-1} + \frac{C}{(x-1)^2}$的分式;式(4.2.3)的右端分母有形如$(x+2)$及$(x^2+2x+2)$的因式,左端就有形如$\frac{A}{x+2}$和$\frac{Bx+C}{(x^2+2x+2)}$的分式.由代数学可知下列结论成立:

若真分式分母中有因式$(x-a)^n$,则分解后对应项为

$$\frac{A_1}{x-a} + \frac{A_2}{(x-a)^2} + \cdots + \frac{A_n}{(x-a)^n}.$$

若真分式分母中有因式$(x^2+px+q)^n(p^2-4q<0)$,则分解后对应项为

$$\frac{B_1x+C_1}{x^2+px+q} + \frac{B_2x+C_2}{(x^2+px+q)^2} + \cdots + \frac{B_nx+C_n}{(x^2+px+q)^n}.$$

下面通过例题介绍如何用部分分式法求不定积分.

例 4.2.36 求 $\int \frac{x+3}{x^2+5x-6} \mathrm{d}x$.

解 由于被积函数分母 $x^2+5x-6 = (x+6)(x-1)$,因而被积函数可以分解为

$$\frac{x+3}{x^2+5x-6} = \frac{A}{x+6} + \frac{B}{x-1},$$

这里 A,B 为待定常数,可用如下方法求出 A,B,两端去分母可得

$$x+3 = A(x-1) + B(x+6), \quad (4.2.4)$$

整理得 $\qquad\qquad x+3 = (A+B)x - A + 6B,$

比较系数得

$$\begin{cases} A+B = 1, \\ -A+6B = 3 \end{cases}$$

解方程组得 $A = \dfrac{3}{7}, B = \dfrac{4}{7}$.

另一种方法是在式(4.2.4)中,分别令 $x=1$ 和 $x=-6$ 得

$$B=\frac{4}{7},A=\frac{3}{7}.$$

于是

$$\int \frac{x+3}{x^2+5x-6}\mathrm{d}x = \frac{3}{7}\int \frac{1}{x+6}\mathrm{d}x + \frac{4}{7}\int \frac{1}{x-1}\mathrm{d}x$$

$$=\frac{3}{7}\ln|x+6|+\frac{4}{7}\ln|x-1|+C.$$

例 4.2.37   求 $\int \frac{x^2+1}{x(x-1)^2}\mathrm{d}x$.

解   被积函数可以写成 $\frac{x^2+1}{x(x-1)^2}=\frac{A}{x}+\frac{B}{x-1}+\frac{C}{(x-1)^2}$,去分母得

$$x^2+1=A(x-1)^2+Bx(x-1)+Cx,$$

令 $x=0$,得 $A=1$,令 $x=1$,得 $C=2$,令 $x=2$,得 $B=0$,于是

$$\int \frac{x^2+1}{x(x-1)^2}\mathrm{d}x = \int \left[\frac{1}{x} + \frac{2}{(x-1)^2} \right]\mathrm{d}x$$

$$=\ln|x|-\frac{2}{x-1}+C.$$

例 4.2.38   求 $\int \frac{1}{(x^2+1)(x^2+x)}\mathrm{d}x$.

解   被积函数可以写成 $\frac{1}{(x^2+1)(x^2+x)}=\frac{A}{x}+\frac{B}{x+1}+\frac{Cx+D}{x^2+1}$,

解得 $A=1,B=-\frac{1}{2},C=D=-\frac{1}{2}$,于是

$$\int \frac{1}{(x^2+1)(x^2+x)}\mathrm{d}x = \int \left[\frac{1}{x} - \frac{1}{2(x+1)} - \frac{x+1}{2(x^2+1)} \right]\mathrm{d}x$$

$$=\ln|x|-\frac{1}{2}\ln|x+1|-\frac{1}{2}\arctan x-$$

$$\frac{1}{4}\ln(x^2+1)+C.$$

如果被积函数是假分式,则根据多项式除法将假分式写成一个多项式与一个真分式和的形式,然后分别积分即可.

例 4.2.39   求 $\int \frac{x^5+x^4-8}{x^3-x}\mathrm{d}x$.

解   被积函数可以写成 $\frac{x^5+x^4-8}{x^3-x}=x^2+x+1+\frac{x^2+x-8}{x^3-x}$,

而

$$\frac{x^2+x-8}{x^3-x}=\frac{8}{x}-\frac{3}{x-1}-\frac{4}{x+1},$$

故

$$\int \frac{x^5+x^4-8}{x^3-x}\mathrm{d}x = \int \left(x^2+x+1+\frac{8}{x}-\frac{3}{x-1}-\frac{4}{x+1} \right)\mathrm{d}x$$

$$= \frac{1}{3}x^3 + \frac{1}{2}x^2 + x + 8\ln|x| - 3\ln|x-1| - 4\ln|x+1| + C$$

$$= \frac{1}{3}x^3 + \frac{1}{2}x^2 + x + \ln\left|\frac{x^8}{(x-1)^3(x+1)^4}\right| + C.$$

4.2.4 三角函数有理式的积分法

由三角公式可知, $\sin x$ 与 $\cos x$ 都可以用 $\tan \dfrac{x}{2}$ 的有理式表示, 即

$$\sin x = 2\sin\frac{x}{2}\cos\frac{x}{2} = \frac{2\tan\dfrac{x}{2}}{\sec^2\dfrac{x}{2}} = \frac{2\tan\dfrac{x}{2}}{1+\tan^2\dfrac{x}{2}},$$

$$\cos x = \cos^2\frac{x}{2} - \sin^2\frac{x}{2} = \frac{1-\tan^2\dfrac{x}{2}}{\sec^2\dfrac{x}{2}} = \frac{1-\tan^2\dfrac{x}{2}}{1+\tan^2\dfrac{x}{2}},$$

如果做变换 $u = \tan\dfrac{x}{2}\ (-\pi < x < \pi)$, 则有

$$\sin x = \frac{2u}{1+u^2}, \cos x = \frac{1-u^2}{1+u^2}, \tan x = \frac{2u}{1-u^2}, \mathrm{d}x = \frac{2\mathrm{d}u}{1+u^2}.$$

上述代换又称为"**万能代换**",用"万能代换"求三角函数有理式不定积分的方法也称万能代换法.

例 4.2.40 求 $\displaystyle\int \frac{\mathrm{d}x}{1+\sin x + \cos x}$.

解 设 $u = \tan\dfrac{x}{2}\ (-\pi < x < \pi)$, 则

$$\int \frac{\mathrm{d}x}{1+\sin x + \cos x} = \int \frac{2}{1 + \dfrac{2u}{1+u^2} + \dfrac{1-u^2}{1+u^2}} \cdot \frac{1}{1+u^2}\mathrm{d}u$$

$$= \int \frac{1}{1+u}\mathrm{d}u = \ln|1+u| + C$$

$$= \ln\left|1+\tan\frac{x}{2}\right| + C.$$

注 一般形如 $\displaystyle\int R(\cos x, \sin x)\mathrm{d}x$ 的积分, 可采用万能代换法, 但有时积分起来比较麻烦, 在许多情况下可以用其他更简便的方法来解.

例 4.2.41 求 $\displaystyle\int \frac{\sin x}{1+\sin x}\mathrm{d}x$.

解 $\displaystyle\int \frac{\sin x}{1+\sin x}\mathrm{d}x = \int \frac{\sin x(1-\sin x)}{\cos^2 x}\mathrm{d}x$

$$= \int \frac{\sin x}{\cos^2 x} dx - \int \frac{1 - \cos^2 x}{\cos^2 x} dx$$

$$= \frac{1}{\cos x} - \tan x + x + C.$$

4.2.5　同步习题

1. 用第一类换元积分法计算下列不定积分.

(1) $\int (3x - 2)^{20} dx$;　　　　(2) $\int \frac{2x dx}{1 + x^2}$;

(3) $\int \frac{3x^3}{1 - x^4} dx$;　　　　(4) $\int (x - 1) e^{x^2 - 2x + 2} dx$;

(5) $\int \frac{1}{1 - 2x} dx$;　　　　(6) $\int x \sqrt{1 - x^2} dx$;

(7) $\int \frac{1}{\sqrt[3]{2 - 3x}} dx$;　　　　(8) $\int x^3 e^{x^4} dx$;

(9) $\int \frac{e^{3\sqrt{x}}}{\sqrt{x}} dx$;　　　　(10) $\int \frac{1}{(\arcsin x)^3 \sqrt{1 - x^2}} dx$;

(11) $\int \frac{1 + \ln x}{x \ln x} dx$;　　　　(12) $\int \frac{1}{x \ln x \ln \ln x} dx$;

(13) $\int \cos \left(\frac{2}{3} x - 5 \right) dx$;　　　　(14) $\int \frac{\sin x}{\cos^3 x} dx$;

(15) $\int \sin^2 x dx$;　　　　(16) $\int \tan^3 x \sec x dx$;

(17) $\int \sin^2 x \cos^5 x dx$.

2. 用第二类换元积分法计算下列不定积分.

(1) $\int \frac{\sqrt{x}}{1 + x} dx$;　　　　(2) $\int \frac{1}{(1 + \sqrt[3]{x}) \sqrt{x}} dx$;

(3) $\int \frac{1}{\sqrt{2x - 3} + 1} dx$;　　　　(4) $\int \frac{1}{x(x^6 + 4)} dx$;

(5) $\int \frac{\sqrt{a^2 - x^2}}{x^4} dx (a > 0)$;　　　(6) $\int \frac{1}{\sqrt{(x^2 + 1)^3}} dx$;

(7) $\int \frac{\sqrt{x^2 - 9}}{x} dx$;　　　　(8) $\int x^3 \sqrt{1 - x^2} dx$;

(9) $\int \frac{x^2}{\sqrt{1 - x^2}} dx$;　　　　(10) $\int \frac{1}{x^4 \sqrt{1 + x^2}} dx$.

3. 用分部积分法计算下列不定积分.

(1) $\int x e^{-x} dx$;　　　　(2) $\int e^{-x} \cos x dx$;

$(3) \int x^2 \cos x \mathrm{d}x;$　　　　　　$(4) \int \arccos x \mathrm{d}x;$

$(5) \int x \sin x \cos x \mathrm{d}x;$　　　　　$(6) \int x^2 \ln x \mathrm{d}x;$

$(7) \int (\arcsin x)^2 \mathrm{d}x;$　　　　　$(8) \int x \tan x \sec^4 x \mathrm{d}x.$

4. 计算下列有理函数的不定积分.

$(1) \int \dfrac{\mathrm{d}x}{(1-x)(1+x)};$　　　$(2) \int \dfrac{x+3}{x^2-5x+6} \mathrm{d}x;$

$(3) \int \dfrac{x-1}{x(1+x^2)} \mathrm{d}x;$　　　　$(4) \int \dfrac{2x+3}{x^3+x^2-2x} \mathrm{d}x;$

$(5) \int \dfrac{x^3}{x+3} \mathrm{d}x.$

5. 计算下列三角函数有理式的不定积分.

$(1) \int \dfrac{1}{3+\cos x} \mathrm{d}x;$

$(2) \int \dfrac{1+\sin x}{\sin x(1+\cos x)} \mathrm{d}x;$

$(3) \int \dfrac{1}{1+\sin^2 x} \mathrm{d}x.$

4.3　MATLAB 数学实验

MATLAB 求不定积分的语法格式:

```
int(f,x)      %对符号表达式 f 中指定的符号变量 x 计
              算不定积分.结果只是函数 f 的一个原函
              数,后面没有带任意常数 C.
```

例 4.3.1　计算不定积分 $\int \sin(3x+4) \mathrm{d}x.$

程序如下:

```
syms x                    %定义符号变量 x
int(sin(3*x+4))
```

按 Enter 键得到结果为 ans=-1/3*cos(3*x+4)

例 4.3.2　计算不定积分 $\int (x^2+\cos x) \mathrm{d}x.$

程序如下:

```
syms x                    %定义符号变量 x
y=x^2+cos(x)
int(y)
```

按 Enter 键得到结果为 ans = sin(x) + x^3/3

第 4 章总复习题

第一部分:基础题

1. 填空题

(1) $x\mathrm{d}x =$ ＿＿＿＿＿＿ $\mathrm{d}(1-2x^2)$;

(2) $\int \tan x\mathrm{d}x =$ ＿＿＿＿＿＿;

(3) $\mathrm{d}\int \mathrm{e}^{-x^3}\mathrm{d}x =$ ＿＿＿＿＿＿;

(4) $\int \dfrac{x}{2}\mathrm{d}x^2 =$ ＿＿＿＿＿＿;

(5) $\int$ ＿＿＿＿＿＿ $\mathrm{d}x = 7^{2x} + C$;

(6) 若 $f(x) = \int \dfrac{1}{\sqrt{1-x^2}}\mathrm{d}x$,则 $f'(0) =$ ＿＿＿＿＿＿;

(7) 若 $f(x)$ 的一个原函数为 $x^2\mathrm{e}^{-x}$,则 $\int f(x)\mathrm{d}x =$ ＿＿＿＿＿＿;

(8) 若 $f(x)$ 的一个原函数为 $x\sin x$,则 $f(x) =$ ＿＿＿＿＿＿;

(9) 若 $y' = 2x$,且 $x = 0$ 时 $y = 2$,则 $y =$ ＿＿＿＿＿＿;

(10) 设 $\int f(x)\mathrm{d}x = F(x) + C$,则 $\int \mathrm{e}^{-x}f(\mathrm{e}^{-x})\mathrm{d}x =$ ＿＿＿＿＿＿.

2. 计算下列不定积分.

(1) $\int \dfrac{1}{1+\cos x}\mathrm{d}x$;

(2) $\int \dfrac{\arctan\sqrt{x}}{\sqrt{x}(1+x)}\mathrm{d}x$;

(3) $\int \dfrac{1}{1+\sqrt{2x}}\mathrm{d}x$;

(4) $\int \dfrac{1}{x^2(1-x^2)^{\frac{3}{2}}}\mathrm{d}x$;

(5) $\int x\sin^2 x\mathrm{d}x$;

(6) $\int \dfrac{3}{x^3+1}\mathrm{d}x$;

(7) $\int \mathrm{e}^{x^{\frac{1}{3}}}\mathrm{d}x$;

(8) $\int \cos\sqrt{x}\,\mathrm{d}x$;

(9) $\int \dfrac{\ln\cos x}{\cos^2 x}\mathrm{d}x$;

(10) $\int \dfrac{\mathrm{d}x}{\sqrt{1+\mathrm{e}^x}}$;

(11) $\int \dfrac{1}{\mathrm{e}^x - \mathrm{e}^{-x}}\mathrm{d}x$;

(12) $\int \sin 2x\cos 3x\mathrm{d}x$;

(13) $\int \dfrac{1}{x}\sqrt{\dfrac{1+x}{x}}\mathrm{d}x$;

(14) $\int xf''(x)\mathrm{d}x$.

第二部分:拓展题

1. 求 $\int \left(2^x\mathrm{e}^x + \dfrac{2}{1+x^2} - \sqrt{x\sqrt{x}}\right)\mathrm{d}x$.

2. 设 $f(x)$ 的一个原函数是 $\dfrac{\sin x}{x}$，求 $\displaystyle\int xf'(x)\,\mathrm{d}x$.

3. 求 $\displaystyle\int \tan^5 x\sec^3 x\,\mathrm{d}x$.

4. 求 $\displaystyle\int \dfrac{1}{x^4(1+x^2)}\,\mathrm{d}x$.

5. 求 $\displaystyle\int x\sqrt{x+1}\,\mathrm{d}x$.

6. 求 $\displaystyle\int x\sin(2x-3)\,\mathrm{d}x$.

7. 求 $\displaystyle\int \dfrac{2x-1}{x^2-5x+6}\,\mathrm{d}x$.

8. 求 $\displaystyle\int \dfrac{\mathrm{d}x}{x^2\sqrt{4+x^2}}$.

9. 求 $\displaystyle\int \dfrac{\tan x}{a^2\sin^2 x+b^2\cos^2 x}\,\mathrm{d}x\ (a\neq 0,a,b\ \text{为常数})$.

10. 设 $f(x)=\begin{cases}-\sin x,& x\geqslant 0,\\ x,& x<0\end{cases}$，求 $\displaystyle\int f(x)\,\mathrm{d}x$.

11. 计算不定积分 $\displaystyle\int \dfrac{\mathrm{d}x}{a^2\sin^2 x+b^2\cos^2 x}$，其中 a,b 均为正数.

12. 若 $f'(\mathrm{e}^x)=1+\mathrm{e}^{2x}$，且 $f(0)=1$，求 $f(x)$.

13. 已知 $f'(\mathrm{e}^x)=x\mathrm{e}^x$ 且 $f(1)=0$，计算 $\displaystyle\int\left[2f(x)+\dfrac{1}{2}(x^2-1)\right]\mathrm{d}x$.

14. 用指定代换法计算 $\displaystyle\int \dfrac{1}{x\sqrt{x^2-1}}\,\mathrm{d}x$.

（1）$t=\dfrac{1}{x}$；　　　　　　　　（2）$x=\sec t\,(0<t<\pi)$.

15. 计算 $\displaystyle\int\left[\dfrac{1}{x(1+2\ln x)}+\dfrac{1}{\sqrt{x}}\mathrm{e}^{3\sqrt{x}}\right]\mathrm{d}x$.

16. 一曲线经过点 $(\mathrm{e}^3,3)$，且在任一点处的切线的斜率等于该点横坐标的倒数，求该曲线方程.

17. 已知曲线 $y=f(x)$ 在任意点切线的斜率为 ax^2-3x-6，且 $x=-1$ 时 $y=\dfrac{11}{2}$ 是极大值，试确定 $f(x)$，并求 $f(x)$ 的极小值.

18. 已知曲线 $y=f(x)$ 在任意点切线的斜率为 $ax(x-2)\ (a<0)$，且 $f(x)$ 的极小值为 2，极大值为 6，求 $f(x)$.

19. 一质点做直线运动，已知其加速度 $\dfrac{\mathrm{d}^2 s}{\mathrm{d}t^2}=4t^3-\cos t$，如果初速度 $v_0=3$，初始位移 $s_0=0$，求：（1）v 和 t 之间的函数关系；（2）s 和 t 之间的函数关系.

20. 已知曲线 $y=f(x)$ 上点 (x,y) 处的切线斜率为 $\dfrac{1}{x\sqrt{x^2-1}}$, 又知曲线通过点 $(2,0)$, 求该曲线方程.

第三部分: 考研真题

一、选择题

1. (2016 年, 数学一、数学二) 已知函数 $f(x)=\begin{cases}2(x-1), & x<1 \\ \ln x, & x\geqslant 1\end{cases}$, 则 $f(x)$ 的一个原函数是(　　).

  A. $F(x)=\begin{cases}(x-1)^2, & x<1 \\ x(\ln x-1), & x\geqslant 1\end{cases}$

  B. $F(x)=\begin{cases}(x-1)^2, & x<1 \\ x(\ln x+1)-1, & x\geqslant 1\end{cases}$

  C. $F(x)=\begin{cases}(x-1)^2, & x<1 \\ x(\ln x+1)+1, & x\geqslant 1\end{cases}$

  D. $F(x)=\begin{cases}(x-1)^2, & x<1 \\ x(\ln x-1)+1, & x\geqslant 1\end{cases}$

2. (1999 年, 数学三) 设 $f(x)$ 是连续函数, $F(x)$ 是 $f(x)$ 的原函数, 则(　　).

  A. 若 $f(x)$ 为奇函数, 则 $F(x)$ 必为偶函数

  B. 若 $f(x)$ 为偶函数, 则 $F(x)$ 必为奇函数

  C. 若 $f(x)$ 为周期函数, 则 $F(x)$ 必为周期函数

  D. 若 $f(x)$ 是单调递增函数, 则 $F(x)$ 也是单调递增函数

3. (1992 年, 数学二) 若 $f(x)$ 的导函数是 $\sin x$, 则 $f(x)$ 的一个原函数为(　　).

  A. $1+\sin x$ B. $1-\sin x$

  C. $1+\cos x$ D. $1-\cos x$

4. (1989 年, 数学三) 在下列等式中, 正确的结果是(　　).

  A. $\int f'(x)\,\mathrm{d}x = f(x)$

  B. $\int \mathrm{d}f(x) = f(x)$

  C. $\dfrac{\mathrm{d}}{\mathrm{d}x}\int f(x)\,\mathrm{d}x = f(x)$

  D. $\mathrm{d}\int f(x)\,\mathrm{d}x = f(x)$

二、填空题

1. (2019 年, 数学一、数学二) $\displaystyle\int \dfrac{3x+6}{(x-1)^2(x^2+x+1)}\,\mathrm{d}x = $ _____.

2. (2018 年, 数学三) $\displaystyle\int \mathrm{e}^x \arcsin\sqrt{1-\mathrm{e}^{2x}}\,\mathrm{d}x = $ _____.

3. (1999 年, 数学二) $\int \dfrac{x+5}{x^2-6x+13}\mathrm{d}x = $ _____.

4. (1998 年, 数学二) $\int \dfrac{\ln(\sin x)}{\sin^2 x}\mathrm{d}x = $ _____.

5. (1998 年, 数学三) $\int \dfrac{\ln x - 1}{x^2}\mathrm{d}x = $ _____.

6. (1997 年, 数学二) $\int \dfrac{1}{\sqrt{x(4-x)}}\mathrm{d}x = $ _____.

7. (1996 年, 数学三) 设 $\int xf(x)\mathrm{d}x = \arcsin x + C$, 则 $\int \dfrac{1}{f(x)}\mathrm{d}x = $ _____.

8. (1993 年, 数学二) $\int \dfrac{\tan x}{\sqrt{\cos x}}\mathrm{d}x = $ _____.

三、计算题

1. (2018 年, 数学一、数学二) 求 $\int \mathrm{e}^{2x}\arctan\sqrt{\mathrm{e}^x - 1}\,\mathrm{d}x$.

2. (2011 年, 数学三) 求不定积分 $\int \dfrac{\arcsin\sqrt{x} + \ln x}{\sqrt{x}}\mathrm{d}x$.

3. (2009 年, 数学二、数学三) 求不定积分 $\int \ln\left(1 + \sqrt{\dfrac{1+x}{x}}\right)\mathrm{d}x$ $(x>0)$.

4. (2006 年, 数学二) 求 $\int \dfrac{\arcsin \mathrm{e}^x}{\mathrm{e}^x}\mathrm{d}x$.

5. (2003 年, 数学二) 计算不定积分 $\int \dfrac{x\mathrm{e}^{\arctan x}\mathrm{d}x}{(1+x^2)^{3/2}}$.

6. (2002 年, 数学三) 设 $f(\sin^2 x) = \dfrac{x}{\sin x}$, 求 $\int \dfrac{\sqrt{x}}{\sqrt{1-x}}f(x)\mathrm{d}x$.

7. (2001 年, 数学一) 求不定积分 $\int \dfrac{\arctan \mathrm{e}^x}{\mathrm{e}^{2x}}\mathrm{d}x$.

8. (2001 年, 数学二) 求 $\int \dfrac{\mathrm{d}x}{(2x^2+1)\sqrt{x^2+1}}$.

9. (2000 年, 数学二) 设 $f(\ln x) = \dfrac{\ln(1+x)}{x}$, 求 $\int f(x)\mathrm{d}x$.

10. (1997 年, 数学二) 求 $\int \mathrm{e}^{2x}(\tan x + 1)^2\mathrm{d}x$.

11. (1996 年, 数学二) 求 $\int \dfrac{\mathrm{d}x}{1+\sin x}$.

12. (1996 年, 数学二) 求 $\int \dfrac{\arctan x}{x^2(1+x^2)}\mathrm{d}x$.

第 4 章自测题

一、单项选择题(本题共 10 个小题,每小题 5 分,共 50 分)

1. 称函数的(　　)原函数为不定积分.

A. 任意一个　　　　　　　　B. 所有

C. 某一个　　　　　　　　　D. 唯一一个

2. 在区间 (a,b) 内,如果 $f'(x) = \phi'(x)$,则一定有(　　).

A. $f(x) = \phi(x)$　　　　　　B. $f(x) = \phi(x) + C$

C. $\left[\int f(x)\mathrm{d}x\right]' = \left[\int \phi(x)\mathrm{d}x\right]'$　　D. $\int f(x)\mathrm{d}x = \int \phi(x)\mathrm{d}x$

3. 下列各等式正确的个数为(　　).

A. 0　　　　　　　　　　　　B. 1

C. 2　　　　　　　　　　　　D. 3

(1) $\int \dfrac{1}{1+x}\mathrm{d}x = \ln(1+x) + C$

(2) $\int \sin^3 x\mathrm{d}x = \dfrac{1}{4}\sin^4 x + C$

(3) $\int f'(2x)\mathrm{d}x = f(2x) + C$

(4) $\int \dfrac{\sin x}{1+\cos^2 x}\mathrm{d}x = \arctan(\cos x) + C$

4. 若 $\int f(x)\mathrm{d}x = x^2\mathrm{e}^{2x} + C$,则 $f(x) = ($　　$)$.

A. $2x\mathrm{e}^{2x}$　　　　　　　　B. $2x^2\mathrm{e}^{2x}$

C. $x\mathrm{e}^{2x}$　　　　　　　　　D. $2x\mathrm{e}^{2x}(1+x)$

5. $\sqrt{x}$ 是(　　)的一个原函数.

A. $\dfrac{1}{2x}$　　　　　　　　　B. $\dfrac{1}{2\sqrt{x}}$

C. $\ln x$　　　　　　　　　　D. $\sqrt{x^3}$

6. 若 $f(x)$ 的一个原函数是 $\ln x$,则 $f'(x) = ($　　$)$.

A. $x\ln x$　　　　　　　　　B. $\ln x$

C. $\dfrac{1}{x}$　　　　　　　　　　D. $-\dfrac{1}{x^2}$

7. 不定积分 $\int x^2 \arctan x\mathrm{d}x$ 的值为(　　).

A. $\dfrac{1}{3}x^3\arctan x - \dfrac{1}{6}x^2 + \ln(1+x^2) + C$

B. $\dfrac{1}{3}x^3\arctan x - \dfrac{1}{6}x^2 + \dfrac{1}{6}\ln(1+x^2) + C$

C. $x^3\arctan x-\dfrac{1}{6}x^2+\dfrac{1}{6}\ln(1+x^2)+C$

D. $\dfrac{1}{6}x^3\arctan x-x^2+\dfrac{1}{6}\ln(1+x^2)+C$

8. 不定积分 $\displaystyle\int x^2\cos x\mathrm{d}x$ 的值为(　　　).

A. $x^2\sin x+2x\cos x-2\sin x+C$

B. $x^2\sin x+2x\cos x-2\sin x$

C. $x^2\sin x+x\cos x-2\sin x+C$

D. $x^2\sin x+2x\cos x-\sin x+C$

9. 下列各式正确的是(　　　).

A. $\displaystyle\int\tan x\mathrm{d}x=\ln|\cos x|+C$

B. $\displaystyle\int\sec \mathrm{d}x=\ln|\sec x+\tan x|+C$

C. $\displaystyle\int\dfrac{1}{x^2+a^2}\mathrm{d}x=\arctan\dfrac{x}{a}+C$

D. $\displaystyle\int\dfrac{\mathrm{d}x}{\sqrt{a^2-x^2}}=\dfrac{1}{a}\arcsin\dfrac{x}{a}+C$

10. 设 $F(x)$ 可导, $F'(x)=f(x)$, 则下述命题不正确的是 (　　　).

A. 若 $F(x)$ 为奇函数, 则 $f(x)$ 必为偶函数.

B. 若 $F(x)$ 为偶函数, 则 $f(x)$ 必为奇函数.

C. 若 $F(x)$ 为周期函数, 则 $f(x)$ 必为周期函数.

D. 若 $F(x)$ 不是周期函数, 则 $f(x)$ 必不是周期函数.

二、判断题(用√、×表示.本题共 10 个小题,每小题 5 分,共 50 分)

1. 原函数都是连续函数. 　　　　　　　　　　(　　)

2. 设 $F(x)$ 可导, $F'(x)=f(x)$, $F(x+T)=F(x)$, 则必有 $f(x+T)=f(x)$. 　　　　(　　)

3. 设 $F(x)$ 可导, $F'(x)=f(x)$, 若 $f(x)$ 为偶函数, 则 $F(x)$ 必为奇函数. 　　　　(　　)

4. $\displaystyle\int\mathrm{d}f(x)=f(x)$. 　　　　　　　　(　　)

5. 若 $f(x)$ 是连续的奇函数, 则 $\displaystyle\int f(x)\mathrm{d}x$ 是偶函数. (　　)

6. 若 $f(x)=x^3+x$, 则 $\displaystyle\int f(x)\mathrm{d}x$ 是偶函数. 　　(　　)

7. $\displaystyle\int kf(x)\mathrm{d}x=k\int f(x)\mathrm{d}x$, $k\in\mathbf{R}$. 　　(　　)

8. $\displaystyle\int\sec x\mathrm{d}x=\ln|\sec x-\tan x|+C$. 　　(　　)

9. $\int \dfrac{1}{x}\mathrm{d}x = \ln x + C.$　　　　　　　　（　　）

10. $\int \dfrac{1}{x}\mathrm{d}\ln|x| = -\dfrac{1}{x} + C.$　　　　　（　　）

第 4 章数学家故事-华蘅芳

第 4 章参考答案

5

第 5 章
定积分及其应用

本章要点:定积分的定义、性质及几何意义是本章十分重要的内容.微积分基本定理阐释了定积分与不定积分之间的关系,从而可以借助于计算不定积分的方法进一步计算定积分.积分上限函数是一类特殊的函数,其作为函数的性质及其可微性是重点讨论的内容.注意常用的积分方法在计算定积分时与不定积分的差异.当定积分的积分限突破为无穷区间,或者被积函数在某个邻域内是无界函数时,则引入反常积分的定义.定积分在几何方面和物理方面均有广泛应用.

实际上,定积分的概念源于对几何量或物理量的一些计算,诸如研究不规则图形的面积、体积、长度及变力做功、液体中闸门的静压力等量的计算,但随着研究的不断深入,定积分已应用到生物、经济、商业与金融等领域,成为建立数学模型的一种重要手段.

本章知识结构图

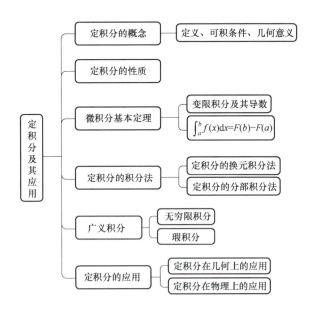

5.1 定积分的概念

本节要点:通过本节的学习,学生应理解定积分的概念.

1. 曲边梯形的面积

设 $y=f(x)$ 是定义在区间 $[a,b]$ 上的非负、连续函数,由曲线 $y=f(x)$,直线 $x=a,x=b$ 及 $y=0$ 所围成的图形称为曲边梯形(见图 5-1).下面研究曲边梯形面积 A 的求法.

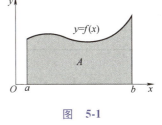

图　5-1

分析

(1) 若函数 $f(x)\equiv c$(常数),则该曲边梯形是个矩形,面积 $A=(b-a)c$.

(2) 若函数 $f(x)$ 是区间 $[a,b]$ 上的连续函数,将区间 $[a,b]$ 划分为许多小区间,相应地将大曲边梯形划分为许多小曲边梯形(见图 5-2).在很小一段区间上,$f(x)$ 的变化不会很大.因此,在每个小区间上取某一点处的高来近似代替同一小区间上各点处小曲边梯形的高.于是将每个小曲边梯形近似看成窄矩形,把所有窄矩形面积之和作为曲边梯形面积的近似值.当把区间 $[a,b]$ 无限划分时,以至于任意一个小区间的长度都趋于零,此时所有窄矩形面积之和的极限就是曲边梯形的面积.

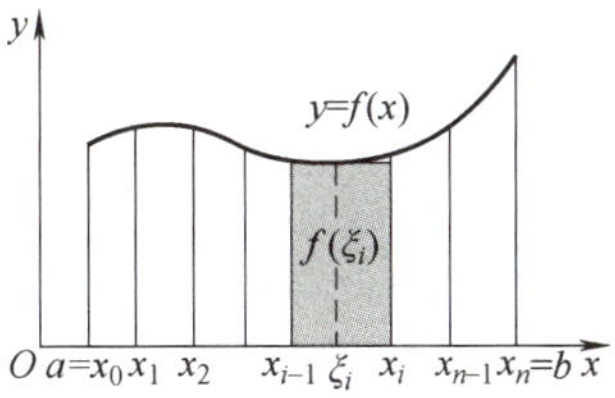

图　5-2

上述方法可分为四步,不妨称其为**四步法**,其具体步骤如下:

(1) 分割

在区间 $[a,b]$ 内任意插入 $n-1$ 个分点:
$$a=x_0<x_1<x_2<\cdots<x_{i-1}<x_i<\cdots<x_n=b,$$
将区间 $[a,b]$ 划分成 n 个小区间
$$[x_0,x_1],[x_1,x_2],\cdots,[x_{n-1},x_n],$$
长度依次为
$$\Delta x_1=x_1-x_0,\Delta x_2=x_2-x_1,\cdots,\Delta x_n=x_n-x_{n-1}.$$
经过每个分点作平行于 y 轴的直线段,将曲边梯形分成 n 个小曲边梯形.

(2) 代替

在每个小区间 $[x_{i-1},x_i]$ 上任取一点 $\xi_i(x_{i-1}\leqslant\xi_i\leqslant x_i)$.用以 $[x_{i-1},x_i]$ 为底,$f(\xi_i)$ 为高的小矩形面积 $f(\xi_i)\Delta x_i$ 近似代替小曲边梯形的面积 ΔA_i,即 $\Delta A_i\approx f(\xi_i)\Delta x_i(i=1,2,\cdots,n)$.

(3) 求和

n 个小矩形的面积和是原曲边梯形面积的一个近似值,即有
$$A=\sum_{i=1}^{n}\Delta A_i\approx\sum_{i=1}^{n}f(\xi_i)\Delta x_i.$$

(4) 取极限

记 $\lambda=\max\{\Delta x_1,\Delta x_2,\cdots,\Delta x_n\}$,则当 $\lambda\to0$ 时,每个小区间 $[x_{i-1},x_i]$ 的长度 Δx_i 也趋近于零.此时和式 $\sum_{i=1}^{n}f(\xi_i)\Delta x_i$ 的极限便是曲边梯形的面积 A 的精确值,即

$$A = \lim_{\lambda \to 0} \sum_{i=1}^{n} f(\xi_i) \Delta x_i.$$

2. 变力做功

设有一质点受力 F 的作用由 a 沿直线移动到 b,并设力 F 与质点移动的方向一致(见图 5-3).如果力 F 是质点位置 x 的连续函数 $F(x)$,下面研究力 F 所做功的求法.

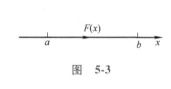

图　5-3

由中学物理知识得知,若 $F(x) \equiv k$ 为恒力,则所做的功 $W = k(b-a)$,但若 $F(x)$ 与 x 有关,我们应该如何求变力所做的功? 我们仍可以采用计算曲边梯形面积的思想,即用上述的四步法来解决这个问题,其具体步骤如下:

(1) 分割

在区间 $[a,b]$ 内任意插入 $n-1$ 个分点:

$$a = x_0 < x_1 < x_2 < \cdots < x_{i-1} < x_i < \cdots < x_n = b,$$

将区间 $[a,b]$ 分成 n 个小区间 $[x_{i-1},x_i]$($i = 1,2,\cdots,n$).每个小区间上的长度为

$$\Delta x_i = x_i - x_{i-1}, i = 1,2,\cdots,n.$$

(2) 代替

在每个小区间 $[x_{i-1},x_i]$ 上任取一点 ξ_i($x_{i-1} \leqslant \xi_i \leqslant x_i$),当每个小区间 $[x_{i-1},x_i]$ 的长度 Δx_i 都很小时,作用在小区间各点上的力 F 可以近似地看作常量 $F(\xi_i)$.于是质点在力的作用下由点 x_{i-1} 移到点 x_i 时,力所做的功 ΔW_i 的近似值为

$$\Delta W_i \approx F(\xi_i) \Delta x_i (i = 1,2,\cdots,n).$$

(3) 求和

质点在力 $F(x)$ 的作用下,从 a 移动到 b 时所做功的近似值等于 n 段功的和,即

$$W = \sum_{i=1}^{n} \Delta W_i \approx \sum_{i=1}^{n} F(\xi_i) \Delta x_i.$$

(4) 取极限

记 $\lambda = \max\{\Delta x_1, \Delta x_2, \cdots, \Delta x_n\}$.当 $\lambda \to 0$ 时,和式 $\sum_{i=1}^{n} F(\xi_i) \Delta x_i$ 的极限就是质点在变力 $F(x)$ 的作用下从 a 移动到 b 时所做的功

$$W = \lim_{\lambda \to 0} \sum_{i=1}^{n} F(\xi_i) \Delta x_i.$$

四步法除了适用于求曲边梯形的面积和物理上的变力做功问题,还可以解决许多其他问题,如求变速直线运动的路程,求函数的均值等.抛开这些问题的具体背景,它们在数量关系上有着共同的本质和特征:

(1) 运用的思想方法相同——"累加思想";

(2) 解决问题的步骤相同——分割,代替,求和,取极限;

(3) 所求量极限结构式相同——同一种和式的极限.

抽象出上述实际问题的本质特征,引出下述定积分的定义.

5.1.2　定积分的定义

定义 5.1.1　设 $f(x)$ 在闭区间 $[a,b]$ 上有界,在 $[a,b]$ 内任意插入 $n-1$ 个分点

$$a=x_0<x_1<x_2<\cdots<x_{i-1}<x_i<\cdots<x_n=b,$$

把 $[a,b]$ 分成 n 个小区间 $[x_{i-1},x_i]$,记 $\Delta x_i=x_i-x_{i-1}(i=1,2,\cdots,n)$,$\lambda=\max\{\Delta x_1,\Delta x_2,\cdots,\Delta x_n\}$,再在每个小区间 $[x_{i-1},x_i]$ 上任取一点 $\xi_i(x_{i-1}\leqslant\xi_i\leqslant x_i)$,作乘积 $f(\xi_i)\Delta x_i(i=1,2,\cdots,n)$ 的和式 $S=\sum_{i=1}^{n}f(\xi_i)\Delta x_i$,如果不论对区间 $[a,b]$ 如何划分,不论 ξ_i 如何选取,只要当 $\lambda\to0$ 时,和 S 总趋于确定的极限值 I,则称这个极限值 I 为函数 $f(x)$ 在区间 $[a,b]$ 上的定积分,记作 $\int_a^b f(x)\mathrm{d}x$,即

$$\int_a^b f(x)\mathrm{d}x=I=\lim_{\lambda\to0}\sum_{i=1}^{n}f(\xi_i)\Delta x_i,\qquad(5.1.1)$$

其中,符号 $\int_a^b f(x)\mathrm{d}x$ 读作"从 a 到 b,$f(x)$ 对于 x 的积分".称 $\int$ 为积分符号,$f(x)$ 为被积函数,$f(x)\mathrm{d}x$ 为被积表达式,a 为积分下限,b 为积分上限,$[a,b]$ 为积分区间.

定积分 $\int_a^b f(x)\mathrm{d}x$ 的这种符号表示是德国数学家莱布尼茨首创的.积分号 $\int$ 是由英文 sum 第一个字母 s 演变而来的,他把极限形式下的希腊字母"$\sum$"换成了拉长的罗马字母"s",这样 $\int_a^b f(x)\mathrm{d}x$ 体现了定积分等于累加"和"这一思想.在取极限过程中 ξ_i 挤在一起,我们可以认为 ξ_i 是 a 到 b 之间的一个连续取样,x 是 a 到 b 之间的任意一点.而 Δx 在微分中可以记作 $\mathrm{d}x$.如此看来,莱布尼茨将定积分记作 $\int_a^b f(x)\mathrm{d}x$ 是恰如其分的.

注　在以上定义中,应注意两个任意性,即任意划分区间和任取 ξ_i 点,为此当定积分存在时,有:

(1) 定积分 $\int_a^b f(x)\mathrm{d}x$ 表示一个数值,只与被积函数 $f(x)$ 和积分区间 $[a,b]$ 有关而与积分变量用什么字母表示无关.如

$$\int_a^b f(x)\mathrm{d}x=\int_a^b f(t)\mathrm{d}t=\int_a^b f(u)\mathrm{d}u.$$

(2) 在定义中要求 $a<b$,但为了运算方便,允许 $b\leqslant a$,并规定

$$\int_a^b f(x)\mathrm{d}x=-\int_b^a f(x)\mathrm{d}x \text{ 及 } \int_a^a f(x)\mathrm{d}x=0.$$

　　如果 $f(x)$ 在区间 $[a,b]$ 上的定积分存在,我们就说 $f(x)$ 在 $[a,b]$ 上是**可积的**.

　　由定积分的定义可知,上面曲边梯形的面积 A 为曲边对应函数 $y=f(x)$ 在底边对应区间 $[a,b]$ 上的定积分,即

$$A = \int_a^b f(x)\,\mathrm{d}x.$$

　　变力做功是表示变力的函数 $F(x)$ 在质点移动区间 $[a,b]$ 上的定积分,即

$$W = \int_a^b F(x)\,\mathrm{d}x.$$

　　注　定积分的定义要求函数 $f(x)$ 在闭区间 $[a,b]$ 上有界,只要积分和的极限存在,则定积分就存在,但并不是有界函数都可积.例如,**狄利克雷函数**

$$D = \begin{cases} 1, x \text{ 为有理数}, \\ 0, x \text{ 为无理数}. \end{cases}$$

此函数在 $[0,1]$ 上有界但不可积.事实上,在积分和 $\sum\limits_{i=1}^{n} D(\xi_i)\Delta x_i$ 中,若取介点 ξ_i 全为有理数,则 $\sum\limits_{i=1}^{n} D(\xi_i)\Delta x_i = 1$;若取介点 ξ_i 全为无理数,则 $\sum\limits_{i=1}^{n} D(\xi_i)\Delta x_i = 0$.显然当 $\lambda \to 0$ 时,和式 $\sum\limits_{i=1}^{n} D(\xi_i)\Delta x_i$ 不可能有极限,所以 $D(x)$ 在 $[0,1]$ 上不可积.那么定积分存在的函数应满足哪些条件呢?

5.1.3　函数 $f(x)$ 在闭区间 $[a,b]$ 上可积的条件

　　下面我们不加证明地给出可积的充分条件及必要条件

　　定理 5.1.1(充分条件)　若函数 $f(x)$ 在闭区间 $[a,b]$ 上连续,则 $f(x)$ 在 $[a,b]$ 上可积.

　　定理 5.1.2(充分条件)　若函数 $f(x)$ 在闭区间 $[a,b]$ 上有界,且除有限个间断点以外处处连续,则 $f(x)$ 在 $[a,b]$ 上可积.

　　定理 5.1.3(充分条件)　若函数 $f(x)$ 在闭区间 $[a,b]$ 上有定义且单调,则 $f(x)$ 在 $[a,b]$ 上可积.

　　定理 5.1.4(必要条件)　若函数 $f(x)$ 在闭区间 $[a,b]$ 上可积,则 $f(x)$ 在 $[a,b]$ 上有界.

5.1.4　定积分的几何意义

　　设 $f(x)$ 为 $[a,b]$ 上的可积函数,

　　(1) 若在 $[a,b]$ 上 $f(x) \geqslant 0$,则定积分 $\int_a^b f(x)\,\mathrm{d}x$ 在几何上表示由曲线 $y=f(x)$,x 轴及直线 $x=a$,$x=b(a<b)$ 围成的平面图形的面积;

（2）若在$[a,b]$上$f(x)\leqslant 0$,定积分$\int_a^b f(x)\mathrm{d}x$ 在几何上表示由曲线$y=f(x)$,x轴及直线$x=a$,$x=b(a<b)$围成的平面图形面积的负值;

（3）若在$[a,b]$上$f(x)$有正有负,定积分$\int_a^b f(x)\mathrm{d}x$ 在几何上表示介于x轴、曲线$y=f(x)$、两条直线$x=a$,$x=b$之间各部分面积的代数和.其中在x轴上方的面积取正号,在x轴下方的面积取负号（见图5-4）.

由此可得:奇函数$f(x)$在对称区间$[-a,a]$上的积分为 0,如图5-5所示后面会加以证明.

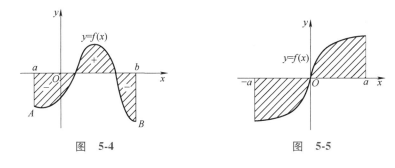

图　5-4　　　　　　　　　　图　5-5

例 **5.1.1**　用定积分定义计算$\int_0^1 x^2\mathrm{d}x$.

解　因为$f(x)=x^2$在$[0,1]$上连续,故可积.由于定积分值与区间的分割方式及ξ_i的取法无关,因此在利用定积分的定义求定积分时,可选用最利于求"积分和"及求极限的方式来分割区间及取ξ_i,为此采用等分点

$$0<\frac{1}{n}<\frac{2}{n}<\cdots<\frac{n-1}{n}<1;并取\xi_i=x_i=\frac{i}{n}(i=1,2,\cdots,n)（见图5-6）,$$

于是积分和

$$\sum_{i=1}^n f(\xi_i)\Delta x_i=\sum_{i=1}^n\left(\frac{i}{n}\right)^2\frac{1}{n}=\frac{1}{n^3}\sum_{i=1}^n i^2=\frac{n(n+1)(2n+1)}{6n^3},$$

当$\lambda\to 0$时,积分和取极限得

$$\int_0^1 x^2\mathrm{d}x=\lim_{\lambda\to 0}\sum_{i=1}^n f(\xi_i)\Delta x_i=\lim_{n\to\infty}\frac{n(n+1)(2n+1)}{6n^3}=\frac{1}{3}.$$

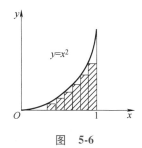

图　5-6

注　从例 5.1.1 看出,采用特殊分割时,定积分确实成了积分和的极限,由此想到有些和式的极限可用定积分表示,比如:数列极限

$$\lim_{n\to\infty}\frac{1}{n}\left[\sin\frac{\pi}{n}+\sin\frac{2\pi}{n}+\cdots+\sin\frac{(n-1)\pi}{n}\right]$$

$$=\lim_{n\to\infty}\sum_{i=1}^n\sin\frac{(i-1)\pi}{n}\cdot\frac{1}{n}=\lim_{n\to\infty}\sum_{i=1}^n\sin\pi\xi_i\cdot\Delta x_i=\int_0^1\sin\pi x\mathrm{d}x.$$

即 $f(x) = \sin \pi x$ 在 $[0,1]$ 上取等分点 $\xi_i = \dfrac{i-1}{n}$，其中 $\Delta x_i = \dfrac{1}{n}, i = 1, 2, \cdots, n.$

至于如何求 $\int_0^1 \sin \pi x \mathrm{d}x$ 的值，以后我们会学到.

例 5.1.2　利用定积分的几何意义计算定积分 $\int_0^1 \sqrt{1 - x^2}\, \mathrm{d}x.$

解　如图 5-7 所示，定积分的值就是图中阴影部分的面积，即四分之一圆的面积. 由圆形面积公式有

$$\int_0^1 \sqrt{1 - x^2}\, \mathrm{d}x = \frac{\pi}{4}.$$

例 5.1.2

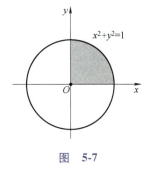

图　5-7

5.1.5　同步习题

1. 利用定积分的几何意义计算下列定积分.

(1) $\int_{-1}^0 (x + 1)\mathrm{d}x$;　　　　(2) $\int_0^{2\pi} \sin x \mathrm{d}x.$

2. 利用定积分的定义计算积分 $\int_a^b x \mathrm{d}x.$

3. $\lim\limits_{n \to \infty} \ln \sqrt[n]{\left(1 + \dfrac{1}{n}\right)^2 \left(1 + \dfrac{2}{n}\right)^2 \cdots \left(1 + \dfrac{n}{n}\right)^2} = ($ 　　　 $).$

A. $\int_1^2 \ln^2 x \mathrm{d}x$　　　　　　B. $2\int_1^2 \ln x \mathrm{d}x$

C. $2\int_1^2 \ln(1 + x)\mathrm{d}x$　　　　D. $\int_1^2 \ln^2(1 + x)\mathrm{d}x$

5.2　定积分的性质

本节要点：通过本节的学习，学生应了解定积分的性质.

在探讨定积分性质的过程中，为方便起见，我们假定本节所涉及的定积分都是存在的. 如不特别指明，对积分区间 $[a, b]$，总假定 $a \leqslant b.$

5.2.1　定积分的性质及积分中值定理的意义

性质 1（线性性）　$\int_a^b [k_1 f(x) \pm k_2 g(x)] \mathrm{d}x = k_1 \int_a^b f(x)\mathrm{d}x \pm k_2 \int_a^b g(x)\mathrm{d}x$ （k_1, k_2 为常数）.

证　由定积分的定义及极限的线性性有

$$\int_a^b [k_1 f(x) \pm k_2 g(x)]\mathrm{d}x = \lim_{\lambda \to 0} \sum_i^n (k_1 f(\xi_i) + k_2 g(\xi_i))\Delta x_i$$

$$= k_1 \lim_{\lambda \to 0} \sum_{i=1}^{n} f(\xi_i) \Delta x_i +$$

$$k_2 \lim_{\lambda \to 0} \sum_{i=1}^{n} g(\xi_i) \Delta x_i$$

$$= k_1 \int_a^b f(x) \mathrm{d}x + k_2 \int_a^b g(x) \mathrm{d}x.$$

性质 1 表明,函数的代数和的积分等于积分的代数和,且常数可以提到积分号外.

性质 2　在 $[a,b]$ 上,若 $f(x) \equiv 1$,则 $\int_a^b 1 \mathrm{d}x = b - a.$ (请读者自己证明)

性质 3(可加性)　若 $a < c < b$,则 $\int_a^b f(x) \mathrm{d}x = \int_a^c f(x) \mathrm{d}x + \int_c^b f(x) \mathrm{d}x.$

证　由于函数 $f(x)$ 在区间 $[a,b]$ 上可积,在对 $[a,b]$ 划分时,可以把 c 作为一个分点,于是 $[a,b]$ 上的积分和便分成 $[a,c]$ 上的积分和加上 $[c,b]$ 上的积分和,即

$$\sum_{[a,b]} f(\xi_i) \Delta x_i = \sum_{[a,c]} f(\xi_i) \Delta x_i + \sum_{[c,b]} f(\xi_i) \Delta x_i,$$

对上式两边取极限 $\lambda \to 0$,即得

$$\int_a^b f(x) \mathrm{d}x = \int_a^c f(x) \mathrm{d}x + \int_c^b f(x) \mathrm{d}x.$$

注　在性质 3 中,当 c 在 $[a,b]$ 之外时也是成立的,事实上,不妨设 $a < b < c$,由性质 3 知,在 $[a,c]$ 上利用可加性有

$$\int_a^c f(x) \mathrm{d}x = \int_a^b f(x) \mathrm{d}x + \int_b^c f(x) \mathrm{d}x,$$

即

$$\int_a^b f(x) \mathrm{d}x = \int_a^c f(x) \mathrm{d}x - \int_b^c f(x) \mathrm{d}x = \int_a^c f(x) \mathrm{d}x + \int_c^b f(x) \mathrm{d}x.$$

注　定积分对于积分区间具有可加性,与曲边梯形面积的可加性一致(见图 5-8).

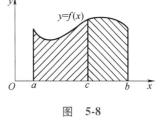

图　5-8

例 5.2.1　已知定积分 $\int_1^4 f(x) \mathrm{d}x = 3$,求

$$\int_2^2 2f(x) \mathrm{d}x + \int_1^2 f(x) \mathrm{d}x - \int_4^2 f(x) \mathrm{d}x + \int_1^4 5 \mathrm{d}x$$

的值.

解　由定积分的性质有

$$\int_2^2 2f(x) \mathrm{d}x + \int_1^2 f(x) \mathrm{d}x - \int_4^2 f(x) \mathrm{d}x + \int_1^4 5 \mathrm{d}x$$

$$= 0 + \int_1^2 f(x) \mathrm{d}x + \int_2^4 f(x) \mathrm{d}x + 5(4 - 1)$$

$$= \int_1^4 f(x) \mathrm{d}x + 15$$

$$= 3 + 15 = 18.$$

性质 4(保号性)　如果在区间 $[a,b]$ 上，$f(x) \geqslant 0$，则

$$\int_a^b f(x)\,\mathrm{d}x \geqslant 0.$$

由定积分的定义和极限的保号性可得.

注　非负函数的定积分也非负，即定积分保持符号不变，在几何上，此时定积分的值恰好是相应曲边梯形的面积值.

推论 1(保序性)　如果在区间 $[a,b]$ 上，$f(x) \leqslant g(x)$，则

$$\int_a^b f(x)\,\mathrm{d}x \leqslant \int_a^b g(x)\,\mathrm{d}x.$$

由性质 4 即可推出推论 1，留给读者完成.

推论 2(绝对可积不等式)　$\left| \int_a^b f(x)\,\mathrm{d}x \right| \leqslant \int_a^b |f(x)|\,\mathrm{d}x.$

证　因为 $-|f(x)| \leqslant f(x) \leqslant |f(x)|$，由推论 1 和性质 1，得

$$-\int_a^b |f(x)|\,\mathrm{d}x \leqslant \int_a^b f(x)\,\mathrm{d}x \leqslant \int_a^b |f(x)|\,\mathrm{d}x,$$

即

$$\left| \int_a^b f(x)\,\mathrm{d}x \right| \leqslant \int_a^b |f(x)|\,\mathrm{d}x.$$

例 5.2.2　利用保序性比较下列定积分的大小：

(1) $\displaystyle\int_1^2 x\,\mathrm{d}x$ 与 $\displaystyle\int_1^2 x^2\,\mathrm{d}x$；　(2) $\displaystyle\int_0^1 \ln(1+x)\,\mathrm{d}x$ 与 $\displaystyle\int_0^1 \ln^2(1+x)\,\mathrm{d}x$.

解　(1) 当 $x \in [1,2]$ 时，$x \leqslant x^2$，由保序性可知

$$\int_1^2 x\,\mathrm{d}x \leqslant \int_1^2 x^2\,\mathrm{d}x.$$

(2) 当 $x \in [0,1]$ 时，$\ln(1+x) \geqslant \ln^2(1+x)$，由保序性可知

$$\int_0^1 \ln(1+x)\,\mathrm{d}x \geqslant \int_0^1 \ln^2(1+x)\,\mathrm{d}x.$$

性质 5(估值定理)　设 M 和 m 分别是 $f(x)$ 在闭区间 $[a,b]$ 上的最大值和最小值，则

$$m(b-a) \leqslant \int_a^b f(x)\,\mathrm{d}x \leqslant M(b-a).$$

证　因为 $m \leqslant f(x) \leqslant M$，由性质 4 的推论 1 得

$$\int_a^b m\,\mathrm{d}x \leqslant \int_a^b f(x)\,\mathrm{d}x \leqslant \int_a^b M\,\mathrm{d}x.$$

再由性质 1 及性质 2，即得所要证的不等式.

这个性质说明，由被积函数在积分区间上的最大值及最小值，可以估计积分值的大致范围.

例 5.2.3　估计定积分 $\displaystyle\int_{-1}^1 \mathrm{e}^{-x^2}\,\mathrm{d}x$ 的值.

解　先求被积函数 $f(x) = \mathrm{e}^{-x^2}$ 在闭区间 $[-1,1]$ 上的最大值与最小值. 在 $f'(x) = -2x\mathrm{e}^{-x^2}$ 中，令 $f'(x) = 0$，得驻点 $x=0$，比较 $f(x)$ 在驻点及区间端点处的函数值：

$$f(0) = \mathrm{e}^0 = 1,\quad f(-1) = f(1) = \mathrm{e}^{-1} = \frac{1}{\mathrm{e}},$$

例 5.2.3

得 $f(x) = e^{-x^2}$ 在闭区间 $[-1,1]$ 上的最大值 $M=1$ 与最小值 $m = \dfrac{1}{e}$.

由估值定理可知

$$\frac{2}{e} \leqslant \int_{-1}^{1} e^{x^2} dx \leqslant 2.$$

性质 6(积分中值定理)　若函数 $f(x)$ 在闭区间 $[a,b]$ 上连续，则在 $[a,b]$ 上至少存在一点 ξ，使得

$$\int_{a}^{b} f(x) dx = f(\xi)(b-a) \quad (a \leqslant \xi \leqslant b).$$

证　由闭区间上连续函数的性质可知，$f(x)$ 在 $[a,b]$ 上有最大值 M 和最小值 m，由性质 5 可知

$$m(b-a) \leqslant \int_{a}^{b} f(x) dx \leqslant M(b-a).$$

即

$$m \leqslant \frac{1}{b-a} \int_{a}^{b} f(x) dx \leqslant M.$$

对于确定的数值 $\dfrac{1}{b-a} \int_{a}^{b} f(x) dx$ 介于函数 $f(x)$ 的最大值 M 及最小值 m 之间，根据闭区间上连续函数的介值定理可知，在 $[a,b]$ 上至少存在一点 ξ，使得函数 $f(x)$ 在点 ξ 处的值与这个确定的数值相等，即

$$\frac{1}{b-a} \int_{a}^{b} f(x) dx = f(\xi), a \leqslant \xi \leqslant b.$$

从而有

$$\int_{a}^{b} f(x) dx = f(\xi)(b-a).$$

显然，积分中值公式

$$\int_{a}^{b} f(x) dx = f(\xi)(b-a) \quad (a \leqslant \xi \leqslant b),$$

无论 $a<b$ 还是 $a>b$ 都是成立的.

积分中值定理的几何意义：以闭区间 $[a,b]$ 为底边，曲线 $y=f(x)$ 为曲边的曲边梯形面积，等于同底而高为 $f(\xi)$ 的矩形面积，其中 $a \leqslant \xi \leqslant b$(见图 5-9).

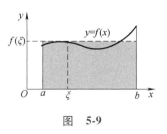

图　5-9

积分中值定理的代数意义：$\dfrac{1}{b-a} \int_{a}^{b} f(x) dx = f(\xi)$，$f(\xi)$ 称为函数 $f(x)$ 在区间 $[a,b]$ 上的平均值.

例 5.2.4　设函数 $f(x)$ 在闭区间 $[a,b]$ 上连续，在开区间 (a,b) 内可导，且存在 $c \in (a,b)$，使得 $\int_{a}^{c} f(x) dx = f(b)(c-a)$. 证明在开区间 (a,b) 内存在一点 ξ，使得 $f'(\xi) = 0$.

证　由函数 $f(x)$ 在 $[a,b]$ 上连续，$c \in (a,b)$，可知 $f(x)$ 在 $[a,c]$ 上连续，又由积分中值定理可知，存在 $\eta \in [a,c]$，使得

$$\int_a^c f(x)\,\mathrm{d}x = f(\eta)(c-a).$$

可见 $f(\eta)=f(b)$ 且 $\eta\neq b$，由罗尔定理可知，存在一点 $\xi\in(\eta,b)\subset (a,b)$，使得 $f'(\xi)=0$.

5.2.2　同步习题

1. 利用性质计算定积分 $\displaystyle\int_{-\pi}^{\pi} x^4 \sin x\,\mathrm{d}x$.

2. 利用定积分的性质判别下列各式是否成立：

(1) $\displaystyle\int_0^{\frac{\pi}{2}} \sin^2 x\,\mathrm{d}x \leqslant \int_0^{\frac{\pi}{2}} \sin x\,\mathrm{d}x$；　(2) $\displaystyle\int_{\frac{1}{2}}^1 x^2 \ln x\,\mathrm{d}x > 0$；

(3) $\displaystyle\int_0^1 e^x\,\mathrm{d}x > \int_0^1 (1+x)\,\mathrm{d}x$；　(4) $\displaystyle\int_0^{-\frac{\pi}{2}} \sin^3 x \cdot \cos^3 x\,\mathrm{d}x > 0$.

3. 估计下列积分值：

(1) $\displaystyle\int_1^4 (x^2+1)\,\mathrm{d}x$；　　　　(2) $\displaystyle\int_0^2 e^{(x^2-x)}\,\mathrm{d}x$.

4. 设函数 $f(x)$ 与 $g(x)$ 在 $[0,1]$ 上连续，且 $f(x)\leqslant g(x)$，则对任意的 $c\in(0,1)$，有（　　）.

A. $\displaystyle\int_{\frac{1}{2}}^c f(t)\,\mathrm{d}t \geqslant \int_{\frac{1}{2}}^c g(t)\,\mathrm{d}t$　　　　B. $\displaystyle\int_{\frac{1}{2}}^c f(t)\,\mathrm{d}t \leqslant \int_{\frac{1}{2}}^c g(t)\,\mathrm{d}t$

C. $\displaystyle\int_c^1 f(t)\,\mathrm{d}t \geqslant \int_c^1 g(t)\,\mathrm{d}t$　　　　D. $\displaystyle\int_c^1 f(t)\,\mathrm{d}t \leqslant \int_c^1 g(t)\,\mathrm{d}t$

5. 设 $I=\displaystyle\int_0^{\frac{\pi}{4}} \ln\sin x\,\mathrm{d}x,\ J=\int_0^{\frac{\pi}{4}} \ln\cot x\,\mathrm{d}x,\ K=\int_0^{\frac{\pi}{4}} \ln\cos x\,\mathrm{d}x$，则 I,J,K 的大小关系是（　　）.

A. $I<J<K$　　　　　　　　　B. $I<K<J$

C. $J<I<K$　　　　　　　　　D. $K<J<I$

5.3　微积分基本定理

本节要点：通过本节的学习，学生应理解积分上限函数，会求它的导数.掌握牛顿(Newton)-莱布尼茨(Leibniz)公式.

我们知道定积分是一个和式的极限，通过定义来计算定积分的值往往很麻烦甚至是不可能完成的.本节学习的微积分基本定理，为我们提供了一条计算定积分的有效途径，它揭示了定积分与不定积分的内在联系，进而把求定积分的问题转化为求原函数的问题.

5.3.1　积分上限函数及其导数

1. 积分上限函数

定义 5.3.1　设函数 $f(x)$ 在闭区间 $[a,b]$ 上连续，x 是区间 $[a,b]$ 上任意一点，则以 x 为积分上限的定积分 $\int_a^x f(t)\,dt$ 是关于 x 的函数，记作 $\phi(x)$，即

$$\phi(x) = \int_a^x f(t)\,dt,\qquad (5.3.1)$$

称 $\phi(x)$ 为积分上限函数（或变上限定积分）.

注　积分上限函数也是表示函数关系的一种形式，用这种形式表示的函数在物理学、化学、统计学等领域应用很广泛.

2. 积分上限函数的导数

定理 5.3.1　若函数 $f(x)$ 在闭区间 $[a,b]$ 上连续，则积分上限函数 $\phi(x) = \int_a^x f(t)\,dt$ 在 $[a,b]$ 上可导，且它的导数是 $f(x)$，即

$$\phi'(x) = \frac{d}{dx}\int_a^x f(t)\,dt = f(x) \quad (a \le x \le b). \qquad (5.3.2)$$

证　根据导数的定义，有

$$\phi'(x) = \lim_{\Delta x \to 0} \frac{\phi(x+\Delta x) - \phi(x)}{\Delta x}, x \in [a,b].$$

左端点处有右导数，右端点处有左导数.

（1）当 $x \in (a,b)$ 时，要求 Δx 的绝对值足够小，使 $x+\Delta x \in (a,b)$，由此可得

$$\phi'(x) = \lim_{\Delta x \to 0} \frac{\int_a^{x+\Delta x} f(t)\,dt - \int_a^x f(t)\,dt}{\Delta x}$$

$$= \lim_{\Delta x \to 0} \frac{\int_a^x f(t)\,dt + \int_x^{x+\Delta x} f(t)\,dt - \int_a^x f(t)\,dt}{\Delta x}$$

$$= \lim_{\Delta x \to 0} \frac{\int_x^{x+\Delta x} f(t)\,dt}{\Delta x}.$$

由积分中值定理可知，至少存在一点 ξ 属于 x 与 $x+\Delta x$ 之间，使得

$$\int_x^{x+\Delta x} f(t)\,dt = f(\xi)\Delta x.$$

故当 $\Delta x \to 0$ 时，$\xi \to x$，有

$$\phi'(x) = \lim_{\Delta x \to 0} \frac{f(\xi)\Delta x}{\Delta x} = f(x).$$

（2）当 $x=a$ 或 $x=b$ 时，相应地，将 $\Delta x \to 0$ 分别改为 $\Delta x \to 0^+$ 与 $\Delta x \to 0^-$，于是得到 $\phi'_+(a) = f(a)$ 与 $\phi'_-(b) = f(b)$.

由定理 5.3.1 可知, 连续函数 $f(x)$ 构成的积分上限函数 $\phi(x) = \int_a^x f(t)\mathrm{d}t$ 是 $f(x)$ 的原函数, 由此可以引出下面的定理.

定理 5.3.2(原函数存在定理)　若函数 $f(x)$ 在闭区间 $[a,b]$ 上连续, 则必在 $[a,b]$ 上存在原函数, 积分上限函数 $\phi(x) = \int_a^x f(t)\mathrm{d}t$ 就是 $f(x)$ 在 $[a,b]$ 上的一个原函数.

积分上限函数作为一种比较特殊的函数, 其求导结果还原为 $f(x)$ 本身, 常见的求导数形式有如下六种情形:

情形 1　若 $\phi(x) = \int_a^x f(t)\mathrm{d}t$, 则 $\phi'(x) = f(x)$.

例 5.3.1　设 $\phi(x) = \int_0^x \sin(1+\mathrm{e}^t)\mathrm{d}t$, 求 $\phi'(x)$.

解　由定理 5.3.1 可知

$$\phi'(x) = \frac{\mathrm{d}}{\mathrm{d}x}\int_0^x \sin(1+\mathrm{e}^t)\mathrm{d}t = \sin(1+\mathrm{e}^x).$$

情形 2　若 $\phi(x) = \int_x^a f(t)\mathrm{d}t$, 则 $\phi'(x) = -f(x)$.

例 5.3.2　设 $\phi(x) = \int_x^0 \mathrm{e}^{-t^2}\mathrm{d}t$, 求 $\phi'(x)$.

解　先将 $\phi(x)$ 变换成积分上限函数的形式, 即

$$\phi(x) = -\int_0^x \mathrm{e}^{-t^2}\mathrm{d}t,$$

由定理 5.3.1 可得 $\phi'(x) = -\mathrm{e}^{-x^2}$.

情形 3　若 $\phi(x) = \int_a^{g(x)} f(t)\mathrm{d}t$, 则 $\phi'(x) = f(g(x)) \cdot g'(x)$.

注　当上限是可导函数 $u = g(x)$ 时, 由复合函数求导法则即可得上式.

例 5.3.3　设 $x > 0$, $\phi(x) = \int_0^{x^2} \sin\sqrt{t}\,\mathrm{d}t$, 求 $\phi'(x)$.

解　设 $x^2 = u$, 则 $\phi(x) = \int_0^u \sin\sqrt{t}\,\mathrm{d}t$, 这里把 u 看作中间变量.

$$\phi'(x) = \frac{\mathrm{d}}{\mathrm{d}u}\int_0^u \sin\sqrt{t}\,\mathrm{d}t \cdot \frac{\mathrm{d}u}{\mathrm{d}x} = \sin\sqrt{u} \cdot 2x = 2x\sin x \,(x>0).$$

情形 4　若 $\phi(x) = \int_{h(x)}^{g(x)} f(t)\mathrm{d}t$, 则 $\phi'(x) = f(g(x)) \cdot g'(x) - f(h(x)) \cdot h'(x)$.

例 5.3.4　设 $\phi(x) = \int_x^{2x} t^3\mathrm{d}t$, 求 $\phi'(x)$.

解　$\phi(x) = \int_x^{2x} t^3\mathrm{d}t = \int_x^0 t^3\mathrm{d}t + \int_0^{2x} t^3\mathrm{d}t$

$$= \int_0^{2x} t^3\mathrm{d}t - \int_0^x t^3\mathrm{d}t.$$

$$\phi'(x) = (2x)^3 \cdot (2x)' - x^3 = 15x^3.$$

情形 5 若 $\phi(x) = \int_0^{g(x)} f(t) \mathrm{d}t$,则 $\phi'(x) = g'(x) \int_0^x f(t) \mathrm{d}t +$ $g(x) f(x)$.

注 积分上限函数 $\phi(x)$ 右式的积分变量是 t,在积分过程中 x 为常量.

例 5.3.5 设 $\phi(x) = \int_0^x f(t)(x-t) \mathrm{d}t$,其中 $f(x)$ 在 $(-\infty, +\infty)$ 内连续,求 $\phi'(x)$.

解 先将被积函数重新整理,表达式中的 x 提到积分号外,然后再求导.

$$\phi(x) = x \int_0^x f(t) \mathrm{d}t - \int_0^x t f(t) \mathrm{d}t ,$$

于是

$$\begin{aligned} \phi'(x) &= \frac{\mathrm{d}}{\mathrm{d}x} \left(x \int_0^x f(t) \mathrm{d}t - \int_0^x t f(t) \mathrm{d}t \right) \\ &= \int_0^x f(t) \mathrm{d}t + x f(x) - x f(x) \\ &= \int_0^x f(t) \mathrm{d}t. \end{aligned}$$

* 情形 6 变量替换后再求导,这种情况在讲完 5.4 节后补充讲解.

由于积分上限函数求导数有其特有的原理,在求极限的过程中常常利用这一点.

例 5.3.6 计算 $\lim\limits_{x \to 0} \dfrac{\int_0^x \cos t^2 \mathrm{d}t}{x}$.

解 当 $x \to 0$ 时,该极限为 "$\dfrac{0}{0}$" 型,可使用洛必达法则求极限,得

$$\lim_{x \to 0} \frac{\int_0^x \cos t^2 \mathrm{d}t}{x} = \lim_{x \to 0} \frac{\cos x^2}{1} = 1.$$

例 5.3.7 计算 $\lim\limits_{x \to 0} \dfrac{\int_{\cos x}^1 \mathrm{e}^{-t^2} \mathrm{d}t}{x^2}$.

解 当 $x \to 0$ 时,该极限为 "$\dfrac{0}{0}$" 型,可使用洛必达法则求极限.利用定积分性质,分子可以写成 $-\int_1^{\cos x} \mathrm{e}^{-t^2} \mathrm{d}t$,然后根据积分上限函数求导的情形 3,有

例 5.3.7

$$\lim_{x \to 0} \frac{\int_{\cos x}^1 \mathrm{e}^{-t^2} \mathrm{d}t}{x^2} = \lim_{x \to 0} \frac{-\int_1^{\cos x} \mathrm{e}^{-t^2} \mathrm{d}t}{x^2}$$

$$= \lim_{x \to 0} \frac{-e^{-\cos^2 x} \cdot (-\sin x)}{2x}$$

$$= \lim_{x \to 0} \frac{\sin x \cdot e^{-\cos^2 x}}{2x} = \frac{1}{2e}.$$

5.3.2 牛顿-莱布尼茨公式

原函数存在定理揭示了定积分与原函数之间的关系,下面的定理说明了如何利用原函数来计算定积分.

定理 5.3.3(微积分基本定理) 设函数 $f(x)$ 在闭区间 $[a,b]$ 上连续,函数 $F(x)$ 是 $f(x)$ 的一个原函数,则有

$$\int_a^b f(x)\,\mathrm{d}x = F(b) - F(a). \tag{5.3.3}$$

证 已知 $F(x)$ 是 $f(x)$ 的一个原函数,由原函数存在定理可知,$\phi(x) = \int_a^x f(t)\,\mathrm{d}t$ 也是 $f(x)$ 的一个原函数,于是有

$$F(x) - \phi(x) = C (C \text{ 为常数}, x \in [a,b]).$$

令上式中的 $x = a$,则

$$F(a) - \phi(a) = C.$$

又

$$\phi(a) = \int_a^a f(t)\,\mathrm{d}t = 0,$$

所以

$$F(a) = C.$$

于是

$$\phi(x) = \int_a^x f(t)\,\mathrm{d}t = F(x) - C = F(x) - F(a).$$

再令 $x = b$,则

$$\phi(b) = \int_a^b f(t)\,\mathrm{d}t = F(b) - C = F(b) - F(a),$$

于是

$$\int_a^b f(x)\,\mathrm{d}x = F(b) - F(a).$$

为了方便起见,牛顿-莱布尼茨公式也叫作微积分基本公式,可简记为 $\int_a^b f(x)\,\mathrm{d}x = [F(x)]_a^b = F(b) - F(a)$.牛顿-莱布尼茨公式揭示了定积分与被积函数原函数(或不定积分)的关系,是计算定积分十分有效且最简便的方法.

例 5.3.8 求 $\int_{-1}^3 (x^3 + 2)\,\mathrm{d}x$.

解 因为 $x^3 + 2$ 的一个原函数是 $\frac{1}{4}x^4 + 2x$,故有

$$\int_{-1}^3 (x^3 + 2)\,\mathrm{d}x = \left[\frac{1}{4}x^4 + 2x\right]_{-1}^3 = 28.$$

例 5.3.9 计算 $\int_{-1}^{\sqrt{3}} \dfrac{1}{1 + x^2} \mathrm{d}x$.

解 $\int_{-1}^{\sqrt{3}} \dfrac{1}{1 + x^2} \mathrm{d}x = [\arctan x]_{-1}^{\sqrt{3}} = \arctan\sqrt{3} - \arctan(-1)$

$$= \dfrac{\pi}{3} - \left(-\dfrac{\pi}{4}\right) = \dfrac{7\pi}{12}.$$

例 5.3.10 计算 $\int_{-1}^{3} |2 - x| \mathrm{d}x$.

解 $\int_{-1}^{3} |2 - x| \mathrm{d}x = \int_{-1}^{2} |2 - x| \mathrm{d}x + \int_{2}^{3} |2 - x| \mathrm{d}x$

$$= \int_{-1}^{2} (2 - x) \mathrm{d}x + \int_{2}^{3} (x - 2) \mathrm{d}x$$

$$= \left[2x - \dfrac{1}{2}x^2\right]_{-1}^{2} + \left[\dfrac{1}{2}x^2 - 2x\right]_{2}^{3}$$

$$= 4\dfrac{1}{2} + \dfrac{1}{2} = 5.$$

例 5.3.11 计算 $\int_{0}^{\pi} \sqrt{1 - \sin^2 x}\, \mathrm{d}x$.

解 $\int_{0}^{\pi} \sqrt{1 - \sin^2 x}\, \mathrm{d}x = \int_{0}^{\pi} |\cos x| \mathrm{d}x = \int_{0}^{\frac{\pi}{2}} |\cos x| \mathrm{d}x + \int_{\frac{\pi}{2}}^{\pi} |\cos x| \mathrm{d}x$

$$= \int_{0}^{\frac{\pi}{2}} \cos x \mathrm{d}x - \int_{\frac{\pi}{2}}^{\pi} \cos x \mathrm{d}x$$

$$= [\sin x]_{0}^{\frac{\pi}{2}} - [\sin x]_{\frac{\pi}{2}}^{\pi}$$

$$= (1 - 0) - (0 - 1) = 2.$$

5.3.3 同步习题

1. 求下列函数的导数.

(1) $y = \int_{1}^{x^2} \cos t \mathrm{d}t$;

(2) $y = \int_{x}^{5} 3t\sin t \mathrm{d}t$;

(3) $y = \int_{0}^{x} x e^t \mathrm{d}t$;

(4) $y = \int_{x^2}^{x^3} \dfrac{1}{t^2} \mathrm{d}t$.

2. 求下列极限.

(1) $\lim\limits_{x \to 0} \dfrac{x^2}{\displaystyle\int_{0}^{x} \mathrm{e}^{t^2} \mathrm{d}t}$;

(2) $\lim\limits_{x \to 0} \dfrac{\displaystyle\int_{x^2}^{x} t \mathrm{d}t}{x^2}$;

(3) $\lim\limits_{x \to 0} \dfrac{\displaystyle\int_{0}^{x} (1 + t^2) \mathrm{e}^{t^2 - x^2} \mathrm{d}t}{x}$.

3. 计算下列定积分.

(1) $\int_1^2 \left(x^2 + \dfrac{1}{x^4} \right) dx$;　　　　　　(2) $\int_{-1}^0 \left(e^x - \dfrac{1}{1+x^2} \right) dx$;

(3) $\int_1^2 \dfrac{1+2x^2}{x^2(1+x^2)} dx$;　　　　　　(4) $\int_{-1}^0 \dfrac{3x^4+3x^2+1}{x^2+1} dx$.

5.4　定积分的换元积分法与分部积分法

本节要点:通过本节的学习,学生应掌握定积分的换元积分法与分部积分法.

由微积分的基本定理可知,求定积分问题已归结为求原函数(或不定积分 $\int f(x) dx$)的问题,前一章的求不定积分的方法,在一定条件下就可以改造用来计算定积分,下面就来讨论定积分的换元积分法与分部积分法这两种计算方法

5.4.1　定积分的换元积分法

定理 5.4.1　设函数 $f(x)$ 在闭区间 $[a,b]$ 上连续,函数 $x=\varphi(t)$ 满足条件:

(1) $a=\varphi(\alpha)$, $b=\varphi(\beta)$;

(2) $x=\varphi(t)$ 在区间 $[\alpha,\beta]$ 或 $[\beta,\alpha]$ 上具有连续导数,且其值域 $R_\varphi \subset [a,b]$,

则有

$$\int_a^b f(x) dx = \int_\alpha^\beta f(\varphi(t)) \varphi'(t) dt. \qquad (5.4.1)$$

该公式叫作**定积分换元公式**.

证　由条件知,式(5.4.1)两边的被积函数在其积分区间上均是连续函数,故式(5.4.1)两端的定积分均存在,且两端的被积函数的原函数也存在.

设 $F(x)$ 是 $f(x)$ 在 $[a,b]$ 上的一个原函数,则

$$\int_a^b f(x) dx = F(b) - F(a),$$

由复合函数求导法则,有

$$\frac{dF(\varphi(t))}{dt} = F'(\varphi(t)) \varphi'(t) = f(\varphi(t)) \varphi'(t),$$

这表明 $F(\varphi(t))$ 是 $f(\varphi(t)) \varphi'(t)$ 的一个原函数,从而

$$\int_\alpha^\beta f(\varphi(t)) \varphi'(t) dt = \left[F(\varphi(t)) \right]_\alpha^\beta$$

$$= F(\varphi(\beta)) - F(\varphi(\alpha))$$

$$= F(b) - F(a),$$

故

$$\int_a^b f(x)\,\mathrm{d}x = \int_\alpha^\beta f(\varphi(t))\varphi'(t)\,\mathrm{d}t.$$

注　（1）定积分换元的目的：一是化简被积函数，二是调整积分区间.

（2）注意与不定积分换元法的不同：不定积分采用 $x = \varphi(t)$ 变换后，求出关于积分变量 t 的原函数 $F(\varphi(t))$ 时，要换回原变量 x 的函数；定积分采用 $x = \varphi(t)$ 变换时，谨记"换元要换限"，求出关于积分变量 t 的原函数 $F(\varphi(t))$ 后，直接代入新变量 t 的上下限即可.

（3）如果把式（5.4.1）反过来写作 $\int_\alpha^\beta f(\varphi(t))\varphi'(t)\,\mathrm{d}t = \int_a^b f(x)\,\mathrm{d}x$，便与不定积分第一类换元积分法（凑微分法）形式上相似.

下面通过例题进一步讨论.

例 5.4.1　计算 $\int_0^{\sqrt{\frac{\pi}{2}}} x\sin x^2\,\mathrm{d}x$.

解　设 $t = x^2$，则 $\mathrm{d}t = 2x\,\mathrm{d}x$，且

当 $x = 0$ 时，$t = 0$；当 $x = \sqrt{\dfrac{\pi}{2}}$ 时，$t = \dfrac{\pi}{2}$.

于是

$$\int_0^{\sqrt{\frac{\pi}{2}}} x\sin x^2\,\mathrm{d}x = \frac{1}{2}\int_0^{\frac{\pi}{2}} \sin t\,\mathrm{d}t = \frac{1}{2}\left[-\cos t\right]_0^{\frac{\pi}{2}} = \frac{1}{2} - \frac{1}{2}\cos\frac{\pi}{2} = \frac{1}{2}.$$

在例 5.4.1 中，如果不写出新变量 t，定积分的上、下限就不要变更.现在用这种记法写出计算过程如下：

$$\int_0^{\sqrt{\frac{\pi}{2}}} x\sin x^2\,\mathrm{d}x = \frac{1}{2}\int_0^{\sqrt{\frac{\pi}{2}}} \sin x^2\,\mathrm{d}x^2 = \frac{1}{2}\left[-\cos x^2\right]_0^{\sqrt{\frac{\pi}{2}}}$$

$$= \frac{1}{2} - \frac{1}{2}\cos\frac{\pi}{2} = \frac{1}{2}.$$

例 5.4.2　计算 $\int_0^1 \sqrt{1 - x^2}\,\mathrm{d}x$.

解　令 $x = \sin t\,(0 \leqslant x \leqslant 1)$，则 $\mathrm{d}x = \cos t\,\mathrm{d}t$，

当 $x = 0$ 时，$t = 0$；当 $x = 1$ 时，$t = \dfrac{\pi}{2}$.于是

$$\int_0^1 \sqrt{1 - x^2}\,\mathrm{d}x = \int_0^{\frac{\pi}{2}} \cos t \cdot \cos t\,\mathrm{d}t$$

$$= \int_0^{\frac{\pi}{2}} \frac{1 + \cos 2t}{2}\,\mathrm{d}t = \frac{1}{2}\left[t + \frac{\sin 2t}{2}\right]_0^{\frac{\pi}{2}} = \frac{\pi}{4}.$$

例 5.4.2 在 5.1 节中曾用定积分的几何意义计算,本节采用了第二类换元积分法计算.计算 $\int_a^b f(x)\mathrm{d}x$ 的过程中相当于设 $x=\varphi(t)$,积分变量 x 换成了 t,x 的上下限 a,b 也通过函数 $t=\varphi^{-1}(x)$ 随之换成了 t 的上下限 α,β,其中 α,β 分别对应 x 取 a,b 值时的值.

例 5.4.3 计算 $\int_0^4 \dfrac{\sqrt{x}}{1+\sqrt{x}}\mathrm{d}x$.

解 令 $\sqrt{x}=t$,则 $x=t^2$,$\mathrm{d}x=2t\mathrm{d}t$;当 $x=0$ 时,$t=0$;当 $x=4$ 时,$t=2$.于是

$$\int_0^4 \frac{\sqrt{x}}{1+\sqrt{x}}\mathrm{d}x = \int_0^2 \frac{t}{1+t}2t\mathrm{d}t$$
$$= 2\int_0^2 \frac{(t^2-1)+1}{1+t}\mathrm{d}t = 2\int_0^2 \left(t-1+\frac{1}{1+t}\right)\mathrm{d}t$$
$$= 2\left[\frac{t^2}{2}-t+\ln|1+t|\right]_0^2 = 2\ln 3.$$

下面介绍几个常用的等式,以便简化定积分的计算.

例 5.4.4 若函数 $f(x)$ 在 $[-a,a]$ 上连续,证明

$$\int_{-a}^a f(x)\mathrm{d}x = \begin{cases} 2\int_0^a f(x)\mathrm{d}x, & \text{当 } f(x) \text{ 为偶函数时,} \\ 0, & \text{当 } f(x) \text{ 为奇函数时.} \end{cases}$$

证 由积分区间的可加性,有

$$\int_{-a}^a f(x)\mathrm{d}x = \int_{-a}^0 f(x)\mathrm{d}x + \int_0^a f(x)\mathrm{d}x,$$

对积分 $\int_{-a}^0 f(x)\mathrm{d}x$ 做代换 $x=-t$.当 $x=0$ 时,$t=0$;当 $x=-a$ 时,$t=a$.于是

$$\int_{-a}^0 f(x)\mathrm{d}x = -\int_a^0 f(-t)\mathrm{d}t = \int_0^a f(-t)\mathrm{d}t = \int_0^a f(-x)\mathrm{d}x.$$

于是

$$\int_{-a}^a f(x)\mathrm{d}x = \int_0^a f(-x)\mathrm{d}x + \int_0^a f(x)\mathrm{d}x = \int_0^a [f(x)+f(-x)]\mathrm{d}x.$$

当 $f(x)$ 为偶函数时,$f(x)+f(-x)=2f(x)$,从而

$$\int_{-a}^a f(x)\mathrm{d}x = 2\int_0^a f(x)\mathrm{d}x.$$

当 $f(x)$ 为奇函数时,$f(x)+f(-x)=0$,从而

$$\int_{-a}^a f(x)\mathrm{d}x = 0.$$

综上可得

$$\int_{-a}^a f(x)\mathrm{d}x = \begin{cases} 2\int_0^a f(x)\mathrm{d}x, & \text{当 } f(x) \text{ 为偶函数时,} \\ 0, & \text{当 } f(x) \text{ 为奇函数时.} \end{cases}$$

利用例 5.4.4 的结论,可简化奇、偶函数在关于原点对称的区

间上的定积分的计算.

例 5.4.5　计算 $\int_{-1}^{1} \dfrac{1+\sin x}{1+x^2}\mathrm{d}x$.

解　$\int_{-1}^{1} \dfrac{1+\sin x}{1+x^2}\mathrm{d}x = \int_{-1}^{1} \dfrac{1+\sin x}{1+x^2}\mathrm{d}x = \int_{-1}^{1}\left(\dfrac{1}{1+x^2}+\dfrac{\sin x}{1+x^2}\right)\mathrm{d}x$,

因为 $\dfrac{\sin x}{1+x^2}$ 是奇函数, $\dfrac{1}{1+x^2}$ 是偶函数, 由例 5.4.4 的结论可知

$$\int_{-1}^{1} \dfrac{1+\sin x}{1+x^2}\mathrm{d}x = 2\int_{0}^{1}\dfrac{1}{1+x^2}\mathrm{d}x = \left[2\arctan x\right]_{0}^{1} = \dfrac{\pi}{2} .$$

例 5.4.6　若函数 $f(x)$ 是以 T 为周期的连续函数, 证明对任意的常数 a, 都有

$$\int_{a}^{a+T} f(x)\mathrm{d}x = \int_{0}^{T} f(x)\mathrm{d}x .$$

证　设 $x=u+T$, 则 $\mathrm{d}x=\mathrm{d}u$. 当 $x=T$ 时, $u=0$; 当 $x=a+T$ 时, $u=a$. 于是

$$\int_{T}^{a+T} f(x)\mathrm{d}x = \int_{0}^{a} f(u+T)\mathrm{d}u = \int_{0}^{a} f(u)\mathrm{d}u = \int_{0}^{a} f(x)\mathrm{d}x .$$

由积分区间的可加性有

$$\begin{aligned}
\int_{a}^{a+T} f(x)\mathrm{d}x &= \int_{a}^{0} f(x)\mathrm{d}x + \int_{0}^{T} f(x)\mathrm{d}x + \int_{T}^{a+T} f(x)\mathrm{d}x \\
&= \int_{a}^{0} f(x)\mathrm{d}x + \int_{0}^{T} f(x)\mathrm{d}x + \int_{0}^{a} f(x)\mathrm{d}x \\
&= \int_{0}^{T} f(x)\mathrm{d}x .
\end{aligned}$$

例 5.4.7　证明: 若 $f(x)$ 在 $[0,1]$ 上连续, 则

$$\int_{0}^{\frac{\pi}{2}} f(\sin x)\mathrm{d}x = \int_{0}^{\frac{\pi}{2}} f(\cos x)\mathrm{d}x .$$

证　设 $x=\dfrac{\pi}{2}-t$, 则 $\mathrm{d}x=-\mathrm{d}t$. 当 $x=0$ 时, $t=\dfrac{\pi}{2}$; 当 $x=\dfrac{\pi}{2}$ 时, $t=0$. 于是

$$\begin{aligned}
\int_{0}^{\frac{\pi}{2}} f(\sin x)\mathrm{d}x &= -\int_{\frac{\pi}{2}}^{0} f\left(\sin\left(\dfrac{\pi}{2}-t\right)\right)\mathrm{d}t \\
&= \int_{0}^{\frac{\pi}{2}} f(\cos t)\mathrm{d}t = \int_{0}^{\frac{\pi}{2}} f(\cos x)\mathrm{d}x.
\end{aligned}$$

由例 5.4.7 推出下列积分等式:

$$\int_{0}^{\frac{\pi}{2}} \sin^n x\,\mathrm{d}x = \int_{0}^{\frac{\pi}{2}} \cos^n x\,\mathrm{d}x \quad (n\geqslant 1) .$$

利用例 5.4.7 的结论可以简化一些定积分的计算, 比如:

例 5.4.8　计算 $I = \int_{0}^{\frac{\pi}{2}} \dfrac{\sin^3 x - \cos^3 x}{2-\sin x - \cos x}\mathrm{d}x$ 的值.

解　由例 5.4.7 的结论得

$$I = \int_0^{\frac{\pi}{2}} \frac{\sin^3 x - \cos^3 x}{2 - \sin x - \cos x} dx = \int_0^{\frac{\pi}{2}} \frac{\cos^3 x - \sin^3 x}{2 - \cos x - \sin x} dx = - I,$$

所以 $2I = 0$, 于是 $I = 0$.

例 5.4.9   证明 $\int_0^{\pi} x f(\sin x) dx = \dfrac{\pi}{2} \int_0^{\pi} f(\sin x) dx$.

证   设 $x = \pi - t$, 则 $dx = -dt$. 当 $x = 0$ 时, $t = \pi$; 当 $x = \pi$ 时, $t = 0$.
于是

$$\int_0^{\pi} x f(\sin x) dx = - \int_{\pi}^0 (\pi - t) f[\sin(\pi - t)] dt$$

$$= \int_0^{\pi} (\pi - t) f(\sin t) dt$$

$$= \pi \int_0^{\pi} f(\sin t) dt - \int_0^{\pi} t f(\sin t) dt$$

$$= \pi \int_0^{\pi} f(\sin x) dx - \int_0^{\pi} x f(\sin x) dx.$$

所以 $\int_0^{\pi} x f(\sin x) dx = \dfrac{\pi}{2} \int_0^{\pi} f(\sin x) dx$.

利用例 5.4.9 的结论可以简化一些定积分的计算.

例 5.4.10   计算 $\int_0^{\pi} \dfrac{x \sin x}{1 + \cos^2 x} dx$.

解 $\int_0^{\pi} \dfrac{x \sin x}{1 + \cos^2 x} dx = \dfrac{\pi}{2} \int_0^{\pi} \dfrac{\sin x}{1 + \cos^2 x} dx = - \dfrac{\pi}{2} \int_0^{\pi} \dfrac{1}{1 + \cos^2 x} d\cos x$

$$= - \dfrac{\pi}{2} [\arctan(\cos x)]_0^{\pi} = - \dfrac{\pi}{2} \left(- \dfrac{\pi}{4} - \dfrac{\pi}{4} \right)$$

$$= \dfrac{\pi^2}{4}.$$

前面我们学了积分上限函数, 这是一种比较特殊的函数, 它的性质往往也是我们关心的问题.

例 5.4.11   若 $f(x)$ 是连续函数且为奇函数, 证明: $\int_0^x f(t) dt$ 是偶函数; 若 $f(x)$ 是连续函数且为偶函数, 证明: $\int_0^x f(t) dt$ 是奇函数.

证   设 $F(x) = \int_0^x f(t) dt$, 则 $F(-x) = \int_0^{-x} f(t) dt$,
设 $t = -u$, 则 $dt = -du$. 当 $t = 0$ 时, $u = 0$; 当 $t = -x$ 时, $u = x$, 代入 $F(-x)$, 有

$$F(-x) = - \int_0^x f(-u) du.$$

若 $f(x)$ 为奇函数, 则 $F(-x) = \int_0^x f(u) du = F(x)$, 即 $F(x) = \int_0^x f(t) dt$ 是偶函数;

若 $f(x)$ 为偶函数, 则 $F(-x) = - \int_0^x f(u) du = - F(x)$, 即 $F(x) = \int_0^x f(t) dt$ 是奇函数.

＊对于积分上限函数的导数的情形 **6** 补充如下:通过变量替换后再求导,举例如下.

例 5.4.12 设 $\phi(x)=\int_x^{3x}\cos(x-t)^2\mathrm{d}t$,求 $\phi'(x)$.

解 求导变量 x 同时出现在积分限和被积函数中,需将被积函数中的变量 x 移至积分号外,或移至积分上下限才能进行求导,为此进行变量替换.

设 $x-t=u$,则 $t=x-u$,$\mathrm{d}t=-\mathrm{d}u$.当 $t=x$ 时,$u=0$;当 $t=3x$ 时,$u=-2x$. 代入原式,有

$$\phi(x)=-\int_0^{-2x}\cos u^2\mathrm{d}u,$$

利用情形 3,有

$$\phi'(x)=2\cos(4x^2).$$

例 5.4.13 设 $f(x)=\begin{cases}\cos x,x\geq 0,\\x+1,x<0\end{cases}$ 求 $\int_0^2 f(x-1)\mathrm{d}x$.

解 令 $t=x-1$,则 $x=0$ 时,$t=-1$;$x=2$ 时,$t=1$.于是

$$\begin{aligned}\int_0^2 f(x-1)\mathrm{d}x &= \int_{-1}^1 f(t)\mathrm{d}t = \int_{-1}^0 f(x)\mathrm{d}x + \int_0^1 f(x)\mathrm{d}x\\ &= \int_{-1}^0(x+1)\mathrm{d}x + \int_0^1\cos x\mathrm{d}x\\ &= \left[\frac{1}{2}(x+1)^2\right]_{-1}^0 + [\sin x]_0^1 = \frac{1}{2} + \sin 1.\end{aligned}$$

5.4.2 定积分的分部积分法

设函数 $u(x)$ 和 $v(x)$ 在闭区间 $[a,b]$ 上存在连续导数,则由 $(uv)'=u'v+uv'$,得

$$uv'=(uv)'-u'v.$$

两端从 a 到 b 对 x 求定积分,得到定积分的分部积分公式

$$\int_a^b u\mathrm{d}v = [uv]_a^b - \int_a^b v\mathrm{d}u. \tag{5.4.2}$$

例 5.4.14 计算 $\int_1^5\ln 2x\mathrm{d}x$.

解 设 $u=\ln 2x$,$\mathrm{d}v=\mathrm{d}x$,则

$$\begin{aligned}\int_1^5\ln 2x\mathrm{d}x &= [x\ln 2x]_1^5 - \int_1^5 x\cdot\mathrm{d}\ln 2x\\ &= 5\ln 10 - \ln 2 - \int_1^5\mathrm{d}x\\ &= 5(\ln 5 + \ln 2) - \ln 2 - 4\\ &= 5\ln 5 + 4\ln 2 - 4.\end{aligned}$$

例 5.4.15 计算 $\int_0^1 xe^x\mathrm{d}x$.

解 $\int_0^1 xe^x\mathrm{d}x = \int_0^1 x\mathrm{d}e^x = [x\cdot e^x]_0^1 - \int_0^1 e^x\mathrm{d}x = e - 0 - [e^x]_0^1 = 1.$

例 **5.4.16**　计算 $\int_0^1 \arcsin x \mathrm{d}x$.

解　$\int_0^1 \arcsin x \mathrm{d}x = \left[x \arcsin x \right]_0^1 - \int_0^1 x \mathrm{d}\arcsin x$

$$= \frac{\pi}{2} - \int_0^1 \frac{x}{\sqrt{1-x^2}} \mathrm{d}x$$

$$= \frac{\pi}{2} - \frac{1}{2} \int_0^1 \frac{1}{\sqrt{1-x^2}} \mathrm{d}x^2$$

$$= \frac{\pi}{2} + \frac{1}{2} \int_0^1 \frac{1}{\sqrt{1-x^2}} \mathrm{d}(1-x^2)$$

$$= \frac{\pi}{2} + \left[\sqrt{1-x^2} \right]_0^1 = \frac{\pi}{2} - 1 .$$

例 **5.4.17**　计算 $\int_0^1 \mathrm{e}^{\sqrt{x}} \mathrm{d}x$.

例 5.4.17

解　令 $\sqrt{x} = t$,则 $x = t^2$, $\mathrm{d}x = 2t\mathrm{d}t$,且当 $x=0$ 时, $t=0$;当 $x=1$ 时, $t=1$,于是

$$\int_0^1 \mathrm{e}^{\sqrt{x}} \mathrm{d}x = 2\int_0^1 t\mathrm{e}^t \mathrm{d}t = 2\int_0^1 t\mathrm{d}\mathrm{e}^t$$

$$= 2\left(\left[t\mathrm{e}^t \right]_0^1 - \int_0^1 \mathrm{e}^t \mathrm{d}t \right)$$

$$= 2\left(\mathrm{e} - \left[\mathrm{e}^t \right]_0^1 \right) = 2 .$$

例 **5.4.18**　计算 $\int_0^\pi \mathrm{e}^x \sin x \mathrm{d}x$.

解　由例 4.2.41 得 $\int_0^\pi \mathrm{e}^x \sin x \mathrm{d}x = \left[\mathrm{e}^x \sin x - \mathrm{e}^x \cos x \right]_0^\pi - \int_0^\pi \mathrm{e}^x \sin x \mathrm{d}x$.

由此可得　　　　　　$\int_0^\pi \mathrm{e}^x \sin x \mathrm{d}x = \frac{1}{2}(\mathrm{e}^\pi + 1)$.

*例 **5.4.19**　计算 $I_n = \int_0^{\frac{\pi}{2}} \sin^n x \mathrm{d}x$,其中 n 为正整数.

解　显然 $I_0 = \frac{\pi}{2}$, $I_1 = 1$.当 $n>1$ 时,有

$$I_n = \int_0^{\frac{\pi}{2}} \sin^n x \mathrm{d}x = -\int_0^{\frac{\pi}{2}} \sin^{n-1} x \mathrm{d}\cos x$$

$$= \left[-\cos x \sin^{n-1} x \right]_0^{\frac{\pi}{2}} + \int_0^{\frac{\pi}{2}} \cos x \mathrm{d}\sin^{n-1} x$$

$$= (n-1)\int_0^{\frac{\pi}{2}} \sin^{n-2} x \cdot \cos^2 x \mathrm{d}x$$

$$= (n-1)\int_0^{\frac{\pi}{2}} \sin^{n-2} x \cdot (1-\sin^2 x) \mathrm{d}x$$

$$= (n-1)\left(\int_0^{\frac{\pi}{2}} \sin^{n-2} x \mathrm{d}x - \int_0^{\frac{\pi}{2}} \sin^n x \mathrm{d}x \right)$$

$$= (n-1)(I_{n-2} - I_n) ,$$

因此 $$I_n = \frac{n-1}{n}I_{n-2}.$$

利用这个递推公式得

$$I_n = \frac{n-1}{n}I_{n-2} = \frac{n-1}{n}\frac{n-3}{n-2}I_{n-4} = \cdots,$$

即

$$I_n = \begin{cases} \dfrac{n-1}{n} \cdot \dfrac{n-3}{n-2}\cdots\dfrac{3}{4}\times\dfrac{1}{2}\times I_0, & n\text{ 为偶数}, \\[3mm] \dfrac{n-1}{n} \cdot \dfrac{n-3}{n-2}\cdots\dfrac{4}{5}\times\dfrac{2}{3}\times I_1, & n\text{ 为奇数}. \end{cases}$$

由例 5.4.19 知

$$I_n = \int_0^{\frac{\pi}{2}} \sin^n x\,\mathrm{d}x = \int_0^{\frac{\pi}{2}} \cos^n x\,\mathrm{d}x = \begin{cases} \dfrac{n-1}{n} \cdot \dfrac{n-3}{n-2}\cdots\dfrac{3}{4}\times\dfrac{1}{2}\times\dfrac{\pi}{2}, & n\text{ 为偶数}, \\[3mm] \dfrac{n-1}{n} \cdot \dfrac{n-3}{n-2}\cdots\dfrac{4}{5}\times\dfrac{2}{3}\times 1, & n\text{ 为奇数}. \end{cases}$$

$$(5.4.3)$$

式(5.4.3)称为瓦利斯(Wallis)公式.利用这个公式可以得到下列定积分的值:

$$\int_0^{\frac{\pi}{2}} \sin^4 x\,\mathrm{d}x = \frac{3}{4} \times \frac{1}{2} \times \frac{\pi}{2} = \frac{3\pi}{16}.$$

$$\int_0^{\frac{\pi}{2}} \cos^5 x\,\mathrm{d}x = \frac{4}{5} \times \frac{2}{3} \times 1 = \frac{8}{15}.$$

5.4.3 同步习题

1. 用换元积分法计算下列定积分.

(1) $\int_0^3 \mathrm{e}^x(1 - \mathrm{e}^x)^2\,\mathrm{d}x$;

(2) $\int_0^1 \dfrac{x}{\sqrt{1 + x^2}}\,\mathrm{d}x$;

(3) $\int_0^{\frac{\pi}{8}} \tan^2 2\theta\,\mathrm{d}\theta$;

(4) $\int_0^{\frac{\pi}{2}} x \cdot \sin x^2\,\mathrm{d}x$;

(5) $\int_1^e \dfrac{1}{x\sqrt{1 + \ln x}}\,\mathrm{d}x$;

(6) $\int_e^{e^2} \dfrac{1}{x\ln x}\,\mathrm{d}x$;

(7) $\int_0^{\frac{\pi}{4}} \sin^3 x\cos x\,\mathrm{d}x$;

(8) $\int_0^{\frac{\pi}{2}} \sin^3 x\cos^2 x\,\mathrm{d}x$;

(9) $\int_4^9 \dfrac{\sqrt{x}}{\sqrt{x} - 1}\,\mathrm{d}x$;

(10) $\int_0^2 \sqrt{4 - x^2}\,\mathrm{d}x$;

(11) $\int_1^2 \dfrac{\sqrt{x^2 - 1}}{x}\,\mathrm{d}x$;

(12) $\int_0^1 \dfrac{x\,\mathrm{d}x}{(2 - x^2)\sqrt{1 - x^2}}$.

2. 计算下列定积分.

(1) $\int_{-1}^1 \dfrac{1}{\sqrt{(1 + x^2)^3}}\,\mathrm{d}x$;

(2) $\int_{-1}^1 \dfrac{x^2\sin x}{\sqrt{1 - x^4}}\,\mathrm{d}x$;

(3) $\int_{-1}^{1}\dfrac{x}{\sqrt{5-4x}}\mathrm{d}x$;　　(4) $\int_{-\frac{\pi}{2}}^{\frac{\pi}{2}}(x^3+\sin^2x)\cos^2x\mathrm{d}x$;

(5) $\int_0^{\frac{\pi}{2}}|\sin x-\cos x|\mathrm{d}x$;　　(6) $\int_0^{\pi}\sqrt{1-\sin^2x}\,\mathrm{d}x$;

(7) $\int_0^{\frac{\pi}{2}}\sin^8x\mathrm{d}x$　　(8) $\int_0^{\frac{\pi}{2}}\cos^7x\mathrm{d}x$.

3. 设 $f(x)=\begin{cases}x+1, & x\leqslant 1\\[2mm]\dfrac{1}{2}x^2, & x>1\end{cases}$，求 $\int_0^2 f(x)\mathrm{d}x$.

4. 用分部积分法计算下列定积分.

(1) $\int_0^1 x\mathrm{e}^{-x}\mathrm{d}x$;　　(2) $\int_0^1 \arctan x\mathrm{d}x$;

(3) $\int_1^{\mathrm{e}} x\ln x\mathrm{d}x$;　　(4) $\int_0^{\frac{\pi}{2}} x^2\cdot\sin x\mathrm{d}x$;

(5) $\int_0^{\frac{\pi}{2}}\mathrm{e}^{2x}\cos x\mathrm{d}x$;　　(6) $\int_{\frac{1}{\mathrm{e}}}^{\mathrm{e}}|\ln x|\mathrm{d}x$.

5. 设连续函数 $f(x)$ 满足 $f(x)=\ln x-\int_1^{\mathrm{e}}f(x)\mathrm{d}x$，证明:
$\int_1^{\mathrm{e}}f(x)\mathrm{d}x=\dfrac{1}{\mathrm{e}}$.

6. 证明:对任意实数 a 都有
$$\int_a^{a+\pi}\sin 2x\mathrm{d}x=\int_0^{\pi}\sin 2x\mathrm{d}x.$$

7. 设函数 $f(x)$ 连续,则在下列变上限定积分定义的函数中, 必为偶函数的是(　　).

A. $\int_0^x t[f(t)+f(-t)]\mathrm{d}t$　　B. $\int_0^x t[f(t)-f(-t)]\mathrm{d}t$

C. $\int_0^x f(t^2)\mathrm{d}t$　　D. $\int_0^x f^2(t)\mathrm{d}t$

8. 设函数 $f(x)$ 在 $(-\infty,+\infty)$ 内连续,且 $F(x)=\int_0^x(x-2t)f(t)\mathrm{d}t$,当 $f(x)$ 是偶函数时,证明 $F(x)$ 也是偶函数.

5.5　广义积分

本节要点:通过本节的学习,学生应了解广义积分的概念并会计算广义积分.

前面讨论定积分 $\int_a^b f(x)\mathrm{d}x$ 时,都假设积分区间 $[a,b]$ 有限,被积函数 $f(x)$ 在 $[a,b]$ 上有界,这类积分通常被称作"黎曼积分".但是我们经常会遇到不满足这两个条件的积分,可从下述两个方面推广定积分的概念.

(1) 有界函数在无穷区间上的积分——**无穷限积分**;

(2) 无界函数在有限区间上的积分——**瑕积分**.

我们把这种推广后的无穷限积分与瑕积分统称为**广义积分**.

5.5.1　无穷限积分

例 5.5.1　求由曲线 $y=\mathrm{e}^{-x}$, x 轴及 y 轴所围成的图形的面积 A.

解　由曲线 $y=\mathrm{e}^{-x}$, x 轴及 y 轴所围的平面图形并不封闭.根据定积分的几何意义,所求面积 A 可用无穷区间上的积分表示为

$$A = \int_0^{+\infty} \mathrm{e}^{-x}\mathrm{d}x .$$

如图 5-10 所示,若作直线 $x=b(b>0)$,那么由曲线 $y=\mathrm{e}^{-x}$, x 轴与 y 轴及 $x=b$ 所围成的图形的面积为

$$\int_0^b \mathrm{e}^{-x}\mathrm{d}x = \left[-\mathrm{e}^{-x} \right]_0^b = 1 - \mathrm{e}^{-b} .$$

当 $b\to+\infty$ 时,曲边梯形的面积的极限就等于面积 A,即

$$A = \int_0^{+\infty} \mathrm{e}^{-x}\mathrm{d}x = \lim_{b\to+\infty} \int_0^b \mathrm{e}^{-x}\mathrm{d}x = \lim_{b\to+\infty} (1 - \mathrm{e}^{-b}) = 1 .$$

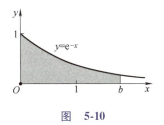

图　5-10

定义 5.5.1　有界函数 $f(x)$ 在无穷区间上的积分称为**无穷限积分**.

(1) 若函数 $f(x)$ 在区间 $[a,+\infty)$ 上是连续的,取 $b>a$,则

$$\int_a^{+\infty} f(x)\mathrm{d}x = \lim_{b\to+\infty} \int_a^b f(x)\mathrm{d}x. \qquad (5.5.1)$$

(2) 若函数 $f(x)$ 在区间 $(-\infty,b]$ 上是连续的,取 $a<b$,则

$$\int_{-\infty}^b f(x)\mathrm{d}x = \lim_{a\to-\infty} \int_a^b f(x)\mathrm{d}x. \qquad (5.5.2)$$

(3) 若函数 $f(x)$ 在区间 $(-\infty,+\infty)$ 上是连续的,取任意常数 c,则

$$\int_{-\infty}^{+\infty} f(x)\mathrm{d}x = \int_{-\infty}^c f(x)\mathrm{d}x + \int_c^{+\infty} f(x)\mathrm{d}x$$

$$= \lim_{t\to-\infty} \int_t^c f(x)\mathrm{d}x + \lim_{t\to+\infty} \int_c^t f(x)\mathrm{d}x. \ (5.5.3)$$

如果式(5.5.1)、式(5.5.2)中的极限存在,我们称相应无穷区间上的无穷限积分收敛,且极限值就是广义积分值;反之若极限不存在,则称无穷限积分发散.

对于式(5.5.3),若 $\int_{-\infty}^c f(x)\mathrm{d}x$ 与 $\int_c^{+\infty} f(x)\mathrm{d}x$ 都收敛,则称无穷限积分 $\int_{-\infty}^{+\infty} f(x)\mathrm{d}x$ **收敛**,否则**发散**.

例 5.5.2

例 5.5.2　计算广义积分 $\int_0^{+\infty} x e^{-x^2} dx$.

解　$\int_0^{+\infty} x e^{-x^2} dx = \lim\limits_{b \to +\infty} \int_0^b x e^{-x^2} dx$

$$= \lim\limits_{b \to +\infty} \left[\left(-\frac{1}{2} \right) \int_0^b e^{-x^2} d(-x^2) \right]$$

$$= \left[\lim\limits_{b \to +\infty} \left(-\frac{1}{2} e^{-x^2} \right) \right]_0^b = 0 - \left(-\frac{1}{2} \right) = \frac{1}{2} .$$

为了书写方便,结合牛顿-莱布尼茨公式,收敛的广义积分可以记作如下形式:

设 $F(x)$ 为 $f(x)$ 的一个原函数,记 $F(+\infty) = \lim\limits_{x \to +\infty} F(x)$, $F(-\infty) = \lim\limits_{x \to -\infty} F(x)$,则有

$$\int_a^{+\infty} f(x) dx = \left[F(x) \right]_a^{+\infty} = F(+\infty) - F(a) .$$

$$\int_{-\infty}^b f(x) dx = \left[F(x) \right]_{-\infty}^b = F(b) - F(-\infty) .$$

$$\int_{-\infty}^{+\infty} f(x) dx = \left[F(x) \right]_{-\infty}^{+\infty} = F(+\infty) - F(-\infty) .$$

若 $F(+\infty)$ 与 $F(-\infty)$ 存在,则称相应无穷区间上的无穷限积分收敛,否则称相应无穷区间上的无穷限积分发散.

例 5.5.3　计算广义积分 $\int_{-\infty}^{+\infty} \frac{1}{x^2 + 4x + 9} dx$.

解　$\int_{-\infty}^{+\infty} \frac{1}{x^2 + 4x + 9} dx$

$$= \int_{-\infty}^0 \frac{1}{(x+2)^2 + 5} dx + \int_0^{+\infty} \frac{1}{(x+2)^2 + 5} dx$$

$$= \frac{1}{\sqrt{5}} \left[\arctan \frac{x+2}{\sqrt{5}} \right]_{-\infty}^0 + \frac{1}{\sqrt{5}} \left[\arctan \frac{x+2}{\sqrt{5}} \right]_0^{+\infty}$$

$$= \frac{1}{\sqrt{5}} \arctan \frac{2}{\sqrt{5}} - \left(-\frac{\pi}{2\sqrt{5}} \right) + \frac{\pi}{2\sqrt{5}} - \frac{1}{\sqrt{5}} \arctan \frac{2}{\sqrt{5}} .$$

$$= \frac{\pi}{\sqrt{5}} .$$

例 5.5.4　讨论广义积分 $\int_a^{+\infty} \frac{1}{x^p} dx$ （$a > 0$）的收敛性.

解　(1) 当 $p=1$ 时,$\int_a^{+\infty} \frac{1}{x^p} dx = \left[\ln x \right]_a^{+\infty} = \lim\limits_{x \to +\infty} \ln x - \ln a = +\infty$.

(2) 当 $p \neq 1$ 时,$\int_a^{+\infty} \frac{1}{x^p} dx = \left[\frac{x^{1-p}}{1-p} \right]_a^{+\infty} = \begin{cases} +\infty, & p < 1, \\ \dfrac{a^{1-p}}{p-1}, & p > 1. \end{cases}$

综上所述,当 $p \leq 1$ 时, $\int_a^{+\infty} \dfrac{1}{x^p}\mathrm{d}x$ 发散;当 $p > 1$ 时, $\int_a^{+\infty} \dfrac{1}{x^p}\mathrm{d}x$ 收敛,其值为 $\dfrac{a^{1-p}}{p-1}$.

5.5.2　瑕积分

例 5.5.5　求由曲线 $y = x^{-\frac{1}{2}}$, x 轴, y 轴及直线 $x = 1$ 所围图形的面积.

解　显然曲线 $y = x^{-\frac{1}{2}}$, x 轴, y 轴及直线 $x = 1$ 所围的图形不封闭.作直线 $x = a(0 < a < 1)$,如图 5-11 所示,我们先求从 a 到 1 阴影部分所示图形的面积,即

$$\int_a^1 x^{-\frac{1}{2}}\mathrm{d}x = \left[2x^{\frac{1}{2}}\right]_a^1 = 2 - 2\sqrt{a}\,.$$

而曲线 $y = x^{-\frac{1}{2}}$, x 轴与 y 轴及直线 $x = 1$ 所围图形的面积 A 是:当 $a \to 0^+$ 时, $\int_a^1 x^{-\frac{1}{2}}\mathrm{d}x$ 的极限,即

$$A = \lim_{a \to 0^+}\int_a^1 x^{-\frac{1}{2}}\mathrm{d}x = \lim_{a \to 0^+}(2 - 2\sqrt{a}) = 2\,.$$

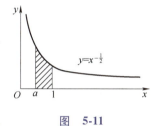

图　**5-11**

定义 5.5.2　当被积函数 $f(x)$ 在有限区间 $[a,b]$ 上存在无界的点(至多有限个),则称 $\int_a^b f(x)\mathrm{d}x$ 为瑕积分.使函数 $f(x)$ 在 $[a,b]$ 上无界的点称为函数 $f(x)$ 的瑕点.

(1)若函数 $f(x)$ 在区间 $(a,b]$ 上是连续的, a 是 $f(x)$ 的瑕点,则

$$\int_a^b f(x)\mathrm{d}x = \lim_{t \to a^+}\int_t^b f(x)\mathrm{d}x\,; \tag{5.5.4}$$

(2)若函数 $f(x)$ 在区间 $[a,b)$ 上是连续的, b 是 $f(x)$ 的瑕点,则

$$\int_a^b f(x)\mathrm{d}x = \lim_{t \to b^-}\int_a^t f(x)\mathrm{d}x\,; \tag{5.5.5}$$

(3)若函数 $f(x)$ 在区间 $[a,c)$ 与 $(c,b]$ 上都是连续的, c 是 $f(x)$ 的瑕点,则

$$\int_a^b f(x)\mathrm{d}x = \int_a^c f(x)\mathrm{d}x + \int_c^b f(x)\mathrm{d}x$$

$$= \lim_{t \to c^-}\int_a^t f(x)\mathrm{d}x + \lim_{t \to c^+}\int_t^b f(x)\mathrm{d}x\,. \tag{5.5.6}$$

如果式(5.5.4)、式(5.5.5)中的极限存在,则称瑕积分 $\int_a^b f(x)\mathrm{d}x$ 收敛,且极限值就是积分值;反之若极限不存在,则称瑕积分 $\int_a^b f(x)\mathrm{d}x$ 发散.

对于式(5.5.6),若瑕积分 $\int_a^c f(x)\mathrm{d}x$ 与 $\int_c^b f(x)\mathrm{d}x$ 都收敛,则称

瑕积分 $\int_a^b f(x)\mathrm{d}x$ 收敛,否则发散.

同样,瑕积分也可以表示为牛顿-莱布尼茨公式的形式,但必须满足原函数在瑕点处连续.例如,设 b 为瑕点,若在 $[a,b)$ 上有 $F'(x)=f(x)$,则可记

$$\int_a^b f(x)\mathrm{d}x = [F(x)]_a^{b^-} = F(b^-) - F(a).$$

但 $F(b^-)$ 应理解为极限,即 $F(b^-)=\lim\limits_{x\to b^-}F(x)$,其他类型的瑕积分也有类似的计算公式.

例5.5.6　计算广义积分 $\int_0^1 \dfrac{1}{\sqrt{1-x^2}}\mathrm{d}x$.

解　由于 $\lim\limits_{x\to 1^-}\dfrac{1}{\sqrt{1-x^2}}=+\infty$,故 $x=1$ 为瑕点,于是

$$\int_0^1 \frac{1}{\sqrt{1-x^2}}\mathrm{d}x = \lim_{t\to 1^-}\int_0^t \frac{1}{\sqrt{1-x^2}}\mathrm{d}x$$

$$=\lim_{t\to 1^-}[\arcsin x]_0^t = \frac{\pi}{2}.$$

例5.5.7　计算广义积分 $\int_0^3 \dfrac{1}{3(x-1)^{\frac{2}{3}}}\mathrm{d}x$.

解　显然 $x=1$ 为瑕点,故

$$\int_0^3 \frac{1}{3(x-1)^{\frac{2}{3}}}\mathrm{d}x = \int_0^1 \frac{1}{3(x-1)^{\frac{2}{3}}}\mathrm{d}x + \int_1^3 \frac{1}{3(x-1)^{\frac{2}{3}}}\mathrm{d}x$$

$$=[(x-1)^{\frac{1}{3}}]_0^{1^-}+[(x-1)^{\frac{1}{3}}]_{1^+}^3$$

$$=\lim_{x\to 1^-}(x-1)^{\frac{1}{3}}+1+\sqrt[3]{2}-\lim_{x\to 1^+}(x-1)^{\frac{1}{3}}$$

$$=1+\sqrt[3]{2}.$$

例5.5.8　计算广义积分 $\int_{-1}^1 \dfrac{1}{x^2}\mathrm{d}x$.

解　显然 $x=0$ 为瑕点,故

$$\int_{-1}^1 \frac{1}{x^2}\mathrm{d}x = \int_{-1}^0 \frac{1}{x^2}\mathrm{d}x + \int_0^1 \frac{1}{x^2}\mathrm{d}x ,$$

分别讨论 $\int_{-1}^0 \dfrac{1}{x^2}\mathrm{d}x$ 与 $\int_0^1 \dfrac{1}{x^2}\mathrm{d}x$ 的敛散性,得

$$\int_{-1}^0 \frac{1}{x^2}\mathrm{d}x = \left[-\frac{1}{x}\right]_{-1}^{0^-} = \lim_{x\to 0^-}\left(-\frac{1}{x}\right) - 1 = +\infty ,$$

$$\int_0^1 \frac{1}{x^2}\mathrm{d}x = \left[-\frac{1}{x}\right]_{0^+}^1 = -1 + \lim_{x\to 0^+}\frac{1}{x} = +\infty .$$

广义积分 $\int_{-1}^0 \dfrac{1}{x^2}\mathrm{d}x$ 与 $\int_0^1 \dfrac{1}{x^2}\mathrm{d}x$ 均发散,故 $\int_{-1}^1 \dfrac{1}{x}\mathrm{d}x$ 发散.

注　$\int_{-1}^1 \dfrac{1}{x^2}\mathrm{d}x = \left[-\dfrac{1}{x}\right]_{-1}^1 = -2$ 是错误的.

*5.5.3　Γ 函数

在后续课程概率论与数理统计中,常常用到 Γ 函数,它是一个收敛的广义积分.

定义 5.5.3　形式为 $\Gamma(s) = \int_0^{+\infty} x^{s-1} e^{-x} dx (s > 0)$ 的广义积分称为 Γ 函数,它是参数 s 的函数.

Γ 函数具有如下重要性质:

(1) $\Gamma(s+1) = s\Gamma(s)$　$(s > 0)$;

(2) $\Gamma(n+1) = n!$　$(n \in \mathbf{Z}_+)$.

证　(1) $\Gamma(s+1) = \int_0^{+\infty} x^s e^{-x} dx = \left[-x^s e^{-x} \right]_0^{+\infty} + s\int_0^{+\infty} x^{s-1} e^{-x} dx$

$$= s\int_0^{+\infty} x^{s-1} e^{-x} dx = s\Gamma(s),$$

显然, $\Gamma(1) = \int_0^{+\infty} e^{-x} dx = 1$.

(2) 用递推公式有

$$\Gamma(n+1) = n\Gamma(n) = n(n-1)\Gamma(n-1) = \cdots$$
$$= n(n-1)(n-2)\cdots 2 \cdot 1\Gamma(1) = n!.$$

例 5.5.9　计算 $\dfrac{\Gamma(7)}{2\Gamma(4)\Gamma(3)}$ 的值.

解　$\dfrac{\Gamma(7)}{2\Gamma(4)\Gamma(3)} = \dfrac{6!}{2 \times 3! \times 2!} = 30.$

例 5.5.10　计算下列各题:

(1) $\int_0^{+\infty} x^5 e^{-x} dx$;　　　　　　　(2) $\int_0^{+\infty} x^{\frac{5}{2}} e^{-x} dx$.

解　(1) $\int_0^{+\infty} x^5 e^{-x} dx = \Gamma(6) = 5! = 120$;

(2) $\int_0^{+\infty} x^{\frac{5}{2}} e^{-x} dx = \Gamma\left(\dfrac{7}{2}\right) = \Gamma\left(\dfrac{5}{2} + 1\right)$

$$= \dfrac{5}{2}\Gamma\left(\dfrac{5}{2}\right) = \dfrac{5}{2}\Gamma\left(\dfrac{3}{2} + 1\right)$$

$$= \dfrac{5}{2} \times \dfrac{3}{2} \times \Gamma\left(\dfrac{3}{2}\right) = \dfrac{5}{2} \times \dfrac{3}{2} \times \dfrac{1}{2} \times \Gamma\left(\dfrac{1}{2}\right).$$

$\Gamma\left(\dfrac{1}{2}\right) = \int_0^{+\infty} x^{-\frac{1}{2}} e^{-x} dx$, 令 $x = t^2(t \geqslant 0)$ 时, $t = \sqrt{x}$, $dt = \dfrac{1}{2\sqrt{x}} dx$,

于是

$$\Gamma\left(\dfrac{1}{2}\right) = \int_0^{+\infty} x^{-\frac{1}{2}} e^{-x} dx = 2\int_0^{+\infty} e^{-t^2} dt,$$

以后我们会学到　　　　　$\int_0^{+\infty} e^{-t^2} dt = \dfrac{\sqrt{\pi}}{2}.$

所以
$$\int_0^{+\infty} x^{\frac{5}{2}} e^{-x} dx = \frac{15}{8}\sqrt{\pi} .$$

5.5.4　同步习题

1. 求下列无穷区间上的广义积分值或说明它发散.

(1) $\int_1^{+\infty} \frac{\ln x}{x^2} dx$;　　　　　(2) $\int_{-\infty}^1 \frac{1}{(2x-3)^2} dx$;

(3) $\int_{-\infty}^{+\infty} 2x e^{-x^2} dx$;　　　　(4) $\int_2^{+\infty} \frac{2}{x^2-1} dx$.

2. 求下列无界函数的广义积分值或说明它发散.

(1) $\int_0^4 \frac{dx}{\sqrt{4-x}}$;　　　　　(2) $\int_1^2 \frac{x dx}{\sqrt{x-1}}$;

(3) $\int_1^e \frac{dx}{x\sqrt{1-(\ln x)^2}}$;　　(4) $\int_0^2 \frac{dx}{(x-1)^2}$.

3. 下列结论中正确的是(　　　).

A. $\int_1^{+\infty} \frac{dx}{x(x+1)}$ 与 $\int_0^1 \frac{dx}{x(x+1)}$ 都收敛

B. $\int_1^{+\infty} \frac{dx}{x(x+1)}$ 与 $\int_0^1 \frac{dx}{x(x+1)}$ 都发散

C. $\int_1^{+\infty} \frac{dx}{x(x+1)}$ 发散, $\int_0^1 \frac{dx}{x(x+1)}$ 收敛

D. $\int_1^{+\infty} \frac{dx}{x(x+1)}$ 收敛, $\int_0^1 \frac{dx}{x(x+1)}$ 发散

4. 已知 $\int_{-\infty}^{+\infty} e^{k|x|} dx = 1$,则 $k = $ _____.

5.6　定积分的应用

本节要点:通过本节的学习,学生应掌握如何用定积分表达和计算一些几何量(平面图形的面积、旋转体的体积、平面曲线的弧长),了解已知平行截面面积的立体体积求法及定积分在物理上的一些简单应用.

本节讨论定积分在几何学与物理学中的一些应用,如何将实际问题中的量表示为定积分呢? 本节先介绍微元法,然后学习定积分在几何学上的应用.

首先回顾将曲边梯形的面积 A 表示为定积分的四个步骤(分割求和法).

1. 分割

在区间 $[a,b]$ 中任意插入 $n-1$ 个分点,将区间 $[a,b]$ 分成 n 个长度为 Δx_i 的子区间 $[x_{i-1},x_i]$ $(i=1,2,\cdots,n)$.曲边梯形的面积 A 相应地分成 n 份,即 $A=\sum\limits_{i=1}^{n}\Delta A_i$.

2. 代替

求第 i 个小曲边梯形的面积 ΔA_i 的近似值

$$\Delta A_i\approx f(\xi_i)\Delta x_i(x_{i-1}\leqslant\xi_i\leqslant x_i).$$

3. 求和

将 $\sum\limits_{i=1}^{n}f(\xi_i)\Delta x_i$ 作为 A 的近似值,即 $A=\sum\limits_{i=1}^{n}\Delta A_i\approx\sum\limits_{i=1}^{n}f(\xi_i)\Delta x_i$.

4. 取极限

令最大子区间长度 $\lambda\to0$ 而得到 A 的积分表示,即

$$A=\lim_{\lambda\to0}\sum_{i=1}^{n}f(\xi_i)\Delta x_i=\int_a^b f(x)\,\mathrm{d}x.$$

通过上述的四步,我们将所求量"曲边梯形面积 A"表述为定积分的形式.

一般地,如果某一实际问题中的所求量 U 符合下列条件:

(1)U 是一个与变量 x 的变化区间 $[a,b]$ 有关的量;

(2)U 对于区间 $[a,b]$ 具有可加性,即如果把区间 $[a,b]$ 分成若干个部分区间,则 U 相应地分成若干个部分量,且 U 等于所有部分量之和;

(3)部分量 ΔU_i 的近似值可以表示为 $f(\xi_i)\Delta x_i$ （$x_{i-1}\leqslant\xi_i\leqslant x_i$）,其中 $f(x)$ 是 $[a,b]$ 上的可积函数,$\Delta x_i=x_i-x_{i-1}$.这里的近似是指 ΔU_i 与 $f(\xi_i)\Delta x_i$ 的差是一个比 Δx_i 高阶的无穷小.即 $\Delta U_i-f(\xi_i)\Delta x_i=o(\Delta x_i)$,$i=1,2,\cdots,n$.

那么这个量 U 就可以用定积分来表示:

$$U=\sum_{i=1}^{n}\Delta U_i=\lim_{\lambda\to0}\sum_{i=1}^{n}f(\xi_i)\Delta x_i=\int_a^b f(x)\,\mathrm{d}x.$$

在实际应用中,将待求量 U 的定积分表达式的构造过程加以简化,具体步骤如下:

(1)选取一个与待求变量 U 有关联的自变量,例如 x 作为积分变量,并确定它的变化区间 $[a,b]$.

(2)设想将 $[a,b]$ 分成 n 个小区间,取其中任一小区间记作 $[x,x+\mathrm{d}x]$,根据所求各量的实际意义求出这个小区间的部分量 ΔU 的近似值,如果 ΔU 能近似地表示为 $[a,b]$ 上的一个连续函数 $f(x)$ 在 x 处的值 $f(x)$ 与 $\mathrm{d}x$ 的乘积 $f(x)\mathrm{d}x$,就把 $f(x)\mathrm{d}x$ 称为量 U 的微元,并记作 $\mathrm{d}U$.

(3)以量 U 的微元 $\mathrm{d}U=f(x)\mathrm{d}x$ 为被积表达式,在区间 $[a,b]$ 上积分就得所求量 U 的积分表达式

$$U = \int_a^b \mathrm{d}U = \int_a^b f(x)\,\mathrm{d}x.$$

上述通过先求量 U 的微元 $\mathrm{d}U = f(x)\,\mathrm{d}x$ 而得到 U 的积分表达式的方法,通常称为**微元法**.

5.6.1　定积分在几何上的应用

1. 平面图形的面积

(1) 在直角坐标系中计算面积

设平面图形是由两条连续曲线 $y = f(x)$, $y = g(x)$ $(g(x) \le f(x))$ 及两条直线 $x = a$, $x = b$ $(a < b)$ 所围成的(见图 5-12).求其面积 A 的定积分表达式.

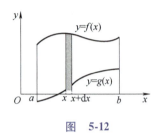

图　5-12

用微元法:取 x 为积分变量,它的变化区间为 $[a,b]$,在 $[a,b]$ 上任取一小区间 $[x, x+\mathrm{d}x]$,与之对应的图形面积 ΔA 近似等于高为 $f(x) - g(x)$,底为 $\mathrm{d}x$ 的小矩形的面积,即 $\Delta A \approx [f(x) - g(x)]\,\mathrm{d}x$.则平面图形面积的微元为

$$\mathrm{d}A = [f(x) - g(x)]\,\mathrm{d}x. \tag{5.6.1}$$

从而所求平面图形的面积为

$$A = \int_a^b [f(x) - g(x)]\,\mathrm{d}x.$$

类似地,当平面图形是由连续曲线 $x = \phi(y)$, $x = \psi(y)$ $(\phi(y) \ge \psi(y))$ 及直线 $y = c$, $y = d$ $(c < d)$ 所围成的(见图 5-13),求其面积 A 的定积分表达式.

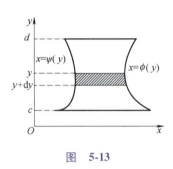

图　5-13

取 y 为自变量,它的变化区间是 $[c,d]$.在 $[c,d]$ 上任取一个小区间 $[y, y+\mathrm{d}y]$,$\Delta A \approx [\phi(y) - \psi(y)]\,\mathrm{d}y$,则面积微元为 $\mathrm{d}A = [\phi(y) - \psi(y)]\,\mathrm{d}y$,从而所求面积为

$$A = \int_c^d [\phi(y) - \psi(y)]\,\mathrm{d}y. \tag{5.6.2}$$

可以把式(5.6.1)、式(5.6.2)当作公式使用.但是这里我们要求掌握用微元法建立积分式的思想.

例 5.6.1　求由曲线 $y = x^2$ 与直线 $y = x$ 所围成的平面图形的面积 A.

解法一　曲线 $y = x^2$ 与直线 $y = x$ 所围成的平面图形的面积,如图 5-14 所示.$y = x^2$ 与 $y = x$ 的交点坐标为 $(0,0)$, $(1,1)$.

取 x 为积分变量,其变化区间为 $[0,1]$,在任一小区间 $[x, x+\mathrm{d}x]$ 上,

$$\mathrm{d}A = (x - x^2)\,\mathrm{d}x,$$

于是所求图形的面积为

$$A = \int_0^1 (x - x^2)\,\mathrm{d}x = \frac{1}{2} - \frac{1}{3} = \frac{1}{6}.$$

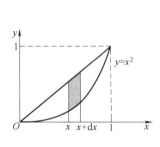

图　5-14

解法二　取 y 为积分变量,其变化区间为 $[0,1]$,在任一小区间 $[y, y+\mathrm{d}y]$ 上,如图 5-15 所示,

$$dA = (\sqrt{y} - y)\,dy.$$

于是所求图形的面积为

$$A = \int_0^1 (\sqrt{y} - y)\,dy = \frac{2}{3} - \frac{1}{2} = \frac{1}{6}.$$

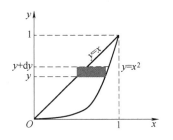

例 5.6.2　求由抛物线 $y = x^2$ 与 $y = 2 - x^2$ 所围图形的面积 A.

解　抛物线 $y = x^2$ 与 $y = 2 - x^2$ 所围成的平面图形的面积,如图 5-16 所示, $y = x^2$ 与 $y = 2 - x^2$ 的交点坐标为 $(-1,1)$, $(1,1)$.

取 x 为积分变量,其变化区间为 $[-1,1]$,在任一小区间 $[x, x + dx]$ 上,

$$dA = (2 - x^2 - x^2)\,dx.$$

于是所求图形的面积为

$$A = \int_{-1}^1 (2 - x^2 - x^2)\,dx = \int_{-1}^1 (2 - 2x^2)\,dx.$$

$$= 2\int_{-1}^1 (1 - x^2)\,dx = 2\left[x - \frac{1}{3}x^3 \right]_{-1}^1 = \frac{8}{3}.$$

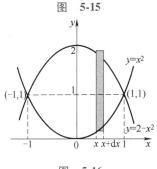

图　5-16

例 5.6.3　求由 $xy = 1$, $y = x$ 及 $y = 2$ 所围图形的面积 A.

解　曲线 $xy = 1$, $y = x$ 与 $y = 2$ 所围成的平面图形的面积,如图 5-17 的阴影部分所示,交点坐标为 $(1,1)$, $(2,2)$, $\left(\frac{1}{2}, 2\right)$.

取 y 为积分变量,其变化区间为 $[1,2]$,在任一小区间 $[y, y + dy]$ 上,

$$dA = \left(y - \frac{1}{y} \right)\,dy.$$

于是所求图形的面积为

$$A = \int_1^2 \left(y - \frac{1}{y} \right)\,dy = \frac{3}{2} - \ln 2.$$

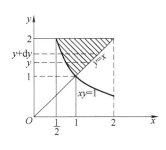

图　5-17

注　例 5.6.3 若取 x 轴为积分变量,积分区间为 $\left[\frac{1}{2}, 2\right]$,但是积分区间需分为两段.(请读者思考为什么?)上述所求面积

$$A = \int_{\frac{1}{2}}^1 \left(2 - \frac{1}{x} \right)\,dx + \int_1^2 (2 - x)\,dx = (1 - \ln 2) + \left(2 - \frac{3}{2} \right) = \frac{3}{2} - \ln 2.$$

通过比较可以看出选取不同的积分变量,求解的难易程度也不同.

下面讨论参数方程的情形.

设平面曲线 L 的参数方程形式为

$$\begin{cases} x = \varphi(t), \\ y = \psi(t). \end{cases}$$

求由曲线 L 与直线 $x = a$, $x = b$ 和 x 轴所围成的曲边梯形的面积 A.

若记 $a = \varphi(\alpha)$, $b = \psi(\beta)$,且设 $\varphi(t)$, $\psi(t)$ 和 $\varphi'(t)$ 在 $[\alpha, \beta]$(或 $[\beta, \alpha]$)上)连续, $\varphi'(t) > 0$(或 < 0),则所求面积为

$$A = \int_a^b |y| \mathrm{d}x = \int_a^b |\psi(t)| \varphi'(t) \mathrm{d}t. \qquad (5.6.3)$$

例 5.6.4 计算椭圆面积

$$\begin{cases} x = a\cos t, \\ y = b\sin t \end{cases} \quad (a>0, b>0).$$

解 由椭圆的对称性,椭圆面积为其在第一象限部分面积的四倍,由式(5.6.3),得

$$A = \int_0^a |y| \mathrm{d}x = 4\int_{\frac{\pi}{2}}^0 |b\sin t| (a\cos t)' \mathrm{d}t$$

$$= 4ab\int_0^{\frac{\pi}{2}} \sin^2 t \mathrm{d}t = 4ab \cdot \frac{1}{2} \cdot \frac{\pi}{2} = ab\pi.$$

(2)在极坐标系中计算面积

某些平面图形用极坐标来计算它们的面积比较方便.

设 $r=r(\theta)$ 在区间 $[\alpha,\beta]$ 上连续($0<\beta-\alpha\leqslant 2\pi$),如图5-18所示.求由曲线 $r=r(\theta)$ 和射线 $\theta=\alpha,\theta=\beta$ 所围成的图形面积 A(简称曲边扇形的面积).

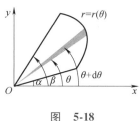

图 5-18

由于极径 $r=r(\theta)$ 是随着极角 θ 变化而变化的,故所求面积不能简单利用扇形面积公式 $A=\dfrac{1}{2}r^2\theta$ 来计算.

取 θ 为积分变量,其变化区间 $[\alpha,\beta]$,在任一小区间 $[\theta,\theta+\mathrm{d}\theta]$ 上对应的窄曲边扇形的面积 ΔA 可用半径为 $r(\theta)$,圆心角为 $\mathrm{d}\theta$ 的扇形的面积来近似代替,即

$$\Delta A \approx \frac{1}{2} r^2(\theta) \mathrm{d}\theta,$$

则平面图形面积的微元为

$$\mathrm{d}A = \frac{1}{2} r^2(\theta) \mathrm{d}\theta,$$

从而所求平面图形的面积为

$$A = \frac{1}{2}\int_\alpha^\beta r^2(\theta) \mathrm{d}\theta. \qquad (5.6.4)$$

例 5.6.5 求心脏线 $r=a(1+\cos\theta),a>0$ 所围图形的面积 A.

解 心脏线所围成的图形如图5-19所示,因为图形关于极轴对称,所以所求图形面积是极轴以上部分图形面积的2倍.

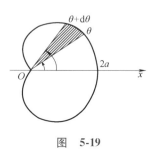

图 5-19

对于上半部分的图形,取 θ 为积分变量,其变化区间为 $[0,\pi]$,在任一小区间 $[\theta,\theta+\mathrm{d}\theta]$ 上,面积的微元为

$$\mathrm{d}A = \frac{1}{2}[a(1+\cos\theta)]^2 \mathrm{d}\theta,$$

从而所求平面图形的面积为

$$A = 2\int_0^\pi \mathrm{d}A = 2\int_0^\pi \frac{1}{2}[a(1+\cos\theta)]^2 \mathrm{d}\theta$$

$$= a^2 \int_0^\pi (1 + 2\cos\theta + \cos^2\theta)\,d\theta$$

$$= a^2 \left[\frac{3}{2}\theta + 2\sin\theta + \frac{1}{4}\sin 2\theta \right]_0^\pi$$

$$= \frac{3}{2}\pi a^2.$$

2. 立体的体积

（1）平行截面面积已知的立体的体积

设有一立体图形位于两平面 $x=a, x=b$ 之间，对于任意 $x \in [a, b]$，过点 x 且垂直于 x 轴的平面截该立体的截面面积为 $A(x)$，它是已知的连续函数，则由微元法易求得该立体的体积，如图 5-20 所示.

取 x 为积分变量，它的变化区间为 $[a, b]$，在 $[a, b]$ 上任取一小区间 $[x, x+dx]$，对应于该小区间的薄片体积 ΔV 近似等于底面面积为 $A(x)$，高为 dx 的小柱体体积，即

$$\Delta V \approx A(x)\,dx,$$

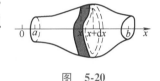

图　5-20

体积微元为

$$dV = A(x)\,dx,$$

从而所求立体的体积

$$V = \int_a^b A(x)\,dx. \tag{5.6.5}$$

例 5.6.6　如图 5-21 所示，计算以半径 R 的圆为底，以平行于底且长度等于底圆直径的线段为顶，高为 h 的正劈锥体的体积.

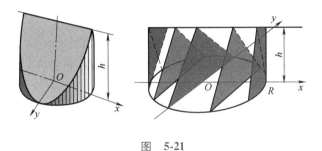

图　5-21

解　以底圆所在的平面为坐标平面，底圆中心为原点，平行于正劈锥顶的直线为 x 轴，垂直于 x 轴的直线为 y 轴，易得底圆方程 $x^2+y^2=R^2$.

任取 $x \in [-R, R]$，过点 x 作垂直于 x 轴的截面为等腰三角形，其底长为 $2y$，高为 h，于是截面的面积为

$$A(x) = \frac{1}{2} \cdot 2y \cdot h = hy = h\sqrt{R^2 - x^2}.$$

从而正劈锥体的体积

$$V = \int_{-R}^R h\sqrt{R^2 - x^2}\,dx = 2h\int_0^R \sqrt{R^2 - x^2}\,dx = \frac{\pi R^2 h}{2}.$$

（2）旋转体的体积

平面图形绕着它所在平面内的一条直线旋转一周所成的立体称为**旋转体**,该直线为**旋转轴**,比如圆柱、圆锥、圆台等.下面我们主要讨论如下三种情形:

第一种情形:由一条连续曲线 $y=f(x)$ 和直线 $x=a,x=b$ $(a<b)$ 及 x 轴所围的平面图形绕 x 轴旋转一周所形成的旋转体 V_x,如图 5-22 所示,

取 x 为积分变量,它的变化区间为 $[a,b]$,在 $[a,b]$ 上任取一小区间 $[x,x+dx]$,对应于该小区间的薄片旋转体积 ΔV_x 近似等于底面面积是以 $f(x)$ 为半径,高为 dx 的小圆柱的体积,即

$$\Delta V_x \approx \pi f^2(x)dx,$$

所以体积微元为

$$dV_x = \pi f^2(x)dx,$$

从而该旋转体的体积为

$$V_x = \int_a^b \pi f^2(x)dx = \pi\int_a^b f^2(x)dx. \tag{5.6.6}$$

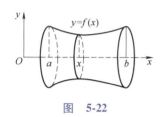

图　5-22

第二种情形:由连续曲线 $x=\varphi(y)$ 和直线 $y=c,y=d(c<d)$ 及 y 轴所围的平面图形绕 y 轴旋转一周所形成的旋转体 V_y,如图 5-23 所示.同第一种情形,旋转体的体积为

$$V_y = \int_c^d \pi\varphi^2(y)dy = \pi\int_c^d \varphi^2(y)dy. \tag{5.6.7}$$

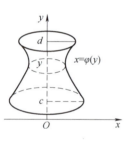

图　5-23

*第三种情形(选讲):由连续曲线 $y=f(x)$ 和直线 $x=a,x=b$ $(a<b)$ 及 x 轴所围的平面图形绕 y 轴旋转一周所形成的旋转体 V_y,如图 5-24 所示.

取 x 为积分变量,它的变化区间为 $[a,b]$,在 $[a,b]$ 上任取一小区间 $[x,x+dx]$,其绕 y 轴旋转一周所形成的薄片旋转体积 ΔV_x 近似等于展开面面积为 $2\pi x \cdot |f(x)|$,厚度为 dx 的小长方体的体积(其中 $2\pi x$ 是在点 x 处绕 y 轴旋转一周的圆弧周长),即

$$\Delta V_y \approx 2\pi x \cdot |f(x)| \cdot dx,$$

所以体积微元为

$$dV_y = 2\pi x|f(x)|dx,$$

从而该旋转体的体积为

$$V_y = \int_a^b 2\pi x|f(x)|dx = 2\pi\int_a^b x|f(x)|dx. \tag{5.6.8}$$

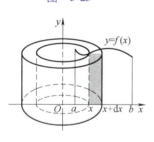

图　5-24

例 5.6.7　求由直线 $y=0,x=e$ 及曲线 $y=\ln x$ 所围的平面图形绕 x 轴旋转一周所得的旋转体的体积.

解　平面图形绕 x 轴旋转所得旋转体的体积如图 5-25 所示,由式(5.6.5)得

$$V_x = \int_1^e \pi y^2 dx = \pi\int_1^e \ln^2 x dx = \pi([x\ln^2 x]_1^e - \int_1^e x d\ln^2 x)$$

$$= \pi e - \pi\int_1^e x \cdot 2\ln x \cdot \frac{1}{x}dx = \pi e - 2\pi\int_1^e \ln x dx$$

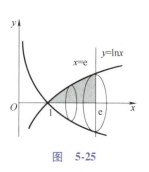

图　5-25

$$= \pi\mathrm{e} - 2\pi\left([x\ln x]_1^e - \int_1^e x \cdot \frac{1}{x}\mathrm{d}x\right)$$

$$= \pi\mathrm{e} - 2\pi.$$

例 5.6.8　求椭圆 $\dfrac{x^2}{9}+\dfrac{y^2}{4}=1$ 绕 y 轴旋转一周所得的旋转体的体积.

解　椭圆图形如图 5-26 所示,绕 y 轴旋转一周所得的旋转体的体积,由式(5.6.7)得

$$V_y = 2\pi\int_0^2 x^2\mathrm{d}y = 2\pi\int_0^2 9\left(1 - \frac{y^2}{4}\right)\mathrm{d}y$$

$$= 2\pi\left[9y - \frac{3}{4}y^3\right]_0^2$$

$$= 24\pi.$$

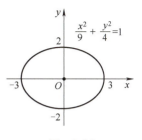

图　5-26

例 5.6.8

*例 5.6.9　求由 $y=\sin x$　$(0\leqslant x\leqslant\pi)$ 与 x 轴围成的平面图形分别绕 x 轴、y 轴旋转一周所得的旋转体的体积.

解　绕 x 轴旋转一周产生的旋转体的体积 V_x,由式(5.6.6)得

$$V_x = \pi\int_0^\pi \sin^2 x\mathrm{d}x = \frac{\pi^2}{2}.$$

平面图形绕 y 轴旋转的体积 V_y 用式(5.6.7)计算,得

$$V_y = \pi\int_0^1 (\pi - \arcsin y)^2\mathrm{d}y - \pi\int_0^1 (\arcsin y)^2\mathrm{d}y$$

$$= \pi^3\int_0^1 \mathrm{d}y - 2\pi^2\int_0^1 \arcsin y\mathrm{d}y$$

$$= \pi^3 - 2\pi^2\left[(y\arcsin y)\right]_0^1 + 2\pi^2\int_0^1 \frac{y}{\sqrt{1 - y^2}}\mathrm{d}y$$

$$= -2\pi^2\left[\sqrt{1 - y^2}\right]_0^1 = 2\pi^2.$$

注　上述绕 y 轴旋转一周产生的旋转体的体积 V_y,也可以由式(5.6.8)得

$$V_y = 2\pi\int_0^\pi x\sin x\mathrm{d}x = 2\pi\left[x(-\cos x) + \sin x\right]_0^\pi = 2\pi^2.$$

显然,上述方法要简单一些.

3. 平面曲线的弧长

设函数 $f(x)$ 在区间 $[a,b]$ 上有连续导数,计算曲线 $y=f(x)$ 上相应于 x 从 a 到 b 的一段弧(见图 5-27)AB 的长度.

取 x 为积分变量,它的变化区间为 $[a,b]$,曲线 $y=f(x)$ 上相应于 $[a,b]$ 上的任一小区间 $[x,x+\mathrm{d}x]$ 的一段弧的长度 Δs,可以用该曲线在点 $(x,f(x))$ 处的切线上相应的一小段长度来近似代替,即

$$\Delta s \approx \sqrt{(\mathrm{d}x)^2+(\mathrm{d}y)^2},$$

则弧长的微元为

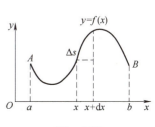

图　5-27

$$\mathrm{d}s = \sqrt{(\mathrm{d}x)^2+(\mathrm{d}y)^2} = \sqrt{1+(y')^2}\mathrm{d}x,$$

从而所求平面曲线弧长为

$$s = \int_a^b \sqrt{1 + (y')^2} \, \mathrm{d}x. \tag{5.6.9}$$

如果曲线以参数方程形式 $\begin{cases} x = x(t), \\ y = y(t) \end{cases}$ $(a \leqslant t \leqslant \beta)$ 给出,其中 $x(t), y(t)$ 在 $[\alpha, \beta]$ 上有连续导数,则弧长微分

$$\mathrm{d}s = \sqrt{x'^2(t) + y'^2(t)} \, \mathrm{d}t,$$

从而弧长公式

$$s = \int_\alpha^\beta \sqrt{x'^2(t) + y'^2(t)} \, \mathrm{d}t. \tag{5.6.10}$$

如果曲线弧由极坐标方程 $r = r(\theta)(\alpha \leqslant t \leqslant \beta)$ 给出,且 $r'(\theta)$ 连续,则弧长微分

$$\mathrm{d}s = \sqrt{r^2(\theta) + r'^2(\theta)} \, \mathrm{d}\theta,$$

从而弧长公式

$$s = \int_\alpha^\beta \sqrt{r^2(\theta) + r'^2(\theta)} \, \mathrm{d}\theta. \tag{5.6.11}$$

根据问题所给出的具体条件,可灵活选择使用弧长的三个公式.

例 5.6.10 曲线 $y = \dfrac{2}{3} x^{\frac{3}{2}}$,求当 x 从 0 变化到 3 时曲线上对应的一段弧长.

解 因 $y' = x^{\frac{1}{2}}$,由式(5.6.9)得

$$s = \int_0^3 \sqrt{1 + (y')^2} \, \mathrm{d}x = \int_0^3 \sqrt{1 + x} \, \mathrm{d}x = \frac{2}{3} \left[(1 + x)^{\frac{3}{2}} \right]_0^3 = \frac{2}{3}(8 - 1)$$

$$= \frac{14}{3}.$$

例 5.6.11 求摆线 $x = a(t - \sin t), y = a(1 - \cos t)$ $(0 \leqslant t \leqslant 2\pi, a > 0)$ 的长度(见图 5-28).

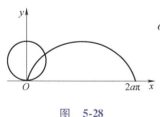

图 5-28

解 因 $x'(t) = a(1 - \cos t), y'(t) = a \sin t$,由式(5.6.10)得

$$s = \int_0^{2\pi} \sqrt{x'^2(t) + y'^2(t)} \, \mathrm{d}t = a \int_0^{2\pi} \sqrt{(1 - \cos t)^2 + (\sin^2 t)} \, \mathrm{d}t$$

$$= a \int_0^{2\pi} \sqrt{2(1 - \cos t)} \, \mathrm{d}t$$

$$= 2a \int_0^{2\pi} \sin \frac{t}{2} \mathrm{d}t = 4a \left[-\cos \frac{t}{2} \right]_0^{2\pi}$$

$$= 8a.$$

5.6.2 定积分在物理上的应用

定积分在物理上有着广泛的应用,本节通过一些例子来介绍几种应用.

1. 物体的质量

我们知道体(面或线)密度 μ 为常数,体积(面积或长度)A 的

质量 m 等于密度与体积(面积或长度)之积,即 $m=\mu A$.当密度是未知量 x 的函数 $\mu(x)$,我们可用定积分的方法求解其质量.

例 5.6.12　半径 $R=2$ 的圆片,其各点的面密度与该点到圆心的距离的平方成正比,已知圆片边缘处的密度为 8,求该圆片的质量(见图 5-29).

解　由已知,到圆心的距离为 x 的点的面密度 $\mu(x)=kx^2$.当 $x=R=2$ 时,$\mu=8$.代入上式得 $k=2$.即圆片的密度为

$$\mu(x)=2x^2.$$

如图 5-29 所示,取 x 为积分变量,它的变化区间为 $[0,2]$,在 $[0,2]$ 上的任一小区间 $[x,x+\mathrm{d}x]$,从点 x 到点 $x+\mathrm{d}x$ 的圆环上的面积 $\Delta S\approx 2\pi x\mathrm{d}x$,面密度 $\mu(x)=2x^2$,圆环的质量 Δm 近似等于 $\Delta m\approx 2x^2\cdot 2\pi x\mathrm{d}x=4\pi x^3\mathrm{d}x$.则质量微元为

$$\mathrm{d}m=4\pi x^3\mathrm{d}x,$$

从而圆片的质量为

$$m=\int_0^2 4\pi x^3\mathrm{d}x=16\pi.$$

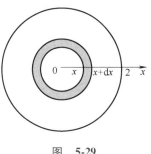

图　5-29

2. 变力做功

在前面定积分定义的引例中,我们介绍了变力做功,现在从微元法的角度来研究功.

例 5.6.13　设把一个弹簧在其弹性限度内从自然长度拉长 1m 需做功 98J,今将弹簧从自然长度拉长 2m(仍在弹性限度内),问需做功多少?

解　设将弹簧从自然长度拉长 x 时所需力 $f(x)$,于是 $f(x)=kx$(k 为比例系数),现确定 k,由条件知

$$98=\int_0^1 kx\mathrm{d}x=\frac{k}{2},$$

故 $k=196$,于是 $f(x)=196x$.

在 $[0,2]$ 上任取一小区间 $[x,x+\mathrm{d}x]$,每拉长 $\mathrm{d}x$ 所做的功为

$$\mathrm{d}W=196x\mathrm{d}x.$$

从而所求功为

$$W=\int_0^2 196x\mathrm{d}x=[98x^2]_0^2=392\text{ J}.$$

例 5.6.14　一圆柱形水池,池口直径为 4m,深 3m.池中盛满了水,求将全部池水抽到池口外所做的功.

解　如图 5-30 所示,取 x 轴方向向下,池顶部为原点 O,积分变量 x 的变化区间为 $[0,3]$,在 $[0,3]$ 的任一小区间 $[x,x+\mathrm{d}x]$ 上,对应小薄片与池面的距离可近似看成 x,其体积 $\Delta V\approx\pi\cdot 2^2\mathrm{d}x$,薄片的重量近似等于 $9.8\pi\cdot 2^2\mathrm{d}x$.则抽出这层水所做的功为

$$\mathrm{d}W=9.8\times 4\pi x\mathrm{d}x.$$

从而将全部池水抽到池口外所做的功为

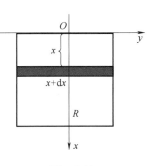

图　5-30

$$W = 9.8 \times 4\pi \int_0^3 x\,\mathrm{d}x = 176.4\pi(\mathrm{J}).$$

3. 液体的压力

从物理学知道,在液深为 h 处的压强是 $p = \rho g h$,其中 ρ 为液体的密度,g 为重力加速度.如果有一面积为 A 的平板水平地放置在液深为 h 处,则平板一侧所受的压力为 $F = pA$.

问题是:如果平板铅直地放置于液体中,由于不同液深处的压强 p 不同,因而平板一侧所受的液体压力就不能用上述方法计算,要采用微元法.我们举例加以说明.

例 5.6.15　设有一竖直的圆形闸门,其半径为 R,当水面与闸门中心所在平面持平时,求闸门所受的压力.

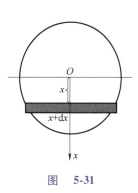

图　5-31

解　如图 5-31 所示的坐标系,取 x 为积分变量,在其变化区间 $[0,R]$ 上取小区间 $[x, x+\mathrm{d}x]$,对应的小横条上的压强 $p \approx \rho g x$.小横条面积近似于 $2\sqrt{R^2 - x^2}\,\mathrm{d}x$,此小横条上的压力微元为

$$\mathrm{d}F = 2\rho g x \sqrt{R^2 - x^2}\,\mathrm{d}x.$$

从而闸门所受的压力为

$$F = 2\rho g \int_0^R x\sqrt{R^2 - x^2}\,\mathrm{d}x$$

$$= -\frac{19.6}{3}\left[(R^2 - x^2)^{\frac{3}{2}}\right]_0^R = 6.533R^3(\mathrm{N}).$$

5.6.3 同步习题

1. 求由下列曲线所围成的平面图形的面积.

(1) $y = 3 - x^2, y = 2x$;　　　(2) $y = \ln x, y = 0, y = 1, x = 0$;

(3) $y = \mathrm{e}^x, y = 0, x = 0, x = 1$;(4) $2y^2 = x + 4, y^2 = x$;

(5) $y = x^2$ 与 $y = 2x - x^2$;　　　(6) $y = \cos x, y = \sin x, x = 0, x = \pi$.

2. 设曲线的极坐标方程为 $r = \mathrm{e}^{a\theta}$ $(a > 0)$,求该曲线上相应于 θ 从 0 到 2π 的一段弧与极轴所围成的图形的面积.

3. 求由下列曲线所围成的平面图形绕指定旋转轴旋转所成的旋转体的体积:

(1) $y = x^2, x = y^2$ 绕 y 轴旋转;

(2) $xy = a^2, y = 0, x = a, x = 2a(a > 0)$ 绕 x 轴旋转;

(3) $x^2 + (y - 5)^2 = 16$ 绕 x 轴旋转;

(4) $y = x^2, y = x$ 绕 x 轴旋转;

(5) $y = \cos x, y = 0, x = 0, x = \pi$ 绕 y 轴旋转;

(6) $x^2 + y^2 = R^2$ 绕 y 轴旋转.

*4. 一个蓄满水的圆柱形水桶高为 5m,底面半径为 3m,试问要把桶中的水全部抽出需做多少功?

5.7 MATLAB 数学实验

MATLAB 求定积分的语法格式:

Int(f,x,xmin,xmax)	%对符号表达式 f 中指定的符号变量 x 计算定积分, 其中 xmin 为积分下限, xmax 为积分上限.

例 5.7.1 计算定积分 $\int_0^1 (x^3 + 1)\,\mathrm{d}x$.

程序如下:

```
syms x              %定义符号变量 x
f=x^3+1
  int(f,x,0,1)
```

按<Enter>键得到结果为 ans=5/4

例 5.7.2 计算定积分 $\int_0^1 (\sin x + \cos x)\,\mathrm{d}x$.

程序如下:

```
syms x              %定义符号变量 x
f=sin(x)+cos(x)
  int(f,x,0,1)
```

按<Enter>键得到结果为 ans=sin(1)-cos(1)+1

第 5 章总复习题

第一部分:基础题

1. 计算下列极限:

(1) $\lim\limits_{x \to 0} \dfrac{\int_0^x \tan^2 t\,\mathrm{d}t}{x^3}$;
 (2) $\lim\limits_{x \to 0} \dfrac{\int_0^x \mathrm{e}^{t^2}\,\mathrm{d}t}{\int_0^x \mathrm{e}^{2t^2}\,\mathrm{d}t}$;

(3) $\lim\limits_{n \to \infty} \dfrac{1}{n}\left[\sqrt{1 + \cos\dfrac{\pi}{n}} + \sqrt{1 + \cos\dfrac{2\pi}{n}} + \cdots + \sqrt{1 + \cos\dfrac{n\pi}{n}}\right]$;

(4) $\lim\limits_{n \to \infty} \left(\dfrac{\sin\dfrac{\pi}{n}}{n+1} + \dfrac{\sin\dfrac{2\pi}{n}}{n+\dfrac{1}{2}} + \cdots + \dfrac{\sin\pi}{n+\dfrac{1}{n}}\right)$.

2. 设 $f(x)$ 为连续函数, 试求:

(1) $\dfrac{\mathrm{d}}{\mathrm{d}x}\displaystyle\int_0^x (\sin x - \sin t) f(t)\mathrm{d}t$；　　(2) $\dfrac{\mathrm{d}}{\mathrm{d}x}\displaystyle\int_1^2 f(x^2 + t)\mathrm{d}t$；

(3) $\dfrac{\mathrm{d}}{\mathrm{d}x}\displaystyle\int_0^1 f(xt)\mathrm{d}t$．

3. 求由方程 $\displaystyle\int_0^y \mathrm{e}^{t^2}\mathrm{d}t + \int_0^x \cos t^2\mathrm{d}t = 0$ 所决定的隐函数 $y(x)$ 的导数 $\dfrac{\mathrm{d}y}{\mathrm{d}x}$．

4. 求函数 $f(x) = \displaystyle\int_1^{x^2}(x^2 - t)\mathrm{e}^{-t^2}\mathrm{d}t$ 的单调区间与极值．

5. 计算下列定积分．

(1) $\displaystyle\int_0^2 |1 - x|\mathrm{d}x$；

(2) $\displaystyle\int_{-1}^1 \dfrac{x}{5 - 4x}\mathrm{d}x$；

(3) $\displaystyle\int_{\frac{1}{e}}^e \dfrac{\ln^2 x}{x}\mathrm{d}x$；

(4) $\displaystyle\int_0^{\frac{\pi}{2}} \sin x\cos^3 x\mathrm{d}x$；

(5) $\displaystyle\int_0^3 \dfrac{\mathrm{d}x}{(1 + x)\sqrt{x}}$；

(6) $\displaystyle\int_0^{-\ln 2}\sqrt{1 - \mathrm{e}^{2x}}\mathrm{d}x$；

(7) $\displaystyle\int_{-1}^1 \dfrac{\mathrm{d}x}{x^2 + x + 1}$；

(8) $\displaystyle\int_0^{\frac{\pi}{2}} \dfrac{\sin x\mathrm{d}x}{1 + \sin x + \cos x}$．

6. 计算下列广义积分．

(1) $\displaystyle\int_e^{+\infty} \dfrac{\mathrm{d}x}{x\ln^2 x}$；

(2) $\displaystyle\int_1^{+\infty} \dfrac{\mathrm{d}x}{x\sqrt{x^2 - 1}}$；

(3) $\displaystyle\int_0^{+\infty} \dfrac{\mathrm{d}x}{\sqrt{x(x + 1)^3}}$；

(4) $\displaystyle\int_0^2 \dfrac{\mathrm{d}x}{\sqrt[3]{(x - 1)^2}}$．

7. 设函数 $f(x) = \begin{cases} 0, x \in \left[0, \dfrac{1}{2}\right) \cup \left(\dfrac{1}{2}, 1\right], \\ 1, x = \dfrac{1}{2}, \end{cases}$ $F(x) = \displaystyle\int_0^x f(t)\mathrm{d}t$，$x \in [0, 1]$，证明 $F(x)$ 在 $[0, 1]$ 上不是 $f(x)$ 的原函数．

8. 设 $f(x) = \dfrac{1}{1 + x^2} + 1 - x^2\displaystyle\int_0^1 f(x)\mathrm{d}x$，求 $\displaystyle\int_0^1 f(x)\mathrm{d}x$．

9. 设 $f(x) = \begin{cases} x\mathrm{e}^{-x^2}, & x \geq 0, \\ \dfrac{1}{1 + \cos x}, & -1 \leq x < 0. \end{cases}$ 计算 $\displaystyle\int_1^4 f(x - 2)\mathrm{d}x$．

10. 求由曲线 $y = x^2 - 2x$，$y = 0$，$x = 1$，$x = 3$ 所围成的平面图形的面积 A．

11. 求由抛物线 $y = 1 - x^2$ 及其在点 $(1, 0)$ 处的切线和 y 轴所围成的平面图形的面积．

12. 求 $r = a\sin 3\theta$ 所围成图形的面积 $(a > 0)$．

13. 求 $r^2 = a^2\cos 2\theta$ 所围成图形的面积 $(a > 0)$．

第二部分:拓展题

1. 求由 $x^2+y^2 \leqslant 2x, y \geqslant x$ 确定的平面图形绕直线 $x=2$ 旋转而成的旋转体的体积.

2. 求由 $x^2+y^2=4, x^2=-4(y-1), y>0$ 围成的平面图形绕 x 轴旋转一周而成的体积.

3. 过点 $(0,1)$ 作曲线 $L:y=\ln x$ 的切线,切点为 A,又 L 与 x 轴交于 B 点,区域 D 由 L 与直线 AB 及 x 轴围成,求区域 D 的面积及 D 绕 x 轴旋转一周所得旋转体的体积.

4. 设 D_1 是由抛物线 $y=2x^2$ 和直线 $x=a, x=2$ 及 $y=0$ 所围成的平面区域;D_2 是由抛物线 $y=2x^2$ 和直线 $x=a, y=0$ 所围成的平面区域,其中 $0<a<2$.

(1) 求 D_1 绕 x 轴旋转而成的旋转体的体积 V_1,D_2 绕 y 轴旋转而成的旋转体的体积 V_2.

(2) 问当 a 为何值时,V_1+V_2 取得最大值? 求此最大值.

*5. 计算:

(1) $\dfrac{\Gamma(7)}{\Gamma(4)}$;

(2) $\dfrac{\Gamma(3)\Gamma(\frac{3}{2})}{\Gamma(\frac{9}{2})}$.

*6. 一轴长 $l=8\mathrm{m}$,其每点处线密度 μ 与该点到两端的距离之积成正比,已知轴在中点的线密度 $\mu=8\mathrm{kg/m}$,求轴的质量.

*7. 一半径为 R 的半球形蓄水池盛满水,现将全部水抽到池口外,问需要做多少功?

第三部分:考研真题

一、选择题

1. (2022 年,数学一、数学二、数学三)已知 $I_1 = \int_0^1 \dfrac{x}{2(1+\cos x)}\mathrm{d}x$,

$I_2 = \int_0^1 \dfrac{\ln(1+x)}{1+\cos x}\mathrm{d}x$,$I_3 = \int_0^1 \dfrac{2x}{1+\sin x}\mathrm{d}x$,则( ).

A. $I_1<I_2<I_3$ B. $I_2<I_3<I_1$

C. $I_1<I_3<I_2$ D. $I_2<I_1<I_3$

2. (2022 年,数学二)设 p 为常数,若反常积分 $\int_0^1 \dfrac{\ln x}{x^p(1-x)^{1-p}}\mathrm{d}x$

收敛,则 p 的取值范围是( ).

A. $(-1,1)$ B. $(-1,2)$

C. $(-\infty,1)$ D. $(-\infty,2)$

3. (2021 年,数学一、数学二)设函数 $f(x)$ 在区间 $[0,1]$ 上连续,则 $\int_0^1 f(x)\mathrm{d}x = ($).

A. $\lim\limits_{n\to\infty}\sum\limits_{k=1}^n f\left(\dfrac{2k-1}{2n}\right)\dfrac{1}{2n}$ B. $\lim\limits_{n\to\infty}\sum\limits_{k=1}^n f\left(\dfrac{2k-1}{2n}\right)\dfrac{1}{n}$

C. $\lim\limits_{n\to\infty}\sum\limits_{k=1}^{n}f\left(\dfrac{k-1}{2n}\right)\dfrac{1}{n}$　　　　　　D. $\lim\limits_{n\to\infty}\sum\limits_{k=1}^{n}f\left(\dfrac{k}{2n}\right)\dfrac{2}{n}$

4. (2021 年,数学二、数学三)当 $x\to 0$ 时,$\displaystyle\int_{0}^{x^2}(\mathrm{e}^{t^3}-1)\mathrm{d}t$ 是 x^7 的(　　).

　　A. 低阶无穷小　　　　　　　　　B. 等价无穷小

　　C. 高阶无穷小　　　　　　　　　D. 同阶非等价无穷小

5. (2020 年,数学一、数学二)当 $x\to 0^+$ 时,下列无穷小量中最高阶的是(　　).

　　A. $\displaystyle\int_{0}^{x}(\mathrm{e}^{t^2}-1)\mathrm{d}t$　　　　　　　B. $\displaystyle\int_{0}^{x}\ln(1+\sqrt{t^3})\mathrm{d}t$

　　C. $\displaystyle\int_{0}^{\sin x}\sin t^2\mathrm{d}t$　　　　　　　　D. $\displaystyle\int_{0}^{1-\cos x}\sqrt{\sin^3 t}\;\mathrm{d}t$

6. (2019 年,数学二)下列反常积分发散的是(　　).

　　A. $\displaystyle\int_{0}^{+\infty}x\mathrm{e}^{-x}\mathrm{d}x$　　　　　　　　B. $\displaystyle\int_{0}^{+\infty}x\mathrm{e}^{-x^2}\mathrm{d}x$

　　C. $\displaystyle\int_{0}^{+\infty}\dfrac{\arctan x}{1+x^2}\mathrm{d}x$　　　　　　D. $\displaystyle\int_{0}^{+\infty}\dfrac{x}{1+x^2}\mathrm{d}x$

7. (2018 年,数学二、数学三)设 $M=\displaystyle\int_{-\frac{\pi}{2}}^{\frac{\pi}{2}}\dfrac{(1+x)^2}{1+x^2}\mathrm{d}x,N=\displaystyle\int_{-\frac{\pi}{2}}^{\frac{\pi}{2}}\dfrac{1+x}{\mathrm{e}^x}\mathrm{d}x,K=\displaystyle\int_{-\frac{\pi}{2}}^{\frac{\pi}{2}}(1+\sqrt{\cos x})\mathrm{d}x$,则(　　).

　　A. $M>N>K$　　　　　　　　　B. $M>K>N$

　　C. $K>M>N$　　　　　　　　　D. $K>N>M$

8. (2018 年,数学二、数学三)设函数 $f(x)$ 在 $[0,1]$ 上二阶可导,且 $\displaystyle\int_{0}^{1}f(x)\mathrm{d}x=0$,则(　　).

　　A. 当 $f'(x)<0$ 时,$f\left(\dfrac{1}{2}\right)<0$　　B. 当 $f''(x)<0$ 时,$f\left(\dfrac{1}{2}\right)<0$

　　C. 当 $f'(x)>0$ 时,$f\left(\dfrac{1}{2}\right)<0$　　D. 当 $f''(x)>0$ 时,$f\left(\dfrac{1}{2}\right)<0$

9. (2017 年,数学一、数学二)甲、乙两人赛跑,计时开始时,甲在乙前方 10(单位:m)处,如图 5-32 所示,实线表示甲的速度曲线 $v=v_1(t)$(单位:m/s),虚线表示乙的速度曲线 $v=v_2(t)$(单位:m/s),三块阴影部分面积的数值依次为 10,20,3,计时开始后乙追上甲的时刻记为 t_0(单位:s),则(　　).

　　A. $t_0=10$　　　　　　　　　　B. $15<t_0<20$

　　C. $t_0=25$　　　　　　　　　　D. $t_0>25$

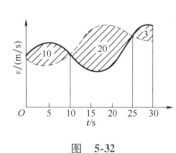

图　5-32

10. (2016 年,数学一)若反常积分 $\displaystyle\int_{0}^{+\infty}\dfrac{1}{x^a(1+x)^b}\mathrm{d}x$ 收敛,则(　　).

A. $a<1$ 且 $b>1$　　　　　　　B. $a>1$ 且 $b>1$

C. $a<1$ 且 $a+b>1$　　　　　D. $a>1$ 且 $a+b>1$

二、填空题

1. (2022 年,数学一) $\displaystyle\int_1^{e^2} \frac{\ln x}{\sqrt{x}}\mathrm{d}x = $ _____.

2. (2022 年,数学二) $\displaystyle\int_0^1 \frac{2x+3}{x^2-x+1}\mathrm{d}x = $ _____.

3. (2022 年,数学三) $\displaystyle\int_0^2 \frac{2x-4}{x^2+2x+4}\mathrm{d}x = $ _____.

4. (2022 年,数学二)已知曲线 L 的极坐标方程 $r=\sin 3\theta\,(0\leqslant\theta \leqslant\frac{\pi}{3})$,则 L 围成有界区域的面积为_____.

5. (2021 年,数学一) $\displaystyle\int_0^{+\infty} \frac{\mathrm{d}x}{x^2+2x+2} = $ _____.

6. (2021 年,数学二) $\displaystyle\int_{-\infty}^{+\infty} |x|3^{-x^2}\mathrm{d}x = $ _____.

7. (2021 年,数学三) $\displaystyle\int_{\sqrt{5}}^5 \frac{x}{\sqrt{|x^2-9|}}\mathrm{d}x = $ _____.

8. (2021 年,数学三)设平面区域 D 由曲线 $y=\sqrt{x}\sin \pi x\,(0\leqslant x\leqslant1)$ 与 x 轴围成,则 D 绕 x 轴旋转而成的旋转体的体积为_____.

9. (2020 年,数学二)斜边长为 $2a$ 的等腰直角三角形平板铅直地沉没在水中,且斜边与水面相齐,设重力加速度为 g,水密度为 ρ,则该平板一侧所受的水压力为_____.

10. (2019 年,数学二)曲线 $y=\ln\cos x\,(0\leqslant x\leqslant\frac{\pi}{6})$ 的弧长为____.

11. (2019 年,数学二)已知 $f(x) = x\displaystyle\int_1^x \frac{\sin t^2}{t}\mathrm{d}t$,则 $\displaystyle\int_0^1 f(x)\mathrm{d}x = $ _____.

12. (2019 年,数学三)已知函数 $f(x) = \displaystyle\int_1^x \sqrt{1+t^4}\mathrm{d}t$,则 $\displaystyle\int_0^1 x^2 f(x)\mathrm{d}x = $ _____.

13. (2018 年,数学一)设函数 $f(x)$ 具有二阶连续导数,若曲线 $y=f(x)$ 过点 $(0,0)$ 且与曲线 $y=2^x$ 在点 $(1,2)$ 处相切,则 $\displaystyle\int_0^1 xf''(x)\mathrm{d}x = $ _____.

14. (2018 年,数学二) $\displaystyle\int_5^{+\infty} \frac{\mathrm{d}x}{x^2-4x+3} = $ _____.

15. (2017 年,数学二) $\displaystyle\int_0^{+\infty} \frac{\ln(1+x)}{(1+x)^2}\mathrm{d}x = $ _____.

16. (2017 年,数学三) $\displaystyle\int_{-\pi}^{\pi} (\sin^3 x + \sqrt{\pi^2-x^2})\mathrm{d}x = $ _____.

17. (2016 年,数学一) $\lim\limits_{x \to 0} \dfrac{\displaystyle\int_0^x t\ln(1 + t\sin t)\,\mathrm{d}t}{1 - \cos x^2} = $ _____.

18. (2016 年,数学二) 极限 $\lim\limits_{n \to \infty} \dfrac{1}{n^2}\left(\sin\dfrac{1}{n} + 2\sin\dfrac{2}{n} + \cdots + n\sin\dfrac{n}{n}\right) = $

_____.

19. (2015 年,数学一) $\displaystyle\int_{-\frac{\pi}{2}}^{\frac{\pi}{2}}\left(\dfrac{\sin x}{1 + \cos x} + |\,x\,|\right)\mathrm{d}x = $ _____.

20. (2014 年,数学二) $\displaystyle\int_{-\infty}^1 \dfrac{1}{x^2 + 2x + 5}\mathrm{d}x = $ _____.

三、解答题

1. (2021 年,数学一、数学二) 求极限 $\lim\limits_{x \to 0}\left(\dfrac{1 + \displaystyle\int_0^x \mathrm{e}^{t^2}\mathrm{d}t}{\mathrm{e}^x - 1} - \dfrac{1}{\sin x}\right)$.

2. (2021 年,数学二) 设函数 $f(x)$ 满足 $\displaystyle\int\dfrac{f(x)}{\sqrt{x}}\mathrm{d}x = \dfrac{1}{6}x^2 - x + C$,$L$ 的弧长为 s,L 绕 x 轴旋转一周所形成的曲面的面积为 A,求 s 和 A.

3. (2020 年,数学二) 设函数 $f(x)$ 的定义域为 $(0, +\infty)$,且满足

$$2f(x) + x^2 f\left(\dfrac{1}{x}\right) = \dfrac{x^2 + 2x}{\sqrt{1 + x^2}},$$

求 $f(x)$,并求曲线 $y = f(x)$,$y = \dfrac{1}{2}$,$y = \dfrac{\sqrt{3}}{2}$ 及 y 轴所围图形绕 x 轴旋转一周而成的旋转体的体积.

4. (2019 年,数学一、数学三) 求曲线 $y = \mathrm{e}^{-x}\sin x (x \geqslant 0)$ 与 x 轴之间图形的面积.

5. (2018 年,数学二) 已知曲线 $L: y = \dfrac{4}{9}x^2 (x \geqslant 0)$,点 $O(0,0)$,点 $A(0,1)$.设 P 是 L 上的动点,S 是直线 OA 与直线 AP 及曲线 L 所围成图形的面积.若 P 运动到点 $(3,4)$ 时,沿 x 轴正向的速度是 4,求此时 S 关于时间 t 的变化率.

6. (2017 年,数学二、数学三) 求极限 $\lim\limits_{x \to 0^+} \dfrac{\displaystyle\int_0^x \sqrt{x - t}\,\mathrm{e}^t\mathrm{d}t}{\sqrt{x^3}}$.

7. (2017 年,数学一、数学二、数学三) 求 $\lim\limits_{n \to \infty} \sum\limits_{k=1}^n \dfrac{k}{n^2}\ln\left(1 + \dfrac{k}{n}\right)$.

8. (2016 年,数学二、数学三) 设函数 $f(x) = \displaystyle\int_0^1 |t^2 - x^2|\,\mathrm{d}t (x > 0)$,求 $f'(x)$,并求 $f(x)$ 的最小值.

9. (2016 年,数学二) 设 D 是由曲线 $y = \sqrt{1 - x^2} (0 \leqslant x \leqslant 1)$ 与 $\begin{cases} x = \cos^3 t, \\ y = \sin^3 t \end{cases} \left(0 \leqslant t \leqslant \dfrac{\pi}{2}\right)$ 围成的平面区域,求 D 绕 x 轴旋转一周所得

的旋转体的体积和表面积.

10. (2016 年, 数学三) 设函数 $f(x)$ 连续, 且满足

$$\int_0^x f(x-t)\,\mathrm{d}t = \int_0^x (x-t)f(t)\,\mathrm{d}t + \mathrm{e}^{-x} - 1 ,$$

求 $f(x)$.

*11. (2011 年, 数学二) 一容器的内侧是由图 5-33 中曲线绕 y

轴旋转一周而成的曲面, 该曲面由 $x^2 + y^2 = 2y\left(y \geqslant \dfrac{1}{2}\right)$, $x^2 + y^2 = 1$

$\left(y \leqslant \dfrac{1}{2}\right)$ 连接而成.

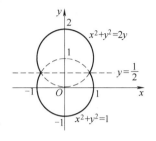

图　5-33

(1) 求容器的容积;

(2) 若从容器内将容器的水从容器顶部全部抽出, 至少需要做多少功? (长度单位: m; 重力加速度为 $g\,\mathrm{m/s}^2$; 水的密度为 $1 \times 10^3\,\mathrm{kg/m}^3$)

四、证明题

1. (2022 年, 数学二) 设函数 $f(x)$ 在 $(-\infty, +\infty)$ 上具有二阶连续导数, 证明 $f''(x) \geqslant 0$ 的充分必要条件是对任意不同实数 a, b, 有

$$f\left(\frac{a+b}{2}\right) \leqslant \frac{1}{b-a}\int_a^b f(x)\,\mathrm{d}x .$$

2. (2020 年, 数学一) 设函数 $f(x)$ 在区间 $[0, 2]$ 上具有连续导数, $f(0) = f(2) = 0$, $M = \max\limits_{[0,2]} |f(x)|$, 证明:

(1) $\exists \xi \in (0, 2)$, 使得 $|f'(\xi)| \geqslant M$;

(2) 若对任意的 $x \in (0, 2)$, $|f'(x)| \leqslant M$, 则 $M = 0$.

3. (2020 年, 数学二) 已知函数 $f(x)$ 连续, 且 $\lim\limits_{x \to 0} \dfrac{f(x)}{x} = 1$, $g(x) = \int_0^1 f(xt)\,\mathrm{d}t$, 求 $g'(x)$ 并证明 $g'(x)$ 在 $x = 0$ 处连续.

4. (2016 年, 数学二) 已知函数 $f(x)$ 在 $\left[0, \dfrac{3\pi}{2}\right]$ 连续, 在

$\left(0, \dfrac{3\pi}{2}\right)$ 内是函数 $\dfrac{\cos x}{2x - 3\pi}$ 的一个原函数, 且 $f(0) = 0$.

(1) 求 $f(x)$ 在区间 $\left[0, \dfrac{3\pi}{2}\right]$ 上的平均值;

(2) 证明 $f(x)$ 在区间 $\left(0, \dfrac{3\pi}{2}\right)$ 内存在唯一零点.

5. (2014 年, 数学二、数学三) 设函数 $f(x), g(x)$ 在区间 $[a, b]$ 上连续, 且 $f(x)$ 单调增加, $0 \leqslant g(x) \leqslant 1$, 证明:

(1) $0 \leqslant \int_a^x g(t)\,\mathrm{d}t \leqslant x - a, \quad x \in [a, b]$;

(2) $\int_a^{a + \int_a^b g(t)\,\mathrm{d}t} f(x)\,\mathrm{d}x \leqslant \int_a^b f(x)g(x)\,\mathrm{d}x$.

第 5 章自测题

一、填空题(本题共 10 个小题,每小题 5 分,共 50 分)

1. $\int_0^1 \dfrac{4}{\pi}\sqrt{1-x^2}\,\mathrm{d}x =$ _____ .

2. 设函数 $f(x)=\begin{cases} \dfrac{1}{x^3}\displaystyle\int_0^x \sin t^2\,\mathrm{d}t, & x \neq 0, \\ a, & x = 0 \end{cases}$ 在 $x = 0$ 处连续,则 $a =$ _____ .

3. 函数 $f(x)$ 在闭区间 $[a,b]$ 上有界是 $f(x)$ 在 $[a,b]$ 上可积的 _____ 条件;而 $f(x)$ 在闭区间 $[a,b]$ 上连续,是 $f(x)$ 在 $[a,b]$ 上可积的 _____ 条件.

4. 无穷限积分 $\displaystyle\int_1^{+\infty} \mathrm{e}^{1-x}\,\mathrm{d}x =$ _____ .

5. $\displaystyle\int_0^{\sqrt{2}} \dfrac{\mathrm{d}x}{x+\sqrt{2-x^2}} =$ _____ .

6. 设 $f(x)$ 是连续函数,且 $F(x)=\displaystyle\int_x^{\mathrm{e}^{-x}} f(t)\,\mathrm{d}t$,则 $F'(x)=$ ( ).

7. $\displaystyle\int_{-\pi}^{\pi} \sin x \cdot \cos x\,\mathrm{d}x =$ _____ .

8. $\displaystyle\int_0^{\pi} t\sin t\,\mathrm{d}t =$ _____ .

9. $\displaystyle\int_{\mathrm{e}}^{+\infty} \dfrac{\mathrm{d}x}{x\ln^2 x} =$ _____ .

10. 设 $f(x)$ 是连续函数,且 $f(x)=x+2\displaystyle\int_0^1 f(t)\,\mathrm{d}t$,则 $f(x)=$ _____ .

二、单项选择题(本题共 10 个小题,每小题 5 分,共 50 分)

1. 已知 $f(x)$ 是连续函数,下列结论正确的是( ).

① $\displaystyle\int f(x)\,\mathrm{d}x$ 是 $f(x)$ 的全体原函数;

② $\displaystyle\int_a^x f(x)\,\mathrm{d}x$ 是 $f(x)$ 的一个原函数;

③ $\displaystyle\int_a^b f(x)\,\mathrm{d}x$ 是 $f(x)$ 的任意一个原函数在区间 $[a,b]$ 上的增量;

④ $\displaystyle\int_a^x f(x)\,\mathrm{d}x$ 是 $f(x)$ 的一个原函数,a 为某个确定的常数.

A. ①②③　　　　　　　　B. ①②④
C. ②③④　　　　　　　　D. ①③④

2. 设 $f(x)$ 是连续函数,$F(x)$ 是 $f(x)$ 的原函数,则( ).

A. 当 $f(x)$ 是奇函数时,$F(x)$ 必为偶函数

B. 当 $f(x)$ 是偶函数时,$F(x)$ 必为奇函数

C. 当 $f(x)$ 是周期函数时,$F(x)$ 必为周期函数

D. 当 $f(x)$ 是单调递增函数时,$F(x)$ 必为单调递增函数

3. 设在区间 $[a,b]$ 上,$f(x)>0,f'(x)<0,f''(x)>0$,令

$$s_1 = \int_a^b f(x)\,\mathrm{d}x,\ s_2 = f(b)(b-a),\ s_3 = \frac{1}{2}[f(a)+f(b)](b-a),$$

则(　　).

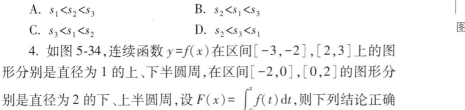

A. $s_1<s_2<s_3$　　　　　B. $s_2<s_1<s_3$

C. $s_3<s_1<s_2$　　　　　D. $s_2<s_3<s_1$

图　5-34

4. 如图 5-34,连续函数 $y=f(x)$ 在区间 $[-3,-2]$,$[2,3]$ 上的图形分别是直径为 1 的上、下半圆周,在区间 $[-2,0]$,$[0,2]$ 的图形分别是直径为 2 的下、上半圆周,设 $F(x) = \int_0^x f(t)\,\mathrm{d}t$,则下列结论正确的是(　　).

A. $F(3)=-\dfrac{3}{4}F(-2)$　　　B. $F(3)=\dfrac{5}{4}F(2)$

C. $F(-3)=\dfrac{3}{4}F(2)$　　　D. $F(-3)=-\dfrac{5}{4}F(-2)$

5. 设 $f(x) = \int_0^{1-\cos x} \sin t^2\,\mathrm{d}t,g(x)=\dfrac{x^5}{5}+\dfrac{x^6}{6}$,则当 $x\to0$ 时,$f(x)$ 是 $g(x)$ 的(　　).

A. 低阶无穷小　　　　B. 高阶无穷小

C. 等价无穷小　　　　D. 同阶但不等价无穷小

6. 下列反常积分发散的是(　　).

A. $\displaystyle\int_1^2 (x-1)^{-\frac{1}{5}}\,\mathrm{d}x$　　　B. $\displaystyle\int_{-1}^1 \frac{1}{x}\,\mathrm{d}x$

C. $\displaystyle\int_1^2 (x-1)^{-\frac{1}{2}}\,\mathrm{d}x$　　　D. $\displaystyle\int_1^3 (3-x)^{-\frac{1}{2}}\,\mathrm{d}x$

7. 下列反常积分收敛的是(　　).

A. $\displaystyle\int_1^{+\infty} \frac{1}{(x-1)^5}\,\mathrm{d}x$　　　B. $\displaystyle\int_0^1 \frac{1}{x^2}\,\mathrm{d}x$

C. $\displaystyle\int_1^{+\infty} \frac{1}{x^{\frac{1}{2}}}\,\mathrm{d}x$　　　D. $\displaystyle\int_3^{+\infty} (x-3)^{-\frac{1}{2}}\,\mathrm{d}x$

8. 设 $A = \displaystyle\int_{-\frac{\pi}{2}}^{\frac{\pi}{2}} \frac{\sin x}{1+x^2}\cos^4 x\,\mathrm{d}x,B = \int_{-\frac{\pi}{2}}^{\frac{\pi}{2}} (\sin^3 x+\cos^4 x)\,\mathrm{d}x,\ C =$

$\displaystyle\int_{-\frac{\pi}{2}}^{\frac{\pi}{2}} (x^2\sin^3 x - \cos^4 x)\,\mathrm{d}x$,则有(　　).

A. $B<C<A$　　　　B. $A<C<B$

C. $B<A<C$　　　　D. $C<A<B$

9. 设 $f(x)$ 连续,则 $\dfrac{\mathrm{d}}{\mathrm{d}x}\displaystyle\int_a^b f(x+y)\,\mathrm{d}y$ 等于(　　).

A. $\displaystyle\int_a^b f'(x+y)\,\mathrm{d}y$ 　　　　B. $f(x+b)-f(x+a)$

C. $f(x+a)$ 　　　　D. $f(x+b)$

10. 设 $f(x)$ 是奇函数,除 $x=0$ 外处处连续,$x=0$ 是其第一类间断点,则 $\displaystyle\int_0^x f(t)\,\mathrm{d}t$ 是(　　　).

A. 连续的奇函数.　　　　B. 连续的偶函数.

C. 在 $x=0$ 间断的奇函数.　　　D. 在 $x=0$ 间断的偶函数.

第5章数学家故事-李善兰　　　　第5章参考答案

6 第6章
微分方程

本章要点:微分方程是描述客观事物的数量关系的一种重要数学模型.本章我们研究常见的微分方程的类型及其解法,并介绍微分方程在实际问题中的一些简单应用.

在科学研究和生产实践中,经常要寻求表示客观事物的变量之间的函数关系.在许多实际问题中,往往不能直接得到所要研究的函数关系,只能根据所给的条件建立一个含有未知函数的导数或微分的关系式,我们把这个关系式称为微分方程.

本章知识结构图

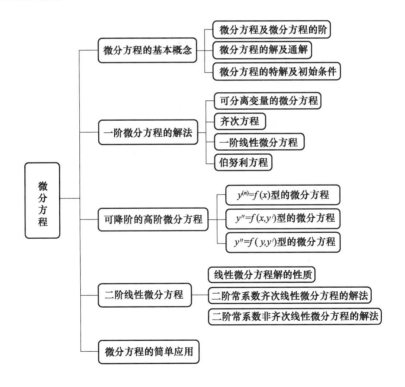

6.1 微分方程的基本概念

本节要点:通过本节的学习,学生应了解微分方程、微分方程的解、通解、初始条件和特解等概念.

下面通过例子来说明微分方程及其解的有关概念,同时了解微分方程产生的一些背景.

例 6.1.1 一曲线过点 $(1,1)$,且曲线上各点处的切线斜率等于该点横坐标的平方,求此曲线方程.

解 设所求的曲线方程为 $y = y(x)$,根据导数的几何意义,可知未知函数 $y = y(x)$ 应满足关系式

$$y' = x^2. \tag{6.1.1}$$

两边积分,得

$$y = \frac{1}{3}x^3 + C, \tag{6.1.2}$$

因为曲线过点 $(1,1)$,即有 $y\,|_{x=1} = 1$,将此条件代入式 $(6.1.2)$ 中,得 $C = \frac{2}{3}$.

故所求的曲线方程为

$$y = \frac{1}{3}x^3 + \frac{2}{3}. \tag{6.1.3}$$

例 6.1.2 一质点以初速度 v_0 竖直上抛,不计阻力,求质点的运动方程.

解 设运动开始时 $(t=0)$ 质点位于 s_0,在时刻 t 质点位于 s. 变量 s 与 t 之间的函数关系 $s = s(t)$ 就是要找的运动方程.

根据导数的物理意义,依题意知,

$$s'' = -g \ \text{或} \ \frac{\mathrm{d}^2 s}{\mathrm{d}t^2} = -g, \tag{6.1.4}$$

且

$$s\,|_{t=0} = s_0, \quad v\,|_{t=0} = v_0, \tag{6.1.5}$$

把式 $(6.1.4)$ 对 t 积分一次,得

$$v(t) = \frac{\mathrm{d}s}{\mathrm{d}t} = s' = \int s'' \mathrm{d}t = \int (-g)\,\mathrm{d}t = -gt + C_1,$$

再积分一次,得

$$s(t) = \int s' \mathrm{d}t = \int v(t)\,\mathrm{d}t = \int (-gt + C_1)\,\mathrm{d}t$$

$$= -\frac{1}{2}gt^2 + C_1 t + C_2. \tag{6.1.6}$$

把条件 $(6.1.5)$ 代入式 $(6.1.6)$ 得 $\qquad C_1 = v_0, C_2 = s_0,$
于是有

$$s(t) = -\frac{1}{2}gt^2 + v_0 t + s_0, \tag{6.1.7}$$

故质点的运动方程为 $s(t) = -\frac{1}{2}gt^2 + v_0 t + s_0$.

下面我们介绍微分方程的一些基本概念.

6.1.1 微分方程及微分方程的阶

定义 6.1.1 凡含有未知函数、未知函数的导数(或微分)以及自变量之间关系的方程称为**微分方程**.当未知函数是一元时,称为**常微分方程**,当未知函数是多元时,称为**偏微分方程**.本书只讨论常微分方程,故以后所述的微分方程即指常微分方程.常微分方程的一般形式是

$$F(x,y,y',y'',\cdots,y^{(n)})=0, \tag{6.1.8}$$

其中 x 是自变量,y 是 x 的未知函数,而 $y',y'',\cdots,y^{(n)}$ 依次是未知函数的一阶、二阶、$\cdots,n$ 阶导数.

微分方程中所出现的未知函数导数的最高阶数,称为微分方程的阶.

例如,微分方程 $y'=x^2$ 的阶数是一阶,称为一阶微分方程.微分方程 $s''=-g$ 的最高阶数是二阶,称为二阶微分方程.再如 $\dfrac{\mathrm{d}^2y}{\mathrm{d}x^2}=2x+y,y'''=5x^2+6$ 分别称为二、三阶微分方程,而式(6.1.8)称为 **n 阶微分方程**.

6.1.2 微分方程的解及通解

定义 6.1.2 如果将某一函数 $y=y(x)$ 代入微分方程 (6.1.8),能使其成为恒等式,则函数 $y=y(x)$ 称为微分方程 (6.1.8)的**解**.

如果微分方程的解中含有独立的任意常数,且常数的个数与微分方程的阶数相同,那么这种解称为微分方程的**通解**.因此,一阶微分方程 $F(x,y,y')=0$ 的通解形式是 $y=y(x,c)$,c 为任意常数.例如,在例 6.1.1 中式(6.1.2)为微分方程 $y'=x^2$ 的通解.二阶微分方程 $F(x,y,y',y'')=0$ 的通解形式是 $y=y(x,c_1,c_2)$,其中 c_1,c_2 是两个相互独立的任意常数.例如,在例 6.1.2 中式(6.1.6)为方程 $s''=-g$ 的通解.

n 阶微分方程的通解形式是 $y=y(x,c_1,c_2,\cdots,c_n)$,其中 $c_1,c_2,\cdots,c_n$ 是 n 个相互独立的任意常数.

6.1.3 微分方程的特解及初始条件

如果指定通解中的一组任意常数等于某一组固定的常数,那么得到的微分方程的解,称为**特解**.例如,例 6.1.1 中式(6.1.3)为特解,例 6.1.2 中式(6.1.7)为特解.

一般地,一阶微分方程常给出条件 $y\big|_{x=x_0}=y_0$,在二阶微分方程通解中,由于有两个独立常数,故需要两个条件,一般为 $y\big|_{x=x_0}=y_0$,

$y'|_{x=x_0}=y_1$. 我们把这些条件称为**初始条件**. 如例 6.1.1 中式(6.1.3) 称为微分方程(6.1.1)满足初始条件 $y|_{x=1}=1$ 的特解. 例 6.1.2 中式(6.1.7)称为方程(6.1.4)满足初始条件 $s|_{t=0}=s_0, \quad v|_{t=0}=v_0$的特解.

例 6.1.3 考察某地人口数量 y 的增长情况, 已知人口数量 y 是时间 t 的函数, 根据自然规律推之, 该地区某时刻的人口增长率 $\dfrac{\mathrm{d}y}{\mathrm{d}t}$ 与当时人口数量 y 成正比, 而这个比例系数是当时当地的人口出生率 m 和人口死亡率 n 之差, 即 $\dfrac{\mathrm{d}y}{\mathrm{d}t}=(m-n)y$.

试判断 $\dfrac{\mathrm{d}y}{\mathrm{d}t}=(m-n)y$ 是否为微分方程? 若是, 指出阶数并判断 $y=\mathrm{e}^{(m-n)t}$ 是否为此方程的解?

解 由微分方程的定义知, $\dfrac{\mathrm{d}y}{\mathrm{d}t}=(m-n)y$ 是一阶微分方程.

将 $y=\mathrm{e}^{(m-n)t}$ 求导得

$$\frac{\mathrm{d}y}{\mathrm{d}t}=\mathrm{e}^{(m-n)t}(m-n),$$

将其代入方程 $\dfrac{\mathrm{d}y}{\mathrm{d}t}=(m-n)y$ 中, 得

左端 $=\mathrm{e}^{(m-n)t}(m-n)=(m-n)y=$右端,

故 $y=\mathrm{e}^{(m-n)t}$ 是此微分方程的解.

例 6.1.4 验证 $y=C_1x+C_2\mathrm{e}^x$ 是微分方程 $(1-x)y''+xy'-y=0$ 的通解, 并求出满足初始条件 $y|_{x=0}=-1$ 及 $y'|_{x=0}=1$ 的特解.

解 将 $y=C_1x+C_2\mathrm{e}^x, y'=C_1+C_2\mathrm{e}^x$ 及 $y''=C_2\mathrm{e}^x$ 代入所给微分方程左端, 可得

$$(1-x)C_2\mathrm{e}^x+x(C_1+C_2\mathrm{e}^x)-(C_1x+C_2\mathrm{e}^x)=0,$$

故

$$y=C_1x+C_2\mathrm{e}^x$$

是微分方程 $(1-x)y''+xy'-y=0$ 的解.

因为 $y=C_1x+C_2\mathrm{e}^x$ 中含有两个独立的任意常数, 所给方程又是二阶的, 所以

$$y=C_1x+C_2\mathrm{e}^x$$

是所给微分方程的通解. 将 $y|_{x=0}=-1$ 代入通解中得 $C_2=-1$, 把 $y'|_{x=0}=1$ 代入 $y'=C_1+C_2\mathrm{e}^x$ 中得 $C_1=2$. 于是所求特解为

$$y=2x-\mathrm{e}^x.$$

注 (1) 普通方程的解是确定的若干常数, 而微分方程的解是函数, 通解是函数族;

(2) 通解中的常数是独立的, 如 $y=C_1\mathrm{e}^x+C_2\mathrm{e}^{x+3}$ 是某个二阶微分方程的解, 但不是通解, 因为 $y=C_1\mathrm{e}^x+C_2\mathrm{e}^{x+3}=(C_1+C_2\mathrm{e}^3)\mathrm{e}^x=$

例 6.1.4

$Ce^x(C=C_1+C_2e^3)$, 实际上只含一个独立常数;

（3）通解未必是全部解. 如 $y'=-y^2\sin x$, 可验证 $y=-\dfrac{1}{\cos x+C}$ 是它的解且是通解. 这里显然 $y\neq0$, 但实际上 $y=0$ 满足原方程, 即 $y=0$ 也是它的解;

（4）并不是所有微分方程都有通解, 如 $(y')^2+1=0$ 无实数解.

6.1.4　同步习题

1. 指出下列微分方程的阶数.

（1）$xy'''+2y''+x^2y=0$;　　　（2）$L\dfrac{\mathrm{d}^2Q}{\mathrm{d}t^2}+R\dfrac{\mathrm{d}Q}{\mathrm{d}t}+\dfrac{Q}{c}=0$;

（3）$x(y')^2-2yy'+x=0$;　　　（4）$\dfrac{\mathrm{d}\rho}{\mathrm{d}\theta}+\rho=\sin^2\theta$;

（5）$x\mathrm{d}x-y\mathrm{d}y=0$;　　　（6）$y''+xyy'+x^3=0$.

2. 检验下列各题中的函数是否为所给微分方程的通解或特解.

（1）$(x+y)\mathrm{d}x+x\mathrm{d}y=0,y=\dfrac{C-x^2}{2x}$;　（2）$y''+y=0,y=\sin x$;

（3）$y''-2y'+y=0,y=x^2\mathrm{e}^x$;　　　（4）$xy'=y\left(1+\ln\dfrac{y}{x}\right),y=x\mathrm{e}^{Cx}$.

3. 对下列各已知曲线族, 求一曲线满足所给的初始条件:

（1）$x^2+y^2=C,\quad y\big|_{x=0}=5$;

（2）$y=(C_1+C_2x)\mathrm{e}^{2x},y\big|_{x=0}=0,y'\big|_{x=0}=1$;

（3）$y=C_1\sin(x-C_2),y\big|_{x=\pi}=1,y'\big|_{x=\pi}=0$.

4. 写出由下列条件确定的曲线所满足的微分方程:

（1）质量为 m 的物体受重力作用, 从高为 h 处由静止状态开始自由下落, 设空气阻力与速度成正比, 求此运动方程.

（2）曲线在点 (x,y) 处的切线斜率等于该点横坐标与纵坐标乘积的倒数.

6.2　一阶微分方程的解法

本节要点: 通过本节的学习, 学生应掌握可分离变量的微分方程及一阶线性微分方程的解法, 会解齐次方程, 了解伯努利(Bernoulli)方程, 了解用简单的变量代换解某些微分方程的方法.

实际问题中遇到的微分方程是多种多样的, 有的微分方程非常简单,直接通过积分就可以求得通解,而有的微分方程则很复杂,它们的解法也各不相同.从本节开始我们将根据微分方程的不同类型,给出相应的解法.下面将介绍几种一阶微分方程的解法.

6.2.1 可分离变量的微分方程

形如

$$\frac{\mathrm{d}y}{\mathrm{d}x} = f(x)g(y) \tag{6.2.1}$$

的一阶微分方程称为**可分离变量的微分方程**.其中 $f(x)$, $g(y)$ 都是连续函数,这种方程的特点是右端是只含 x 的函数与只含 y 的函数的乘积.具体解法如下:

设 $g(y) \neq 0$,

(1) 分离变量,得 $\dfrac{\mathrm{d}y}{g(y)} = f(x)\mathrm{d}x$,

(2) 两边同时积分,得 $\displaystyle\int \frac{\mathrm{d}y}{g(y)} = \int f(x)\mathrm{d}x + C$,

于是得到隐式解 $G(y) = F(x) + C$.

若求满足初始条件 $y\,|_{x=x_0} = y_0$ 的特解,则将 $x = x_0$, $y = y_0$ 代入通解确定 C 即可.可分离变量的微分方程也可以写成如下形式:

$$f_1(x)f_2(y)\mathrm{d}y + g_1(x)g_2(y)\mathrm{d}x = 0.$$

分离变量得 $\dfrac{f_2(y)}{g_2(y)}\mathrm{d}y = -\dfrac{g_1(x)}{f_1(x)}\mathrm{d}x$,然后两边同时积分即可.

例 6.2.1 求微分方程 $\dfrac{\mathrm{d}y}{\mathrm{d}x} - 2xy = 0$ 的通解.

解 将微分方程变形为 $\dfrac{\mathrm{d}y}{\mathrm{d}x} = 2xy$,这是一个可分离变量的微分方程,分离变量,得

$$\frac{1}{y}\mathrm{d}y = 2x\mathrm{d}x,$$

两边积分,有

$$\int \frac{1}{y}\mathrm{d}y = \int 2x\mathrm{d}x, \qquad \ln|y| = x^2 + C_1,$$

即

$$y = \pm e^{x^2 + C_1} = \pm e^{C_1}e^{x^2} = Ce^{x^2}\,(C = \pm e^{C_1}),$$

故得通解为

$$y = Ce^{x^2}\,(C \text{ 为任意常数}).$$

例 6.2.2 求 $\tan x \dfrac{\mathrm{d}y}{\mathrm{d}x} = 1 + y$ 的通解.

解 原微分方程可写为 $\dfrac{\mathrm{d}y}{\mathrm{d}x} = (1+y)\cot x$,这是一个可分离变量

的微分方程.分离变量,得

$$\frac{\mathrm{d}y}{1+y} = \frac{\cos x}{\sin x}\mathrm{d}x,$$

两边积分,得

$$\ln|1+y| = \ln|\sin x| + \ln|C|,$$

即通解为

$$y = C\sin x - 1.$$

此外,$y=-1$ 也是方程的解,这个解可认为包含在上述表达式($C=0$)中,故得通解

$$y = C\sin x - 1.$$

例 6.2.3　求微分方程 $xy(y\mathrm{d}x - x\mathrm{d}y) + x\mathrm{d}x - y\mathrm{d}y = 0$ 满足 $y\big|_{x=0} = 1$ 的特解.

解　原微分方程写成　　$y(1+x^2)\mathrm{d}y = x(1+y^2)\mathrm{d}x,$

分离变量,得

$$\frac{y}{1+y^2}\mathrm{d}y = \frac{x}{1+x^2}\mathrm{d}x,$$

两边积分,得

$$\frac{1}{2}\ln(1+y^2) = \frac{1}{2}\ln(1+x^2) + \frac{1}{2}\ln C \, (C \neq 0),$$

即

$$1+y^2 = C(1+x^2),$$

将条件 $y\big|_{x=0} = 1$ 代入,得 $C=2$.

故所求特解为

$$y = \sqrt{1+2x^2}.$$

例 6.2.4　某社区的人口增长与当前社区内人口成正比,若两年后,人口增加一倍,三年后人口达到 30000 人,试估计该社区最初的人口数量.

解　设 $P = P(t)$ 为任何时刻 t 该社区的人口,P_0 为最初的人口数量.由题意有

$$\frac{\mathrm{d}P}{\mathrm{d}t} = kP,$$

分离变量,得

$$P = C\mathrm{e}^{kt},$$

当 $t=0$ 时,$P=P_0$,代入得 $P_0=C$,于是

$$P = P_0\mathrm{e}^{kt},$$

当 $t=2$ 时,$P=2P_0$,即 $2P_0 = P_0\mathrm{e}^{2k}$,解得 $k = \frac{1}{2}\ln 2 \approx 0.347$,于是

$$P = P_0\mathrm{e}^{0.347t},$$

当 $t=3$ 时,$P=30000$,即 $30000 = P_0\mathrm{e}^{0.347\times 3} = P_0\mathrm{e}^{0.347\times 3} = P_0 \times 2.832$,解得 $P_0 \approx 10593$.

所以该社区最初的人口数量约为 10593 人.

6.2.2 齐次方程

1. 齐次方程的概念

如果一阶微分方程可化成

$$\frac{dy}{dx} = \varphi\left(\frac{y}{x}\right) \tag{6.2.2}$$

的形式,则此方程称为齐次微分方程,简称齐次方程.

例如,$\frac{dy}{dx} = \frac{xy}{x^2+y^2}$ 可化为 $\frac{dy}{dx} = \frac{\frac{y}{x}}{1+\frac{y^2}{x^2}}$, $\frac{dy}{dx} = \frac{y}{x} + \tan\frac{y}{x}$,它们都是齐次

方程.

求解齐次方程(6.2.2)可用变量代换法,即把 $\frac{y}{x}$ 看作一个整体

变量,通过变量代换将方程化为一个可分离变量的微分方程来

求解.

设 $u = \frac{y}{x}$,则 $\qquad y = ux,$

于是有

$$\frac{dy}{dx} = u + x\frac{du}{dx}, \tag{6.2.3}$$

将式(6.2.3)代入式(6.2.2)中,得

$$u + x\frac{du}{dx} = \varphi(u), \quad \text{即} \quad x\frac{du}{dx} = \varphi(u) - u,$$

分离变量再积分,得

$$\int\frac{du}{\varphi(u) - u} = \int\frac{dx}{x},$$

求出积分后,将 $u = \frac{y}{x}$ 代入即可得通解.

例 6.2.5 求微分方程 $\frac{dy}{dx} = \frac{y+\sqrt{x^2-y^2}}{x}$ $(x>0)$ 的通解.

解 微分方程可写为 $\frac{dy}{dx} = \frac{y}{x} + \sqrt{1-\left(\frac{y}{x}\right)^2}$,这是齐次方程.

设 $\frac{y}{x} = u$,则 $\frac{dy}{dx} = u + x\frac{du}{dx}$,代入原方程有

$$u + x\frac{du}{dx} = u + \sqrt{1-u^2},$$

分离变量,得

$$\frac{\mathrm{d}u}{\sqrt{1-u^2}} = \frac{\mathrm{d}x}{x},$$

两端积分,得

$$\int \frac{\mathrm{d}u}{\sqrt{1-u^2}} = \int \frac{\mathrm{d}x}{x}, \quad \text{即} \quad \arcsin u = \ln|x| + \ln|C|,$$

将 $u = \dfrac{y}{x}$ 代入,得到通解为

$$\arcsin \frac{y}{x} = \ln|Cx| \,(C \text{ 是任意常数}).$$

例 6.2.6　求 $y^2 + x^2 \dfrac{\mathrm{d}y}{\mathrm{d}x} = xy \dfrac{\mathrm{d}y}{\mathrm{d}x}$ 的通解.

解　原微分方程可化成 $\dfrac{\mathrm{d}y}{\mathrm{d}x} = \dfrac{y^2}{xy - x^2} = \dfrac{\left(\dfrac{y}{x}\right)^2}{\dfrac{y}{x} - 1}$,这是齐次方程.

设 $u = \dfrac{y}{x}$,有

$$\frac{\mathrm{d}y}{\mathrm{d}x} = u + x \frac{\mathrm{d}u}{\mathrm{d}x},$$

代入原微分方程,得

$$u + x \frac{\mathrm{d}u}{\mathrm{d}x} = \frac{u^2}{u-1}, \quad \text{即} \quad x \frac{\mathrm{d}u}{\mathrm{d}x} = \frac{u}{u-1},$$

分离变量,得

$$\left(1 - \frac{1}{u}\right) \mathrm{d}u = \frac{\mathrm{d}x}{x},$$

两端积分,得

$$u - \ln|u| + C = \ln|x| \quad \text{或写为} \ln|xu| = u + C,$$

将 $u = \dfrac{y}{x}$ 代入,即可求得通解为

$$\ln|y| = \frac{y}{x} + C \,(C \text{ 是任意常数}).$$

例 6.2.7　求微分方程 $\dfrac{\mathrm{d}y}{\mathrm{d}x} = \dfrac{y}{x} + \tan \dfrac{y}{x}$ 满足初始条件 $y\big|_{x=1} = \dfrac{\pi}{6}$

的特解.

解　所求方程为齐次方程,设 $\dfrac{y}{x} = u$,有

例 6.2.7

$$\frac{\mathrm{d}y}{\mathrm{d}x} = u + \frac{\mathrm{d}u}{\mathrm{d}x} x,$$

代入原方程,得

$$u + x \frac{\mathrm{d}u}{\mathrm{d}x} - u = \tan u,$$

分离变量,得

$$\cot u \mathrm{d}u = \frac{1}{x}\mathrm{d}x,$$

两端积分,得

$$\ln|\sin u| = \ln|x| + \ln|C|, \quad 即 \quad \sin u = Cx,$$

将 $u = \dfrac{y}{x}$ 代入,则微分方程的通解是

$$\sin \frac{y}{x} = Cx.$$

由 $y|_{x=1} = \dfrac{\pi}{6}$ 得 $C = \dfrac{1}{2}$,故满足 $y|_{x=1} = \dfrac{\pi}{6}$ 的特解为

$$\sin \frac{y}{x} = \frac{1}{2}x.$$

注　用变量代换改变微分方程的形状再求解,是微分方程的一种常用方法.若微分方程中出现 $\varphi\left(\dfrac{x}{y}\right), \varphi(xy), \varphi(x\pm y), \varphi(x^2\pm y^2), \cdots$,

也可以用此法,分别设 u 为 $\dfrac{x}{y}, xy, x\pm y, \cdots$.

例 6.2.8　求 $y\dfrac{\mathrm{d}x}{\mathrm{d}y} = x\ln\dfrac{x}{y}$ 的通解.

解　原微分方程变为 $\qquad \dfrac{\mathrm{d}x}{\mathrm{d}y} = \dfrac{x}{y}\ln\dfrac{x}{y}$,

设 $u = \dfrac{x}{y}$,有 $x = yu,\qquad \dfrac{\mathrm{d}x}{\mathrm{d}y} = u + \dfrac{\mathrm{d}u}{\mathrm{d}y}y$,

代入微分方程,得

$$u + \frac{\mathrm{d}u}{\mathrm{d}y}y = u\ln u,$$

分离变量并积分,得

$$\ln|\ln u - 1| = \ln|y| + \ln|C|,即 \ln u - 1 = Cy,$$

故微分方程的通解为

$$\ln \frac{x}{y} = Cy + 1.$$

从上面计算可知,$C \neq 0$ 时,但 $C = 0$ 时,有 $\ln\dfrac{x}{y} = 1$,即 $x = ey$,它满足原微分方程.故不必有 C 非零的限制.

2. 可化为齐次的方程

形如 $\dfrac{\mathrm{d}y}{\mathrm{d}x} = f\left(\dfrac{a_1 x + b_1 y + c_1}{a_2 x + b_2 y + c_2}\right)$ 的方程,其中 $a_1, a_2, b_1, b_2, c_1, c_2$ 均为实常数.当 $c_1 = c_2 = 0$ 时,方程是齐次的;否则不是齐次的.下面我们讨论当 $c_1^2 + c_2^2 \neq 0$ 时,方程的初等解法,为此分成下列两种情形:

（1）$\begin{vmatrix} a_1 & a_2 \\ b_1 & b_2 \end{vmatrix} \neq 0$ 的情形

此时二元一次线性方程组 $\begin{cases} a_1x+b_1y+c_1=0, \\ a_2x+b_2y+c_2=0, \end{cases}$ 有唯一解 $\begin{cases} x=\alpha, \\ y=\beta. \end{cases}$

设 $\begin{cases} X=x-\alpha, \\ Y=y-\beta, \end{cases}$ 则方程 $\dfrac{dy}{dx}=f\left(\dfrac{a_1x+b_1y+c_1}{a_2x+b_2y+c_2}\right)$ 变为 $\dfrac{dY}{dX}=f\left(\dfrac{a_1X+b_1Y}{a_2X+b_2Y}\right)$.

此方程是关于 X,Y 的齐次方程,求出通解后,将 $x-\alpha$ 代 X, $y-\beta$ 代 Y 即可.

（2）$\begin{vmatrix} a_1 & a_2 \\ b_1 & b_2 \end{vmatrix}=0$,即 $\dfrac{a_1}{a_2}=\dfrac{b_1}{b_2}$ 的情形

设 $\dfrac{a_1}{a_2}=\dfrac{b_1}{b_2}=\lambda$,则原方程变为 $\dfrac{dy}{dx}=f\left(\dfrac{\lambda(a_2x+b_2y)+c_1}{a_2x+b_2y+c_2}\right)$,

引入新变量 $z=a_2x+b_2y$,则 $\dfrac{dz}{dx}=a_2+b_2\dfrac{dy}{dx}$,

于是方程将化为

$$\dfrac{dz}{dx}=a_2+b_2f\left(\dfrac{\lambda z+c_1}{z+c_2}\right),$$

这是可分离变量方程,从而可以求出通解.

例 6.2.9　求 $\dfrac{dy}{dx}=\dfrac{x-y+1}{x+y-3}$ 的通解.

解　因为 $\begin{vmatrix} 1 & -1 \\ 1 & 1 \end{vmatrix}=2\neq 0$,所以解方程组 $\begin{cases} x-y+1=0, \\ x+y-3=0, \end{cases}$ 得 $\begin{cases} x=1, \\ y=2. \end{cases}$

做变量变换 $\begin{cases} X=x-1, \\ Y=y-2. \end{cases}$ 则原方程化为 $\dfrac{dY}{dX}=\dfrac{X-Y}{X+Y}$.

令 $u=\dfrac{Y}{X}$,方程变为

$$u+X\dfrac{du}{dX}=\dfrac{1-u}{1+u},$$

由分离变量法解得

$$X^2(u^2+2u-1)=C,\text{即 } Y^2+2XY-X^2=C,$$

将 $X=x-1,Y=y-2$ 代入,得原方程的通解

$$(y-2)^2+2(x-1)(y-2)-(x-1)^2=C,$$

或 $x^2-2xy-y^2+2x+6y=C_1$.

例 6.2.10　求解方程 $\dfrac{dy}{dx}=\dfrac{2x+4y+3}{x+2y+1}$.

解　因为 $\begin{vmatrix} 2 & 4 \\ 1 & 2 \end{vmatrix}=0$,令 $z=x+2y$,则原方程化为 $\dfrac{dz}{dx}=\dfrac{5z+7}{z+1}$,这是可分离变量方程.

当 $5z+7\neq 0$ 时,分离变量得

$$\frac{z+1}{5z+7}\mathrm{d}z=\mathrm{d}x,$$

两边积分,得

$$z+\frac{7}{5}=\pm\mathrm{e}^{\frac{5}{2}C+\frac{5}{2}z-\frac{25}{2}x},$$

化简并将 $z=x+2y$ 代入上式,得通解

$$x+2y+\frac{7}{5}=C\mathrm{e}^{5y-10x}.$$

另外,当 $5z+7=0$ 时,即 $5x+10y+7=0$ 也是解.

如果在通解 $x+2y+\frac{7}{5}=C\mathrm{e}^{5y-10x}$ 中取 $C=0$,则 $5x+10y+7=0$ 也包含在 $x+2y+\frac{7}{5}=C\mathrm{e}^{5y-10x}$ 中.因此,原方程的解为 $x+2y+\frac{7}{5}=C\mathrm{e}^{5y-10x}$ (C 是任意常数).

6.2.3　一阶线性微分方程

形如

$$\frac{\mathrm{d}y}{\mathrm{d}x}+p(x)y=q(x) \tag{6.2.4}$$

的方程称为**一阶线性微分方程**.其中 $p(x),q(x)$ 都是已知的连续函数,在方程(6.2.4)中关于未知函数及导数都是一次(线性)的.

若 $q(x)\neq0$,方程(6.2.4)又称为**一阶非齐次线性微分方程**.

若 $q(x)=0$, $\quad\dfrac{\mathrm{d}y}{\mathrm{d}x}+p(x)y=0$ \tag{6.2.5}

称为**一阶齐次线性微分方程**.

对于齐次线性微分方程 $\dfrac{\mathrm{d}y}{\mathrm{d}x}+p(x)y=0$,因为它是一个可分离变量的微分方程,所以用可分离变量法求解.具体求法如下:

分离变量,得

$$\frac{\mathrm{d}y}{y}=-p(x)\mathrm{d}x,$$

两边积分,得

$$\int\frac{\mathrm{d}y}{y}=\int[-p(x)]\mathrm{d}x,$$

由此得其通解为

$$y=C\mathrm{e}^{-\int p(x)\mathrm{d}x} \quad (C\text{ 是任意常数}). \tag{6.2.6}$$

这就是齐次线性微分方程的通解.

下面讨论非齐次线性微分方程通解的求法.

由于齐次线性微分方程是非齐次线性微分方程的特殊情形,两者之间有着密切的联系,我们猜想两个方程的解之间也应该有联

系,而非齐次方程的解不可能再具有形式

$y = C_1 \mathrm{e}^{-\int p(x)\mathrm{d}x}$($C_1$ 为常数),因为将其代入式(6.2.4)后,左端一定是零,不满足非齐次方程.因此尝试将式(6.2.6)中的任意常数 C 换为不恒为零的函数 $C(x)$,得函数

$$y(x) = C(x)\mathrm{e}^{-\int p(x)\mathrm{d}x}. \qquad (6.2.7)$$

下面检验式(6.2.7)能否成为非齐次方程的解.

将式(6.2.7)代入式(6.2.4)得

$$\left(C(x)\mathrm{e}^{-\int p(x)\mathrm{d}x}\right)' + C(x)\mathrm{e}^{-\int p(x)\mathrm{d}x} \cdot p(x) = q(x),$$

即

$$C'(x)\mathrm{e}^{-\int p(x)\mathrm{d}x} + C(x)\mathrm{e}^{-\int p(x)\mathrm{d}x} \cdot (-p(x)) + C(x)\mathrm{e}^{-\int p(x)\mathrm{d}x} \cdot p(x) = q(x),$$

化简,得

$$C'(x)\mathrm{e}^{-\int p(x)\mathrm{d}x} = q(x), \text{ 即 } C'(x) = q(x)\mathrm{e}^{\int p(x)\mathrm{d}x},$$

积分得

$$C(x) = \int q(x)\mathrm{e}^{\int p(x)\mathrm{d}x}\mathrm{d}x + C,$$

将 $C(x)$ 代入式(6.2.7),得

$$y = \mathrm{e}^{-\int p(x)\mathrm{d}x}\left[\int q(x)\mathrm{e}^{\int p(x)\mathrm{d}x}\mathrm{d}x + C\right]. \qquad (6.2.8)$$

式(6.2.8)是非齐次线性微分方程(6.2.4)的通解.以上这种求非齐次线性微分方程通解的方法,称为常数变易法.

将式(6.2.8)写成两项之和,即

$$y = C\mathrm{e}^{-\int p(x)\mathrm{d}x} + \mathrm{e}^{-\int p(x)\mathrm{d}x}\int q(x)\mathrm{e}^{\int p(x)\mathrm{d}x}\mathrm{d}x.$$

上式右端第一项是对应的齐次线性微分方程的通解,第二项是对应的非齐次线性微分方程的特解($C=0$).由此可知,一阶非齐次线性微分方程的通解等于对应的齐次线性方程的通解与非齐次线性微分方程的一个特解之和.这个结论对于高阶线性非齐次微分方程也成立.

例 6.2.11　求微分方程 $y' = \dfrac{y+x\ln x}{x}$ 的通解.

解法一　常数变易法.

原方程可变形为　　$y' - \dfrac{1}{x}y = \ln x,$

对应的齐次方程为

$$y' - \frac{1}{x}y = 0.$$

将齐次方程分离变量,得

$$\frac{\mathrm{d}y}{y} = \frac{\mathrm{d}x}{x},$$

两边积分,得

$$\ln|y| = \ln|x| + \ln|C|,$$

即

$$\ln|y| = \ln|Cx|,$$

所以齐次方程的通解为

$$y = Cx.$$

将上述通解中的任意常数 C 换成待定函数 $C(x)$，将其代入非齐次方程得

$$xC'(x) = \ln x, \text{即 } C'(x) = \frac{\ln x}{x},$$

两边积分，得

$$C(x) = \int \frac{\ln x}{x}dx = \int \ln x d(\ln x) = \frac{1}{2}\ln^2 x + C,$$

将 $C(x)$ 代入 $y = Cx$ 得原方程的通解

$$y = \frac{x}{2}\ln^2 x + Cx.$$

解法二 公式法.

将 $p(x) = -\dfrac{1}{x}, q(x) = \ln x$，代入式（6.2.8），得

$$\begin{aligned}
y &= e^{\int \frac{1}{x}dx}\left(\int \ln x e^{-\int \frac{1}{x}dx}dx + C\right)\\
&= e^{\ln x}\left(\int \ln x e^{-\ln x}dx + C\right)\\
&= e^{\ln x}\left(\int \frac{1}{x}\ln x dx + C\right)\\
&= \frac{x}{2}\ln^2 x + Cx.
\end{aligned}$$

例 6.2.12 求微分方程 $(1+x^2)dy - (1+2xy+x^2)dx = 0$ 满足初始条件 $y|_{x=0} = 1$ 的特解.

解 原方程可化为 $\dfrac{dy}{dx} - \dfrac{2x}{1+x^2}y = 1$，此方程为一阶线性非齐次微分方程.

将 $p(x) = -\dfrac{2x}{1+x^2}, q(x) = 1$，代入式（6.2.8），得通解

$$\begin{aligned}
y &= e^{\int \frac{2x}{1+x^2}dx}\left(\int e^{-\int \frac{2x}{1+x^2}dx}dx + C\right)\\
&= e^{\ln(1+x^2)}\left(\int e^{-\ln(1+x^2)}dx + C\right)\\
&= e^{\ln(1+x^2)}\left(\int \frac{1}{1+x^2}dx + C\right)\\
&= (1+x^2)(\arctan x + C).
\end{aligned}$$

再将 $y|_{x=0} = 1$ 代入通解得 $C = 1$，

故特解为

$$y = (1+x^2)(\arctan x + 1).$$

例 6.2.13 求微分方程 $y\mathrm{d}x+(x-y^3)\mathrm{d}y=0(y>0)$ 的通解.

解 如果将上式写为 $y'+\dfrac{y}{x-y^3}=0$,则它既不是可分离变量的微

分方程,也不是一阶线性微分方程.若将方程改写为 $\dfrac{\mathrm{d}x}{\mathrm{d}y}+\dfrac{x-y^3}{y}=0$,即

$\dfrac{\mathrm{d}x}{\mathrm{d}y}+\dfrac{x}{y}=y^2$,则将 x 视为 y 的函数,那它就是形如 $x'+p(y)x=q(y)$ 的

一阶线性微分方程.从而可用常数变易法或通解公式 $x=$

$\mathrm{e}^{-\int p(y)\mathrm{d}y}\big[\int q(y)\mathrm{e}^{\int p(y)\mathrm{d}y}\mathrm{d}y+C\big]$ 求解.利用此公式得方程的通解为

$$x=\mathrm{e}^{-\int p(y)\mathrm{d}y}\Big[\int q(y)\mathrm{e}^{\int p(y)\mathrm{d}y}\mathrm{d}y+C\Big]$$

$$=\mathrm{e}^{-\int\frac{1}{y}\mathrm{d}y}\Big(\int y^2\mathrm{e}^{\int\frac{1}{y}\mathrm{d}y}\mathrm{d}y+C\Big)$$

$$=\mathrm{e}^{-\ln y}\Big(\int y^2\mathrm{e}^{\ln y}\mathrm{d}y+C\Big)$$

$$=\mathrm{e}^{-\ln y}\Big(\int y^3\mathrm{d}y+C\Big)$$

$$=\frac{1}{y}\Big(\frac{1}{4}y^4+C\Big)=\frac{1}{4}y^3+\frac{C}{y}\ .$$

6.2.4 伯努利方程

形如

$$\frac{\mathrm{d}y}{\mathrm{d}x}+P(x)y=Q(x)y^n(n\neq0,n\neq1)$$

的一阶微分方程,称为**伯努利(Bernoulli)**方程.当 $n=0$ 或 $n=1$ 时,
该方程是线性微分方程.当 $n\neq0$ 且 $n\neq1$ 时,此方程不是线性的,但
通过变量代换可化为线性微分方程.

将上述方程两端同除以 y^n,得

$$y^{-n}\frac{\mathrm{d}y}{\mathrm{d}x}+P(x)y^{1-n}=Q(x)\ ,$$

做变量代换 $z=y^{1-n}$,则有

$$\frac{\mathrm{d}z}{\mathrm{d}x}=(1-n)y^{-n}\frac{\mathrm{d}y}{\mathrm{d}x},$$

代入上式,有

$$\frac{\mathrm{d}z}{\mathrm{d}x}+(1-n)P(x)z=(1-n)Q(x).$$

这是以 z 为未知函数的一阶线性微分方程,求出这个方程的通
解后,以 y^{n-1} 代换 z 可得到伯努利方程的通解.

例 6.2.14 求微分方程 $\dfrac{\mathrm{d}y}{\mathrm{d}x}+\dfrac{1}{x}y=x^2y^6$ 的通解.

解 方程两端同除以 y^6,得

$$y^{-6}\frac{\mathrm{d}y}{\mathrm{d}x}+\frac{1}{x}y^{-5}=x^2,$$

令 $z=y^{-5}$，则有

$$\frac{\mathrm{d}z}{\mathrm{d}x}=-5y^{-6}\frac{\mathrm{d}y}{\mathrm{d}x},$$

代入上式得

$$\frac{\mathrm{d}z}{\mathrm{d}x}-\frac{5}{x}z=-5x^2,$$

这是一阶线性微分方程，它的通解为

$$z = \mathrm{e}^{\int\frac{5}{x}\mathrm{d}x}\left[\int\left(-5x^2\cdot\mathrm{e}^{\int\frac{-5}{x}\mathrm{d}x}\right)\mathrm{d}x+C\right]$$

$$= \mathrm{e}^{\ln x^5}\left[\int\left(-5x^2\cdot\mathrm{e}^{\ln x^{-5}}\right)\mathrm{d}x+C\right]$$

$$= x^5\left[\int\left(-5x^2\cdot\frac{1}{x^5}\right)\mathrm{d}x+C\right]$$

$$= x^5\left(\frac{5}{2x^2}+C\right).$$

把 $z=y^{-5}$ 代入原方程，得通解

$$x^5y^5\left(\frac{5}{2x^2}+C\right)=1.$$

6.2.5 同步习题

1. 求下列微分方程的通解.

（1）$y'=\ln x+y^2\ln x$；　　（2）$(y+1)^2\frac{\mathrm{d}y}{\mathrm{d}x}+x^3=0$；

（3）$\sqrt{1-x^2}\,y'=2^{-y}$；　　（4）$\sec^2 x\tan y\mathrm{d}x+\sec^2 y\tan x\mathrm{d}y=0$.

2. 求下列微分方程满足所给初始条件的特解：

（1）$\mathrm{d}y=x(2y\mathrm{d}x-x\mathrm{d}y)$，$y\big|_{x=1}=4$；

（2）$\cos x\sin y\mathrm{d}y=\cos y\sin x\mathrm{d}x$，$y\big|_{x=0}=\dfrac{\pi}{4}$；

（3）$\cos y\mathrm{d}x+(1+\mathrm{e}^{-x})\sin y\mathrm{d}y=0$，$y\big|_{x=0}=\dfrac{\pi}{4}$.

3. 求下列微分方程的通解：

（1）$(x^2+y^2)\mathrm{d}x-xy\mathrm{d}y=0$；　（2）$\left(x-y\cos\dfrac{y}{x}\right)\mathrm{d}x+x\cos\dfrac{y}{x}\mathrm{d}y=0$；

（3）$xy'=x\mathrm{e}^{\frac{y}{x}}+y$；　　（4）$(1+2\mathrm{e}^{\frac{x}{y}})\mathrm{d}x+2\mathrm{e}^{\frac{x}{y}}\left(1-\dfrac{x}{y}\right)\mathrm{d}y=0$.

4. 求下列微分方程满足所给初始条件的特解：

（1）$xy'=\dfrac{y^2}{x}+y+4x$，$y\big|_{x=1}=2$；　　（2）$y'=\dfrac{x}{y}+\dfrac{y}{x}$，$y\big|_{x=1}=2$.

5. 解下列各方程.

$(1)\ \dfrac{\mathrm{d}y}{\mathrm{d}x}=\dfrac{y-x-2}{x+y+4}$;

$(2)\ (2x+y-4)\mathrm{d}x+(x+y-1)\mathrm{d}y=0$.

6. 求下列微分方程的通解.

$(1)\ y'+\dfrac{1}{x}y=\dfrac{\sin x}{x}$;

$(2)\ \dfrac{\mathrm{d}y}{\mathrm{d}x}-\dfrac{2y}{x+1}=(x+1)^{\frac{5}{2}}$;

$(3)\ x\ln x\,\mathrm{d}y+(y-\ln x)\mathrm{d}x=0$;

$(4)\ (y^2-6x)\dfrac{\mathrm{d}y}{\mathrm{d}x}+2y=0$.

7. 求下列微分方程满足所给初始条件的特解.

$(1)\ x^2\mathrm{d}y+(2xy-x+1)\mathrm{d}x=0,\ y\,|_{x=1}=0$;

$(2)\ xy'+2y=x\ln x,\ y(1)=-\dfrac{1}{9}$;

$(3)\ y'-\dfrac{2}{1-x^2}y-x-1=0,\ y\,|_{x=0}=0$;

$(4)\ y'+\dfrac{y}{x}=\dfrac{\sin x}{x},\ y\,|_{x=\pi}=1$.

8. 求下列微分方程的通解.

$(1)\ \dfrac{\mathrm{d}y}{\mathrm{d}x}+\dfrac{1}{x}y=a(\ln x)y^2$;

$(2)\ \dfrac{\mathrm{d}y}{\mathrm{d}x}+\dfrac{1}{3}y=\dfrac{1}{3}(1-2x)y^4$.

6.3 可降阶的高阶微分方程

本节要点:通过本节的学习,学生应会用降阶法解下列方程:$y^{(n)}=f(x),y''=f(x,y'),y''=f(y,y')$.

二阶及二阶以上的微分方程统称为**高阶微分方程**.对于有些高阶微分方程,可以通过变量代换把它化为较低阶的微分方程求解,这种类型的方程称为**可降阶的微分方程**,求解方法称为**降阶法**.

本节将介绍三种特殊类型的高阶微分方程的求解方法.

6.3.1 $y^{(n)}=f(x)$ 型的微分方程

这种方程的特点是方程的右端只含有自变量 x,只要通过 n 次积分就可以得到通解.

例 6.3.1 求 $y'''=\mathrm{e}^{3x}+\sin x$ 的通解.

解 对原微分方程积分三次得

$$y''=\int(\mathrm{e}^{3x}+\sin x)\mathrm{d}x=\frac{1}{3}\mathrm{e}^{3x}-\cos x+C'_1,$$

$$y'=\frac{1}{9}\mathrm{e}^{3x}-\sin x+C'_1x+C_2,$$

$$y = \frac{1}{27}e^{3x} + \cos x + C_1 x^2 + C_2 x + C_3 \left(C_1 = \frac{1}{2}C_1' \right).$$

这就是所求的通解.

例 6.3.2　求方程 $y'' = -\dfrac{1}{\sin^2 x}$ 满足条件 $y\big|_{x=\frac{\pi}{4}} = -\dfrac{\ln 2}{2}$, $y'\big|_{x=\frac{\pi}{4}} = 1$ 的特解.

解　积分一次得

$$y' = \cot x + C_1,$$

将条件 $y'\big|_{x=\frac{\pi}{4}} = 1$ 代入得　　　$C_1 = 0,$

从而

$$y' = \cot x,$$

再积分一次得

$$y = \ln|\sin x| + C_2,$$

将条件 $y\big|_{x=\frac{\pi}{4}} = -\dfrac{\ln 2}{2}$ 代入得　　　$C_2 = 0.$

于是所求特解为

$$y = \ln|\sin x|.$$

6.3.2　$y'' = f(x, y')$ 型的微分方程

这种方程的特点是不显含 y. 求解的方法是: 令 $y' = p$, 则

$$y'' = \frac{\mathrm{d}p}{\mathrm{d}x},$$

原方程变为

$$\frac{\mathrm{d}p}{\mathrm{d}x} = f(x, p),\text{这里 } p \text{ 作为未知函数},$$

设这个一阶微分方程的通解为

$$p = g(x, C_1),\text{即 } y' = g(x, C_1),$$

再积分便可得到原方程的通解

$$y = \int g(x, C_1)\,\mathrm{d}x + C_2.$$

例 6.3.3

例 6.3.3　求微分方程 $(1+x^2)y'' - 2xy' = 0$ 的通解.

解　这是一个不显含 y 的方程.

设 $y' = p$, 则　　　　　　　　$y'' = \dfrac{\mathrm{d}p}{\mathrm{d}x},$

将 $y' = p$ 和 $y'' = \dfrac{\mathrm{d}p}{\mathrm{d}x}$ 代入原方程得

$$(1+x^2)\frac{\mathrm{d}p}{\mathrm{d}x} - 2px = 0,$$

分离变量并积分, 得

$$\frac{\mathrm{d}p}{p} = \frac{2x}{1+x^2}\mathrm{d}x, \ln|p| = \ln(1+x^2) + \ln|C_1|,$$

即

$$p=C_1(1+x^2),\text{从而}\frac{\mathrm{d}y}{\mathrm{d}x}=C_1(1+x^2),$$

再积分得通解

$$y=C_1\left(x+\frac{x^3}{3}\right)+C_2.$$

6.3.3 $y''=f(y,y')$ 型的微分方程

这种方程的特点是不显含 x. 求解的方法是：把 y 暂时看成自变量.

设 $y'=p$，则

$$y''=\frac{\mathrm{d}p}{\mathrm{d}x}=\frac{\mathrm{d}p}{\mathrm{d}y}\cdot\frac{\mathrm{d}y}{\mathrm{d}x}=p\frac{\mathrm{d}p}{\mathrm{d}y},$$

原方程变为

$$p\frac{\mathrm{d}p}{\mathrm{d}y}=f(y,p).$$

这是一个关于 y,p 的一阶微分方程，求出此一阶微分方程的通解后，再积分即可得原方程的通解.

例 6.3.4 求 $y''+\frac{1}{1-y}(y')^2=0$ 的通解.

解 设 $y'=p$，则 $y''=p\dfrac{\mathrm{d}p}{\mathrm{d}y}$，

将其代入原方程，得

$$p\frac{\mathrm{d}p}{\mathrm{d}y}=\frac{p^2}{y-1},$$

分离变量，有

$$\frac{\mathrm{d}p}{p}=\frac{\mathrm{d}y}{y-1},$$

两边积分，得

$$\ln|p|=\ln|y-1|+\ln|C_1|,$$

整理可得

$$p=C_1(y-1),$$

即

$$\frac{\mathrm{d}y}{\mathrm{d}x}=C_1(y-1),$$

分离变量，得

$$\frac{\mathrm{d}y}{y-1}=C_1\mathrm{d}x,$$

积分可得

$$\ln|y-1|=C_1x+C_2',$$

两边同取对数

$$|y-1| = e^{C_1 x + C_2'} = e^{C_2'} e^{C_1 x},$$

整理可得

$$y = e^{C_1 x + C_2'} = C_2 e^{C_1 x} + 1.$$

例 6.3.5　求 $y'' = y'^2 + 1$ 的通解.

解　设 $y' = p$，则　　　　　$y'' = \dfrac{\mathrm{d}p}{\mathrm{d}x}$，

代入原方程有

$$\frac{\mathrm{d}p}{\mathrm{d}x} = p^2 + 1,$$

分离变量并积分，得

$$\int \frac{1}{1 + p^2} \mathrm{d}p = \int \mathrm{d}x,$$

$$\arctan p = x + C_1,$$

即

$$\frac{\mathrm{d}y}{\mathrm{d}x} = p = \tan(x + C_1),$$

再积分得

$$y = -\ln|\cos(x + C_1)| + C_2.$$

注　此题不显含 x 和 y，是 6.3.2 小节和 6.3.3 小节类型的特殊情况，需选择易求解的方法. 例 6.3.5 中若按 6.3.3 小节类型求解则很困难.

例 6.3.6　质量为 m 的质点受力 F 作用，沿 x 轴做直线运动. 设力 F 仅为时间 t 的函数：$F = F(t)$. 在开始时刻 $t = 0$ 时，$F(0) = F_0$，随着时间 t 的增大，力 F 均匀减小，直到 $t = T$ 时，$F(t) = 0$. 如果开始时质点位于原点，且初速度为零，求质点在 $0 \leqslant t \leqslant T$ 这段时间内的运动规律.

解　设 $x = x(t)$ 表示在 t 时刻质点的位置，根据牛顿第二定律，质点运动的微分方程为

$$m \frac{\mathrm{d}^2 x}{\mathrm{d}t^2} = F(t),$$

由题设，$t = 0$ 时，$F(0) = F_0$，且力随时间的增大而均匀地减小；所以

$$F(t) = F_0 - kt,$$

又当 $t = T$ 时，$F(t) = 0$，从而

$$F(t) = F_0 \left(1 - \frac{t}{T}\right),$$

故方程为

$$\frac{\mathrm{d}^2 x}{\mathrm{d}t^2} = \frac{F_0}{m}\left(1 - \frac{t}{T}\right).$$

初始条件为

$$x \big|_{t=0} = 0, \frac{\mathrm{d}x}{\mathrm{d}t} \bigg|_{t=0} = 0,$$

两端积分,得

$$\frac{\mathrm{d}x}{\mathrm{d}t} = \frac{F_0}{m}\left(t - \frac{t^2}{2T}\right) + C_1$$

代入初始条件 $\dfrac{\mathrm{d}x}{\mathrm{d}t}\bigg|_{t=0} = 0$,得 $C_1 = 0$.于是,方程变为

$$\frac{\mathrm{d}x}{\mathrm{d}t} = \frac{F_0}{m}\left(t - \frac{t^2}{2T}\right).$$

再积分,得

$$x = \frac{F_0}{m}\left(\frac{t^2}{2} - \frac{t^3}{6T}\right) + C_2.$$

将初始条件 $x\big|_{t=0} = 0$ 代入上式,得 $C_2 = 0$.于是,所求质点的运动规律为

$$x = \frac{F_0}{m}\left(\frac{t^2}{2} - \frac{t^3}{6T}\right),\ 0 \leqslant t \leqslant T.$$

6.3.4 同步习题

求下列微分方程的通解.

(1) $y''' = x + \mathrm{e}^{2x}$; (2) $xy'' + 3y' = 0$;

(3) $yy'' + 2y'^2 = 0$; (4) $yy'' - (y')^2 = 0$.

6.4 二阶线性微分方程

本节要点:通过本节的学习,学生应理解线性微分方程解的性质及解的结构定理;掌握二阶常系数齐次线性微分方程的解法,了解高阶常系数齐次线性微分方程的解法;会解自由项为多项式、指数函数、正弦函数、余弦函数,以及它们的和与积的二阶常系数非齐次线性微分方程.

上节我们给出了三种特殊类型的高阶微分方程的解法.在实际问题中,遇到的高阶方程很多都是线性方程,或者可简化为线性方程.本节将重点介绍二阶线性微分方程解的性质及求解方法.

6.4.1 线性微分方程解的性质

形如

$$y'' + p(x)y' + q(x)y = f(x) \tag{6.4.1}$$

的方程称为**二阶线性非齐次微分方程**.其中 $p(x), q(x)$ 及 $f(x)$ 是已

知函数,$p(x)$,$q(x)$ 称为**系数函数**,$f(x)$ 称为自由项.

当 $f(x)=0$ 时,方程

$$y''+p(x)y'+q(x)y=0 \qquad (6.4.2)$$

称为**二阶线性齐次微分方程**.

关于二阶线性齐次微分方程(6.4.2)有如下定理:

定理 6.4.1(齐次方程的解的叠加原理)　如果 $y_1(x)$,$y_2(x)$ 是微分方程(6.4.2)的两个解,则它们的线性组合

$$y^* = C_1 y_1(x) + C_2 y_2(x) \qquad (6.4.3)$$

也是微分方程(6.4.2)的解.其中 C_1,C_2 是任意常数.

证　由假设得

$$y_1''+p_1(x)y_1'+q_1(x)y_1=0, y_2''+p_2(x)y_2'+q_2(x)y_2=0.$$

将 $y^* = C_1 y_1(x) + C_2 y_2(x)$ 代入式(6.4.2)左边,得

$$(C_1 y_1''+C_2 y_2'')+p(x)(C_1 y_1'+C_2 y_2')+q(x)(C_1 y_1+C_2 y_2)$$

$$= C_1[y_1''+p_1(x)y_1'+q_1(x)y_1]+C_2[y_2''+p_2(x)y_2'+q_2(x)y_2]=0$$

所以式(6.4.3)是式(6.4.2)的解.

式(6.4.3)从形式上看含有两个任意常数,但它不一定是方程(6.4.2)的通解.例如,设 y_1 是式(6.4.2)的解,取 $y_2=3y_1$,则 y_2 也是式(6.4.2)的解,但它们的线性组合 $y=C_1 y_1(x)+C_2 y_2(x)=(C_1+3C_2)y_1(x)=Cy_1(x)$($C=C_1+3C_2$),不是式(6.4.2)的通解.那么,在什么条件下,式(6.4.3)才是方程(6.4.2)的通解呢? 要解决此问题,还需引入函数组线性相关与线性无关的概念.

定义 6.4.1　设 $y_1(x)$,$y_2(x)$,$\cdots$,$y_n(x)$ 为定义在区间 I 上的 n 个函数.如果存在 n 个不全为零的常数 k_1,k_2,$\cdots$,k_n,使得当 $x \in I$ 时,等式

$$k_1 y_1(x)+k_2 y_2(x)+\cdots+k_n y_n(x)=0$$

恒成立,那么称这 n 个函数在区间 I 上线性相关;否则称为**线性无关**.

例如,函数组 1,$\cos^2 x$,$\sin^2 x$ 在任何区间上都是线性相关的.因为取 $k_1=1$,$k_2=k_3=-1$,等式 $1-\cos^2 x-\sin^2 x \equiv 0$ 恒成立.

由定义可知,在某区间内的两个函数 $y_1(x)$,$y_2(x)$,如果存在不为零的常数 k,使得 $\dfrac{y_1(x)}{y_2(x)} \neq k$ 成立,则 $y_1(x)$ 与 $y_2(x)$ 在该区间线性无关;否则,线性相关.

根据线性无关的概念,得到下面的结论:

定理 6.4.2(齐次线性方程的通解结构)　如果函数 $y_1(x)$,$y_2(x)$ 是方程(6.4.2)的两个线性无关的特解,则

$$y=C_1 y_1(x)+C_2 y_2(x) \quad (C_1,C_2 是任意常数)$$

是方程(6.4.2)的通解.

定理 6.4.2 表明:求齐次线性方程的通解,只要求得两个线性无关的特解即可.

例如,方程 $y''-3y'+2y=0$ 是二阶齐次线性微分方程,容易验证 $y_1=\mathrm{e}^{2x}$,$y_2=\mathrm{e}^x$ 是该方程的两个特解,且 $\dfrac{y_1}{y_2}=\dfrac{\mathrm{e}^{2x}}{\mathrm{e}^x}=\mathrm{e}^x\neq$ 常数,所以 $y=C_1\mathrm{e}^{2x}+C_2\mathrm{e}^x$($C_1,C_2$ 是任意常数)为该方程的通解.

定理 6.4.1、定理 6.4.2 中的性质可以推广到 n 阶线性方程
$$y^{(n)}+a_1(x)y^{(n-1)}+a_2(x)y^{(n-2)}+\cdots+a_{n-1}(x)y'+a_n(x)y=0.$$

下面我们讨论非齐次线性方程(6.4.1)解的情况.

在本章 6.2.3 节中已经看到,一阶非齐次线性微分方程的通解等于对应的齐次线性方程的通解与非齐次线性方程的一个特解之和.实际上,二阶及更高阶非齐次线性方程的通解也具有这样的结构.

定理 6.4.3(非齐次线性方程的通解结构)　如果 $y^*(x)$ 是式(6.4.1)的一个特解,$Y(x)$ 是式(6.4.2)的通解,则 $y=Y(x)+y^*(x)$ 是式(6.4.1)的通解.

证　将 $y=Y(x)+y^*(x)$ 代入式(6.4.1)的左端,则有
$$(Y''+y^{*}{}'')+p(x)(Y'+y^{*}{}')+q(x)(Y+y^*)$$
$$=[y^{*}{}''+P(x)y^{*}{}'+q(x)y^*]+[Y''+P(x)Y'+q(x)Y]$$
$$=f(x)+0=f(x).$$

故 $y=Y(x)+y^*(x)$ 是非齐次线性方程的解.由于齐次线性方程的通解中含有两个相互独立的任意常数,所以 $y=Y(x)+y^*(x)$ 中也含有两个相互独立的任意常数,故它是非齐次线性方程的通解.

例如,方程 $y''-5y'+6y=\mathrm{e}^{2x}$ 是二阶非齐次线性方程,已知 $y=C_1\mathrm{e}^{3x}+C_2\mathrm{e}^{2x}$ 是对应齐次线性方程 $y''-5y'+6y=0$ 的通解,又知 $y^*=-x\mathrm{e}^{2x}$ 是非齐次线性方程 $y''-5y'+6y=\mathrm{e}^{2x}$ 的特解,因此,$y=C_1\mathrm{e}^{3x}+C_2\mathrm{e}^{2x}-x\mathrm{e}^{2x}$ 是所给非齐次线性方程的通解.

非齐次线性方程(6.4.1)的特解,有时也可用下面定理求出.

定理 6.4.4(解的叠加原理)　设函数 $y_1^*(x)$,$y_2^*(x)$ 分别是二阶非齐次线性方程
$y''+p(x)y'+q(x)y=f_1(x)$ 与 $y''+p(x)y'+q(x)y=f_2(x)$ 的特解,则 $y_1^*(x)+y_2^*(x)$ 是微分方程 $y''+p(x)y'+q(x)y=f_1(x)+f_2(x)$ 的特解.

证　将 $y_1^*(x)+y_2^*(x)$ 代入 $y''+p(x)y'+q(x)y=f_1(x)+f_2(x)$ 的左端,
得
$$[y_1^*(x)+y_2^*(x)]''+p(x)[y_1^*(x)+y_2^*(x)]'+q(x)[y_1^*(x)+y_2^*(x)]$$
$$=[y_1^{*}{}''(x)+p(x)y_1^{*}{}'(x)+q(x)y_1^*(x)]+[y_2^{*}{}''(x)+p(x)y_2^{*}{}'(x)+q(x)y_2^*(x)]$$
$$=f_1(x)+f_2(x).$$

故 $y_1^*(x)+y_2^*(x)$ 是该方程的特解.

定理 6.4.3 和定理 6.4.4 中的性质可以推广到 n 阶线性方程

$$y^{(n)}+a_1(x)y^{(n-1)}+a_2(x)y^{(n-2)}+\cdots+a_{n-1}(x)y'+a_n(x)y=f(x).$$

6.4.2　二阶常系数齐次线性微分方程

在二阶齐次线性微分方程 $y''+p(x)y'+q(x)y=0$ 中,当 $p(x)$,$q(x)$ 为常数时,方程

$$y''+py'+qy=0 \tag{6.4.4}$$

称为**二阶常系数齐次线性微分方程**.

由解的结构定理 6.4.2 知,求式(6.4.4)的通解归结为求它的两个线性无关的特解.什么样的函数 y 有可能成为式(6.4.4)的特解呢? 由于 y'',y',y 各乘上常数因子后相加为零,即 y 和它的导数 y',y'' 之间只相差常数因子,当 λ 为常数时,指数函数 $y=e^{\lambda x}$ 恰好具备这一性质,因此我们用 $y=e^{\lambda x}$ 来尝试,看能否选取适当的常数 λ,使 $y=e^{\lambda x}$ 满足式(6.4.4).

将 $y=e^{\lambda x}$,$y'=\lambda e^{\lambda x}$,$y''=\lambda^2 e^{\lambda x}$ 代入式(6.4.4)中,有

$$(\lambda^2+p\lambda+q)e^{\lambda x}=0,$$

由于 $e^{\lambda x}\neq0$,所以

$$\lambda^2+p\lambda+q=0. \tag{6.4.5}$$

因此,只要 λ 为代数方程(6.4.5)的根,$y=e^{\lambda x}$ 就是方程(6.4.4)的解.

我们把代数方程(6.4.5)称为微分方程(6.4.4)的**特征方程**,特征方程的根称为**特征根**.显然 $y=e^{\lambda x}$ 是式(6.4.4)的特解的充分必要条件是 λ 为特征方程的根.下面根据特征根的取值情况给出式(6.4.4)的通解.

设 $\Delta=p^2-4q$,C_1,C_2 是任意常数.

(1)当 $\Delta>0$ 时,特征方程有两个不相等的实根 λ_1,λ_2,这时方程有两个特解

$$y_1=e^{\lambda_1 x},\quad y_2=e^{\lambda_2 x}.$$

由于 $\dfrac{y_1}{y_2}=e^{(\lambda_1-\lambda_2)x}\neq$ 常数,所以 y_1 与 y_2 线性无关,故方程的通解为

$$y(x)=C_1 e^{\lambda_1 x}+C_2 e^{\lambda_2 x}.$$

(2)当 $\Delta=0$ 时,特征方程有一个重根 $\lambda=\lambda_1=\lambda_2$,这时只得到方程的一个特解 $y_1=e^{\lambda x}$,还需求另一个特解 y_2,为使 $\dfrac{y_2}{y_1}\neq k$(常数),

设 $\dfrac{y_2}{y_1}=u(x)$,即 $y_2=u(x)y_1=u(x)e^{\lambda x}$.下面来确定 $u(x)$.

先求出 y_2',y_2'' 并将 y_2,y_2',y_2'' 代入式(6.4.4)中,整理得

$$u''(x)+(2\lambda+p)u'(x)+(\lambda^2+p\lambda+q)=0,$$

因为 λ 是特征方程的二重根,所以 $\lambda^2+p\lambda+q=0$,$2\lambda+p=0$,于是得

$u''(x) = 0$.

由于这里只要得到一个不为常数的解,所以不妨就取 $u(x) = x$,因此得 $y_2 = xe^{\lambda x}$.故方程的通解为

$$y(x) = C_1 e^{\lambda x} + C_2 x e^{\lambda x} = (C_1 + C_2 x) e^{\lambda x}.$$

(3)当 $\Delta < 0$ 时,特征方程有两个共轭复根:$\lambda_1 = \alpha + \beta i, \lambda_2 = \alpha - \beta i$.故 $y_1 = e^{(\alpha+i\beta)x}, y_2 = e^{(\alpha-i\beta)x}$ 是微分方程(6.4.4)的两个特解,但它们是复数形式,为了得到实值函数形式的解,利用欧拉公式 $e^{i\theta} = \cos\theta + i\sin\theta$ 把 y_1, y_2 改写成

$$y_1 = e^{(\alpha+i\beta)x} = e^{\alpha x}(\cos\beta x + i\sin\beta x),$$
$$y_2 = e^{(\alpha-i\beta)x} = e^{\alpha x}(\cos\beta x - i\sin\beta x),$$

利用解的叠加原理,得

$$\overline{y_1} = \frac{1}{2}(y_1 + y_2) = e^{\alpha x}\cos\beta x,$$

$$\overline{y_2} = \frac{1}{2i}(y_1 - y_2) = e^{\alpha x}\sin\beta x$$

也是原方程(6.4.4)的解,且 $\dfrac{\overline{y_1}}{\overline{y_2}} = \cot\beta x \neq$ 常数,故方程的通解为

$$y(x) = e^{\alpha x}(C_1\cos\beta x + C_2\sin\beta x).$$

综上所述,求齐次微分方程(6.4.4)的通解的步骤是:

(1)写出特征方程 $\lambda^2 + p\lambda + q = 0$;

(2)求出两个特征根 λ_1, λ_2;

(3)根据两个特征根的不同情形,写出通解,见表 6-1.

表 6-1

特征根	微分方程的通解
不等实根 $\lambda_1 \neq \lambda_2$	$y(x) = C_1 e^{\lambda_1 x} + C_2 e^{\lambda_2 x}$
相等实根 $\lambda_1 = \lambda_2 = \lambda$	$y(x) = (C_1 + C_2 x) e^{\lambda x}$
一对共轭复根 $\lambda_{1,2} = \alpha \pm i\beta$	$y(x) = e^{\alpha x}(C_1\cos\beta x + C_2\sin\beta x)$

例 6.4.1 求下列方程的通解:

(1)$y'' + 3y' - 10y = 0$;(2)$y'' - 6y' + 9y = 0$;(3)$y'' + 4y' + 7y = 0$.

解 (1)特征方程为 $\lambda^2 + 3\lambda - 10 = 0$,特征根为 $\lambda_1 = -5, \lambda_2 = 2$,故所求的通解为

$$y = C_1 e^{-5x} + C_2 e^{2x}.$$

(2)特征方程为 $\lambda^2 - 6\lambda + 9 = 0$,特征根为 $\lambda_1 = \lambda_2 = 3$,故所求的通解为

$$y = (C_1 + C_2 x) e^{3x}.$$

(3)特征方程为 $\lambda^2 + 4\lambda + 7 = 0$,特征根为 $\lambda_{1,2} = -2 \pm \sqrt{3}\,i$,故所求的通解为

$$y = e^{-2x}(C_1\cos\sqrt{3}\,x + C_2\sin\sqrt{3}\,x).$$

例 6.4.2 求微分方程 $y''-4y'+4y=0$ 满足初始条件 $y\mid_{x=0}=1$，$y'\mid_{x=0}=1$ 的特解.

解 特征方程为 $\lambda^2-4\lambda+4=0$，特征根是 $\lambda_1=\lambda_2=2$，故方程的通解为

$$y=(C_1+C_2x)\,\mathrm{e}^{2x},$$

将 $y\mid_{x=0}=1$ 代入得 $\qquad C_1=1.$

又因为

$$y'=(2C_1+2C_2x+C_2)\,\mathrm{e}^{2x},$$

代入初始条件 $y'\mid_{x=0}=1$ 得 $\quad C_2=-1.$

所以原方程的特解为

$$y=(1-x)\,\mathrm{e}^{2x}.$$

6.4.3 二阶常系数非齐次线性微分方程

形如

$$y''+py'+qy=f(x) \tag{6.4.6}$$

的方程，称为**二阶常系数非齐次线性微分方程**，其中 p,q 为常数，$f(x)$ 不恒为零.

由前面解的性质知，二阶非齐次线性微分方程的通解等于对应的齐次线性方程的通解与非齐次线性方程的一个特解之和.而齐次线性方程通解的求法前面已经介绍过了，故问题归结为如何求出式 (6.4.6) 的一个特解.显然特解与方程右边的表达式 $f(x)$ 有关.因此，我们首先根据特解应具有的形式设出特解，再将设出的特解代入原方程，用待定系数法求出特解的具体表达式即可.

本节我们主要介绍 $f(x)$ 为两种特殊形式时，特解 y^* 的求法.

1. $f(x)=\mathrm{e}^{rx}p_m(x)$，其中 r 为常数，$p_m(x)$ 是关于 x 的一个 m 次多项式

先来分析特解 y^* 的形式：因为方程 (6.4.6) 的解 y^* 是使式 (6.4.6) 成为恒等式的函数 . $f(x)=\mathrm{e}^{rx}p_m(x)$ 是多项式 $p_m(x)$ 与指数函数 e^{rx} 的乘积，而多项式 $p_m(x)$ 与指数函数 e^{rx} 乘积的导数应该也是一个多项式与指数函数的乘积，因此可假设方程 (6.4.6) 的特解为 $y^*=Q(x)\mathrm{e}^{rx}$，其中 $Q(x)$ 是某个多项式函数，将

$$y^*=Q(x)\mathrm{e}^{rx},$$
$$y^{*\prime}=[rQ(x)+Q'(x)]\mathrm{e}^{rx},$$
$$y^{*\prime\prime}=[r^2Q(x)+2rQ'(x)+Q''(x)]\mathrm{e}^{rx}$$

分别代入方程 (6.4.6) 并消去 e^{rx}，得

$$Q''(x)+(2r+p)Q'(x)+(r^2+pr+q)Q(x)=p_m(x). \tag{6.4.7}$$

以下分三种不同的情形，分别讨论特解 y^* 的形式.

（1）若 r 不是特征方程 $\lambda^2+p\lambda+q=0$ 的根，即 $r^2+pr+q\neq0$，要使式 (6.4.7) 的两端恒等，$Q(x)$ 也应为一个 m 次多项式，设为 $Q_m(x)$，从而得到所求方程的特解形式为

$$y^* = Q_m(x)e^{rx}.$$

（2）若 r 是特征方程 $\lambda^2 + p\lambda + q = 0$ 的单根，即 $r^2 + pr + q = 0, 2r + p \neq 0$，要使式（6.4.7）的两端恒等，$Q'(x)$ 应为一个 m 次多项式，于是特解形式可写为

$$y^* = xQ_m(x)e^{rx}.$$

（3）若 r 是特征方程 $\lambda^2 + p\lambda + q = 0$ 的重根，即 $r^2 + pr + q = 0, 2r + p = 0$，要使式（6.4.7）的两端恒等，$Q''(x)$ 应为一个 m 次多项式，于是特解形式可写为

$$y^* = x^2 Q_m(x)e^{rx}.$$

综上所述，当式（6.4.6）中 $f(x) = e^{rx}p_m(x)$ 时，其特解形式为

$$y^* = x^k Q_m(x)e^{rx}.$$

其中 $Q_m(x)$ 是与 $p_m(x)$ 同次的多项式，而 k 按 r 不是特征方程的根，是特征方程的单根或者是特征方程的重根，依次取 0,1 或 2.

例 6.4.3 求微分方程 $y'' + 4y' + 3y = x - 2$ 的一个特解.

解 这是二阶常系数非齐次线性微分方程，且函数 $f(x)$ 是 $p_m(x)e^{rx}$ 型，其中

$$p_m(x) = x - 2, r = 0.$$

所给方程对应的齐次线性方程为

$$y'' + 4y' + 3y = 0,$$

它的特征方程为

$$\lambda^2 + 4\lambda + 3 = 0,$$

由于 $r = 0$ 不是特征方程的根，所以特解应该为一次多项式.

设 $y^* = ax + b$，把它代入所给方程得

$$4a + 3ax + 3b = x - 2,$$

比较两端 x 同次幂的系数，得

$$\begin{cases} 3a = 1, \\ 4a + 3b = -2. \end{cases}$$

解得

$$a = \frac{1}{3}, b = -\frac{10}{9}.$$

于是求得一个特解为

$$y^* = \frac{1}{3}x - \frac{10}{9}.$$

例 6.4.4 求方程 $y'' - 4y' + 4y = 3xe^{2x}$ 的通解.

解 这是二阶常系数非齐次线性微分方程.
所给方程对应的齐次方程为

$$y'' - 4y' + 4y = 0,$$

它的特征方程为

$$\lambda^2 - 4\lambda + 4 = 0,$$

特征根

例 6.4.4

$$\lambda_1 = \lambda_2 = 2,$$

故对应的齐次方程的通解为

$$Y = (C_1 + C_2 x) e^{2x}.$$

又因为 $f(x) = 3xe^{2x}, r = 2$ 为二重根, 所以设特解为

$$y^* = x^2 (ax + b) e^{2x},$$

将 $Q(x) = x^2(ax+b) = ax^3 + bx^2$ 代入式 (6.4.7) 中, 注意此时

$$r^2 + pr + q = 0, 2r + p = 0.$$

因此, 原方程化简为

$$6ax + 2b = 3x.$$

比较系数, 得

$$a = \frac{1}{2}, b = 0.$$

故原方程的一个特解为

$$y^* = \frac{1}{2} x^3 e^{2x}.$$

从而原方程的通解为

$$y = Y + y^* = (C_1 + C_2 x) e^{2x} + \frac{1}{2} x^3 e^{2x}.$$

2. $f(x) = e^{rx} [p_l(x) \cos \omega x + p_n(x) \sin \omega x]$, 其中 $p_l(x), p_n(x)$ 分别为 l, n 次多项式, r, ω 是常数

应用欧拉公式, 把 $f(x)$ 表示成复变指数函数的形式, 有

$$f(x) = e^{rx} [p_l(x) \cos \omega x + p_n(x) \sin \omega x]$$

$$= e^{rx} \left(p_l \frac{e^{i\omega x} + e^{-i\omega x}}{2} + p_n \frac{e^{i\omega x} - e^{-i\omega x}}{2i} \right)$$

$$= \left(\frac{p_l}{2} + \frac{p_n}{2i} \right) e^{(r+i\omega)x} + \left(\frac{p_l}{2} - \frac{p_n}{2i} \right) e^{(r-i\omega)x}.$$

设 $m = \max\{l, n\}$, 则

$$p_m = \left(\frac{p_l}{2} + \frac{p_n}{2i} \right) = \frac{p_l}{2} - \frac{p_n}{2} i$$

与

$$\bar{p}_m(x) = \left(\frac{p_l}{2} - \frac{p_n}{2i} \right) = \frac{p_l}{2} + \frac{p_n}{2} i$$

是互成共轭的 m 次多项式. 于是有

$$f(x) = p_m(x) e^{(r+i\omega)x} + \bar{p}_m(x) e^{(r-i\omega)x}.$$

由定理 6.4.4 可知, 只要分别求出方程 $y'' + py' + qy = p_m(x)$ $e^{(r+i\omega)x}$ 与 $y'' + py' + qy = \bar{p}_m(x) e^{(r-i\omega)x}$ 的一个特解 y_1^* 与 y_2^*, 则 $y_1^* + y_2^*$ 就是方程 (6.4.6) 的一个特解.

对于 $y'' + py' + qy = p_m(x) e^{(r+i\omega)x}$, 根据第一种类型的结果, 设 $y_1^* = x^k Q_m e^{(r+i\omega)x}$, 其中按照 $r+i\omega$ 不是特征方程的根或是特征方程的单根, k 依次取 0 或 1.

由于 $\bar{p}_m(x)\mathrm{e}^{(r-\mathrm{i}\omega)x}$ 与 $p_m(x)\mathrm{e}^{(r+\mathrm{i}\omega)x}$ 成共轭,所以与 y_1^* 成共轭的函数 $y_2^*=x^k\overline{Q}_m\mathrm{e}^{(r-\mathrm{i}\omega)x}$ 必为 $y''+py'+qy=\bar{p}_m(x)\mathrm{e}^{(r-\mathrm{i}\omega)x}$ 的特解,这里 Q_m 与 $\overline{Q}_m$ 是成共轭的 m 次多项式.因此方程(6.4.6)的一个特解为

$$y^*=y_1^*+y_2^*=x^k\mathrm{e}^{rx}(Q_m\mathrm{e}^{\mathrm{i}\omega x}+\overline{Q}_m\mathrm{e}^{-\mathrm{i}\omega x}).$$

因为括号中两项共轭,相加后无虚部,所以可写成实函数

$$y^*(x)=x^k\mathrm{e}^{rx}(R_m^{(1)}(x)\cos\omega x+R_m^{(2)}(x)\sin\omega x).$$

综上所述,得出如下结论:

如果 $f(x)=\mathrm{e}^{rx}[p_l(x)\cos\omega x+p_n(x)\sin\omega x]$,则二阶常系数非齐次线性微分方程(6.4.6)具有特解形式为

$$y^*(x)=x^k\mathrm{e}^{rx}(R_m^{(1)}(x)\cos\omega x+R_m^{(2)}(x)\sin\omega x).$$

其中 $R_m^{(1)}(x),R_m^{(2)}(x)$ 都是 m 次多项式,$m=\max\{l,n\}$,而 k 按 $r+\mathrm{i}\omega$（或 $r-\mathrm{i}\omega$）不是特征方程的根,或是特征方程的单根依次取 0 或 1.

例 6.4.5 求微分方程 $y''+y=x\cos 2x$ 的一个特解.

解 此题的 $f(x)$ 属于 $\mathrm{e}^{rx}[p_l(x)\cos\omega x+p_n(x)\sin\omega x]$ 型.

这里的 $r=0,\omega=2,p_l(x)=x,p_n(x)=0$.

所给方程对应的齐次方程为

$$y''+y=0,$$

它的特征方程为

$$\lambda^2+1=0,$$

特征根为

$$\lambda=\pm\mathrm{i}.$$

由于这里 $r+\omega\mathrm{i}=2\mathrm{i}$ 不是特征方程的根,所以应设特解为

$$y^*=(ax+b)\cos 2x+(cx+d)\sin 2x.$$

把它代入所给方程,得

$$(-3ax-3b+4c)\cos 2x-(3cx+3d+4a)\sin 2x=x\cos 2x,$$

比较系数,得

$$\begin{cases}-3ax-3b+4c=x,\\ -3cx-3d-4a=0.\end{cases} \quad 即 \begin{cases}-3a=1,\\ -3b+4c=0,\\ -3c=0,\\ -3d-4a=0.\end{cases}$$

解得

$$a=-\frac{1}{3},b=0,c=0,d=\frac{4}{9}.$$

于是求得特解为

$$y^*=-\frac{1}{3}x\cos 2x+\frac{4}{9}\sin 2x.$$

例 6.4.6 求微分方程 $y''+3y'-y=\mathrm{e}^x\cos 2x$ 的一个特解.

解 此题的 $f(x)$ 属于 $\mathrm{e}^{rx}[p_l(x)\cos\omega x+p_n(x)\sin\omega x]$ 型.

这里的 $r=1,\omega=2,p_l(x)=1,p_n(x)=0$,且 $r+\omega\mathrm{i}=1+2\mathrm{i}$ 不是对应的齐次方程的特征方程 $\lambda^2+3\lambda-1=0$ 的根,所以应设特解为

$$y^* = \mathrm{e}^x(a\cos 2x + b\sin 2x).$$

求导后有

$$y^{*\prime} = \mathrm{e}^x\big[\,(a+2b)\cos 2x + (b-2a)\sin 2x\,\big],$$
$$y^{*\prime\prime} = \mathrm{e}^x\big[\,(4b-3a)\cos 2x + (-4b-3a)\sin 2x\,\big].$$

代入所给方程,得

$$(10b-a)\cos 2x - (b+10a)\sin 2x = \cos 2x.$$

比较系数,得 $\begin{cases}10b-\quad a=1,\\ b+10a=0.\end{cases}$　解得 $\begin{cases}a=-\dfrac{1}{101},\\[2mm] b=\dfrac{10}{101}.\end{cases}$

于是求得特解为

$$y^* = \mathrm{e}^x\left(-\frac{1}{101}\cos 2x + \frac{10}{101}\sin 2x\right).$$

6.4.4　同步习题

1. 求下列微分方程的通解.

(1) $y''-3y'+2y=0$; 　　　　(2) $y''-4y'+4y=0$;

(3) $y''-4y'+13y=0$; 　　　　(4) $y''+2y=0$.

2. 求下列微分方程满足所给初始条件的特解.

(1) $y''+2y'+y=0, y\big|_{x=0}=4, y'\big|_{x=0}=-2$;

(2) $y''+4y'+29y=0, y\big|_{x=0}=0, y'\big|_{x=0}=15$;

(3) $y''-4y'+3y=0, y\big|_{x=0}=6, y'\big|_{x=0}=10$;

(4) $y''+25y=0, y\big|_{x=0}=2, y'\big|_{x=0}=5$.

3. 求下列微分方程的通解.

(1) $y''+y=2x^2-3$; 　　　　(2) $y''-2y'+y=(x+1)\mathrm{e}^x$;

(3) $y''-5y'+6y=x\mathrm{e}^{2x}$; 　　　　(4) $y''-2y'-3y=3x+1$.

4. 求下列微分方程的一个特解.

(1) $y''+y'-6y=3\mathrm{e}^{2x}$; 　　　　(2) $y''-2y'-3y=(x+1)\mathrm{e}^x$.

5. 求下列微分方程的通解.

(1) $y''+y=\sin x$; 　　　　(2) $y''-2y'+5y=\mathrm{e}^x\sin 2x$;

(3) $y''-3y'+2y=2\mathrm{e}^{-x}\cos x$.

6.5　微分方程的简单应用

本节要点:通过本节的学习,学生应会用微分方程解决一些简单的应用问题.

微分方程有着广泛的应用,如物理学、力学、生态学、经济学等许多方面的问题,都可以运用微分方程来解决,其一般步骤如下:

（1）根据问题的实际背景,建立微分方程,给出定解条件;

（2）判断方程类型,求出通解;

（3）由定解条件求出微分方程的特解.

下面仅举一些较简单的例子,以便认识微分方程求解在实际问题中的重要性.

6.5.1　微分方程应用举例

例 6.5.1　求一条经过原点的曲线,曲线上任意一点 P,设过 P 点的法线与 x 轴交于点 M,两点的距离 PM 等于常数 $a(a>0)$.

解　设曲线方程为 $y=f(x)$,则过任意点 $P(x,y)$ 的法线方程为

$$Y-y=-\frac{1}{y'}(X-x).$$

当 $Y=0$ 时,$X=x+yy'$,即 M 点的坐标为 $(x+yy',0)$.

由题意知,

$$PM=a,\text{即}\quad\sqrt{[x-(x+yy')]^2+(y-0)^2}=a.$$

化简得

$$y^2(y')^2+y^2=a^2,\text{从而有}\quad y'=\pm\sqrt{\frac{a^2-y^2}{y^2}},$$

分离变量并积分,得

$$-\sqrt{a^2-y^2}=\pm x+C,$$

将过原点,即 $y\big|_{x=0}=0$ 代入上式有　$C=-a$.

故曲线方程为

$$(x\pm a)^2+y^2=a^2.$$

例 6.5.2　设降落伞从跳伞台下落后,所受空气阻力与速度成正比,降落伞离开塔顶($t=0$)时的速度为零.求降落伞下落速度与时间的函数关系.

解　设降落伞下落速度为 $v(t)$ 时,伞所受空气阻力为 $-k$（负号表示阻力与运动方向相反,k 为常数）,伞在下降过程中还受重力 $p=mg$ 作用.

由牛顿第二定律得

$$m\frac{\mathrm{d}v}{\mathrm{d}t}=mg-kv\text{ 且 }v\big|_{t=0}=0,$$

于是所给问题归结为求解初值问题

$$\begin{cases}m\dfrac{\mathrm{d}v}{\mathrm{d}t}=mg-kv,\\[2mm]v\big|_{t=0}=0.\end{cases}$$

分离变量,得

$$\frac{\mathrm{d}v}{mg-kv}=\frac{\mathrm{d}t}{m},$$

两边积分,得

$$\int\frac{\mathrm{d}v}{mg-kv}=\int\frac{\mathrm{d}t}{m}\,,\quad-\frac{1}{k}\ln|mg-kv|=\frac{t}{m}+C_1,$$

整理得

$$v=\frac{mg}{k}-Ce^{-\frac{k}{m}t}\left(C=\frac{1}{k}e^{-kC_1}\right),$$

将初始条件代入上式,有

$$0=\frac{mg}{k}-Ce^0\text{即}\;C=\frac{mg}{k},$$

故所求特解为

$$v=\frac{mg}{k}(1-e^{-\frac{k}{m}t}).$$

由此可见,随着 t 的增大,速度趋于常数 mg/k,但不会超过 mg/k,这说明跳伞后,开始阶段是加速运动,以后逐渐趋于匀速运动.

例 6.5.3　在串联电路中,设有电阻 R、电感 L 和交流电动势 $E=E_0\sin\omega t$,在时刻 $t=0$ 时接通电路,求电流 i 与时间 t 的关系(E_0,ω 为常数).

解　设任一时刻 t 的电流为 i.

由电学知道,电流在电阻 R 上产生一个电压降 $U_R=Ri$,在电感 L 上产生的电压降是 $U_L=L\dfrac{\mathrm{d}i}{\mathrm{d}t}$.

由回路电压定律知道,闭合电路中电动势等于电压降之和,即

$$U_R+U_L=E,$$

故有

$$Ri+L\frac{\mathrm{d}i}{\mathrm{d}t}=E_0\sin\omega t.$$

整理得

$$\frac{\mathrm{d}i}{\mathrm{d}t}+\frac{R}{L}i=\frac{E_0}{L}\sin\omega t \tag{6.5.1}$$

式(6.5.1)为一阶非齐次线性方程的标准形式,其中 $P(t)=\dfrac{R}{L}$,

$Q(t)=\dfrac{E_0}{L}\sin\omega t$.利用一阶非齐次线性方程的求解公式得通解

$$
\begin{aligned}
i(t)&=e^{-\int\frac{R}{L}\mathrm{d}t}\left(\int\frac{E_0}{L}e^{\frac{R}{L}t}\sin\omega t\mathrm{d}t+C\right)\\
&=e^{-\frac{R}{L}t}\left(\int\frac{E_0}{L}e^{\frac{R}{L}t}\sin\omega t\mathrm{d}t+C\right)\\
&=Ce^{-\frac{R}{L}t}+\frac{E_0}{R^2+\omega^2L^2}(R\sin\omega t-\omega L\cos\omega t).
\end{aligned}
$$

由初始条件 $i|_{t=0}=0$ 得

$$C=\frac{\omega LE_0}{R^2+\omega^2L^2},$$

于是有

$$i(t)=\frac{E_0}{R^2+\omega^2L^2}(\omega Le^{-\frac{R}{L}t}+R\sin \omega t-\omega L\cos \omega t).$$

例 6.5.4 铀的衰变速度与当时未衰变的原子的含量 M 成正比.已知 $t=0$ 时铀的含量为 M_0,求在衰变过程中铀含量 $M(t)$ 随时间 t 变化的规律.

例 6.5.4

解 根据题意,得微分方程

$$\frac{\mathrm{d}M}{\mathrm{d}t}=-\lambda M(\lambda \text{ 是正的常数}),\text{初始条件为 } M|_{t=0}=M_0.$$

将方程分离变量并积分,得

$$\int \frac{\mathrm{d}M}{M}=\int(-\lambda)\mathrm{d}t,$$

即

$$\ln M=-\lambda t+\ln C, M=Ce^{-\lambda t},$$

将条件 $M|_{t=0}=M_0$ 代入,得

$$C=M_0,$$

所以铀含量 $M(t)$ 随时间 t 变化的规律是

$$M=M_0e^{-\lambda t}.$$

6.5.2 同步习题

1. 一曲线上任意一点处切线的斜率等于自原点到该切点的连线斜率的2倍,且曲线过点 $A\left(1,\frac{1}{3}\right)$,求曲线方程.

2. 一条曲线通过点 $(2,3)$,它在两坐标轴间的任意切线均被切点平分,求曲线方程.

3. 质量为 m 的子弹以初速度 v_0 水平射出.设介质阻力的水平分力与水平速度的 n 次方成正比 $(n>1)$.求 T s 时子弹的水平速度 v_0.若 $n=2,v_0=800\mathrm{m/s}$,且当 $t=\frac{1}{2}$ s 时,$v=700\mathrm{m/s}$.求 $t=1$ s 时子弹的水平速度.

6.6 MATLAB 数学实验

6.6.1 求微分方程的通解

MATLAB 求微分方程的通解通常有以下语法格式:

> y=dsolve ('eqn','var')　　%eqn 是常微分方程,var
> 　　　　　　　　　　　　　　　是变量,默认为 t
> y=dsolve ('eqn1','eqn2',…'eqnm','var')
> 　　　　　　　　　　　　　　%m 个方程,var 是变量,
> 　　　　　　　　　　　　　　默认为 t

例 6.6.1　　求微分方程 $y''=\sin 2x-y$ 的通解.

程序如下：

```
y=dsolve('D2y=sin(2*x)-y','x')
y=
   C1*cos(x)-sin(2*x)/3+C2*sin(x)
```

即方程的通解为　　$y=C_1\cos x-\dfrac{1}{3}\sin 2x+C_2\sin x$.

例 6.6.2　　求微分方程 $yy''+(y')^2=0$ 的通解.

程序如下：

```
y=dsolve('y*D2y-(Dy)^2=0','x')
y=
       C3
   C1*exp(C2*x)
```

即方程的通解为　　　　$y=C_1\mathrm{e}^{C_2x}$或 $y=C_3$.

说明：$y=C_3$ 只含有一个任意常数,称为奇解.因此,方程的通解为 $y=C_1\mathrm{e}^{C_2x}$.

6.6.2　求微分方程的特解

MATLAB 求微分方程的特解通常有以下语法格式：

```
y=dsolve('eqn','condition1',…,'conditionn','var')
```
　　%eqn 是常微分方程,condition 是初始条件,var 是变量

例 6.6.3　　求微分方程 $y''+y'-2y=x$ 满足条件 $y\big|_{x=0}=4$,$y'\big|_{x=0}=1$的特解.

程序如下：

```
y=dsolve('D2y+Dy-2*y=x','y(0)=4','Dy(0)=1','x')
y=
   11/(12*exp(2*x))-x/2+(10*exp(x))/3-1/4
```

即微分方程的特解为　　　　$y=-\dfrac{1}{4}-\dfrac{1}{2}x+\dfrac{10}{3}e^x+\dfrac{11}{12}e^{-2x}$.

第 6 章总复习题

第一部分：基础题

1. 求下列微分方程的通解.

（1）$(e^{x+y}-e^x)dx+(e^{x+y}+e^y)dy=0$；

（2）$(\sin^2 x)y'-y\ln y=0$；

（3）$x\dfrac{dy}{dx}+2\sqrt{xy}=y$　$(x>0)$；　（4）$(x^3+y^3)dx-3xy^2dy=0$；

（5）$y'+xy=xe^{-x^2}$；　　　　　（6）$(x-2xy-y^2)y'+y^2=0$；

（7）$\dfrac{dy}{dx}-3xy=xy^2$；　　　　（8）$y''+10y'+29y=0$；

（9）$4y''-8y'+5y=0$；　　　　（10）$y''+3y'+2y=3xe^{-x}$.

（11）$2y''+5y'=5x^2-2x-1$；　（12）$y''+y=2x^2-3+x\cos 2x$.

2. 求微分方程 $y''-3y'+2y=5$，$y\big|_{x=0}=1$，$y'\big|_{x=0}=2$ 的一个特解.

3. 求微分方程 $y''+y=x\cos 2x$ 满足初始条件 $y\big|_{x=0}=1$，$y'\big|_{x=0}=0$ 的特解.

4. 设 $\displaystyle\int_0^x\left[2y(t)+\sqrt{t^2+y^2(t)}\right]dt=xy(x)$ $(x>0)$，且 $y\big|_{x=1}=0$，求函数 $y(x)$.

第二部分：拓展题

1. 求下列微分方程的通解.

（1）$dx+xydy=y^2dx+ydy$；

（2）$y'+\dfrac{x}{1-x^2}y=\arcsin x$；

（3）$yy''+2y'^2=0$；

（4）$\dfrac{dy}{dx}+\dfrac{y}{x}=ay^2\ln x$；

（5）$y''-y=e^x\cos 2x$.

2. 求下列微分方程的特解.

（1）求微分方程 $y''=\dfrac{y'}{x}$ 满足条件 $y\big|_{x=1}=\dfrac{1}{2}$，$y'\big|_{x=1}=1$ 的特解.

（2）求微分方程 $\dfrac{d^2y}{dx^2}+\dfrac{dy}{dx}+2y=x^2-3$ 的一个特解.

3. （运动学方程问题）游艇在平静的湖面上以 10m/s 的速度行驶，现在突然关闭其动力系统，游艇获得 $-0.4\mathrm{m/s}^2$ 的加速度，问从开始关闭系统的时侯算起，多长时间后游艇才能停下，在这段时间内游艇行驶多少路程？

4. 设 $f(x)=\sin x-\displaystyle\int_0^x(x-t)f(t)dt$，其中 $f(x)$ 是连续函数，求证

$$f(x)=\frac{1}{2}\sin x+\frac{x}{2}\cos x.$$

第三部分：考研真题

一、选择题

1. （2019 年，数学二）已知微分方程 $y''+ay'+by=ce^x$ 的通解为

$y = (C_1 + C_2 x) e^{-x} + e^x$，则 a, b, c 依次为（　　）.

　　A. $1, 0, 1$ B. $1, 0, 2$

　　C. $2, 1, 3$ D. $2, 1, 4$

　　2. (2017 年, 数学二) 微分方程 $y'' - 4y' + 8y = e^{2x}(1 + \cos 2x)$ 的特解可设为 $y^* = （　　）$.

　　A. $Ae^{2x} + e^{2x}(B\cos 2x + C\sin 2x)$

　　B. $Axe^{2x} + e^{2x}(B\cos 2x + C\sin 2x)$

　　C. $Ae^{2x} + xe^{2x}(B\cos 2x + C\sin 2x)$

　　D. $Axe^{2x} + xe^{2x}(B\cos 2x + C\sin 2x)$

　　二、填空题

　　1. (2020 年, 数学一) 设 $f(x)$ 满足 $f''(x) + af'(x) + f(x) = 0 (a > 0)$，$f(0) = m, f'(0) = n$，则 $\int_0^{+\infty} f(x)\, dx = $ _____.

　　2. (2019 年, 数学一) 微分方程 $2yy' - y^2 - 2 = 0$ 满足条件 $y(0) = 1$ 的特解 $y = $ _____.

　　3. (2017 年, 数学一) 微分方程 $y'' + 2y' + 3y = 0$ 的通解 $y = $ _____.

　　4. (2014 年, 数学一) 微分方程 $xy' + y(\ln x - \ln y) = 0$ 满足 $y(1) = e^3$ 的解为 _____.

　　5. (2013 年, 数学一) 已知 $y_1 = e^{3x} - xe^{2x}$，$y_2 = e^x - xe^{2x}$，$y_3 = -xe^{2x}$ 是某二阶常系数非齐次线性微分方程的 3 个解, 则该方程的通解 $y = $ _____.

　　三、解答题

　　1. (2019 年, 数学一、数学二) 设函数 $y(x)$ 是微分方程 $y' - xy = e^{-\frac{x^2}{2}}$ 满足条件 $y(0) = 0$ 的特解, 求 $y(x)$.(第 1 问部分)

　　2. (2018 年, 数学一) 已知微分方程 $y' + y = f(x)$，其中 $f(x)$ 是 **R** 上的连续函数, 若 $f(x) = x$，求方程的通解.(第 1 问部分)

第 6 章自测题

一、单项选择题 (本题共 10 个小题, 每小题 5 分, 共 50 分)

　　1. 下列命题正确的是（　　）.

　　A. 微分方程中含有任意独立常数的解叫作此微分方程的通解;

　　B. 微分方程的通解不一定包含它的所有解;

　　C. $(y')^2 - 2yy' + x = 0$ 是二阶微分方程;

　　D. $\dfrac{dy}{dx} = \dfrac{1}{x + y^2}$ 一定不是一阶线性微分方程.

　　2. 方程 $xy' = \sqrt{x^2 + y^2} + y$ 是（　　）.

A. 齐次方程；　　　　　　　B. 一阶线性方程；

C. 伯努利方程；　　　　　　D. 可分离变量方程.

3. 求方程 $yy''-(y')^2=0$ 的通解时, 可令(　　　).

A. $y'=P$, 则 $y''=P'$；　　　　　B. $y'=P$, 则 $y''=P\dfrac{\mathrm{d}P}{\mathrm{d}y}$；

C. $y'=P$, 则 $y''=P\dfrac{\mathrm{d}P}{\mathrm{d}x}$；　　　　D. $y'=P$, 则 $y''=P'\dfrac{\mathrm{d}P}{\mathrm{d}y}$.

4. 若 y_1 和 y_2 是二阶齐次线性方程 $y''+P(x)y'+Q(x)y=0$ 的两个特解, 则 $y=C_1y_1+C_2y_2$(其中 C_1,C_2 为任意常数)(　　　).

A. 是该方程的通解；　　　　B. 是该方程的解；

C. 是该方程的特解；　　　　D. 不一定是该方程的解.

5. 方程 $y''-3y'+2y=\mathrm{e}^x\cos 2x$ 的一个特解形式是(　　　).

A. $y=A_1\mathrm{e}^x\cos 2x$；

B. $y=A_1x\mathrm{e}^x\cos 2x+B_1x\mathrm{e}^x\sin 2x$；

C. $y=A_1\mathrm{e}^x\cos 2x+B_1\mathrm{e}^x\sin 2x$；

D. $y=A_1x^2\mathrm{e}^x\cos 2x+B_1x^2\mathrm{e}^x\sin 2x$.

6. 设曲线上任意一点 $p(x,y)$ 处的切线与线段 OP 垂直, 则该曲线所满足的微分方程为(　　　).

A. $\dfrac{\mathrm{d}y}{\mathrm{d}x}=\dfrac{x}{y}$；　　　　　　　B. $\dfrac{\mathrm{d}y}{\mathrm{d}x}=-\dfrac{x}{y}$；

C. $\dfrac{\mathrm{d}y}{\mathrm{d}x}=\dfrac{y}{x}$；　　　　　　　D. $\dfrac{\mathrm{d}y}{\mathrm{d}x}=-\dfrac{y}{x}$.

7. 微分方程 $y'+3x^2y=0$ 的通解为(　　　).

A. $y=C\mathrm{e}^{-x^3}$；　　　　　　B. $y=C\mathrm{e}^{x^3}$；

C. $y=\mathrm{e}^{-x^3}$；　　　　　　　D. $y=\mathrm{e}^{x^3}$.

8. 微分方程 $y'+\dfrac{1}{x}y=\dfrac{\sin x}{x}$ 满足条件 $y|_{x=2\pi}=0$ 的特解是 $y=$
(　　　).

A. $\dfrac{1+\cos x}{x}$；　　　　　　B. $\dfrac{1-\sin x}{x}$；

C. $\dfrac{1+\sin x}{x}$；　　　　　　D. $\dfrac{1-\cos x}{x}$.

9. 微分方程 $\dfrac{\mathrm{d}y}{\mathrm{d}x}=\dfrac{y}{x}+\tan\dfrac{y}{x}$ 的通解(　　　).

A. $\sin\dfrac{y}{x}=Cy$；　　　　　　B. $\cos\dfrac{y}{x}=Cx$；

C. $\sin\dfrac{y}{x}=Cx$；　　　　　　D. $\cos\dfrac{y}{x}=Cy$.

10. 微分方程 $2y''+5y'=5x^2-2x-1$ 的特解可设为_____.

A. $x(Ax^2+Bx+C)$；　　　　B. Ax^2+Bx+C；

C. $x(Ax+B)$；　　　　　　　　D. $Ax+B$.

二、判断题(用√、×表示．本题共 10 个小题,每小题 5 分,共 50 分)

1. 微分方程 $x(y')^2-2y'+x^2=0$ 的二阶的．　　　　　　　　（　　）

2. 若已知二阶微分方程 $y''+y'-6y=f(x)$ 的一个特解为 $y^*(x)$,则该方程的通解为 $y=C_1e^{2x}+C_2e^{-3x}+y^*(x)$．　　　　　　　　（　　）

3. $4y''-4y'+y=0$ 满足 $y|_{x=0}=2,y'|_{x=0}=0$ 的特解为 $y=e^{\frac{x}{2}}(2+x)$．
　　　　　　　　　　　　　　　　　　　　　　　　　　（　　）

4. 微分方程 $y''+2y'+y=xe^x$ 的特解可设为 $y^*=x(a+bx)e^x$．
　　　　　　　　　　　　　　　　　　　　　　　　　　（　　）

5. 设 $y=e^x(C_1\sin x+C_2\cos x)$（$C_1,C_2$ 为任意常数）为某二阶常系数线性齐次微分方程的通解,则该方程为 $y''-2y'+2y=0$．（　　）

6. 方程 $\dfrac{dx}{dy}=xy^2-2$ 是一个一阶线性微分方程．　　　　（　　）

7. 微分方程 $xy''+2y'=0$ 满足初始条件 $y(1)=0,y'(1)=1$ 的特解为 $y=1-\dfrac{1}{x}$．　　　　　　　　　　　　　　　　　　　　　（　　）

8. 定义在区间 I 上的函数 $0,f_1(x),f_2(x)$ 一定线性相关．
　　　　　　　　　　　　　　　　　　　　　　　　　　（　　）

9. 微分方程 $y''+2y'+y=0$ 的通解为 $y=C_1e^x+C_2xe^x$,其中 C_1,C_2 为任意常数．　　　　　　　　　　　　　　　　　　　　（　　）

10. 若函数 $y_1(x),y_2(x)$ 是方程 $y''+p(x)y'+q(x)y=f(x)$ 的两个解,则 $y=y_1(x)+y_2(x)$ 也是该方程的解．　　　　　　　（　　）

第 6 章数学家故事-徐光启　　　　　　　　第 6 章参考答案

各章参考答案

第 1 章参考答案

1.1.3　同步习题

1. $(-\infty,-2]\cup(2,+\infty)$.

2. （1）$[-\sqrt{5},\sqrt{5}]$；

   （2）$[-3,0)$；

   （3）$[-2,4]$；

   （4）$[-3,0)\cup(2,3]$；

   （5）$[1,2)\cup(2,4)$；

   （6）$(-\infty,1)\cup(2,+\infty)$.

3. （1）不相同；

   （2）相同；

   （3）不相同；

   （4）相同；

   （5）不相同；

   （6）相同.

1.2.5　同步习题

（1）$y=\sqrt{u},u=1-\sin x$；

（2）$y=\cos u,u=\sqrt{v},v=2x+3$；

（3）$y=\mathrm{e}^u,u=\sin v,v=\dfrac{1}{x}$；

（4）$y=4\arcsin u,u=v^3,v=1-x$；

（5）$y=\mathrm{e}^u,u=\sin x\ln x$；

（6）$y=\ln u,u=v^2,v=\sin x$.

1.3.4　同步习题

1. 必要,充分.

2. （1）收敛,$\lim\limits_{n\to\infty}\left(1+\dfrac{1}{n^2}\right)=1$；

   （2）收敛,$\lim\limits_{n\to\infty}\left(\dfrac{1+(-1)^n}{n^2}\right)=0$；

   （3）发散,子列$\{2+(-1)^{2k-1}\}$收敛于1,子列$\{2+(-1)^{2k}\}$收敛于3；

   （4）收敛,$\lim\limits_{n\to\infty}\left(-\dfrac{1}{2}\right)^n=0$；

(5) 发散,子列 $\{\cos(2k-1)\pi\}$ 收敛于 -1,子列 $\{\cos 2k\pi\}$ 收敛于 1;

(6) 收敛,$\lim\limits_{n\to\infty}\dfrac{n-1}{n+1}=1$.

1.4.3　同步习题

1. (1) $\lim\limits_{x\to-2}f(x)=0$;

(2) $\lim\limits_{x\to-1}f(x)=-1$.

2. (1) 错;

(2) 对;

(3) 错;

(4) 对.

1.5.3　同步习题

1. (1) 对;　　　(2) 错;　　　(3) 错.

2. (1) $\lim\limits_{x\to0}g(x)=1,\lim\limits_{x\to1}f(x)=1$;

(2) $f(g(x))=\begin{cases}1,x=1,\\0,x\neq1;\end{cases}$　$\lim\limits_{x\to0}f(g(x))=0$.

3. (1) 1;　　　　　(2) -9;　　　　(3) 0;　　　　(4) $2a$;

(5) $\dfrac{4}{3}$;　　　　(6) 0;　　　　(7) $\dfrac{1}{5}$;　　　(8) 0;

(9) $\dfrac{8}{5}$;　　　　(10) 1;　　　(11) 3^{10};　　　(12) $\dfrac{1}{2}$.

1.6.3　同步习题

1. 略　　2. 略

3. $m=\dfrac{4}{3}$.

4. (1) $\dfrac{2}{3}$;　　　(2) 1;　　　　(3) 4;　　　　(4) 1;

(5) 2;　　　　　(6) -1;　　　　(7) e^3;　　　(8) e^2;

(9) e;　　　　　(10) e^{-2};　　　(11) 1;　　　　(12) e.

1.7.5　同步习题

1. (1) 0;　　　(2) 0.

2. $y=x\cos x$ 在 $(-\infty,+\infty)$ 内无界,但当 $x\to+\infty$,此函数不是无穷大.

3. $a=\dfrac{2}{3}$.

4. 存在极限且 $\lim\limits_{x\to0}f(x)=2$.

5. 略

6. (1) $\dfrac{1}{2}$;　　　(2) 1;　　　　(3) $\dfrac{1}{6}$;　　　(4) 0;

(5) $-\dfrac{2}{3}$;　　　(6) 2;　　　　(7) $\dfrac{1}{128}$;　　　(8) 3.

7. $k=3$.

8. $x=0$ 是它的分段点,且 $\lim\limits_{x\to0}f(x)=2$.

1.8.5 同步习题

1. 函数 $f(x)$ 在点 $x=0$ 处连续.

2. 1.

3. （1）$x=0$ 是可去间断点；

　（2）$x=1$ 是可去间断点，$x=2$ 是无穷间断点；

　（3）$x=0$ 是跳跃间断点；

　（4）$x=1$ 是跳跃间断点.

4. 略

第 1 章总复习题

第一部分：基础题

1. （1）1；　　　　　　（2）e^2；　　　　　　（3）0；

　（4）π；　　　　　　（5）跳跃.

2. （1）$\dfrac{1}{4}$；　　　　　（2）$-\dfrac{2}{5}$；　　　　　（3）1；

　（4）e；　　　　　　（5）$\dfrac{1}{2}$；　　　　　（6）4.

3. （1）$a=0$；　　　　　　　　（2）$a=4,b=-5$；

　（3）$a=4,l=10$；　　　　　　（4）$\dfrac{1}{3}$；

　（5）$\lim\limits_{x\to 0}f(x)=0,\lim\limits_{x\to 0}\dfrac{f(x)}{x}=0$；　（6）$a=\ln 3$；

　（7）$a=b=2$；　　　　　　　（8）$a=0,b=1$.

4. 略

第二部分：拓展题

1. A.

2. （1）e；　　　　　（2）-1.

3. $a=-5,b=6$.

4. $x=1$ 是第一类间断点的可去间断点，$x=-1$ 是第一类间断点中的跳跃间断点.

第三部分：考研真题

一、选择题

1. C；

2. D；

3. C；

4. C.

二、填空题

1. $e^{\frac{1}{2}}$；

2. $4e^2$；

3. -2.

第 2 章参考答案

2.1.5 同步习题

1. （1）$y'=2x+1$；　　　　　　（2）$y'=-\sin(x+3)$.

2. (1) $-f'(x_0)$; (2) $2f'(x_0)$.

3. (1) $y'=4x^3$; (2) $y'=\dfrac{3}{4\sqrt[4]{x}}$; (3) $y'=-\dfrac{3}{x^4}$;

(4) $y'=-\dfrac{1}{3x\sqrt[3]{x}}$; (5) $y'=\dfrac{5}{2}x\sqrt{x}$; (6) $y'=\dfrac{9}{4}x\sqrt[4]{x}$.

4. 切线方程为 $3x-y-2=0$;法线方程为 $x+3y-4=0$.

2.2.5 同步习题

1. 可导且连续,$f'(0)=0$.

2. (1) $y'=6x^2+\dfrac{4}{x^3}$; (2) $y'=1-\dfrac{5}{2}x^{-\frac{7}{2}}-3x^{-4}$;

(3) $y'=e^x(1+x)$; (4) $y'=-\dfrac{1}{4}x^{-\frac{5}{4}}$.

3. (1) $f'(4)=-\dfrac{1}{18}$; (2) $f'(0)=\dfrac{3}{25},f'(2)=\dfrac{17}{15}$.

4. (1) $y'=6\cos 6x$; (2) $y'=4x\sec^2 2x^2$; (3) $y'=\dfrac{1}{3}e^{\frac{x}{3}}(x^2+6x+1)$;

(4) $y'=\dfrac{3}{\sqrt{-9x^2-12x-3}}$; (5) $y'=-\tan x$; (6) $y'=\dfrac{3}{x}$.

2.3.3 同步习题

1. (1) $\dfrac{dy}{dx}=\dfrac{2y}{3y^2-2x}$; (2) $\dfrac{dy}{dx}=-\dfrac{x}{y}$;

(3) $\dfrac{dy}{dx}=\dfrac{ye^{xy}-y^2}{2xy-xe^{xy}}$; (4) $\dfrac{dy}{dx}=-\dfrac{ye^x}{1+e^x}$.

2. 切线方程为 $x+y=\dfrac{\sqrt{2}}{2}a$;法线方程为 $x-y=0$.

3. (1) $y'=x^x(\ln x+1)$; (2) $y'=\cos x^{\sin x}(\cos x\ln\cos x-\sin x\tan x)$;

(3) $y'=\left(\dfrac{x}{x+1}\right)^x\left(\ln\dfrac{x}{x+1}+\dfrac{1}{x+1}\right)$.

4. (1) $\dfrac{dy}{dx}=-\dfrac{1}{t}$; (2) $\dfrac{dy}{dx}=\dfrac{\cos t-t\sin t}{1-\sin t-t\cos t}$; (3) $\dfrac{dy}{dx}=\dfrac{1+\sin t+\cos t}{1+\sin t-\cos t}$.

5. 切线方程为 $x+2y-4=0$;法线方程为 $2x-y-3=0$.

2.4.2 同步习题

1. 略.

2. (1) $y''=\dfrac{2}{(x+2)^3}$; (2) $y''=2\sec^2 x\tan x$;

(3) $y''=e^x(x+2)$; (4) $y''=-9\sin(3x+2)$;

(5) $y''=-2e^x\sin x$; (6) $y''=\dfrac{1}{x}$;

(7) $y''=-\csc^2 x$; (8) $y''=\dfrac{x}{(1-x^2)^{\frac{3}{2}}}$.

3. (1) $\dfrac{d^2y}{dx^2}=\dfrac{2y(e^y-x)-y^2e^y}{(e^y-x)^3}$; (2) $\dfrac{d^2y}{dx^2}=\dfrac{y}{(1-y)^3}$;

(3) $\dfrac{d^2y}{dx^2}=\dfrac{e^{2y}(y-3)}{(y-2)^3}$; (4) $\dfrac{d^2y}{dx^2}=-2\csc^2(x+y)\cot^3(x+y)$.

4. （1）$\dfrac{\mathrm{d}^2y}{\mathrm{d}x^2}=-\dfrac{b}{a^2\sin^3t}$；　　　　（2）$\dfrac{\mathrm{d}^2y}{\mathrm{d}x^2}=\dfrac{4}{9}\mathrm{e}^{3t}$.

2.5.5　同步习题

1. （1）$\mathrm{d}y=\left(-\dfrac{1}{x^2}+\dfrac{1}{\sqrt{x}}\right)\mathrm{d}x$；　　　　　（2）$\mathrm{d}y=(\tan x+x\sec^2x)\mathrm{d}x$；

（3）$\mathrm{d}y=(x^2+1)^{-\frac{3}{2}}\mathrm{d}x$；　　　　　（4）$\mathrm{d}y=\dfrac{6\ln(3x+2)}{3x+2}\mathrm{d}x$.

2. （1）$\sin29°\approx0.4849$；　　（2）$\arcsin0.5002\approx30°47''$；　　（3）$\ln1.002\approx0.002$；

（4）$\sqrt[3]{65}\approx4.021$；　　（5）$\tan136°\approx-0.9651$；　　（6）$\mathrm{e}^{1.01}\approx2.7455$.

第2章总复习题

第一部分：基础题

1. （1）$y'=45x^2+12x-20$；　　（2）$y'=\dfrac{-6x}{(x^2-2)^2}$；　　（3）$y'=\dfrac{1}{x^2\sqrt{x^2-1}}$；

（4）$y'=\dfrac{-1}{|x|\sqrt{x^2-1}}$；　　（5）$y'=4\cot4x$；　　（6）$y'=\dfrac{-x}{|x|\sqrt{1-x^2}}$；

（7）$y'=-\dfrac{2xy\mathrm{e}^{-x^2y}+1}{x^2\mathrm{e}^{-x^2y}+1}$；　　（8）$y'=-\dfrac{y}{x}$；　　（9）$y'=\dfrac{1}{5}\sqrt[5]{\dfrac{x-5}{\sqrt[5]{x^2+2}}}\left[\dfrac{1}{x-5}-\dfrac{2x}{5(x^2+2)}\right]$；

（10）$y'=-\dfrac{1}{2\mathrm{e}^{2t}}$.

2. 切线方程为 $x+y-1=0$.

3. （1）$y'=3x^2f'(x^3)$；　　　（2）$y'=\sin2x[f'(\sin^2x)-f'(\cos^2x)]$.

4. （1）$\dfrac{\mathrm{d}^2y}{\mathrm{d}x^2}=-\dfrac{2(x^2+y^2)}{(y+x)^3}$；　　（2）$\dfrac{\mathrm{d}^2y}{\mathrm{d}x^2}=\dfrac{2xy(1-x)(1-y)+y(x-y)^2}{x^2(1-y)^3}$.

5. （1）$\dfrac{\mathrm{d}^2y}{\mathrm{d}x^2}=\dfrac{3b}{4a^2t}$；　　（2）$\dfrac{\mathrm{d}^2y}{\mathrm{d}x^2}=\dfrac{1+t^2}{4t}$.

6. （1）$\mathrm{d}y=\dfrac{1}{\sqrt{-x^2-x}}\mathrm{d}x$；　　（2）$\mathrm{d}y=\mathrm{e}^{-x}[\sin(3-x)-\cos(3-x)]\mathrm{d}x$.

第二部分：拓展题

1. $y'=\mathrm{e}^{3x}\dfrac{3\ln(x+2)-\dfrac{1}{x+2}}{\ln^2(x+2)}$.

2. $\dfrac{\mathrm{d}^2y}{\mathrm{d}x^2}=\mathrm{e}^{3x}(9x^2+12x+2)$.

3. $a=1,b=0$.

4. $\dfrac{\mathrm{d}y}{\mathrm{d}x}=\dfrac{y\cos xy}{3y^2-x\cos xy}$.

5. $\dfrac{\mathrm{d}y}{\mathrm{d}x}=\dfrac{\cos\theta-\theta\sin\theta}{1-\sin\theta-\theta\cos\theta}$.

6. $\mathrm{d}y=\mathrm{e}^{3x}\dfrac{3\sin x-\cos x}{\sin^2x}\mathrm{d}x$.

第三部分：考研真题

一、选择题

1. C；2. D；3. C；4. A.

二、填空题

1. $-\sqrt{2}$; 2. $y=x-1$; 3. $\dfrac{3\pi}{2}+2$; 4. $-\dfrac{1}{8}$; 5. 48; 6. $y=x+1$; 7. $y=1+\sqrt{2}$; 8. $-\pi dx$.

第 3 章参考答案

3.1.5 同步习题

1. $\xi=-\dfrac{1}{4}$.

2. $\xi=\dfrac{1}{\ln 2}$.

3. $\xi=\dfrac{2}{3}$.

4. 略.

5. 略.

6. 略.

3.2.4 同步习题

1. (1) $\dfrac{5}{8}$; (2) $\dfrac{3}{2}$; (3) 0; (4) 12; (5) 2; (6) -1;

(7) 1; (8) 2; (9) $\dfrac{a^2}{b^2}$; (10) 0; (11) 2; (12) 0;

(13) $-\dfrac{1}{3}$; (14) $\dfrac{1}{2}$; (15) 0; (16) 1; (17) 1; (18) e^3.

2. $a=-3, b=\dfrac{9}{2}$.

3.3.3 同步习题

(1) $\dfrac{1}{3}$; (2) $-\dfrac{1}{12}$.

3.4.4 同步习题

(1) 函数在$(-\infty,-1],[3,+\infty)$内单调增加,在$[-1,3]$上单调减少.

(2) 函数在$(-\infty,0]$上单调增加,在$[0,+\infty)$上单调减少.

(3) 函数在$(-\infty,+\infty)$内为单调增加.

(4) 函数在$[1,+\infty)$上单调增加,在$(0,1]$上单调减少.

(5) 函数在$(-\infty,3]$上单调减少,在$[3,+\infty)$上单调增加.

(6) 函数在$[-1,0],[1,+\infty)$上单调减少,在$(-\infty,-1],[0,1]$上单调增加.

2. 略.

3. 略.

4. (1) $f(1)=2$ 为极小值,$f(-1)=-2$ 为极大值.

(2) $f(1)=-2$ 为极小值,$f(-1)=2$ 为极大值.

(3) $f(e^{-\frac{1}{2}})=-\dfrac{1}{2e}$为极小值.

(4) 函数无极值点.

(5) 极大值 $f(0)=2$,极小值 $f(2)=-14$.

5. (1) 最大值为 $f(\pm\sqrt{2})=f(0)=5$,最小值为 $f(\pm1)=4$.

（2）最大值为 $f(-1)=3$，最小值为 $f(1)=1$.

（3）最大值为 $f(2)=\dfrac{5}{2}$，最小值为 $f(1)=2$.

（4）最大值为 $f\left(-\dfrac{\pi}{2}\right)=\pi-1$，最小值为 $f\left(\dfrac{\pi}{2}\right)=1-\pi$.

6. 当 $x=\sqrt{S}$ 时，周长最小，最小值为 $L=2(x+y)=4\sqrt{S}$.

7. 当底面直径与高的比例为 $b:a$ 时，造价最省.

3.5.4　同步习题

1. （1）曲线在 $(-\infty,-1]$ 内是凸的，在 $[-1,1]$ 内是凹的，在 $[1,+\infty)$ 内是凸的.曲线有两个拐点，分别为 $(-1,\ln 2),(1,\ln 2)$.

（2）曲线在 $(-\infty,+\infty)$ 内是凸的.没有拐点.

（3）曲线在 $(-\infty,2]$ 上是凸的，在 $(2,+\infty]$ 上是凹的.拐点为 $\left(2,\dfrac{2}{e^2}\right)$.

（4）曲线在 $(-\infty,-1]$ 内是凹的，在 $[-1,1]$ 内是凸的，在 $[1,+\infty)$ 内是凹的.曲线有两个拐点，分别为 $(-1,-7),(1,-3)$.

（5）曲线在 $(-\infty,1]$ 和 $(2,+\infty)$ 上是凹的，在 $[1,2]$ 上是凸的.拐点为 $(1,-3)$ 和 $(2,6)$.

（6）曲线在 $\left(-\infty,-\dfrac{1}{5}\right]$ 上是凸的，在 $\left[-\dfrac{1}{5},+\infty\right)$ 上是凹的.拐点为 $\left(-\dfrac{1}{5},-\dfrac{6}{5\sqrt[3]{25}}\right)$.

2. （1）$x=2$ 是一条铅直渐近线；$y=0$ 是一条水平渐近线.

（2）$x=0$ 是一条铅直渐近线.

（3）$x=1$ 是一条铅直渐近线；$y=x+1$ 是一条斜渐近线.

（4）$y=1$ 是该曲线的一条水平渐近线.

3. 略.

3.6.4　同步习题

1. $K=\dfrac{\sqrt{2}}{2}$.

2. $K=\dfrac{2}{\mid 3a\sin(2t_0)\mid}$.

3. $K=\dfrac{4\sqrt{5}}{25},\rho=\dfrac{5\sqrt{5}}{4}$.

第 3 章总复习题

第一部分：基础题

1. 略.

2. 略.

3. 略.

4. 略.

5. 略.

6. 略.

7. 略.

8. $\begin{cases} a=-2, \\ b=6. \end{cases}$

9. $a=2$，函数 $f(x)$ 在 $x=\dfrac{\pi}{3}$ 处取得极大值.

10. 当长为 $\dfrac{3}{2}$，宽为 1 时，面积最大，最大值为 $\dfrac{3}{2}$.

11. 当 $x=\dfrac{a}{6}$，盒子边长为 $\dfrac{2a}{3}$ 时容积最大，最大容积为 $V=\dfrac{2}{27}a^3$.

12. $a=-6,b=9,c=2$.

13. $F=1246(\mathrm{N})$.

第二部分：拓展题

1. （1）1；　　　　　（2）e^{-1}.

2. $f(x)$ 在 $(-\infty,-2]\cup[2,+\infty)$ 内单调递增；在 $[-2,2]$ 内单调递减.函数有极大值 $f(-2)=16$，极小值 $f(2)=-16$.

3. 当 $x\in\left(-\infty,-\dfrac{1}{2}\right)$ 时，$f(x)$ 的图像为凸的；当 $x\in\left(-\dfrac{1}{2},+\infty\right)$ 时，$f(x)$ 的图像为凹的.拐点为 $\left(-\dfrac{1}{2},\dfrac{21}{2}\right)$.

4. $x=-1$ 为曲线的铅直渐近线，无水平渐近线，$y=x+1$ 为曲线的斜渐近线.

5. $a=-\dfrac{2}{3},b=-\dfrac{1}{6}$.

6. $K=2,\rho=\dfrac{1}{2}$.

7. 略.

8. 当宽为 5m，长为 10m 时，这间小屋的面积最大.

第三部分：考研真题

一、选择题

1. B；2. B；3. C；4. C；5. D.

二、填空题

1. $4\mathrm{e}^2$；2. $y=4x-3$；3. $y=x+2$.

三、解答题

1. $y=\dfrac{1}{\mathrm{e}}x+\dfrac{1}{2\mathrm{e}}$.

2. 略.

第4章参考答案

4.1.5 同步习题

1. （1）正确；（2）不正确；（3）不正确；（4）正确；（5）正确.

2. （1）因为 $\left[\dfrac{1}{3}(u^2-5)^{\frac{3}{2}}+C\right]'=\dfrac{1}{3}\cdot\dfrac{3}{2}(u^2-5)^{\frac{1}{2}}\cdot2u+0=u\sqrt{u^2-5}$，所以

$$\int u\sqrt{u^2-5}\,\mathrm{d}u=\dfrac{1}{3}(u^2-5)^{\frac{3}{2}}+C.$$

（2）因为 $[x(\ln x-1)]'=(\ln x-1)+1=\ln x$，所以函数 $x(\ln x-1)$ 是函数 $\ln x$ 的一个原函数.

3. （1）$\dfrac{2}{3}x^{\frac{3}{2}}+3\ln|x|-\dfrac{1}{3}x^{-3}+C$；　　　　（2）$\dfrac{1}{3}x^3+\dfrac{2}{5}x^{\frac{5}{2}}-\dfrac{2}{3}x^{\frac{3}{2}}-x+C$；

（3）$\dfrac{2}{3}x^3-3\arctan x+C$；　　　　（4）$-\dfrac{1}{x}+\arctan x+C$；

（5）$\dfrac{1}{3}x^3+\dfrac{3}{2}x^2+9x+C$；　　　　（6）$\mathrm{e}^x-\ln|x|+2\sin x+C$；

(7) $2x-\dfrac{\left(\dfrac{2}{3}\right)^x}{\ln 2-\ln 3}+C$；

(8) $\dfrac{3^x e^x}{1+\ln 3}-2\arcsin x-3\cos x+C$；

(9) $-\cot x-\tan x+C$；

(10) $-\cos x+\sin x+C$.

4. (1) $\dfrac{1}{2}x^2$；

(2) $\dfrac{1}{4}x^4$；

(3) $\dfrac{1}{n+1}x^{n+1}$；

(4) $-\dfrac{1}{x}$；

(5) $\ln|x|$；

(6) $\tan x$；

(7) $\sec x$；

(8) $-\dfrac{2}{3}\cos\dfrac{3}{2}x$；

(9) $\dfrac{1}{2}e^{2x}$；

(10) $-2e^{-\frac{x}{2}}$；

(11) $\arcsin x$；

(12) $\dfrac{1}{2}\arctan 2x$.

4.2.6　同步习题

1. (1) $\dfrac{1}{63}(3x-2)^{21}+C$；

(2) $\ln(1+x^2)+C$；

(3) $-\dfrac{3}{4}\ln|1-x^4|+C$；

(4) $\dfrac{1}{2}e^{x^2-2x+2}+C$；

(5) $-\dfrac{1}{2}\ln|1-2x|+C$；

(6) $-\dfrac{1}{3}(1-x^2)^{\frac{3}{2}}+C$；

(7) $-\dfrac{1}{2}(2-3x)^{\frac{2}{3}}+C$；

(8) $\dfrac{1}{4}e^{x^4}+C$；

(9) $\dfrac{2}{3}e^{3\sqrt{x}}+C$；

(10) $-\dfrac{1}{2(\arcsin x)^2}+C$；

(11) $\ln|\ln x|+\ln x+C$；

(12) $\ln|\ln\ln x|+C$；

(13) $\dfrac{3}{2}\sin\left(\dfrac{2}{3}x-5\right)+C$；

(14) $\dfrac{1}{2\cos^2 x}+C$；

(15) $\dfrac{1}{2}x-\dfrac{1}{4}\sin 2x+C$；

(16) $\dfrac{1}{3}\sec^3 x-\sec x+C$；

(17) $\dfrac{1}{3}\sin^3 x-\dfrac{2}{5}\sin^5 x+\dfrac{1}{7}\sin^7 x+C$.

2. (1) $2\sqrt{x}-2\arctan\sqrt{x}+C$；

(2) $6(\sqrt[6]{x}-\arctan\sqrt[6]{x})+C$；

(3) $\sqrt{2x-3}-\ln|\sqrt{2x-3}+1|+C$；

(4) $-\dfrac{1}{24}\ln\left(1+\dfrac{4}{x^6}\right)+C$；

(5) $-\dfrac{(a^2-x^2)^{\frac{3}{2}}}{3a^2 x^3}+C$；

(6) $\dfrac{x}{\sqrt{(x^2+1)}}+C$；

(7) $\sqrt{x^2-9}-3\arccos\dfrac{3}{x}+C$；

(8) $\dfrac{1}{5}(\sqrt{1-x^2})^5-\dfrac{1}{3}(\sqrt{1-x^2})^3+C$；

(9) $\dfrac{1}{2}\arcsin x-\dfrac{1}{2}x\sqrt{1-x^2}+C$；

(10) $-\dfrac{1}{3}\left(\dfrac{\sqrt{x^2+1}}{x}\right)^3+\dfrac{\sqrt{x^2+1}}{x}+C$.

3. (1) $-e^{-x}(x+1)+C$；

(2) $\dfrac{e^{-x}}{2}(\sin x-\cos x)+C$；

(3) $x^2\sin x+2x\cos x-2\sin x+C$；

(4) $x\arccos x-\sqrt{1-x^2}+C$；

(5) $-\dfrac{x}{4}\cos 2x+\dfrac{\sin 2x}{8}+C$；

(6) $\dfrac{x^3\ln x}{3}-\dfrac{x^3}{9}+C$；

(7) $x(\arcsin x)^2+2\sqrt{1-x^2}\arcsin x-2x+C$；

（8）$\dfrac{x}{4}\sec^4 x-\dfrac{1}{4}\tan x-\dfrac{1}{12}\tan^3 x+C.$

4.（1）$\dfrac{1}{2}\ln\left|\dfrac{x+1}{x-1}\right|+C$；　　　　　　　　（2）$-5\ln|x-2|+6\ln|x-3|+C$；

（3）$\arctan x+\dfrac{1}{2}\ln(x^2+1)-\ln|x|+C$；　　　　（4）$\dfrac{5}{3}\ln|x-1|-\dfrac{3}{2}\ln|x|-\dfrac{1}{6}\ln|x+2|+C$；

（5）$\dfrac{1}{3}x^3-\dfrac{3}{2}x^2+9x-27\ln|x+3|+C.$

5.（1）$\dfrac{1}{\sqrt{2}}\arctan\dfrac{\tan\dfrac{x}{2}}{\sqrt{2}}+C$；

（2）$\dfrac{1}{2}\ln\left|\tan\dfrac{x}{2}\right|+\dfrac{1}{4}\tan^2\dfrac{x}{2}+\tan\dfrac{x}{2}+C$；

（3）$\dfrac{1}{\sqrt{2}}\arctan(\sqrt{2}\tan x)+C.$

第 4 章总复习题

第一部分:基础题

1.（1）$-\dfrac{1}{4}$；　　　　（2）$-\ln|\cos x|+C$；　　　（3）$e^{-x^3}dx$；　　　（4）$\dfrac{x^3}{3}+C$；

（5）$7^{2x}2\ln 7$；　　　（6）1；　　　　　　　（7）$x^2 e^{-x}+C$；

（8）$\sin x+x\cos x$；　　（9）$y=x^2+2$；　　　　（10）$-F(e^{-x})+C$.

2.（1）$\tan\dfrac{x}{2}+C$；　　　　　　　　　（2）$(\arctan\sqrt{x})^2+C$；

（3）$\sqrt{2x}-\ln|\sqrt{2x}+1|+C$；　　　　（4）$\dfrac{x}{\sqrt{1-x^2}}-\dfrac{\sqrt{1-x^2}}{x}+C$；

（5）$\dfrac{x^2}{4}-\dfrac{1}{4}x\sin 2x-\dfrac{1}{8}\cos 2x+C$；

（6）$\ln|1+x|-\dfrac{1}{2}\ln(x^2-x+1)+\sqrt{3}\arctan\dfrac{2x-1}{\sqrt{3}}+C$；

（7）$e^{\sqrt[3]{x}}[3(\sqrt[3]{x})^2-6\sqrt[3]{x}+6)]+C$；

（8）$2\sqrt{x}\sin\sqrt{x}+2\cos\sqrt{x}+C$；

（9）$\tan x\ln(\cos x)+\tan x-x+C$；

（10）$\ln\left|\dfrac{\sqrt{1+e^x}-1}{\sqrt{1+e^x}+1}\right|+C$；

（11）$\dfrac{1}{2}\ln\left|\dfrac{e^x-1}{e^x+1}\right|+C$；　　　　　　　（12）$-\dfrac{1}{10}\cos 5x+\dfrac{1}{2}\cos x+C$；

（13）$-2\sqrt{\dfrac{1+x}{x}}+2\ln(\sqrt{1+x}+\sqrt{x})+C$；

（14）$xf'(x)-f(x)+C.$

第二部分:拓展题

1.　$\dfrac{2^x e^x}{1+\ln 2}+2\arctan x-\dfrac{4}{7}x^{\frac{7}{4}}+C$；

2.　$\cos x-\dfrac{2\sin x}{x}+C$；

3. $\dfrac{1}{7}\sec^7 x-\dfrac{2}{5}\sec^5 x+\dfrac{1}{3}\sec^3 x+C$;

4. $-\dfrac{1}{3x^3}+\dfrac{1}{x}-\arctan\dfrac{1}{x}+C$;

5. $\dfrac{2}{5}(x+1)^{\frac{5}{2}}-\dfrac{2}{3}(x+1)^{\frac{3}{2}}+C$;

6. $-\dfrac{1}{2}x\cos(2x-3)+\dfrac{1}{4}\sin(2x-3)+C$;

7. $-3\ln|x-2|+5\ln|x-3|+C$;

8. $-\dfrac{\sqrt{4+x^2}}{4x}+C$;

9. 当 $b\neq 0$ 时, $\dfrac{1}{2a^2}\ln(a^2\tan^2 x+b^2)+C$;

　　当 $b=0$ 时, $\dfrac{1}{a^2}\ln|\csc 2x-\cot 2x|+C$;

10. $f(x)=\begin{cases}\cos x+C, & x\geqslant 0,\\ \dfrac{1}{2}x^2+1+C, & x<0;\end{cases}$

11. $\dfrac{1}{ab}\arctan\dfrac{a\tan x}{b}+C$;

12. $f(x)=x+\dfrac{x^3}{3}+1$;

13. $\dfrac{x^3\ln x}{3}-\dfrac{x^3}{9}+C$;

14. $\arccos\dfrac{1}{x}+C$;

15. $\dfrac{1}{2}\ln|1+2\ln x|+\dfrac{2}{3}e^{\sqrt[3]{x}}+C$;

16. $y=\ln|x|$;

17. $f(x)=x^3-\dfrac{3}{2}x^2-6x+2, f(2)=-8$ 为最小值;

18. $f(x)=-x^3+3x^2+2$;

19. （1） $v(t)=t^4-\sin t+3$,（2） $s(t)=\dfrac{t^5}{5}+\cos t+3t-1$;

20. $f(x)=\arccos\dfrac{1}{x}-\dfrac{\pi}{3}$.

第三部分:考研真题

一、选择题

1. D; 2. A; 3. B; 4. C.

二、填空题

1. $-2\ln|x-1|-\dfrac{3}{x-1}+\ln(x^2+x+1)+C$;

2. $e^x\arcsin\sqrt{1-e^{2x}}-\sqrt{1-e^{2x}}+C$;

3. $\dfrac{1}{2}\ln(x^2-6x+13)+4\arctan\dfrac{x-3}{2}+C$;

4. $-\cot x\ln(\sin x)-\cot x-x+C$；

5. $-\dfrac{\ln x}{x}+C$；　　　　　6. $2\arcsin\dfrac{\sqrt{x}}{2}+C$；

7. $-\dfrac{1}{3}(1-x^2)^{\frac{3}{2}}+C$；　　8. $\dfrac{2}{\sqrt{\cos x}}+C.$

三、计算题

1. $\dfrac{1}{2}\mathrm{e}^{2x}\arctan\sqrt{\mathrm{e}^x-1}-\dfrac{1}{6}(\mathrm{e}^x+2)\sqrt{\mathrm{e}^x-1}+C.$

2. $2\sqrt{x}(\arcsin\sqrt{x}+\ln x)+2\sqrt{1-x}-4\sqrt{x}+C.$

3. $x\ln\left(1+\sqrt{\dfrac{1+x}{x}}\right)+\dfrac{1}{2}\ln(\sqrt{1+x}+\sqrt{x})-\dfrac{1}{2}\ln(\sqrt{1+x}-\sqrt{x})+C.$

4. $-\mathrm{e}^{-x}\arcsin\mathrm{e}^x-\ln(\mathrm{e}^{-x}+\sqrt{\mathrm{e}^{-2x}-1})+C.$

5. $\dfrac{(x-1)\mathrm{e}^{\arctan x}}{2\sqrt{1+x^2}}+C.$

6. $-2\sqrt{1-x}\arcsin\sqrt{x}+2\sqrt{x}+C.$

7. $-\dfrac{1}{2}(\mathrm{e}^{-2x}\arctan\mathrm{e}^x+\arctan\mathrm{e}^x+\mathrm{e}^{-x})+C.$

8. $\arctan\dfrac{x}{\sqrt{x^2+1}}+C.$

9. $-\mathrm{e}^{-x}\ln(1+\mathrm{e}^x)-\ln(1+\mathrm{e}^x)+x+C.$

10. $\mathrm{e}^{2x}\tan x+C.$

11. $\tan x-\dfrac{1}{\cos x}+C.$

12. $-\dfrac{\arctan x}{x}+\dfrac{1}{2}\ln\dfrac{x^2}{1+x^2}-\dfrac{1}{2}(\arctan x)^2+C.$

第 5 章参考答案

5.1.5　同步习题

1. (1) $\dfrac{1}{2}$；　(2) 0.　　2. $\dfrac{b^2-a^2}{2}$.　　3. B.

5.2.2　同步习题

1. 0.

2. (1) 成立；　　(2) 不成立；　　(3) 成立；　　(4) 成立.

3. (1) $6\leqslant\displaystyle\int_1^4(x^2+1)\mathrm{d}x\leqslant51$；　(2) $2\mathrm{e}^{-\frac{1}{4}}\leqslant\displaystyle\int_0^2\mathrm{e}^{(x^2-x)}\mathrm{d}x\leqslant2\mathrm{e}^2$.

4. D.　　　　　　5. B.

5.3.3　同步习题

1. (1) $y'=2x\cos x^2$；　　　　　　(2) $y'=-3x\sin x$；

　　(3) $y'=\displaystyle\int_0^x\mathrm{e}^t\mathrm{d}t+x\mathrm{e}^x$；　　　(4) $y'=\dfrac{3}{x^4}-\dfrac{2}{x^3}$.

2. (1) 0;　　　　(2) $\dfrac{1}{2}$;　　　　(3) 1.

3. (1) $\frac{21}{8}$;　　　(2) $1-\frac{1}{e}-\frac{\pi}{4}$;　　(3) $\frac{1}{2}-\frac{\pi}{4}+\arctan 2$;　　(4) $1+\frac{\pi}{4}$.

5.4.3　同步习题

1. (1) $\frac{1}{3}(e^3-1)^3$;　　　(2)$\sqrt{2}-1$;　　　(3)$\frac{1}{2}-\frac{\pi}{8}$;

(4) $\frac{1}{2}-\frac{1}{2}\cos\frac{\pi^2}{4}$;　　(5) $2(\sqrt{2}-1)$;　　(6) $\ln 2$;

(7) $\frac{1}{16}$;　　　　(8) $\frac{2}{15}$;　　　　(9) $7+2\ln 2$;

(10) π;　　　　(11) $\sqrt{3}-\frac{\pi}{3}$;　　(12) $\frac{\pi}{4}$.

2. (1) $\sqrt{2}$;　　　(2) 0;　　(3) $\frac{1}{6}$;　　(4) $\frac{\pi}{8}$;

(5) $2(\sqrt{2}-1)$;　(6) 2;　　(7) $\frac{35}{256}\pi$;　(8) $\frac{16}{35}$.

3. $\frac{8}{3}$.

4. (1) $1-\frac{2}{e}$;　　　(2) $\frac{\pi}{4}-\frac{1}{2}\ln 2$;　　(3) $\frac{1}{4}(e^2+1)$;

(4)$\pi-2$;　　　(5)$\frac{e^\pi-2}{5}$;　　(6)$2\left(1-\frac{1}{e}\right)$.

5. 证明略.　　6. 证明略.

7. A.　　8. 证明略.

5.5.4　同步习题

1. (1) 1;　　(2) $\frac{1}{2}$;　　(3) 0;　　(4) $\ln 3$.

2. (1) 4;　　(2) $\frac{8}{3}$;　　(3) $\frac{\pi}{2}$;　　(4) 发散.

3. D.

4. -2.

5.6.3　同步习题

1. (1) $\frac{32}{3}$;　　　(2) $e-1$;　　　(3)$e-1$;

(4) $\frac{32}{3}$;　　　(5) $\frac{1}{3}$;　　　(6) $2\sqrt{2}$.

2. $\frac{1}{4a}(e^{4\pi a}-1)$.

3. (1) $\frac{3\pi}{10}$;　　(2) $\frac{1}{2}a^3\pi$;　　(3) $160\pi^2$;

(4) $\frac{2\pi}{15}$;　　(5) $2\pi^2$;　　(6) $\frac{4\pi R^3}{3}$.

4. 3462kJ.

第5章总复习题

第一部分:基础题

1. (1) $\dfrac{1}{3}$;　　　(2) 1;　　　(3) $\dfrac{2\sqrt{2}}{\pi}$;　　　(4) $\dfrac{2}{\pi}$.

2. (1) $\cos x\displaystyle\int_0^x f(t)\,\mathrm{d}t$;　　　(2) $2x[f(x^2+2)-f(x^2+1)]$;

　　(3) $-\dfrac{1}{x^2}\displaystyle\int_0^x f(u)\,\mathrm{d}u+\dfrac{1}{x}f(x)$.

3. $y'=-\dfrac{\cos x^2}{\mathrm{e}^{y^2}}$.

4. 单调递减区间为$(-\infty,-1]\cup[0,1]$,单调递增区间为$[-1,0]\cup[1,+\infty)$;$x=0$ 是极大值点,极大值$f(0)=\dfrac{1}{2}\left(1-\dfrac{1}{\mathrm{e}}\right)$;$x=\pm1$ 是极小值点,极小值$f(\pm1)=0$.

5. (1) 1;　　　(2) $\dfrac{5}{8}\ln 3-\dfrac{1}{2}$;　　　(3) $\dfrac{2}{3}$;　　　(4) $\dfrac{1}{4}$;

　　(5) $\dfrac{2\pi}{3}$;　　　(6) $\dfrac{\sqrt{3}}{2}+\ln(2-\sqrt{3})$;　　　(7) $\dfrac{\sqrt{3}}{3}\pi$;　　　(8) $\dfrac{\pi}{4}-\dfrac{1}{2}\ln 2$.

6. (1) 1;　　　(2) $\dfrac{\pi}{2}$;　　　(3) 2;　　　(4) 6.

7. 证明略.　　　8. $\dfrac{3\pi}{16}+\dfrac{3}{4}$.　　　9. $\tan\dfrac{1}{2}-\dfrac{1}{2}\mathrm{e}^{-4}+\dfrac{1}{2}$.

10. 2.　　　11. $\dfrac{1}{3}$.　　　12. $\dfrac{\pi}{4}a^2$.　　　13. a^2.

第二部分:拓展题

1. $\dfrac{\pi^2}{2}-\dfrac{2\pi}{3}$.

2. $\dfrac{128\pi}{15}$.

3. $2;\dfrac{2}{3}\pi(\mathrm{e}^2-1)$.

4. (1) $\dfrac{4\pi}{5}(32-a^5),\pi a^4$;　　　(2) $V(1)=\dfrac{129\pi}{5}$.

*5. (1) 120;　　　(2) $\dfrac{16}{105}$.

*6. $\dfrac{128}{3}$.

*7. $\dfrac{\pi}{4}\rho g R^4$.

第三部分:考研真题

1. A;　　2. A;　　3. B;　　4. C;　　5. D;

6. D;　　7. C;　　8. D;　　9. C;　　10. C.

二、填空题

1. 4;　　　2. $\dfrac{8\sqrt{3}}{9}\pi$;　　　3. $\ln 3-\dfrac{\sqrt{3}}{3}\pi$;　　　4. $\dfrac{\pi}{12}$;　　　5. $\dfrac{\pi}{4}$;

6. $\dfrac{1}{\ln 3}$;　　　7. 6;　　　8. $\dfrac{\pi}{4}$　　　9. $\dfrac{1}{3}\rho g a^3$;　　10. $\dfrac{1}{2}\ln 3$;

11. $\dfrac{\cos 1-1}{4}$;　12. $\dfrac{1-2\sqrt 2}{18}$;　　13. $2\ln 2-2$;　　14. $\dfrac{1}{2}\ln 2$;　　15. 1;

16. $\dfrac{\pi^3}{2}$;　　17. $\dfrac{1}{2}$;　　18. $\sin 1-\cos 1$;　　19. $\dfrac{\pi^2}{4}$;　　20. $\dfrac{3\pi}{8}$.

三、解答题

1. $\dfrac{1}{2}$;　　　2. $\dfrac{22}{3}$,$\dfrac{425\pi}{9}$;　　3. $\dfrac{\pi^2}{6}$;　　　4. $\dfrac{e^\pi+1}{2(e^\pi-1)}$;

5. 10;　　　6. $\dfrac{2}{3}$;　　　7. $\dfrac{1}{4}$;　　　8. $\dfrac{1}{4}$;

9. $V=\dfrac{18}{35}\pi$,$S=\dfrac{16}{5}\pi$;　　　10. $f(x)=-\dfrac{1}{2}(e^x+e^{-x})$.

*11. （1）$\dfrac{9\pi}{4}$;　　（2）$3375\pi g$.

四、证明题

1~5. 证明略.

第 6 章参考答案

6.1.4　同步习题

1. （1）三阶;（2）二阶;（3）一阶;（4）一阶;（5）一阶;（6）二阶.
2. （1）是通解;（2）是特解;（3）不是通解也不是特解;（4）是通解.

3. （1）$x^2+y^2=25$;（2）$y=xe^{2x}$;（3）$y=\sin\left(x-\dfrac{\pi}{2}\right)$.

4. （1）$\dfrac{\mathrm{d}^2 s}{\mathrm{d}t^2}=g-\dfrac{k}{m}\dfrac{\mathrm{d}s}{\mathrm{d}t}$;（2）$y'=\dfrac{1}{xy}$.

6.2.5　同步习题

1. （1）$y=\tan(x\ln x-x+C)$;　　　　（2）$4(y+1)^3+3x^4=C$;

　（3）$\arcsin x=\dfrac{2^y}{\ln 2}+C$;　　　　（4）$\tan x\tan y=C$.

2. （1）$y=2(1+x^2)$;　　（2）$\sqrt 2\cos y=\cos x$;　　（3）$e^x+1=2\sqrt 2\cos y$.

3. （1）$y^2=x^2(2\ln|x|+C)$;　　　　（2）$\sin\dfrac{y}{x}=-\ln|x|+C$;

　（3）$-e^{-\frac{y}{x}}=\ln|x|+C$;　　　　（4）$x+2ye^{\frac{x}{y}}=C$.

4. （1）$\arctan\dfrac{y}{2x}=\ln x^2+\dfrac{\pi}{4}$;　　（2）$y^2=x^2(\ln x^2+4)$.

5. （1）$\sqrt{(x+3)^2+(y+1)^2}=Ce^{-\arctan\frac{y+1}{x+3}}$;
　（2）$2x^2+2xy+y^2-8x-2y=C$.

6. （1）$y=\dfrac{1}{x}(-\cos x+C)$;　　　（2）$y=(x+1)^2\left[\dfrac{2}{3}(x+1)^{\frac{3}{2}}+C\right]$;

　（3）$y=\dfrac{1}{\ln x}\left(\dfrac{1}{2}\ln^2 x+C\right)$;　　（4）$x=Cy^3+\dfrac{y^2}{2}$.

7. （1）$y=\dfrac{1}{2}-\dfrac{1}{x}+\dfrac{1}{2x^2}$;　　　（2）$y=\dfrac{1}{3}x\ln x-\dfrac{1}{9}x$;

(3) $y=\dfrac{x(x+1)(2-x)}{2(1-x)}$; (4) $y=\dfrac{\pi-1}{x}-\dfrac{\cos x}{x}$.

8. (1) $xy\left[C-\dfrac{a}{2}(\ln x)^2\right]=1$; (2) $\dfrac{1}{y^3}=Ce^x-1-2x$.

6.3.4 同步习题

(1) $y=\dfrac{1}{24}x^4+\dfrac{1}{8}e^{2x}+\dfrac{1}{2}C_1x^2+C_2x+C_3$; (2) $y=\dfrac{C_1}{x^2}+C_2$;

(3) $\dfrac{1}{3}y^3=C_1x+C_2$; (4) $\ln|y|=C_1x+C_2$.

6.4.4 同步习题

1. (1) $y=C_1e^x+C_2e^{2x}$; (2) $y=(C_1+C_2x)e^{2x}$;

(3) $y=e^{2x}(C_1\cos 3x+C_2\sin 3x)$; (4) $y=C_1\cos\sqrt{2}x+C_2\sin\sqrt{2}x$.

2. (1) $y=(4+2x)e^{-x}$; (2) $y=3e^{-2x}\sin 5x$;

(3) $y=4e^x+2e^{3x}$; (4) $y=2\cos 5x+\sin 5x$.

3. (1) $y=C_1\cos x+C_2\sin x+2x^2-7$;

(2) $y=(C_1+C_2x)e^x+x^2e^x\left(\dfrac{1}{6}x+\dfrac{1}{2}\right)$;

(3) $y=C_1e^{2x}+C_2e^{3x}-\dfrac{1}{2}x(x+2)e^{2x}$;

(4) $y=C_1e^{-x}+C_2e^{3x}-x+\dfrac{1}{3}$.

4. (1) $y^*=\dfrac{3}{5}xe^{2x}$; (2) $y^*=-\dfrac{1}{4}(x+1)e^x$.

5. (1) $y=C_1\cos x+C_2\sin x-\dfrac{1}{2}x\cos x$;

(2) $y=e^x(C_1\cos 2x+C_2\sin 2x)-\dfrac{x}{4}e^x\cos 2x$;

(3) $y=C_1e^x+C_2e^{2x}+\dfrac{1}{5}e^{-x}(\cos x-\sin x)$.

6.5.2 同步习题

1. $y=\dfrac{1}{3}x^2$.

2. $xy=6$.

3. $v(1)=654.55\text{m/s}$.

第6章总复习题

第一部分:基础题

1. (1) $(e^x+1)(e^y-1)=C$; (2) $Ce^{-\cot x}=\ln y$; (3) $y=x(C-\ln x)^2$;

(4) $x^3-2y^3=Cx$; (5) $y=-e^{-x^2}+Ce^{\frac{x^2}{2}}$; (6) $x=y^2+Cy^2e^{\frac{1}{y}}$;

(7) $y^{-1}=-\dfrac{1}{3}+Ce^{-\frac{3}{2}x^2}$ 或 $\dfrac{3}{2}x^2+\ln\left|1+\dfrac{3}{y}\right|=C_1(C_1=\ln 3C)$;

(8) $y=e^{-5x}(C_1\cos 2x+C_2\sin 2x)$;

(9) $y=\mathrm{e}^x\left(C_1\cos\dfrac{x}{2}+C_2\sin\dfrac{x}{2}\right)$;

(10) $y=C_1\mathrm{e}^{-x}+C_2\mathrm{e}^{-2x}+\left(\dfrac{3}{2}x^2-3x\right)\mathrm{e}^{-x}$;

(11) $y=C_1+C_2\mathrm{e}^{-\frac{5}{2}x}+\dfrac{1}{3}x^3-\dfrac{3}{5}x^2+\dfrac{7}{25}x$;

(12) $y=C_1\cos x+C_2\sin x+2x^2-7-\dfrac{1}{3}x\cos 2x+\dfrac{4}{9}\sin 2x$.

2. $y=-5\mathrm{e}^x+\dfrac{7}{2}\mathrm{e}^{2x}+\dfrac{5}{2}$.

3. $y=\cos x-\dfrac{5}{9}\sin x-\dfrac{1}{3}x\cos 2x+\dfrac{4}{9}\sin 2x$.

4. $y=\dfrac{1}{2}\left(x^2-1\right)$.

第二部分:拓展题

1. (1) $y^2-1=C(x-1)^2$;　　　　(2) $y=\sqrt{1-x^2}\left[\dfrac{1}{2}(\arcsin x)^2+C\right]$;

(3) $\dfrac{1}{3}y^3=Cx+C_1$;　　　　(4) $xy\left(C-\dfrac{a}{2}\ln^2 x\right)=1$;

(5) $y=C_1\mathrm{e}^x+C_2\mathrm{e}^{-x}-\dfrac{1}{8}\mathrm{e}^x(\cos 2x-\sin 2x)$.

2. (1) $y=\dfrac{1}{2}x^2$;　　　　(2) $y^*=\dfrac{1}{2}x^2-\dfrac{1}{2}x-\dfrac{7}{4}$.

3. 从开始关闭系统的时候算起,25s 后游艇才能停下,在这段时间内游艇行驶 125m 的路程.

4. 证明略.

第三部分:考研真题

一、选择题

1. D;2. C.

二、填空题

1. $n+am$;2. $\sqrt{3\mathrm{e}^x-2}$;3. $\mathrm{e}^{-x}(C_1\cos\sqrt{2}x+C_2\sin\sqrt{2}x)$;4. $x\mathrm{e}^{2x+1}$;

5. $C_1\mathrm{e}^x+C_2\mathrm{e}^{3x}-x\mathrm{e}^{2x}$.

三、解答题

1. $y=x\mathrm{e}^{\frac{x^2}{2}}$;2. $y=C\mathrm{e}^{-x}+x-1$.

参考文献

[1] 同济大学数学系.高等数学:上册[M].7版.北京:高等教育出版社,2014.

[2] 林伟初,郭安学.高等数学:经管类上册[M].北京:北京大学出版社,2018.

[3] 侯风波.高等数学[M].2版.北京:高等教育出版社,2006.

[4] 顾聪,姜永艳.微积分:经管类上册[M].北京:人民邮电出版社,2019.

[5] 国防科学技术大学数学竞赛指导组.大学数学竞赛指导[M].北京:清华大学出版社,2009.

[6] 华东师范大学数学科学学院.数学分析:上册[M].5版.北京:高等教育出版社,2003.

[7] 复旦大学数学系.数学分析:上册[M].4版.北京:高等教育出版社,2018.

[8] 李振杰.微积分若干重要内容的历史学研究[D].郑州:中原工学院,2019.

[9] 陈文灯.高等数学复习指导:思路、方法与技巧[M].北京:清华大学出版社,2011.

[10] 朱雯,张朝伦,刘鹏惠,等.高等数学:上册[M].北京:科学出版社,2010.

[11] 范周田,张汉林.高等数学教程:上册[M].3版.北京:机械工业出版社,2018.

[12] 刘玉琏.数学分析讲义[M].4版.北京:高等教育出版社,2006.

[13] 吴赣昌.微积分:经管类[M].3版.北京:中国人民大学出版社,2010.

[14] 傅英定,谢云荪.微积分:上册[M].2版.北京:高等教育出版社,2003.